“十四五”职业教育国家规划教材
高等职业教育工业机器人技术应用专业系列教材

工业机器人建模
（第2版）

何成平　主编

電子工業出版社
Publishing House of Electronics Industry
北京·BEIJING

内 容 简 介

本书主要介绍用于工业机器人离线编程及仿真练习中所需的各种实体模型建模，可辅助“工业机器人操作与维护”“工业机器人离线编程”等课程学习，其所建立的资源完全可用于工业机器人离线编程及仿真教学，弥补编程、操作教学中的设备不足及场地限制。通过建模及离线编程，可以达到或近似模拟真实场境效果。

本书的特色是淡化原理，注重实用，源于实例。以源自生产一线的工业机器人系统典型案例或工业机器人实训系统等为载体，任务为主线进行内容编排。

全书共 6 章，分别为 SolidWorks 基础、码垛机器人建模、压铸机器人建模、多功能实训台建模、自动生产线建模、焊接机器人建模，内容涵盖机器人夹具、传输链、焊枪等机器人工作站所需的各种周边设备、工具的建模。本书可作为机器人专业或机电类、自动类专业中的机器人方向教学用书，以及工业机器人仿真开发人员的参考用书。

图书在版编目（CIP）数据

工业机器人建模 / 何成平主编 . -- 2 版 . -- 北京：电子工业出版社，2024. 11. -- ISBN 978-7-121-49282-2

Ⅰ. TP242.2

中国国家版本馆 CIP 数据核字第 2024BM8648 号

责任编辑：王英欣
印　　刷：天津嘉恒印务有限公司
装　　订：天津嘉恒印务有限公司
出版发行：电子工业出版社
　　　　　北京市海淀区万寿路 173 信箱　邮编 100036
开　　本：787×1092　1/16　印张：13.25　字数：339.2 千字
版　　次：2018 年 1 月第 1 版
　　　　　2024 年 11 月第 2 版
印　　次：2024 年 11 月第 1 次印刷
定　　价：42.00 元

凡所购买电子工业出版社图书有缺损问题，请向购买书店调换。若书店售缺，请与本社发行部联系，联系及邮购电话：（010）88254888，88258888。

质量投诉请发邮件至 zlts@phei.com.cn，盗版侵权举报请发邮件至 dbqq@phei.com.cn。

本书咨询联系方式：（010）88254609 或 hzh@phei.com.cn。

前　言

工业机器人的普及是实现自动化生产，提高社会生产效率，推动企业和社会生产力发展的有效手段。目前，工业机器人已广泛应用于点焊、弧焊、装配、喷漆、切割、搬运、包装码垛等领域。随着中国部署全面推进实施制造强国战略，“智能制造”被定位为中国制造的主攻方向，工业机器人的作用不可或缺。

由于设备平台的不同，场地、设备配置数量的限制，各院校工业机器人操作编程方面的教学相对比较困难，统一性和兼容性较差。相对而言，采用仿真及离线编程更受广大师生的欢迎。

本书为“工业机器人操作与维护”“工业机器人离线编程”等的辅助教程，针对工业机器人以及离线编程软件，按照项目式教学方式进行教学内容安排与整合，其所建立的资源完全可用于工业机器人离线编程及仿真教学，弥补编程、操作教学中的设备不足及场地限制。通过建模及离线编程，可以达到或近似模拟真实场景效果。本书的编写体现理实一体的职业教育教学原则，具有以下几方面的特点。

1. 注重实用，讲解详细

本书采用章节体系，但以具体工作任务为主线进行编写。注重实际工业机器人系统的建模，同时穿插建模软件的使用方法和技巧练习，全面、系统，由浅入深，力求达到简单、易学。

2. 案例丰富，源于实际

充分吸收来自生产一线的工业机器人系统案例，或工业机器人实训系统，竞赛设备，融入职业技能鉴定的相关内容和要求，体现了理实一体的教学原则。本书案例源于实际，制作的资源可直接用于机器人仿真及离线编程教学。书中内容基本涵盖了工业机器人主要应用领域。

3. 体系架构灵活，便于教学安排

本书各章节相对独立，在教学中可根据相关专业教学要求及实际设备情况选择部分项目进行教学，也可选择部分章节中的部分内容进行教学，体现了教学组织的科学性和灵活性的统一。

4. 内容按由易入难方式编排，符合认知规律

各章内容按由易入难方式编排，注重实践练习和能力培养，切合高职学生的特点，符合认知规律。

5. 课证融通，新形态一体化

教材的编写融入了 1+X 证书制度的相关标准，如工业机器人操作编程、工业机器人操作与运维、工业机器人系统集成职业技能考核中相关离线编程考核要求及相关知识，并进行整合优化。同时，提供了丰富的操作视频、仿真测试文件、模型文件等资源，以便于学习。

本书坚决执行党的教育方针，全面贯彻党的二十大精神，落实立德树人根本任务，推进“德技并修”“教学做一体”教学改革，工学结合、校企合作培养学生的核心职业能力。本书为强化现代化建设人才支撑，秉持“尊重劳动、尊重知识、尊重人才、尊重创造”的思想，以人才岗位需求为目标，突出知识与技能的有机融合，让学生在学习过程中举一反三，创新思维，以适应高等职业教育人才建设需求。

常州工业职业技术学院何成平担任本书的主编，提出编写提纲，并进行全部章节的撰写及统稿。

常州工业职业技术学院李月芳、蒋正炎老师为本书提供了大量资源、素材和支持，在此深表谢意。

由于编者水平有限，书中难免有错漏和不足之处，恳请广大读者批评指正。

最后，对支持本书出版的所有编者及出版社表示衷心的感谢！

编　者

2024.9

目 录

第 1 章　SolidWorks 基础

SolidWorks 是一款三维 CAD 软件，采用 Windows 图形界面，操作简便，广泛应用于航空航天、机车、食品、机械、国防、交通、模具、电子通信、医疗器械等领域。SolidWorks 能够提供不同的设计方案、减少设计过程中的错误以及提高产品质量。由于其具有良好的与第三方软件的集成技术，可用于理论研究，如流体、温度场、受力分析等；也可进行机器人工作站的建模，进行仿真和离线编程。

SolidWorks 共有三大模块，分别是零件、装配体和工程图，在新建文件时自动弹出的对话框中，可进行相应选择如图 1-1 所示。

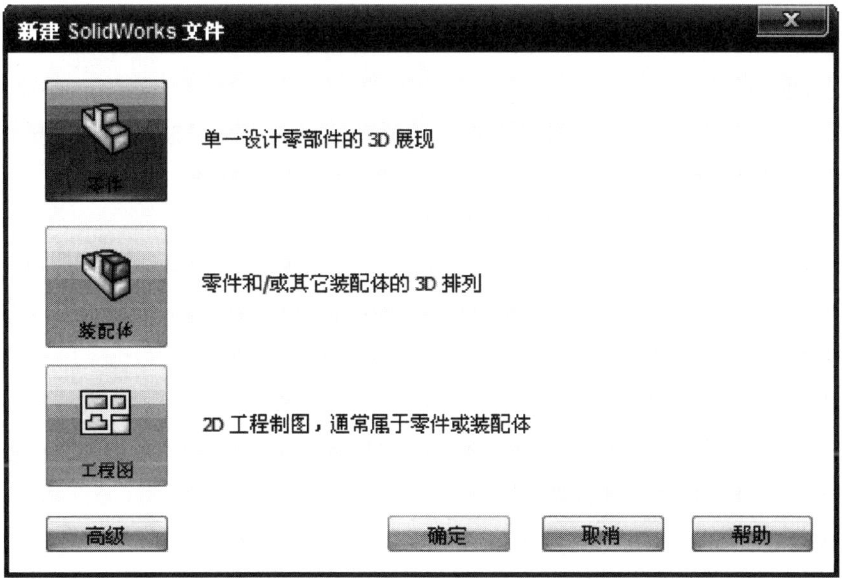

软件安装

图 1-1　“新建 SolidWorks 文件”对话框

“零件”模块用于零件实体造型。“装配体”模块则可将设计的零件按实际装配要求创建部件或成品的装配体。“工程图”模块可快速将零部件实体图转换成平面 CAD 视图。

1. 零件

“零件”模块用于单个零件的实体造型设计，包括草图设计、曲面设计、实体建模、钣金设计、模具设计等，如图 1-2 所示。

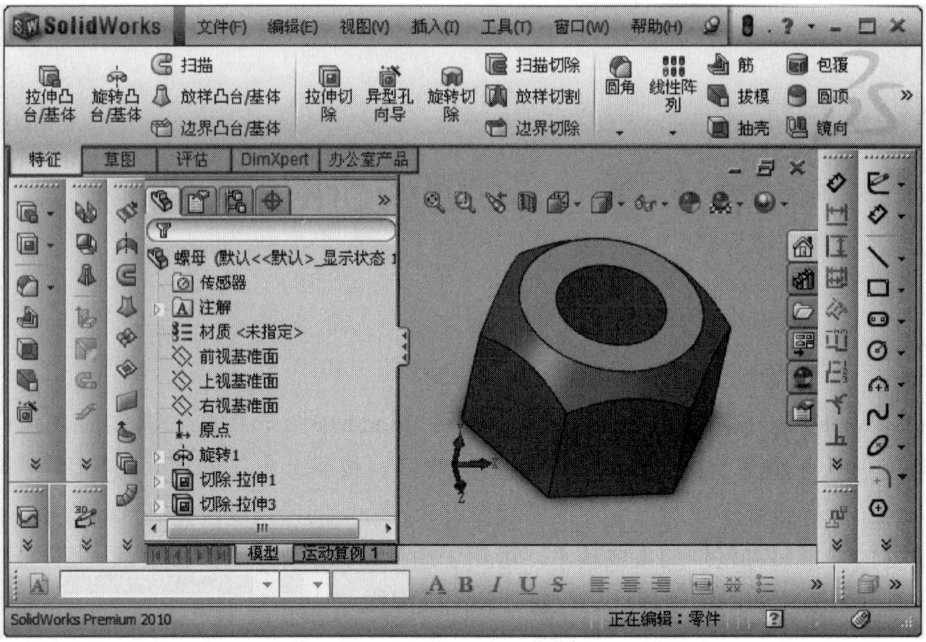

图 1–2　零件设计界面

（1）实体建模

通过拉伸、旋转、扫描、放样、抽壳、特征的阵列、孔、筋等操作来实现产品的设计。

（2）曲面设计

通过带控制线的扫描曲面、放样曲面、边界曲面以及拖动可控制的相切操作，产生复杂的曲面，同时可以进行曲面的修剪、延伸、缝合和圆角等操作。

（3）模具设计

提供内置的模具设计工具，可以自动创建型芯和型腔。在模具生成过程中，可使用相应的工具加以控制：分型线的自动生成、闭合曲面的自动生成、分型面的自动生成及型芯—型腔的自动生成。

（4）钣金设计

提供钣金设计工具，如各种类型的法兰、薄片等特征，应用正交切除、角处理以及边口等功能使钣金操作变得极为便捷。

（5）焊件设计

主要工具有圆角焊缝、结构构件库、角撑板、焊件切割、顶端盖、剪裁及延伸结构构件。

2. 装配体

方便地进行零件的插入、移动、旋转、配合设置、替换零部件、制作爆炸视图等操作，可动态观察整个装配体中的所有运动，并可对运动零件进行动态干涉检查及间隙检测。提供镜像、阵列等工具，快速进行具有相应特性装配设计。智能化装配技术可以自动地捕捉并定义装配关系（见图 1-3）。

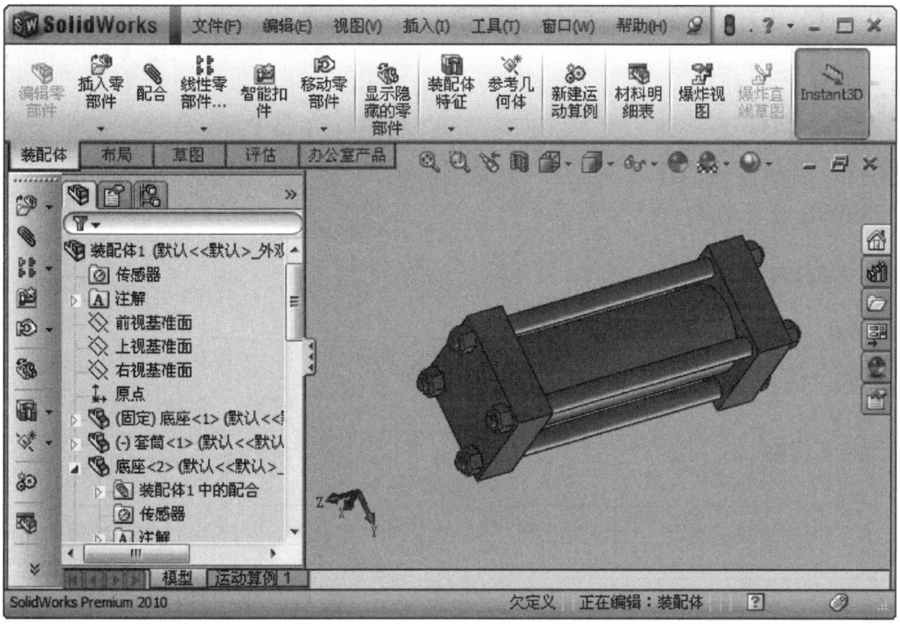

图 1–3　装配设计界面

3．工程图

“工程图”模块可以从零件的实体模型或装配体中自动生成工程图，包括：各个视图及尺寸标注等；提供完整的工程图工具，当修改图样时，零件模型、所有视图及装配体会自动被修改；使用交替位置显示视图，以便了解运动顺序；详细视图及剖视图功能。工程图设计界面如图 1-4 所示。

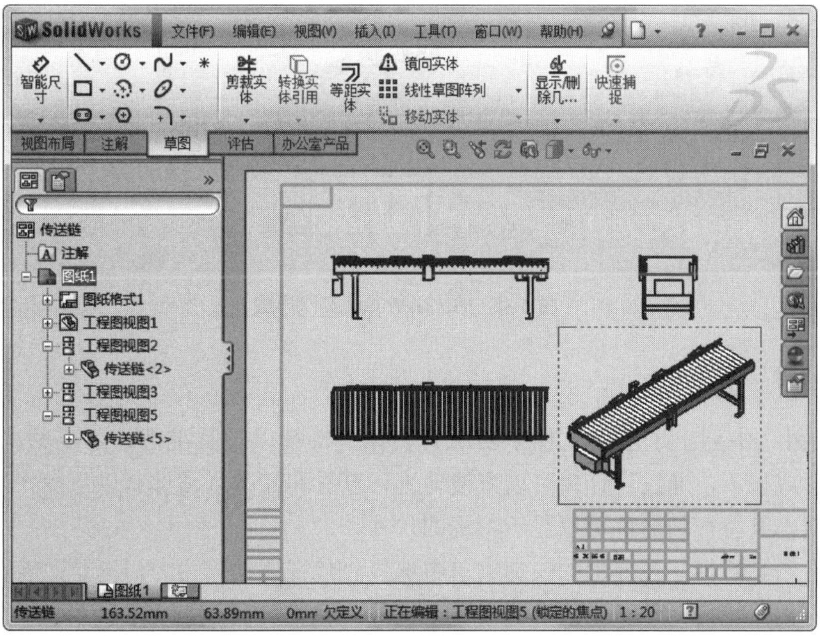

图 1–4　工程图设计界面

1.1　SolidWorks 工作界面

学习目标

1. 零件、装配体的创建。
2. SolidWorks 工作界面。

重点难点

工作界面布置，工具栏按钮的使用。

SolidWorks 工作界面如图 1-5 所示，包括设计树、菜单栏、文件工具栏、工作区、任务窗格、状态栏等。

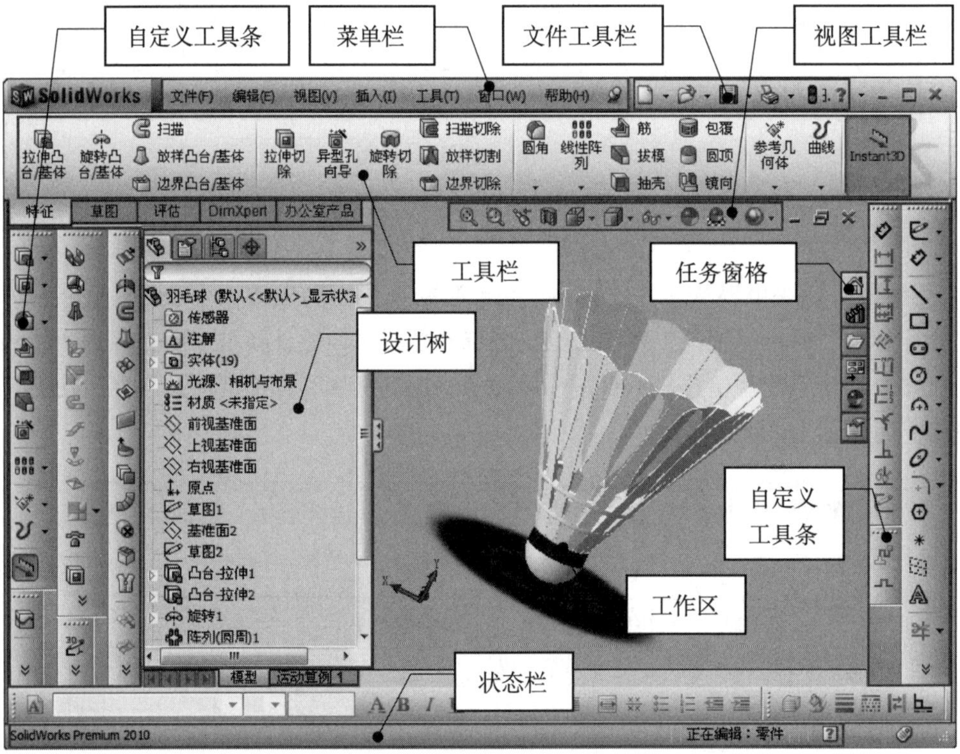

图 1-5　SolidWorks 工作界面

1. 设计树

“设计树”中列出了活动文件中的所有实体、特征以及基准面、基准轴、坐标系等，并以树的形式显示，通过设计树可以方便地进行查看和修改，具体有以下操作：

（1）双击某特征的名称可以显示特征的尺寸。

（2）右击某特征，在弹出的快捷菜单中选择“特征属性”命令，可更改特征名称。

（3）右击某特征，在弹出的快捷菜单中选择“编辑特征”命令，可修改特征参数。

（4）重排序特征，通过鼠标拖动及放置来重新调整特征的创建顺序。

2. 菜单栏

菜单栏中包含创建、保存、修改模型和设置软件环境的一些操作命令。

3. 工具栏

为快速进入命令及设置工作环境提供了极大方便，用户可以根据具体情况定制工具栏。

1.2　SolidWorks 操作技巧

学习目标

1. 鼠标的平移、缩放、旋转操作。
2. 多个对象的选取。

重点难点

鼠标中键、Ctrl 键的组合使用。

SolidWorks 软件以鼠标操作为主，通过选择菜单或单击工具栏中的图标执行命令操作，再选择面、线、点、特征等，利用键盘进行数值输入。

1.2.1　鼠标操作

与其他 CAD 软件相似，SolidWorks 提供各种鼠标按钮的组合功能，进行选择对象、编辑对象以及视图的平移、缩放、旋转等。

对象的选择可在设计树或工作区中进行，两者相互关联，选中的对象被高亮显示。通过鼠标中键的操作，可快速完成视图变换。

1. 缩放视图

滚动鼠标中键滚轮可缩小或放大视图，向前滚动可缩小视图，向后滚动放大视图，视图的放大以鼠标所在位置点为中心。

2. 平移视图

先按住 Ctrl 键，然后按住鼠标中键，移动鼠标，可进行视图移动。

3. 旋转视图

按住鼠标中键，移动鼠标，此时工作区中的鼠标指针变为，视图同时跟着鼠标指针旋转。

1.2.2　对象的选择

1. 选取单个对象

直接用鼠标左键单击需选取的对象，或在特征树中单击对象名称，即可选择相应的对象，被选取的对象将高亮显示。

2. 选取多个对象

按住 Ctrl 键，用鼠标左键逐次单击特征树中的对象名称，或在工作区中直接依次单击对象，可进行多个对象的选取，选中的对象高亮显示；再次单击选中的对象，则取消选取。例如利用鼠标左键单击其他区域，则取消所有已选对象。

3. 利用“选择过滤器”工具条

利用“选择过滤器”工具条有助于在工作区或工程图图样区域中选择特定项。在工具栏中右击鼠标，在弹出的快捷菜单中选择“选择过滤器（I）”命令，将激活“选择过滤器”工具条，如图 1-6 所示，图中各按钮说明如表 1-1 所示。

图 1-6 “选择过滤器”工具条

表 1-1 “选择过滤器”工具条按钮说明

按钮	功能说明	按钮	功能说明
	切换选择过滤器，将所选过滤器打开或关闭		过滤中心符号线，用于草图中心符号线的选择
	消除选择过滤器，取消所有选择的过滤器		过滤中心线，用于草图中心线的选择
	选择所有过滤器		过滤尺寸 / 孔标注，用于选择尺寸和孔标注
	选择草图、实体、边线、面、顶点、零部件等		过滤表面粗糙度符号，用于表面粗糙度符号选择
	逆转选择，取消已选择的过滤器，转而选择未选取的过滤器		过滤形位公差，用于形位公差符号的选择
	过滤顶点，单击该按钮，可选取顶点		过滤注释 / 零件符号，用于注释和零件序号的选择
	过滤边线，单击该按钮，可选取边线		过滤基准特征，用于基准特征符号的选择
	过滤面，单击该按钮，可选取面		过滤焊接符号，用于焊接符号的选择
	过滤曲面实体，单击该按钮，可选取曲面实体		过滤焊缝，用于焊缝的选择
	过滤实体，用于选取实体		过滤基准目标，用于基准目标符号的选择
	过滤基准轴，用于选取实体基准轴		过滤装饰螺纹线，用于装饰螺纹线的选择
	过滤基准面，用于实体基准面的选择		过滤块，用于选择块
	过滤草图点，用于草图绘制点的选择		过滤销钉符号，用于销钉符号的选择
	过滤草图，用于草图的选择		过滤连接点，将过滤器添加到连接点，用于连接点的选择
	过滤草图线段，用于草图线段的选择		过滤步路点，将过滤器添加到步路点，用于步路点的选择
	过滤中间点，用于草图中点的选择		

1.3　工作环境及界面定义

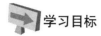

学习目标

1. 自定义工作界面。
2. 自定义命令按钮。
3. 自定义菜单命令。

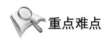

重点难点

自定义菜单命令。

用户通过自定义工作界面，合理设置工作环境，可方便操作，提高工作效率。

1.3.1　环境设置

SolidWorks 中的环境设置包括“系统选项”和“文档属性”两项。

1. 系统选项的设置

选择菜单栏中的“工具”→“选项…”命令，系统弹出“系统选项（S）- 普通”对话框。利用该对话框可以设置草图、颜色、显示和工程图等参数。在该对话框左侧选项列表中单击“草图”，切换至“系统选项（S）- 草图”对话框，如图 1-7 所示，在该对话框中可以设置草图相关选项。

在对话框左侧选项列表中单击“颜色”，对话框切换至“系统选项（S）- 颜色”对话框，此时可以设置工作区及操作对象的颜色配置方案，如图 1-8 所示。

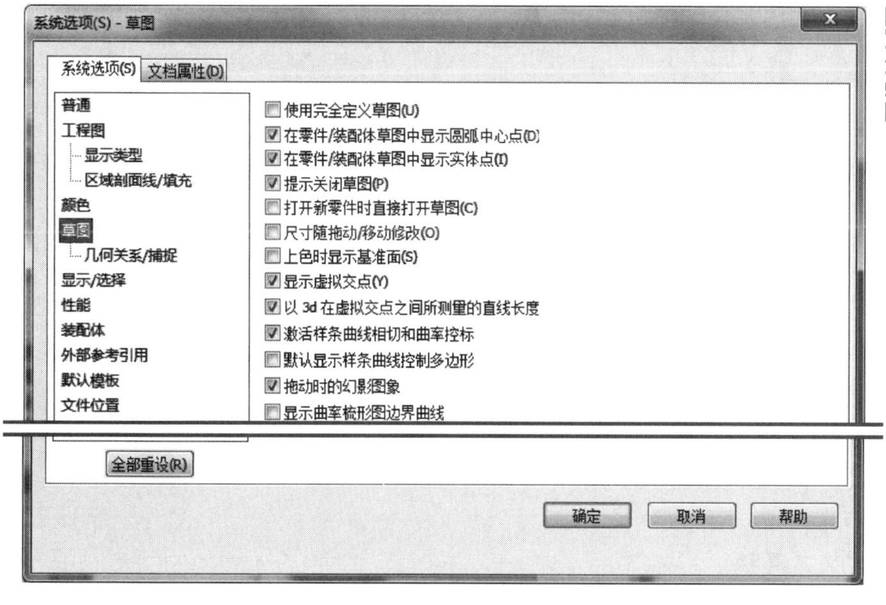

图 1-7　“系统选项（S）- 草图”对话框

工作环境设置

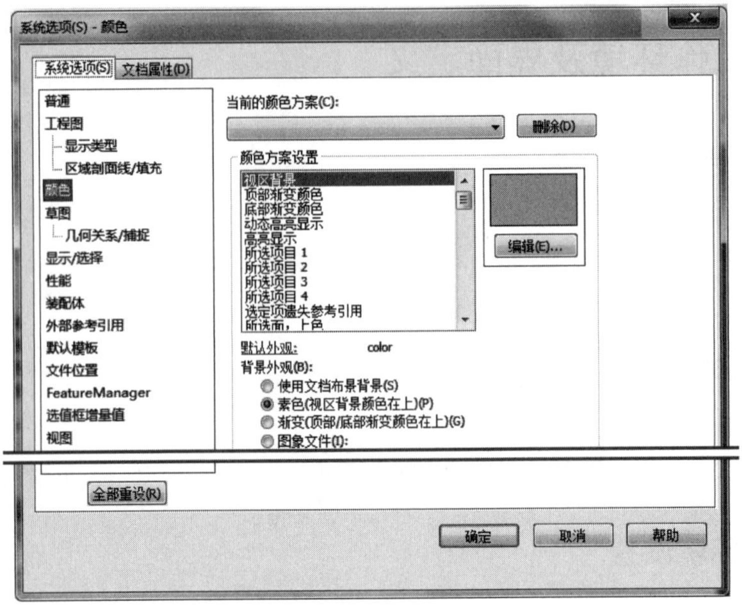

图 1–8 “系统选项（S）– 颜色”对话框

2. **文档属性的设置**

选择菜单栏中的“工具”→“选项…”命令，系统弹出“系统选项（S）- 普通”对话框。单击“文档属性”选项卡，切换至“文档属性 - 绘图标准”对话框，如图 1-9 所示，在此可以设置有关工程图及草图的一些参数。

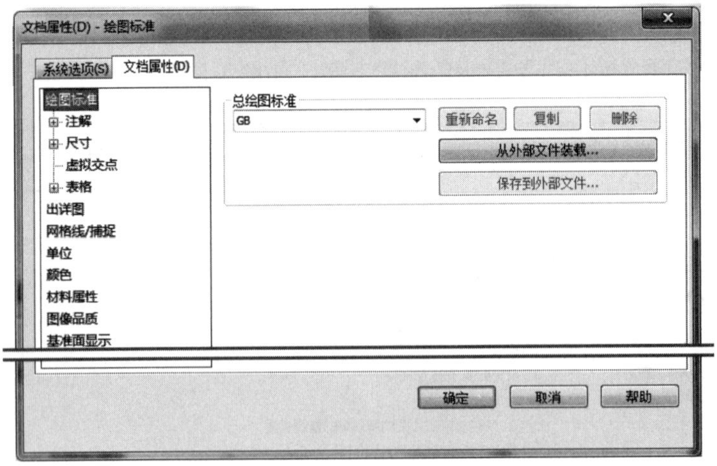

图 1–9 “文档属性 – 绘图标准”对话框

1.3.2 自定义工作界面

1. **自定义工具栏**

选择菜单栏中的“工具”→“自定义…”命令，打开“自定义”对话框。利用此对话框可自行定义所需工具栏、工具条，如图 1-10 所示。或鼠标右击工具栏，在弹出的快捷菜单中直接勾选或取消相应项。

图 1–10 “自定义”对话框“工具”选项卡

自定义
工具栏

2. **自定义命令按钮**

自定义命令按钮的一般操作过程如下：

（1）选择菜单栏中的“工具”→“自定义…”命令，打开“自定义”对话框。

（2）切换至“命令”选项卡，在“类别”列表框中选择相应工具条选项如图 1-11 所示。

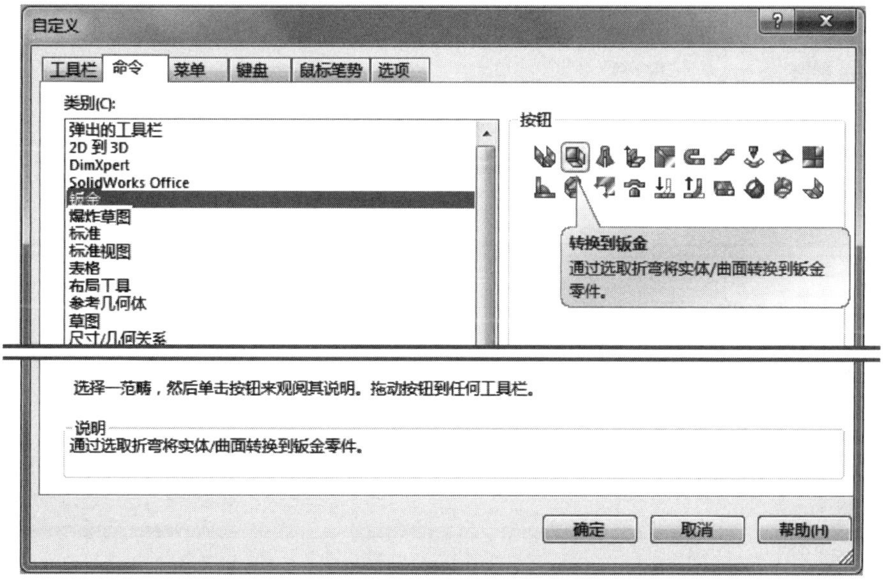

图 1–11 “自定义”对话框“命令”选项卡

（3）选择相应按钮，按住鼠标左键，可将选中的按钮拖放至工具栏或其他工具条上。也可选中不需要的按钮，将之拖放至工作区空白处，从而删除此项。图 1-12 所示为将“转换到钣金”按钮添加到“曲线”工具条前后对比。

(a) 定义前　　　　(b) 定义后

图 1-12　自定义工具条命令按钮

3. 自定义菜单命令

选择菜单栏中的“工具”→“自定义…”命令，打开“自定义”对话框，切换至“菜单”选项卡，其操作过程如下：

（1）选择需要自定义的命令。在“自定义”对话框“类别”列表框中选择相应菜单选项，在“命令”列表框中选择相关命令选项，如图 1-13 所示。

（2）在“更改什么菜单”下拉列表框中选择相应菜单项，设置将上述选择的命令添加到的菜单项。

（3）在“菜单上位置”下拉列表框中选择相关位置，如“自动”“在顶端”等，设置命令添加到菜单项中的具体位置。

（4）在“命令名称”输入框中填写该命令在新菜单中的名称、快捷键信息（如非特别需要，不建议更改，保持系统默认即可）。

（5）确认设置无误后，单击“确定”按钮，完成命令的自定义操作。

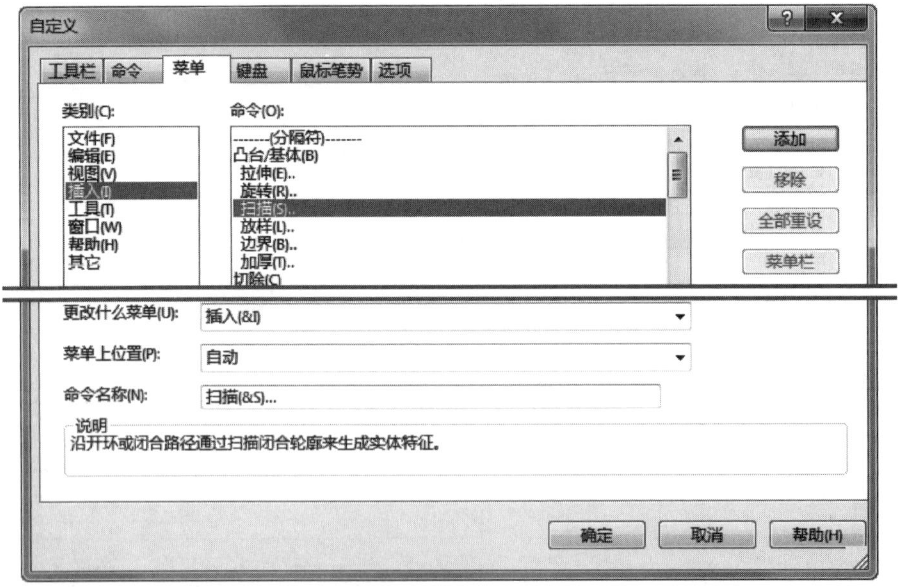

图 1-13　“自定义”对话框“菜单”选项卡

4. 自定义键盘

选择菜单栏中的“工具”→“自定义…”命令，打开“自定义”对话框，切换至“键盘”选项卡，即可设置执行命令的快捷键，以便快速执行命令，提高效率，如图 1-14 所示。

图 1-14 “自定义”对话框“键盘”选项卡

1.4 二维草图绘制

进入和退出草图

学习目标

1. 草图绘图面的创建与选择。
2. 草图工具按钮的应用。
3. 尺寸标注与几何关系约束。
4. 剪裁、延伸与检查。

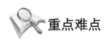

重点难点

草图封闭、尺寸或约束条件的过定义检查。

二维草图是创建许多特征的基础，例如，创建拉伸、扫描、放样等特征时，需要先绘制截面草图，甚至需要绘制草图以定义扫描轨迹、轮廓等。

要进行草图绘制，必须选择一个平面作为绘图面，也即确定待绘制的草图在三维空间中的放置位置。绘图面可以是系统默认的三个基准面（前视、上视和右视基准面），也可以是自定义基准面，或模型表面。

进行草图绘制操作可先选择相应的面，再选择菜单栏中的“插入”→“草图绘制”命令或单击工具栏中的“草图绘制”按钮；也可先单击“草图绘制”按钮或命令，此时出现错误，并提示“选择一个基准面为实体生成草图”，再选择绘图平面进入草图绘制环境。

1.4.1 草图绘制工具按钮

进入草图绘制环境后，屏幕中的工具栏会自动转为“草图设计”工具栏，包含常用工具按钮，将鼠标指针停留其上会显示简要提示信息。用户也可按前述通过自定义操作，将“草图”工具条放置于屏幕两侧的固定位置。图 1-15 为“草图”工具条，其上各按钮的说明如表 1-2 所示。绘图操作同样可使用菜单命令来实现，其所处位置分别位于“工具”菜单下的“草图绘制实体”“草图工具”“草图设定”等命令，如图 1-16 所示，图中右侧部分为“草图绘制实体”菜单的部分命令。

图 1-15 “草图”工具条

表 1-2 “草图”工具条按钮说明

按钮	功能	按钮	功能
	草图绘制，绘制新草图或编辑选中的草图，包括“草图”或“3D 草图”		插入基准面到 3D 草图
	标注尺寸，包含“智能尺寸”“水平尺寸”“竖直尺寸”等		在面、边线或草图实体上绘制文字
	绘制直线，包括“直线”和“中心线”，默认为直线		剪裁或延伸一草图实体以使之与另一实体重合，或删除一草图实体
	绘制矩形，包括“边角矩形”“中心矩形”“平行四边形”等		转换实体引用，将模型上所选边线或草图实体转换为草图实体
	绘制直槽口，包括“中心点直槽口”“三点圆弧槽口”“直槽口”等		等距实体，以指定距离等距面、边线、曲线或草图实体来添加草图实体
	绘制圆形，包括“圆”和“周边圆”		镜像实体，沿中心线镜像所选实体
	绘制圆弧，包括“圆心/起/终点圆弧”“切线弧”和“3 点圆弧”		草图阵列，包括“线性草图阵列”和“圆周草图阵列”
	绘制样条曲线，包括“样条曲线”“方程式驱动的曲线”及“套合样条曲线”		移动、旋转、缩放、复制、伸展所选草图实体
	绘制椭圆、部分椭圆或抛物线，默认为绘制椭圆		包括“显示和删除几何关系”“添加几何关系”“完全定义草图”
	绘制圆角或倒角。其中，圆角是指在交叉点产生与 2 个草图实体相切的切线弧		修复草图，修复所选草图
	绘制正多边形		快速捕捉过滤器
	绘制点		快速草图，允许 2D 草图基准面动态更改

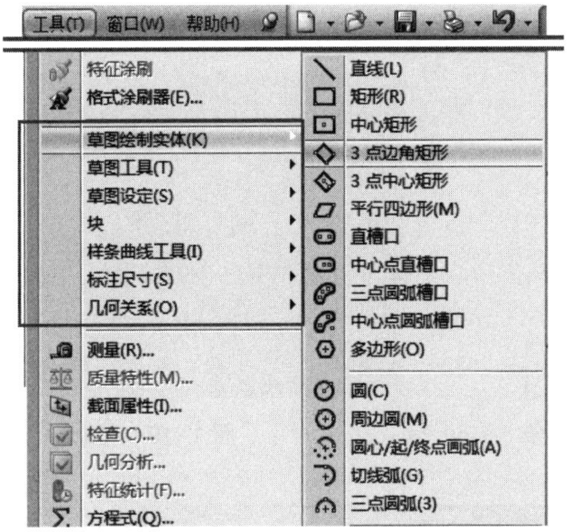

图 1–16　草图菜单项及“草图绘制实体”的部分命令

1.4.2　草图绘制实例

此处以绘制图 1-17 所示草图为例，简要介绍草图一般步骤及绘制工具、尺寸标注、编辑工具的使用。

（1）打开 SolidWorks 软件，选择“文件”→“新建…”命令，弹出“新建 SolidWorks 文件”对话框，选择“零件”按钮，单击“确定”按钮。

（2）选择绘图面（此处选择前视基准面为绘图面），单击快捷工具条上的“草图绘制”按钮，或执行“插入”菜单下的“草图绘制”命令，进入草图绘制环境。

当利用鼠标选择绘图面时，在鼠标指针附近会短时显示弹出式快捷工具条，如图 1-18 所示，从左到右的 4 个按钮功能分别为：进入草图绘制；显示或隐藏实体；放大所选范围；正视于，即改变视角，使所选面正对操作者。

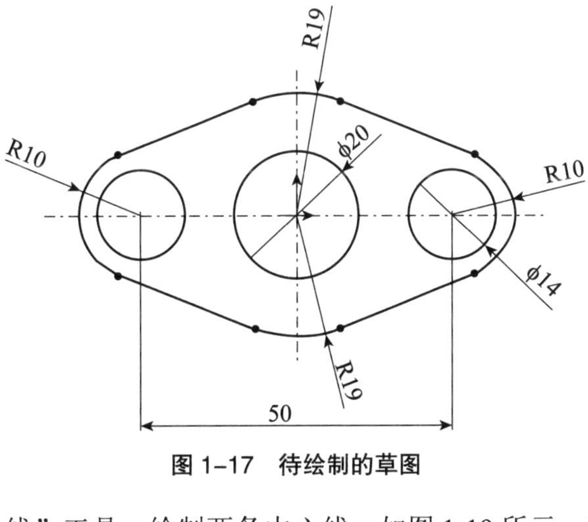

图 1–17　待绘制的草图

草图绘制

（3）选择“中心线”工具，绘制两条中心线，如图 1-19 所示。添加约束条件，使其中一条水平，并经过原点。选取图中近似水平的直线，在左侧出现的“线条属性”对话框中单击“水平”按钮，如图 1-20 所示，线条变为水平，单击按钮，退出对话框。

图 1-18　快捷工具条

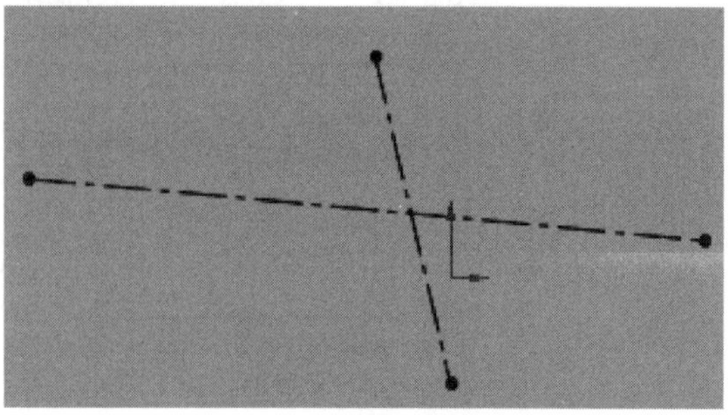

图 1-19　绘制中心线

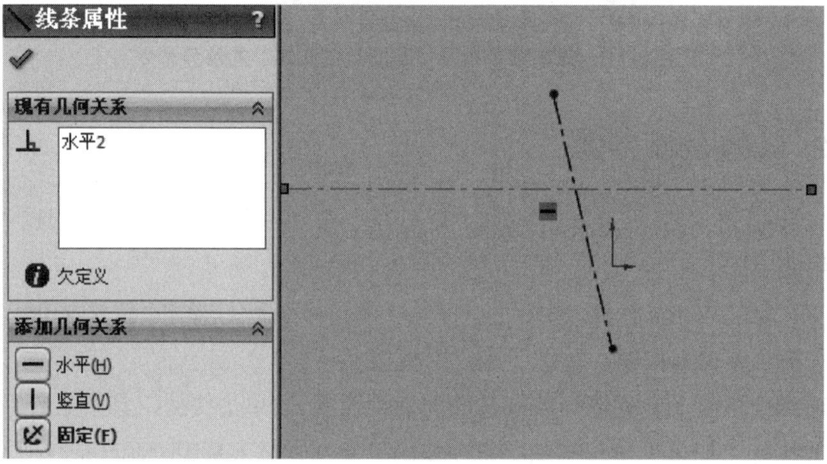

图 1-20　线条水平设置

（4）按住 Ctrl 键，再次选择刚刚操作的直线以及原点，在出现的“属性”对话框中单击“中点”按钮，使直线的中点与原点重合，如图 1-21 所示，单击按钮，退出对话框。

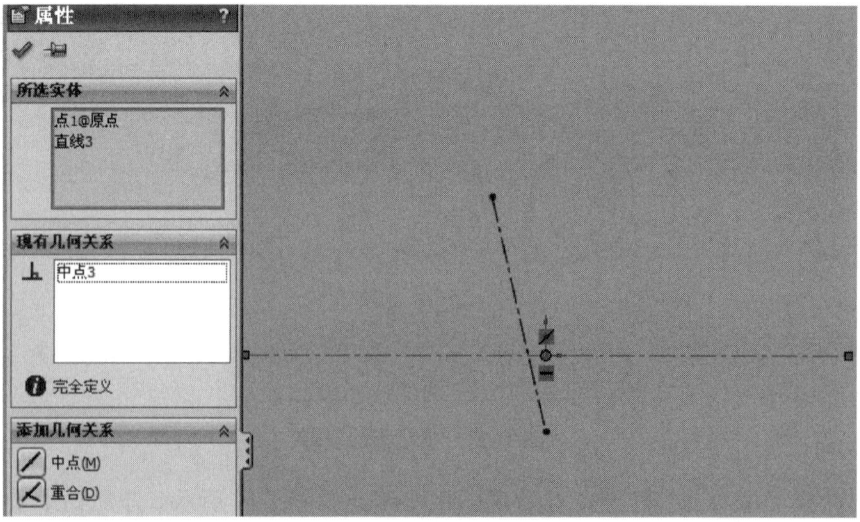

图 1-21　添加“中点”约束条件

（5）按上述方法将另一中心线设置为竖直，并使其中点与原点重合。

（6）利用“直线”和“圆”命令绘制如图 1-22 所示初步草图。

（7）按住 Ctrl 键，选择其中 3 个圆的圆心，并设置为“水平”；选择中间大圆的圆心和水平中心线，设置为“重合”，将中间大圆的圆心设置为与原点重合。选择两个小圆及竖直中心线，设置为“对称”，完成后的效果如图 1-23 所示。

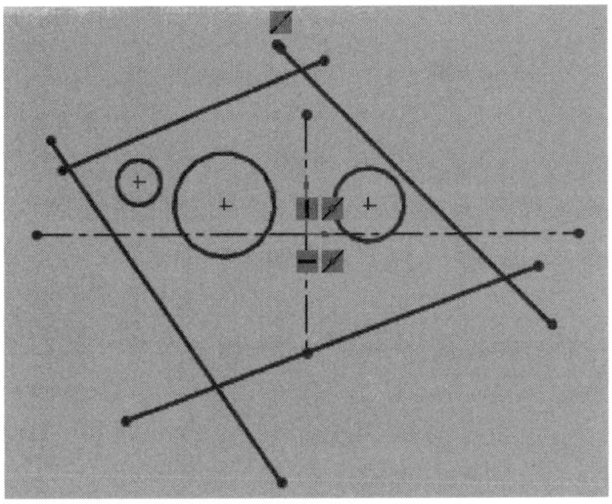

图 1-22　绘制初步草图

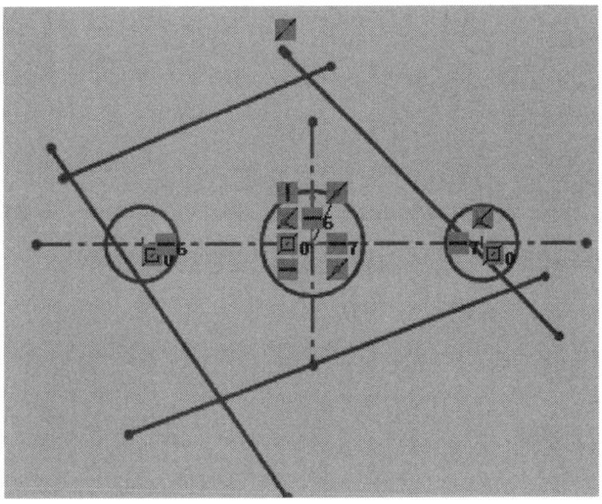

图 1-23　对圆形添加约束条件后的效果

（8）同时选择左侧上下两条直线和水平中心线，设置为“对称”，如图 1-24 所示。按同样方法添加右侧两线关于水平中心线对称，左右两侧线关于竖直中心线对称，完成后的效果如图 1-25 所示。

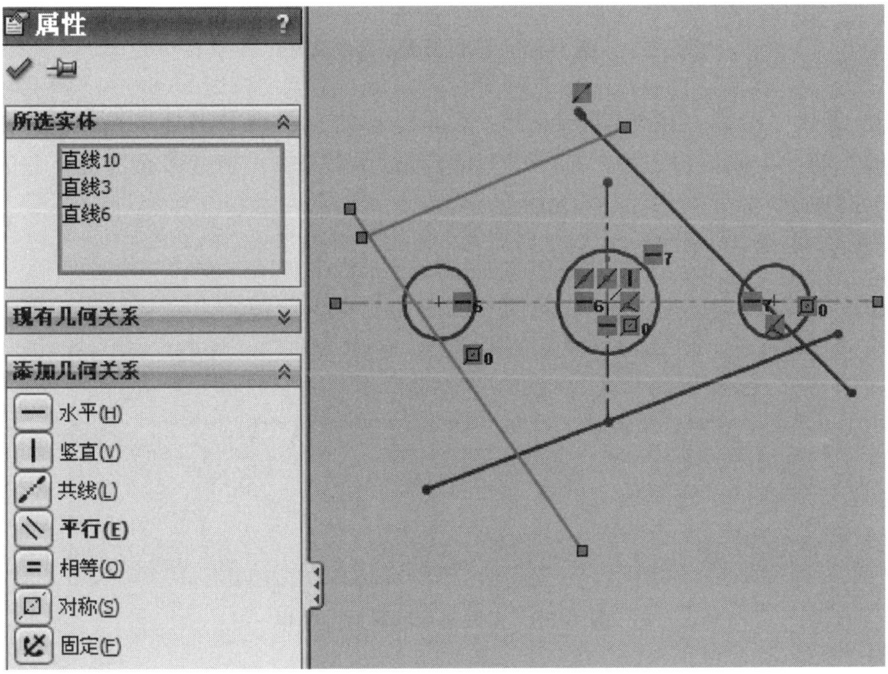

图 1-24　添加“对称”约束

（9）分别选择上方两条直线一端点，按住鼠标进行拉伸，使之能超过与下方线的交点，如图 1-26 所示。单击“剪裁”按钮右侧下拉箭头，选择“延伸实体”按钮延伸实体，延长长度不足的直线，如图 1-27 所示。

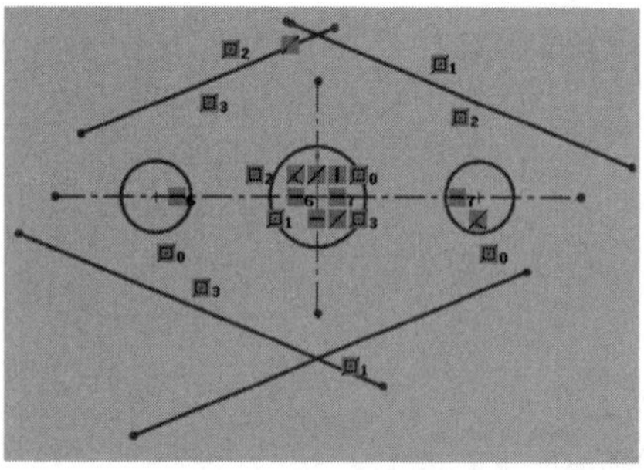

图 1–25　完成“对称”约束设置后的效果

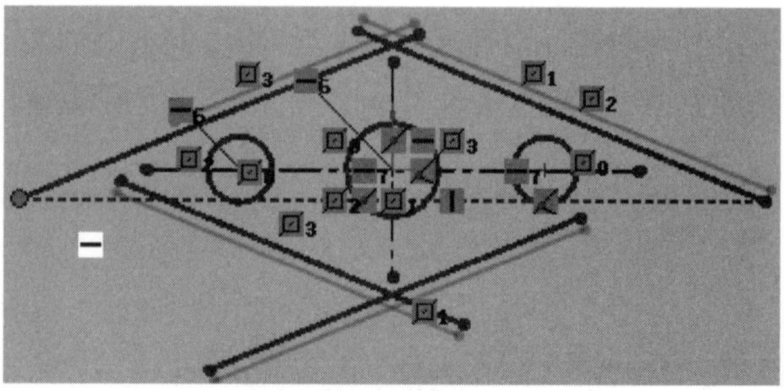

图 1–26　拉伸直线

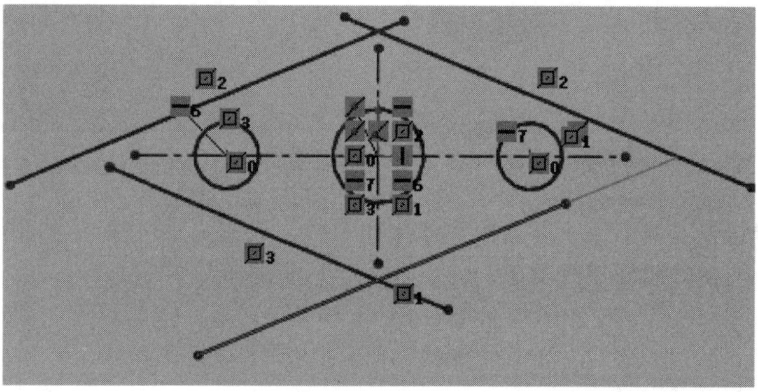

图 1–27　延长长度不足的直线

（10）单击“剪裁”按钮右侧下拉箭头，选择“剪裁实体”按钮剪裁实体。在打开的“剪裁”属性窗口中，选择“剪裁到最近端”，剪裁多余线段，完成后的效果如图 1-28 所示。

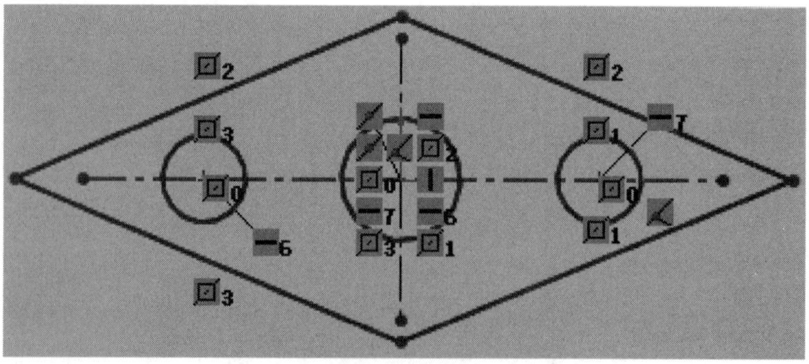

图 1–28　剪裁多余线段后的效果

（11）选择“视图”菜单下草图几何关系(E)命令，隐藏几何关系，使视图简洁。再来标注圆的直径及位置：单击图标右侧下拉箭头，选择智能尺寸，标注结果如图 1-29 所示。

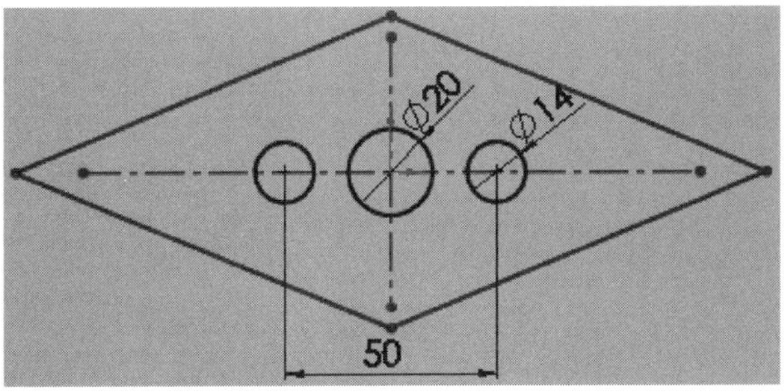

图 1-29　尺寸标注结果

（12）添加圆角。单击图标右侧下拉箭头，选择绘制圆角，在左侧“绘制圆角”属性窗口中的“圆角参数”框中输入圆角半径，再选择要进行圆角绘制的两个边线，如图 1-30 所示，单击按钮，退出对话框。按此方法进行其他边线之间的圆角绘制，完成后的效果如图 1-31 所示。

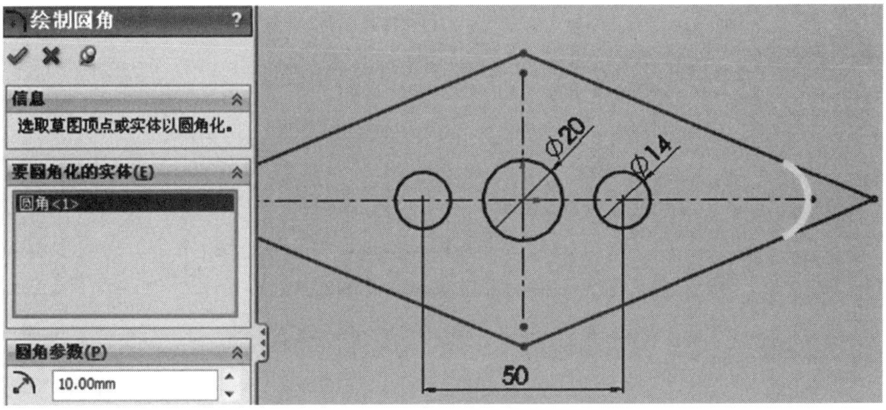

图 1-30　绘制圆角

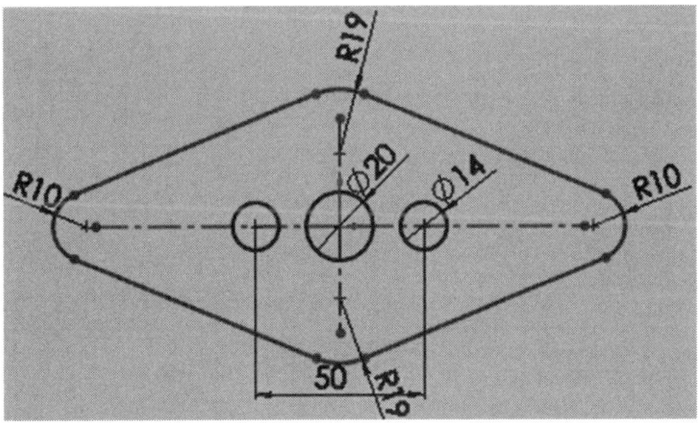

图 1-31　完成圆角绘制后的效果

（13）添加圆角与圆之间的约束。按住 Ctrl 键，选择左侧半径为 R10 的圆弧线及左侧直径为 ϕ14 圆，在打开的“属性”窗口中单击“同心”按钮，如图 1-32 所示，单击按钮，确定并退出对话框。利用同样的方法添加半径为 R10 的圆弧线与直径为 ϕ14 圆“同心”的约束，完成后的结果如图 1-33 所示。

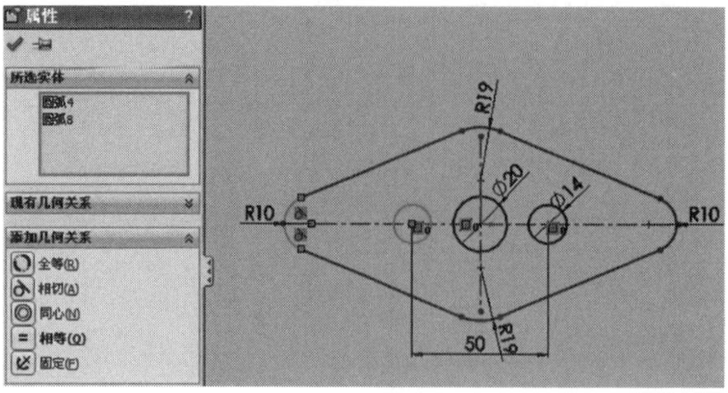

图 1-32　添加“同心”约束

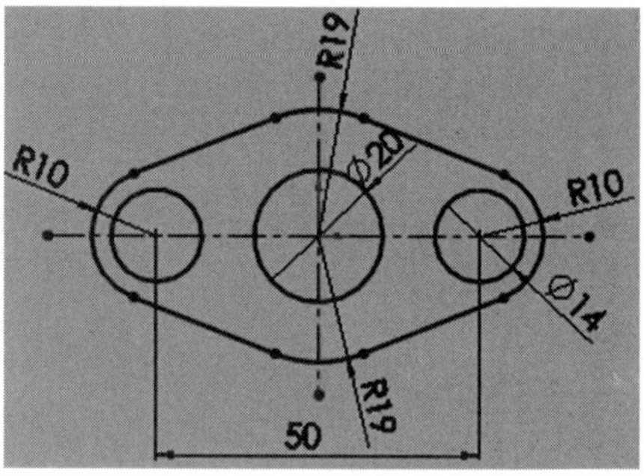

图 1-33　添加圆角与圆之间的约束后的结果

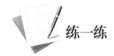

练一练

请使用 SolidWorks 草图工具绘制图 1-34（a）、（b）、（c）所示草图。

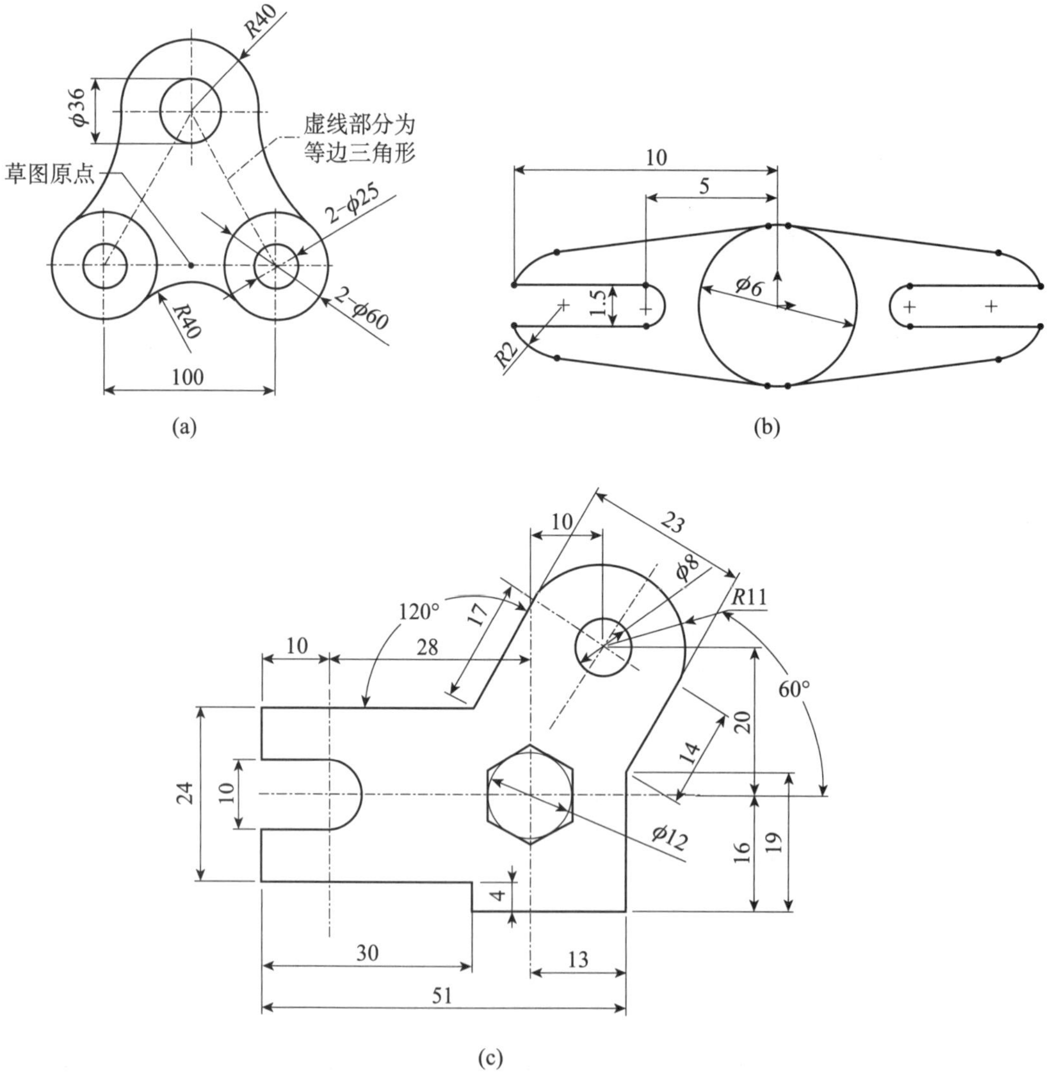

图 1-34　练习草图

第 2 章　码垛机器人建模

码垛是指将尺寸、形状一致的产品按规定要求进行堆叠，广泛应用于化工、建材、饲料、食品、饮料、啤酒等自动化生产线，以及自动仓储、物流等行业，配以不同抓手，可实现在不同行业中对各种形状的成品进行装箱和码垛。

通过本章学习，利用 SolidWorks 软件建立如图 2-1 所示码垛机器人各组成部分模型，用于码垛机器人学习及离线编程。

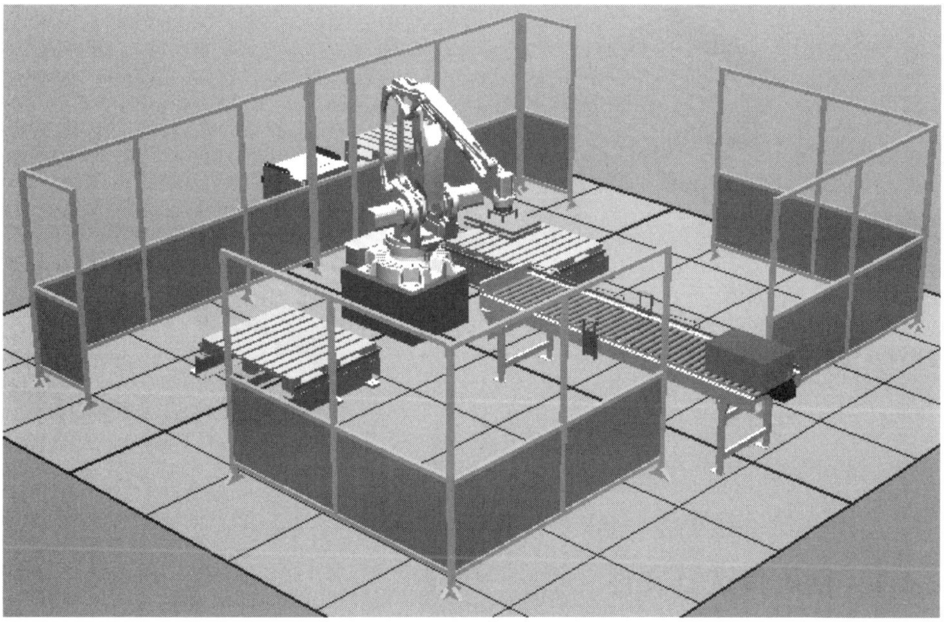

码垛机器人系统

图 2-1　码垛机器人系统模型

2.1　传送链建模

学习目标

首先完成横梁、固定板、支腿等传输链主体的建模，然后完成滚轮、电机、侧边固定板等附属部件的建模。

1. 横梁、支腿、连杆、滚轮等多个重复实体建模时可先建立一个实体模型，再采用阵列方式完成建模。

2. 连杆为弯曲圆柱体，无法通过旋转或拉伸方式获得，而须通过绘制路径及轮廓采用扫描方式完成建模。

3. 草图的绘制需要绘图面方能进行，如所绘草图既不在已有基准面又不在实体表面时，须通过创建基准面方可。

4. 实体上的缺口、孔等特征可通过直接拉伸草图绘制实现（如果此特征与实体厚度一致），也可先建立完整实体，在绘制缺口、孔等截面草图后，通过拉伸切除实现（此特征与实体厚度不一致）。

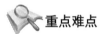

重点难点

阵列特征和扫描特征的正确使用，基准面、基准轴的概念及使用。

传送链主要用于进行物料的输送，广泛应用于各种装配流水线、生产线等。本节所建的传送链模型如图 2-2 所示。

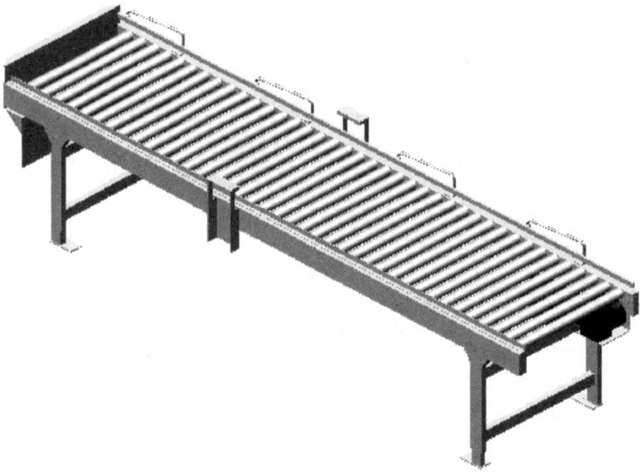

图 2–2　传送链模型

2.1.1　创建传送链文件

打开 SolidWorks 软件，选择新建一个零件，保存文件为“传送链 .sldprt”。

传输链横梁建模

2.1.2　绘制传送链基体

1. 绘制右侧横梁

（1）选择右视基准面，单击“正视于”按钮，进行草图绘制。选择矩形绘制工具绘制一个矩形，并标注尺寸，如图 2-3 所示。完成后单击右上角的“确认”按钮，退出草图绘制。

（2）选择菜单栏中的“插入”→“凸台 / 基体”→“拉伸…”命令，或单击工具栏中的“拉伸凸台 / 基体”按钮，打开“凸台 - 拉伸”属性窗口。利用鼠标选择绘制的矩形草图，在“凸台 / 拉伸”属性窗口中进行拉伸属性设置：方向 1 中选择“给定深度”选项，拉伸深度为 3000mm，如图 2-4 所示。单击“确定”按钮，完成拉伸设置。

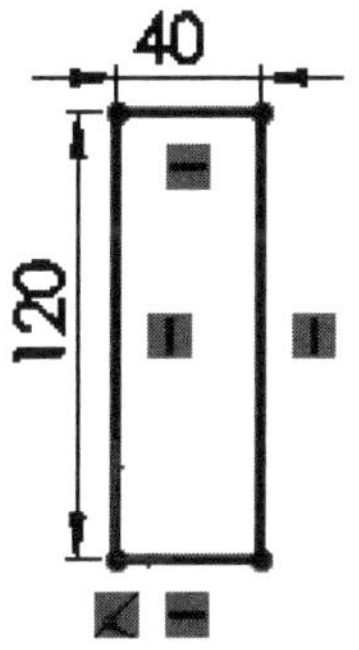

图 2–3　矩形草图

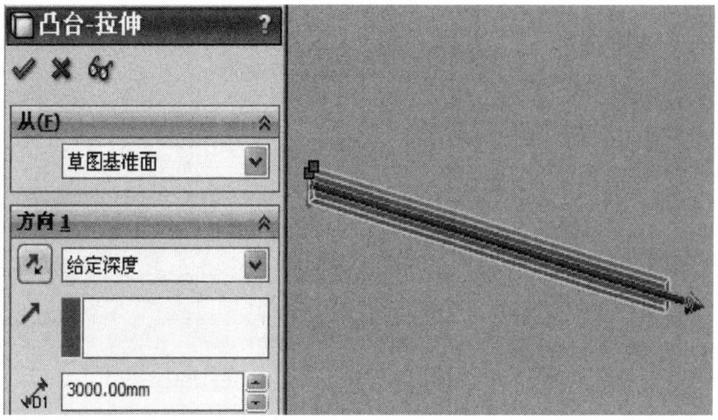

图 2–4　凸台 / 拉伸属性设置

说　明

SolidWorks 三维建模是“基于特征的”，“特征”表示与制造操作和加工工具相关的形状及技术属性。采用“特征”添加的方法创建三维模型，更符合工程技术人员的习惯，与加工制造过程相近，并附加了工程制造的信息，便于理解和使用。

此处通过添加“拉伸”特征，完成从平面草图到三维实体模型的创建。“拉伸”特征属性项有“从”“拉伸方向和深度”“合并结果”及“拉伸实体对应轮廓”等选项。“从”选项设置拉伸从哪个面开始，其下拉列表中有“草图基准面”“曲面 / 面 / 基准面”“顶点”“等距”等选项；“拉伸方向和深度”设置具体拉伸长度，下拉列表中有“给定深度”“完全贯穿”“成形到下一顶点”“成形到一面”“到离指定面指定的距离”“成形到实体”“两侧对称”等选项，方向则通过单击左侧图标切换正反。“合并结果”选项则用于决定新建模型与前面已建模型合并为一个实体还是作为新实体。

（3）选择菜单栏中的“插入”→“参考几何体”→“基准面…”命令，或单击工具栏中的“参考几何体”→“基准面”按钮，打开“基准面”属性窗口。选择横梁端面为参考面，距离 312.5mm，方向反转，如图 2-5 所示，单击“确定”按钮，完成拉伸设置。

（4）选择新建的基准面作为草图绘制面，单击“正视于”按钮，使作图面面向自己，单击按钮进入草图绘制，绘制如图 2-6 所示草图，确认并退出草图绘制。

拉伸此草图，属性设置为：拉伸深度 50mm；方向反向，使之向另一端拉伸；不勾选“合并结果”选项，即拉伸的实体与横梁实体不合并，可单独操作，如图 2-7 所示。确认后退出。

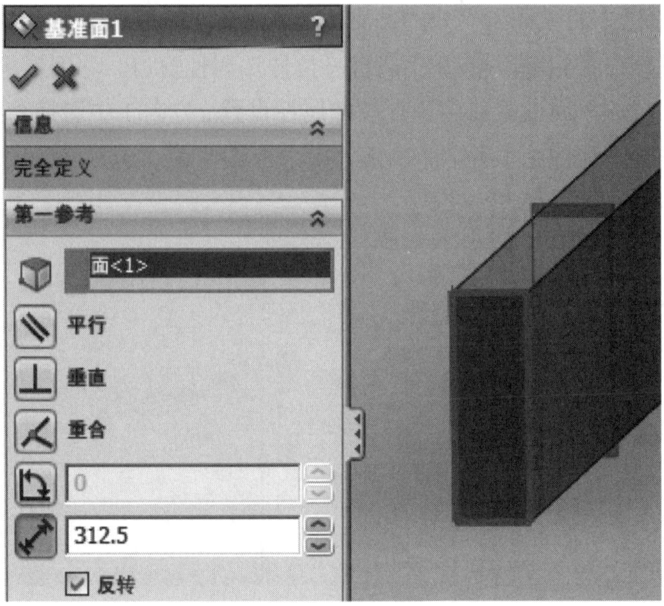

图 2-5　创建参考基准面

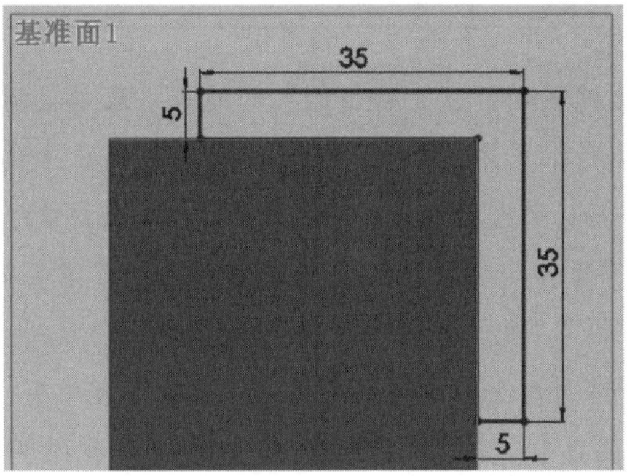

图 2-6　绘制固定夹板草图

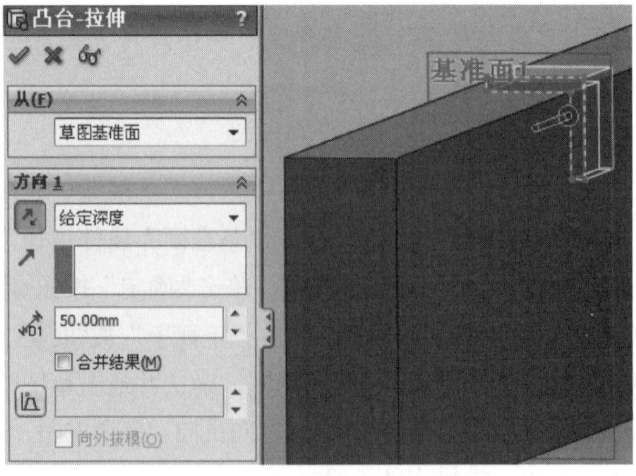

图 2-7　拉伸形成固定夹板模型

（5）选择固定夹板上表面作为参考面，创建新基准面，相距 10mm，方向向下，如图 2-8 所示，确定后退出。

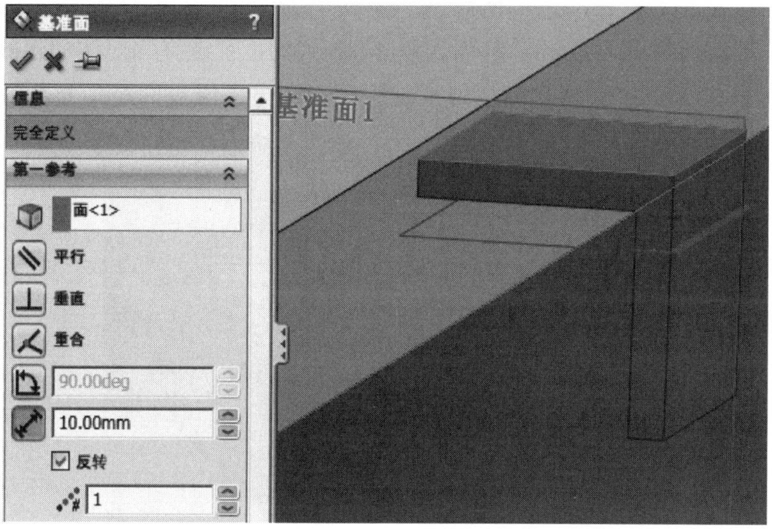

图 2-8　创建基准面

（6）选择新建的基准面为作图面，绘制如图 2-9 所示草图。

向下拉伸 20mm，形成实体，拉伸参数设置如图 2-10 所示。

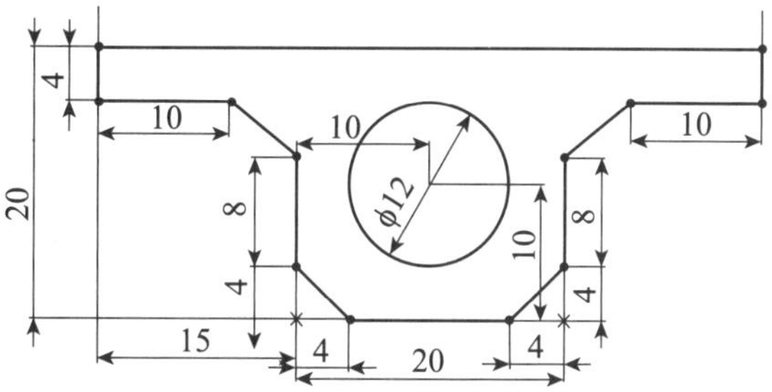

图 2-9　绘制夹板侧方凸台草图

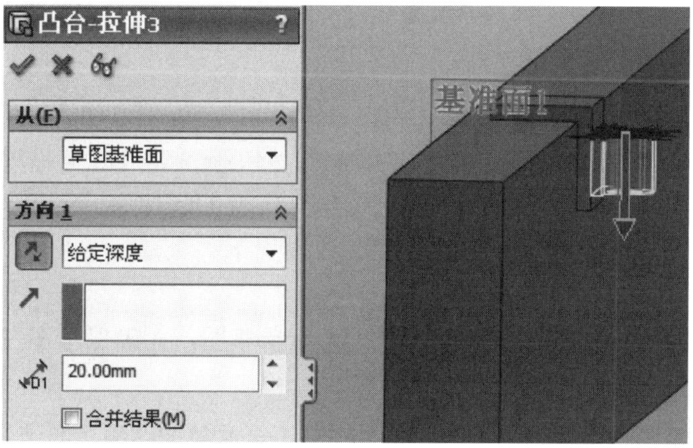

图 2-10　生成凸台实体（参数设置）

（7）阵列固定夹板

选择菜单栏中的“插入”→“阵列 / 镜像”→“线性阵列…”命令，或单击工具栏中的“线性阵列”按钮，打开“线性阵列”属性窗口。选择横梁长度方向边线作为阵列方向，设置参数如下：阵列距离 750mm，阵列数量 2，阵列的特征选择为前述创建的夹板及侧向凸台，如图 2-11 所示（可根据实际情况确定采用默认方向或反向产生对象的阵列，通过单击“线性阵列”属性窗口中的按钮切换）。单击“确定”按钮，完成阵列设置。

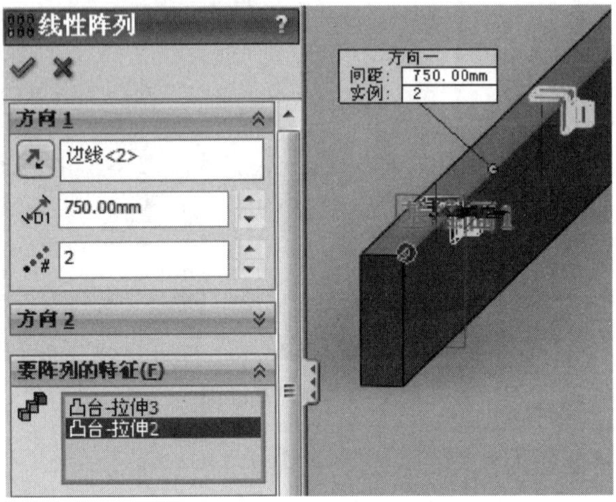

图 2-11　阵列固定夹板及侧向凸台

说　明

“阵列”工具分为草图阵列和实体阵列，用于产生相同并按一定规律布置的草图、实体模型复制品，具体又分为线性阵列（用于产生沿某直线方向均布的阵列或互相垂直的两个方向线性均布的阵列）和圆周阵列（产生沿某圆边按角度均布的阵列）。

线性阵列属性选项包括“阵列方向”（定义阵列所需的边线及正反向）、“距离”、“实例数”（定义阵列后实体的总数量）、“要阵列的特征”（选择阵列的实体）等。

再次选择线性阵列，阵列特征选择夹板、侧向凸台，阵列方向选择横梁侧向边线，间距设为 1575mm，如图 2-12 所示。单击“确定”按钮，完成阵列设置。用同样的方法阵列出第 4 个固定夹板及凸台，距离为 2325mm，如图 2-13 所示。

2. 绘制上方固定杆

（1）选择一端面作绘图面，绘制如图 2-14 所示草图，并确保草图左边线与下方实体左侧边线共线，确认并退出。

选择此草图，拉伸成实体，拉伸长度 3000mm，不合并拉伸结果（取消勾选“合并结果”，便于后续操作）。

（2）绘制固定杆侧方凸台。选择固定杆上表面创建基准面，距离为 3mm，位于上表面下方。

选择此基准面作为绘图面，绘制如图 2-15 所示草图，左侧边线距离固定杆左侧端面 608mm。确认并退出草图。

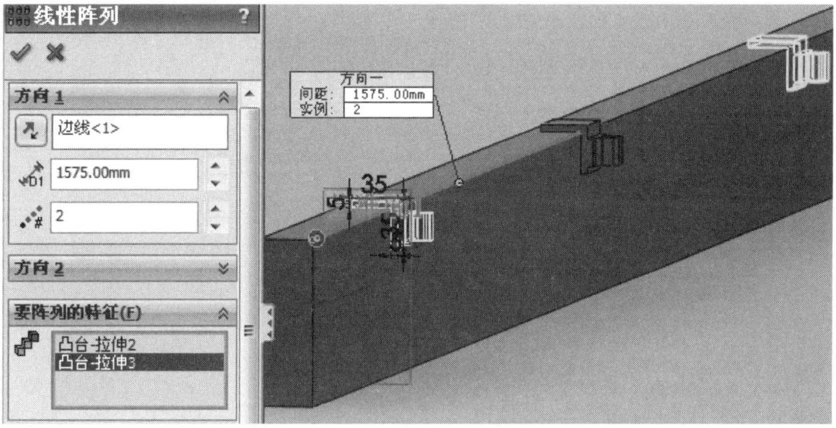

图 2–12　阵列第 3 个固定夹板及侧向凸台

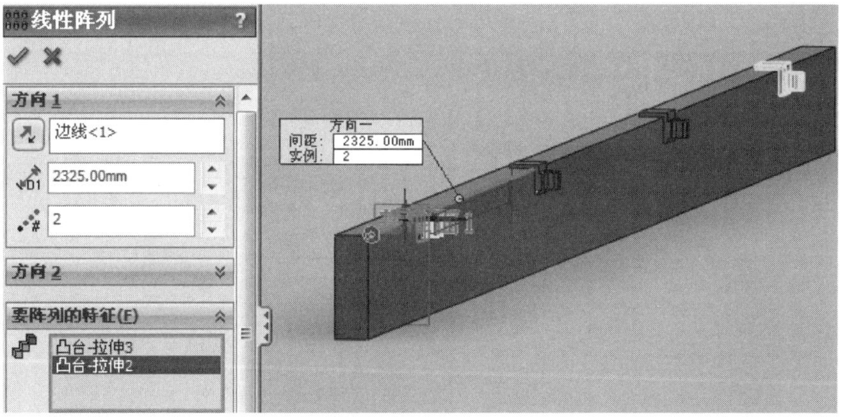

图 2–13　阵列第 4 个固定夹板及侧向凸台

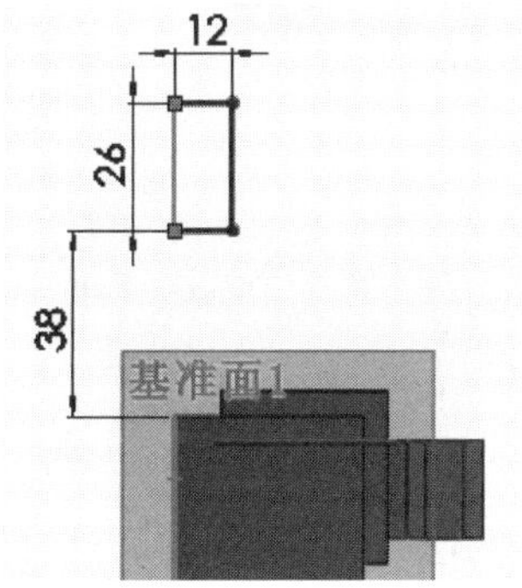

图 2–14　固定杆草图

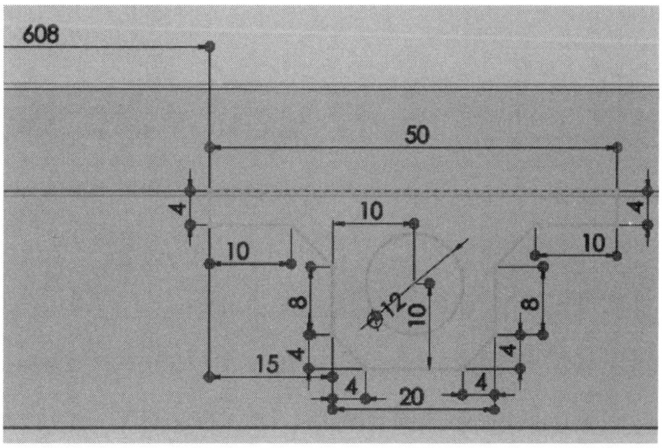

图 2–15　固定杆侧方凸台草图

将草图向下拉伸成实体，拉伸深度为20mm，不勾选“合并结果”选项，如图2-16所示。

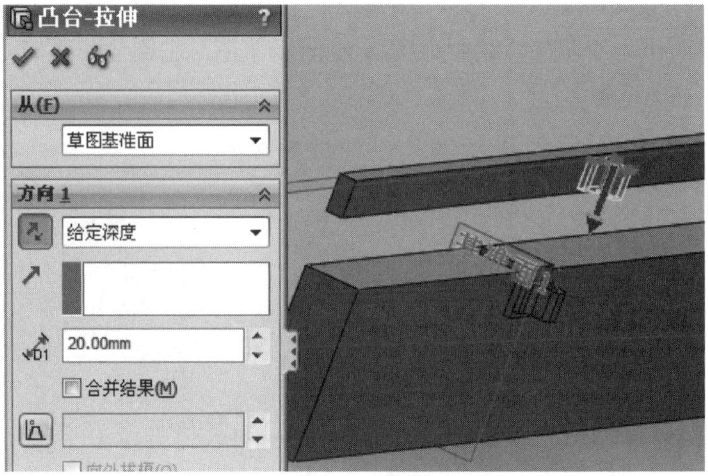

图 2–16　固定杆侧方凸台拉伸实体

选择上述凸台，进行线性阵列3次，阵列方向均为固定架的边线，阵列距离分别设为750mm、1575mm和2325mm，固定杆侧方凸台阵列及三次阵列后的效果分别如图2-17、图2-18所示。

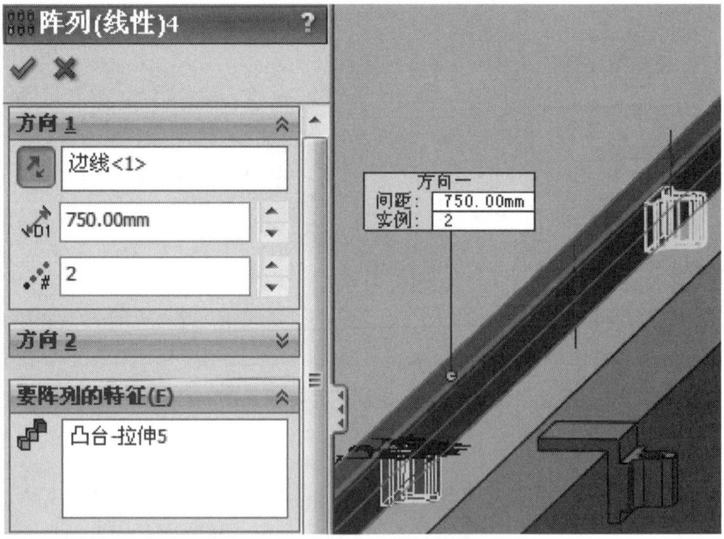

图 2–17　固定杆侧方凸台阵列

（3）绘制经过上下两个凸台的连杆。

连杆为弯曲圆柱体，可采用扫描方式成形。因其轴线不处于任何一个基准平面中，故需建立经过两个圆孔中心轴线的基准面作为扫描路径的草绘面。

创建基准轴。选择菜单栏中的“插入”→“参考几何体”→“基准轴…”命令，或单击工具栏中的“参考几何体”→“基准轴”按钮，打开“基准轴”属性窗口。选择固定杆凸台圆孔内圆柱面，创建其中心轴线为基准轴，如图2-19所示。

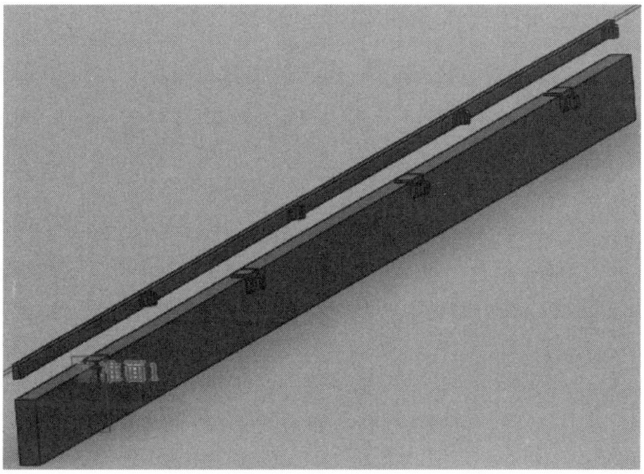

图 2–18　三次阵列后效果

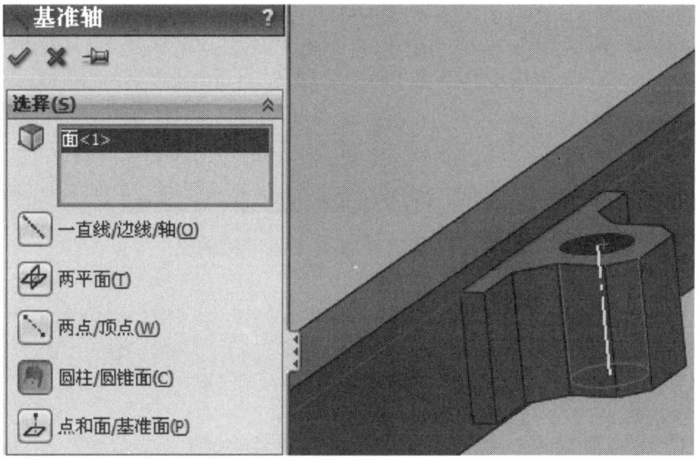

图 2–19　创建第一个基准轴

以同样的方法选择下方横梁凸台圆柱面创建第二个基准轴，如图 2-20 所示。

图 2–20　创建第二个基准轴

创建经过基准轴 1、基准轴 2 的基准面，如图 2-21 所示。

（4）绘制连杆路径。选择新创建的基准面作为绘图面，绘制如图 2-22 所示草图，应确保两个竖线与两个基准轴重合。

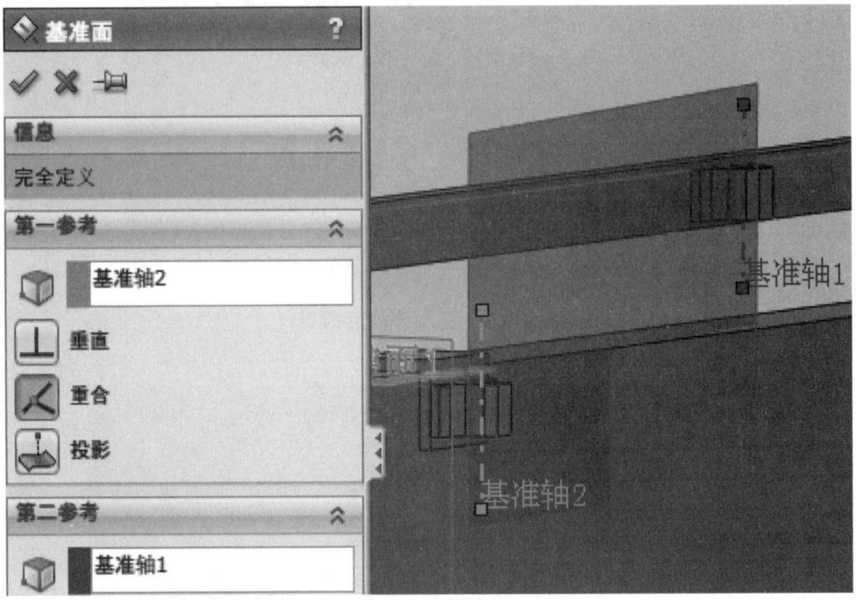

图 2-21　创建经过 2 个基准轴的面

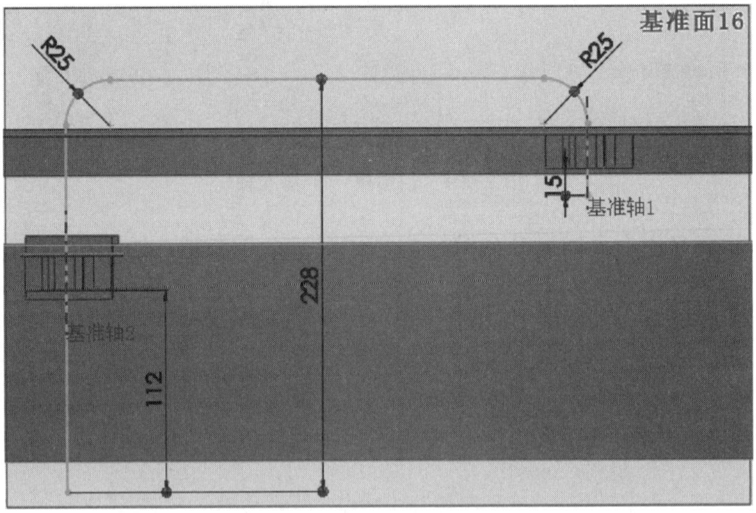

图 2-22　绘制连杆引导线草图

（5）绘制连杆轮廓。创建经过选择路径端点且平行于上视面的基准面，如图 2-23 所示。绘制直径 $\phi 12$ 的圆，与凸台圆孔重合，如图 2-24 所示，绘制完成确认并退出草绘。

（6）扫描形成连杆实体。选择菜单栏中的“插入”→“凸台 / 基体”→“扫描…”命令，或单击工具栏中的“扫描”按钮，打开“扫描 1”属性窗口。选择草绘的圆形为轮廓，曲线段为路径，如图 2-25 所示，确认完成形成连杆实体。

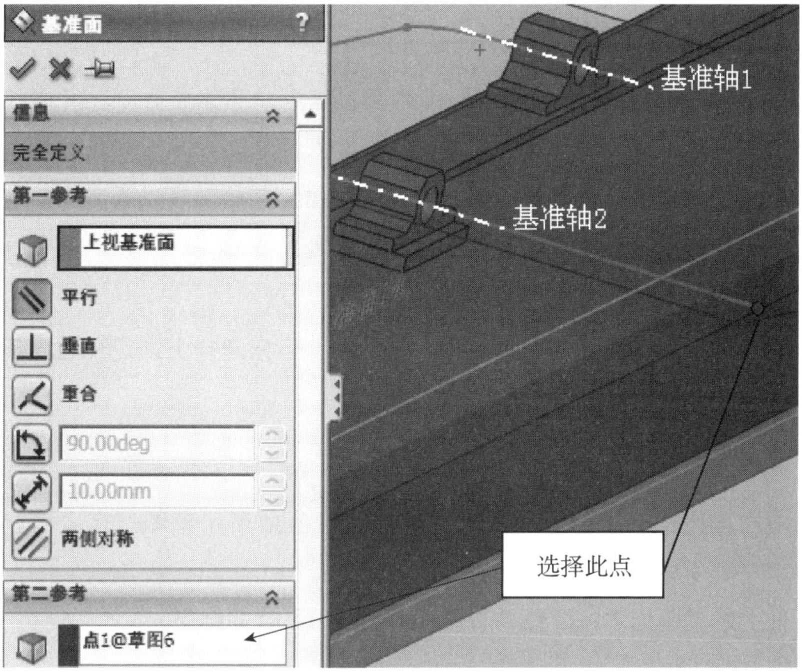

图 2-23　创建轮廓绘图平面

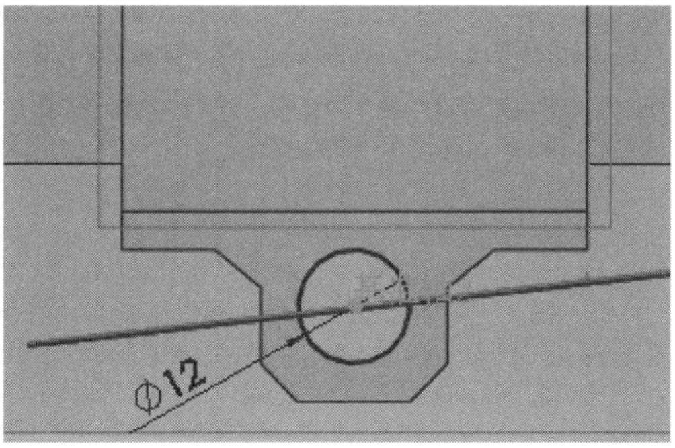

图 2-24　绘制轮廓

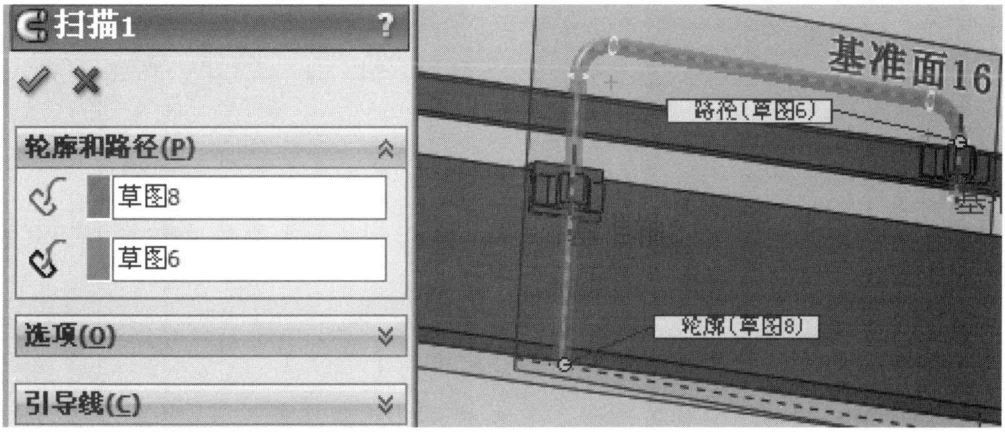

图 2-25　扫描形成连杆

说　明

“扫描”特征是将一个轮廓沿给定路径扫掠生成实体或曲面。实体扫描分为凸台扫描和切除扫描。要创建扫描特征，需分别绘制路径草图和轮廓草图。对于实体扫描而言，轮廓必须是封闭的。而曲面扫描，其轮廓可以是闭环的也可以是开环的。两种扫描的路径草图可以是闭环的也可以是开环的。

（7）阵列连杆。用线性阵列产生另外3个连杆，方向选择上固定杆边线，阵列距离分别为750mm、1575mm和2325mm。

3. 绘制左侧横梁

（1）选取右侧横梁一端面为绘图面，绘制如图2-26所示草图，底边线与右侧横梁底面边线共线，左侧线与右侧横梁内侧面间距620mm。

（2）拉伸上述草图为实体，拉伸长度3000mm，不合并结果。

传输链支腿建模

4. 绘制支腿

（1）选取左侧横梁外侧面作为绘图面，绘制图2-27所示草图。

（2）选择“草图”工具栏中的“线性草图阵列”按钮 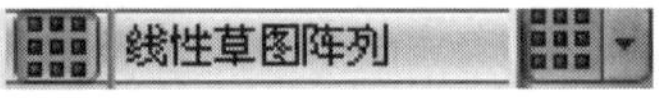

，阵列上述草图，阵列距离为2450mm，如图2-28所示，方向为图中所示方向。确定并退出草图。

（3）拉伸上述草图形成实体，拉伸方向为向右，拉伸深度为30mm，产生与横梁相同厚度的支腿。

（4）线性阵列支腿，选择横梁下边线为阵列方向线，阵列方向为向右，间距为670mm，实例数为2，如图2-29所示。

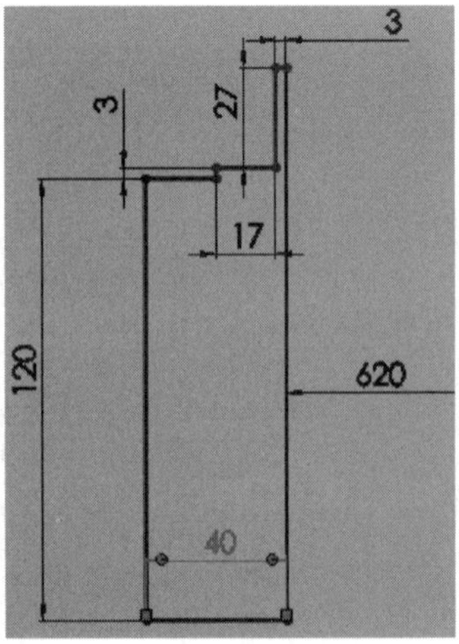

图2-26　左侧横梁剖面

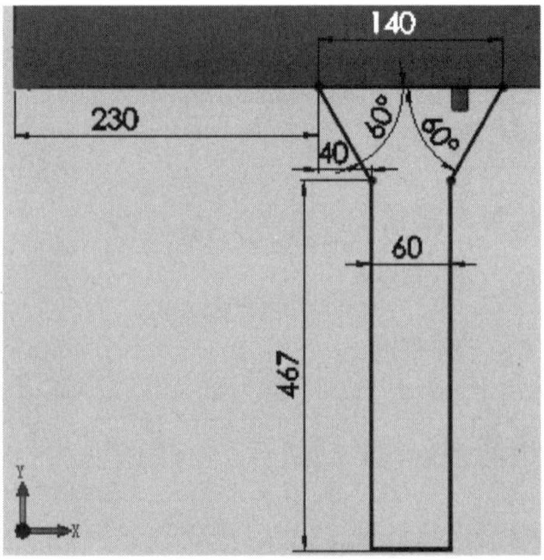

图2-27　支腿草图

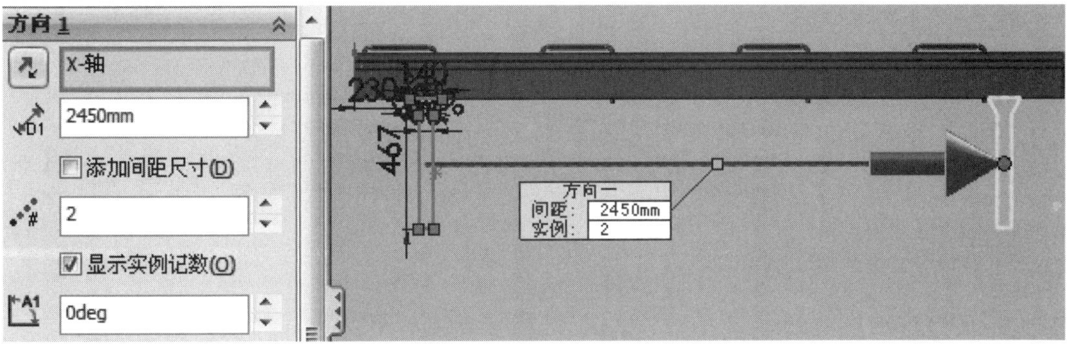

图 2-28　草图阵列

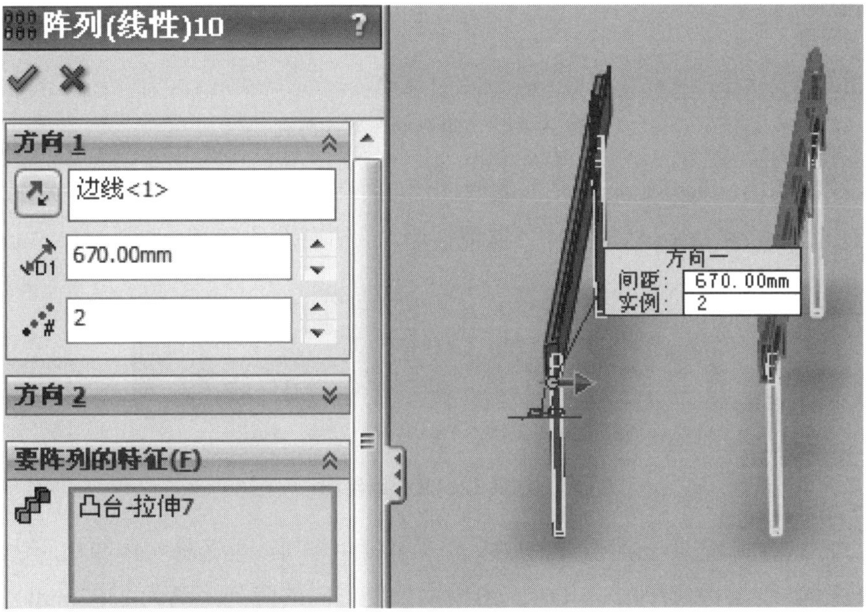

图 2-29　阵列支腿

（5）选择支腿底面为绘图面，绘制如图 2-30 所示矩形。

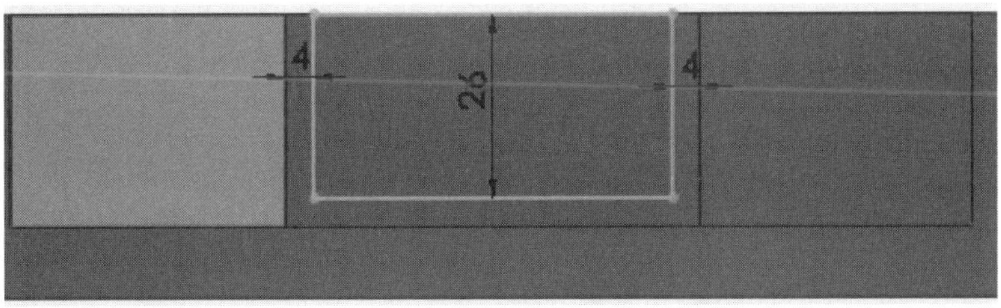

图 2-30　支腿延长段截面草图

（6）拉伸实体，选择前述草图，向下拉伸 74mm，取消勾选“合并结果”选项。

（7）阵列实体，选择上述形成的支腿延长段，采用线性阵列，再选择实体的相应边线作为阵列的 2 个方向，实例数均为 2；其中，沿横梁长度方向的阵列距离为 2450mm，另一个垂直于此向的阵列距离为 674mm，如图 2-31 所示。

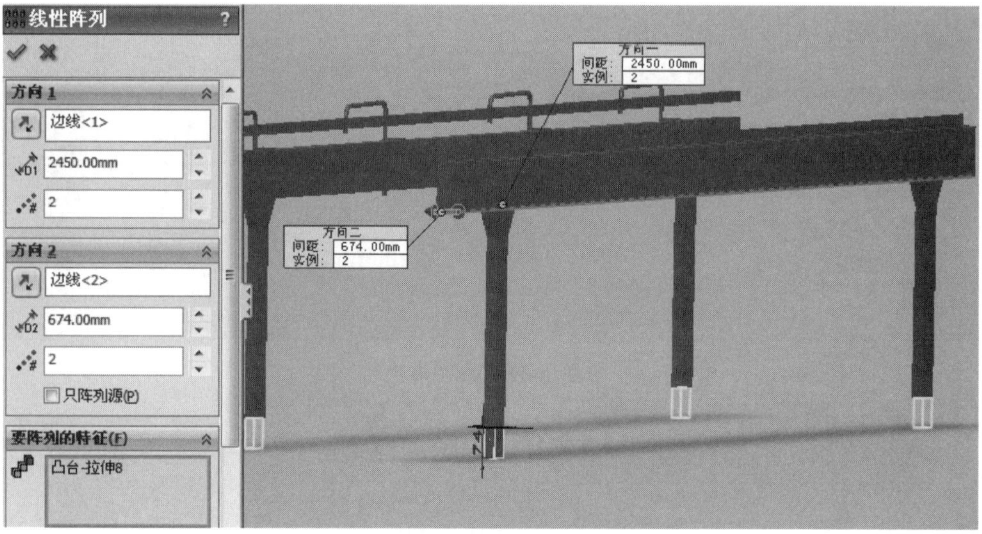

图 2–31　支腿延长段双向阵列

（8）绘制底板。选择延长段底面为绘图面，绘制如图 2-32 所示矩形。完成后确认并退出草图，向下拉伸 6mm 形成实体，取消勾选“合并结果”选项。

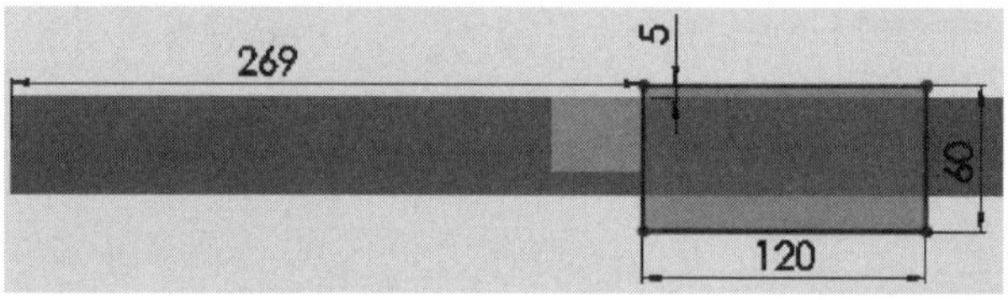

图 2–32　底板草绘图

（9）阵列实体。选择上述形成的底板，采用线性阵列，再选择实体的相应边线作为阵列的 2 个方向，实例数均为 2；其中，沿横梁长度方向的阵列距离为 2392mm，另一垂直于此向的阵列距离为 650mm，如图 2-33 所示。

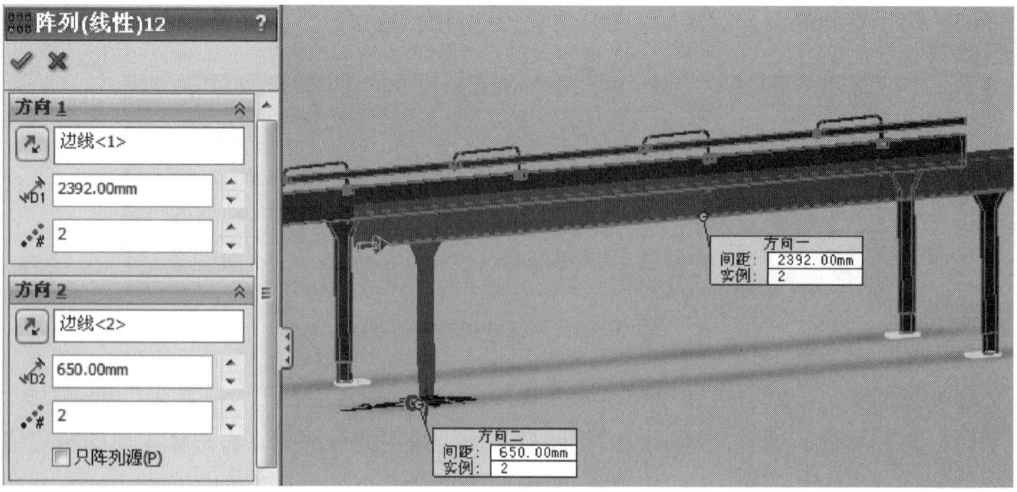

图 2–33　双向阵列底板

5. 绘制横挡和滚轮

（1）选择右侧横梁，设为隐藏。选择支腿内侧面，绘制如图 2-34 所示横挡草图。

（2）拉伸成实体，选择“成形到下一面”，取消勾选“合并结果”选项，如图 2-35 所示。

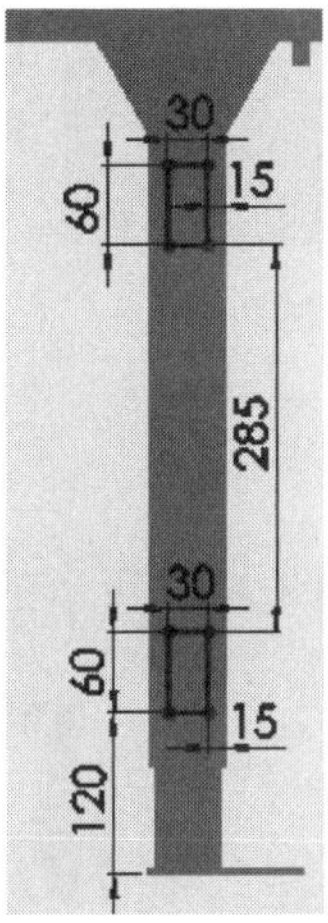

图 2-34　横挡草图

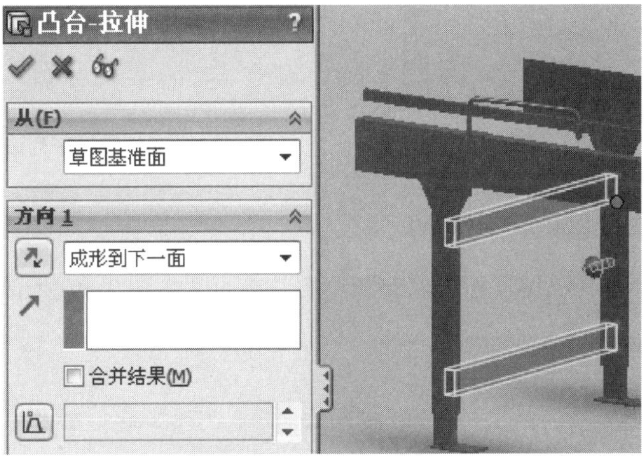

图 2-35　拉伸形成横挡实体

（3）阵列横挡实体，选择横梁长度方向边线为阵列方向，阵列距离为 2450mm，如图 2-36 所示。

（4）绘制滚轮。为便于操作，暂时隐藏左侧横梁，选取右侧横梁内侧面为绘图面，绘制草图如图 2-37 所示。采用线性草图阵列工具创建滚轮截面阵列，属性设置如图 2-38 所示。确定并退出草图。

拉伸此草图形成实体，拉伸长度设为 620mm，方向为朝向另一侧横梁，不合并结果。显示另一侧横梁，观看完成的结果。

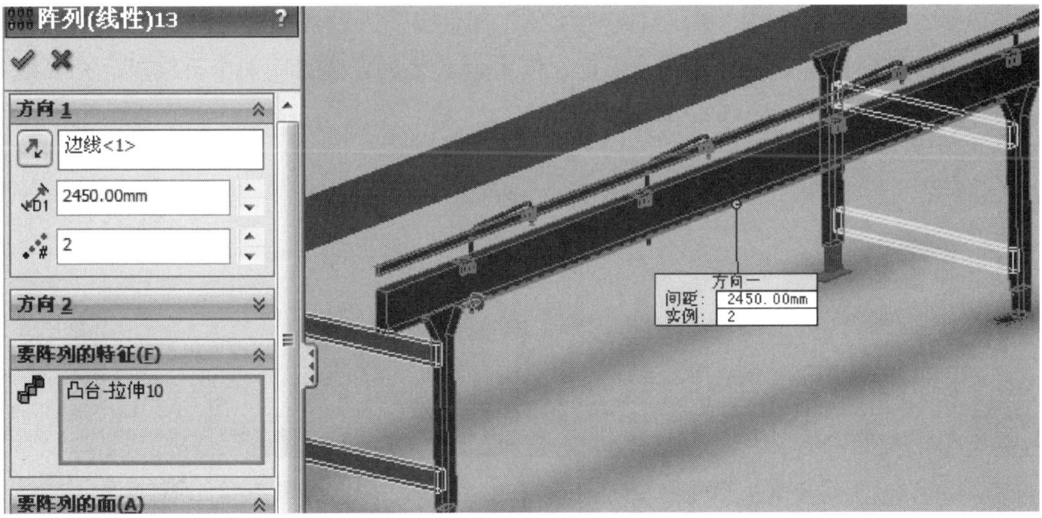

图 2-36　阵列横档

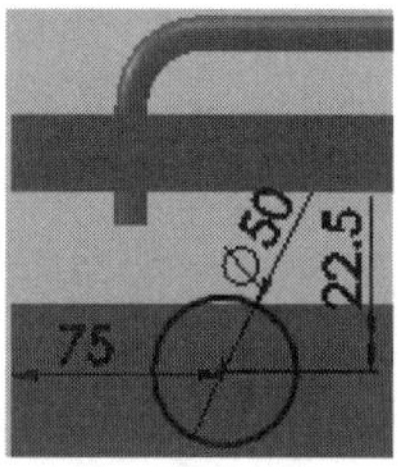

图 2–37　滚轮截面草图

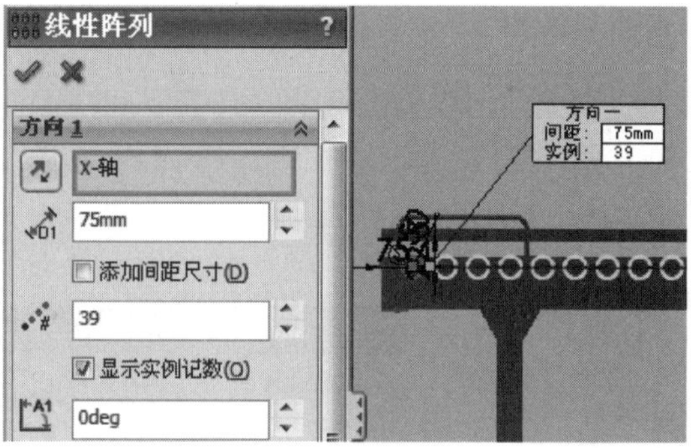

图 2–38　线性阵列滚轮属性设置

传输链电机及传动机构建模

6. 绘制电机及传动机构

（1）选择横梁端面，创建新绘图基准面，如图 2-39 所示，绘制图 2-40 所示的折线段。

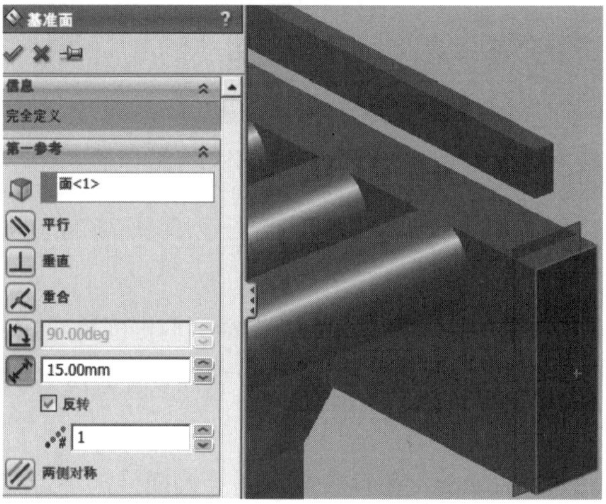

图 2–39　创建新绘图基准面

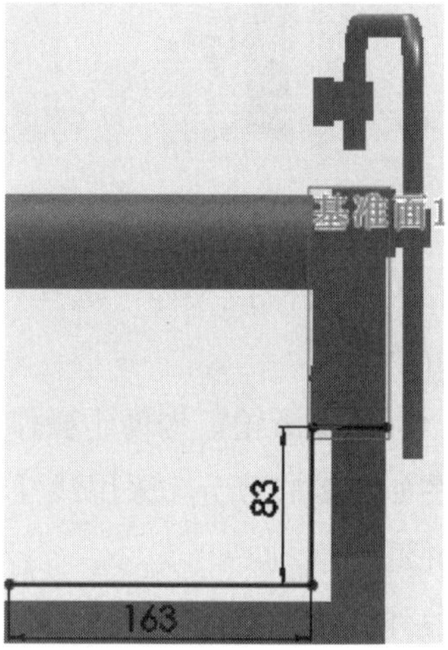

图 2–40　绘制折线段

选择“等距实体”，打开“等距实体”属性窗口。设置等距距离为 4mm，选择前述折线段，如图 2-41 所示，单击“确定”按钮。绘制直线封闭两个折线段，完成绘制后的草图如图 2-42 所示。确定并退出草图。

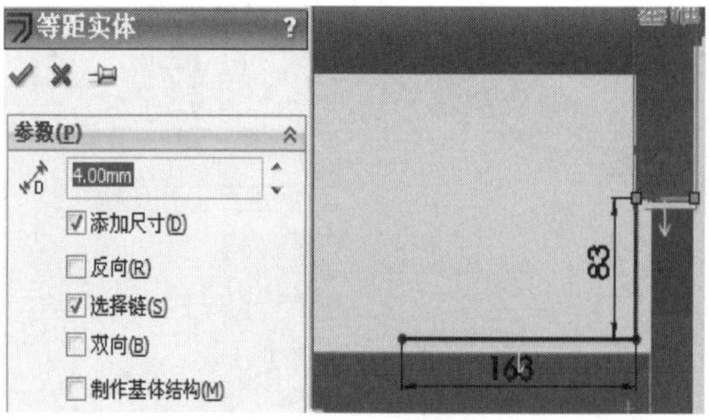

图 2–41　等距折线段

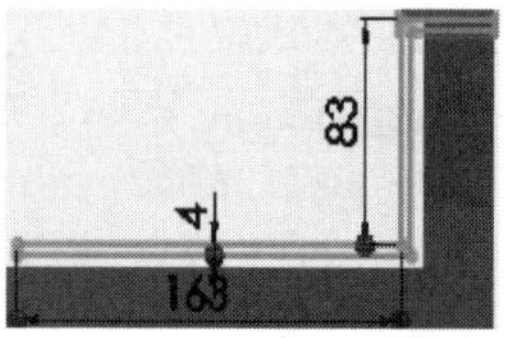

图 2–42　完整草图

（2）将此草图拉伸成实体，拉伸方向为朝向横梁另一端面，给定深度为 150mm。

（3）选择图 2-43 所示面为绘图面，绘制变速机构草图（见图 2-44），完成后向上拉伸形成实体，给定深度为 140mm，不合并结果。

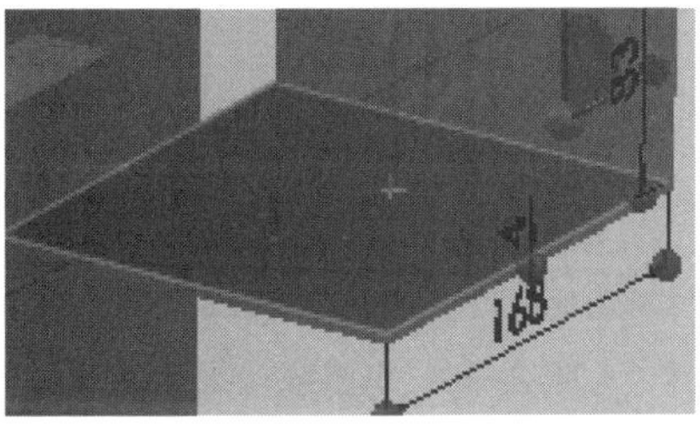

图 2-43　变速机构绘图面

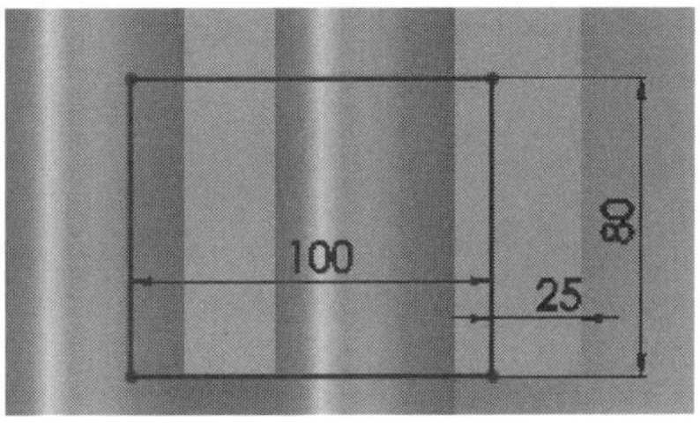

图 2-44　变速机构草图

（4）选取图 2-45 所示面为绘图面，绘制输出轴草图（见图 2-46）。完成后向右侧横梁方向拉伸成实体，给定深度 35mm，不合并结果。

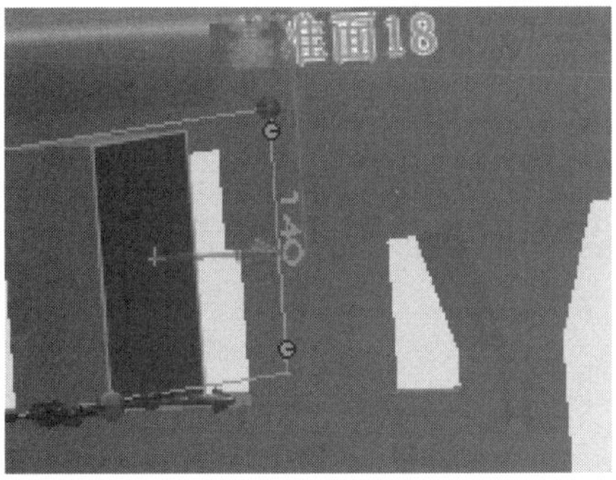

图 2-45　输出轴绘图面

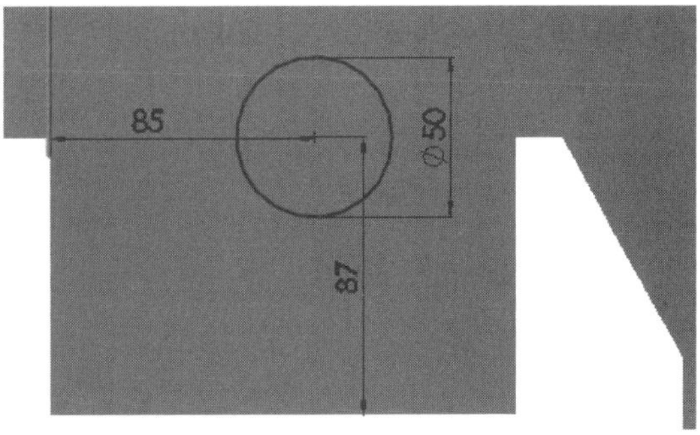

图 2-46　输出轴草图

（5）选取图 2-47 所示输出轴右侧面为绘图面，绘制传动轮草图，如图 2-48 所示。拉伸草图，给定深度为 50mm，不合并结果。

（6）选取图 2-49 所示面为绘图面，绘制电机联轴器，绘制的草图如图 2-50 所示。拉伸草图，给定深度为 70mm，不合并结果。

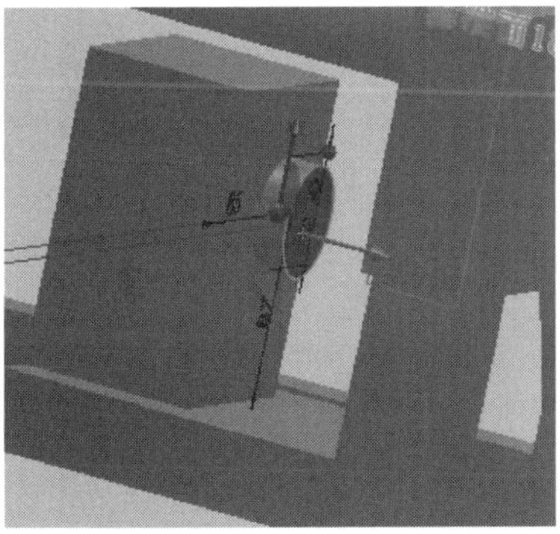

图 2-47　传动轮绘图面

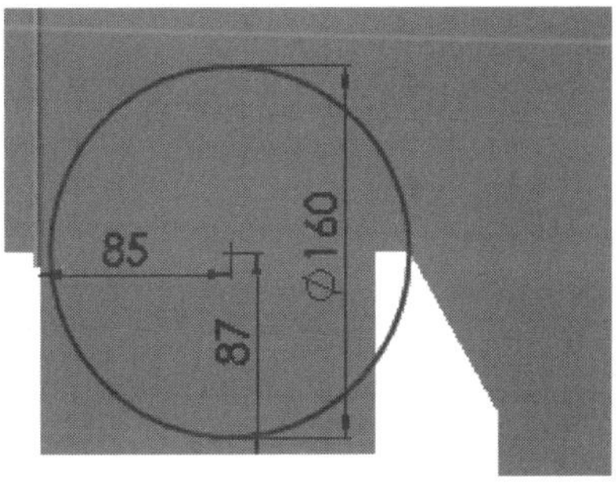

图 2-48　传动轮草图

图 2–49　电机联轴器绘图面

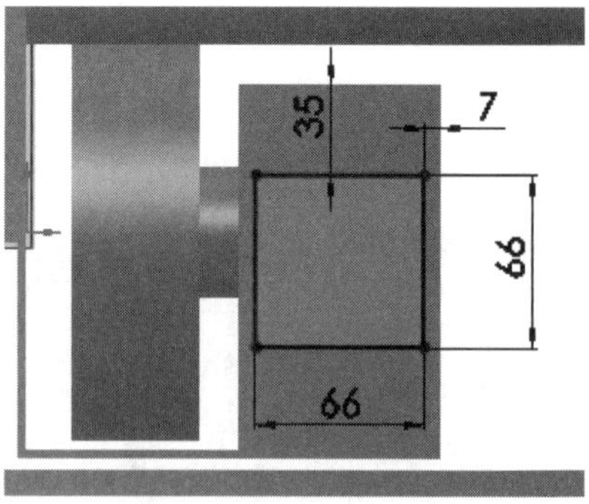

图 2–50　电机联轴器草图

（7）选取联轴器侧面创建新基准面（见图 2-51），参数设置如图 2-52 所示。在新建的基准面上绘制中心线作为参考线，与联轴器下边界相距 33mm，再绘制电机草图，如图 2-53 所示。

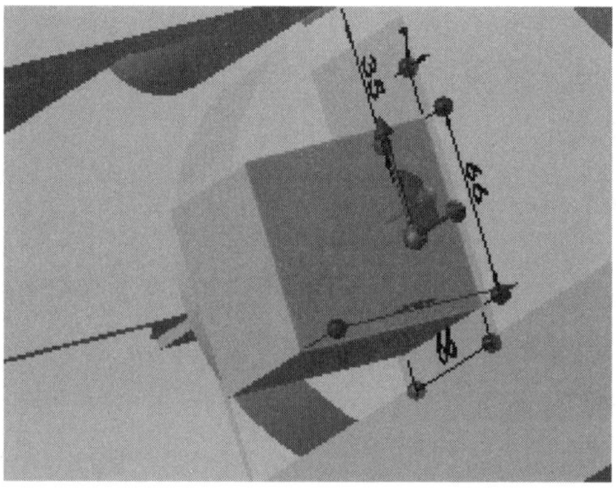

图 2–51　联轴器侧面创建新基准面

确认并退出草图绘制，选择菜单栏中的“插入”→“凸台 / 基体”→“旋转…”，或单击工具栏中的“旋转凸台 / 基体”按钮，打开“旋转”属性窗口，编辑旋转凸台，如图 2-54 所示。

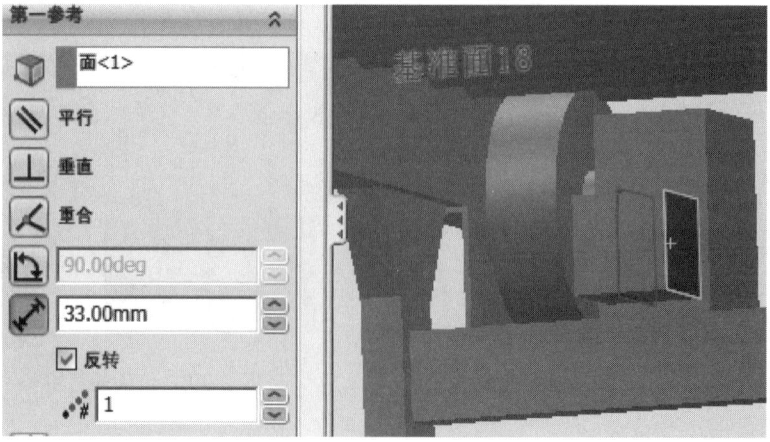

图 2–52　基准面属性参数设置

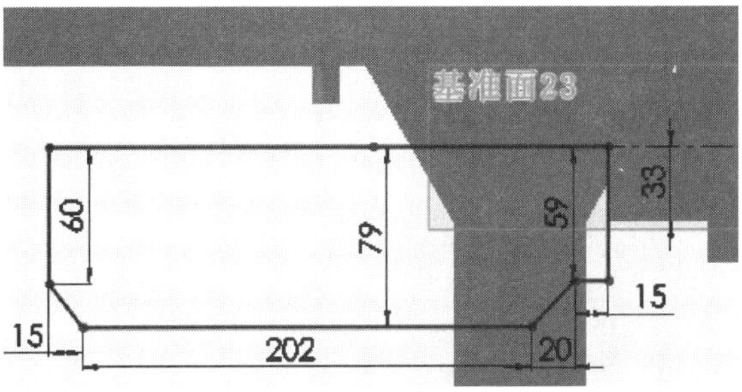

图 2-53　电机旋转剖面草图

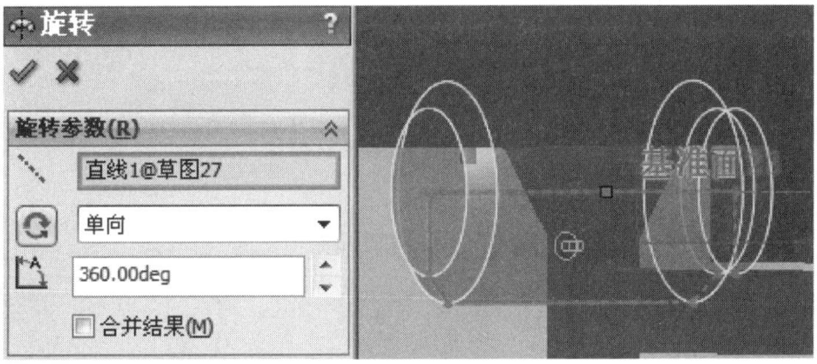

图 2-54　旋转形成电机实体

说　明

“旋转”特征是将横断面草图绕一轴线旋转而形成实体。创建“旋转”特征时，必须有一条旋转轴线。旋转分为凸台旋转和旋转切除，这两种旋转特征的横截面必须是封闭的。

（8）添加电机接线盒。首先创建绘图基准面，选取图 2-54 中电机实体的最左侧圆面为基准面，创建参考基准面，如图 2-55 所示。

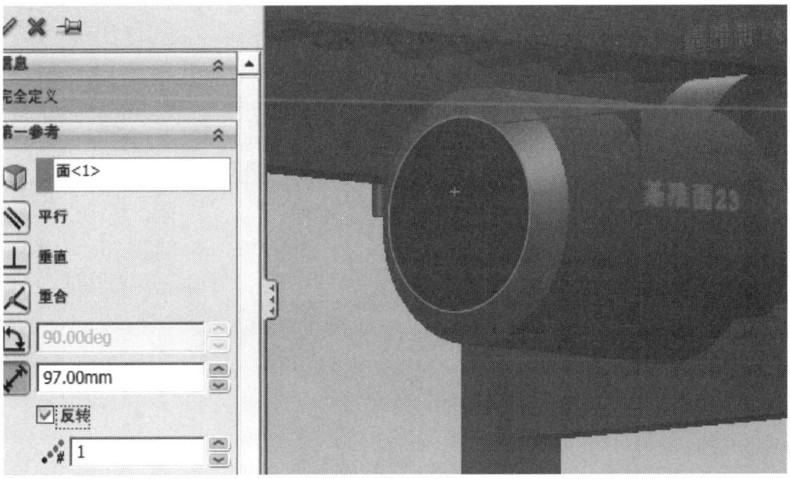

图 2-55　绘图基准面设置

在新建基准面上绘制 ϕ158 的圆，并添加约束使该圆与电机端面圆同心，再绘制其他线段，添加尺寸，裁剪成如图 2-56 所示草图。利用此草图创建拉伸凸台形成实体，如图 2-57 所示。

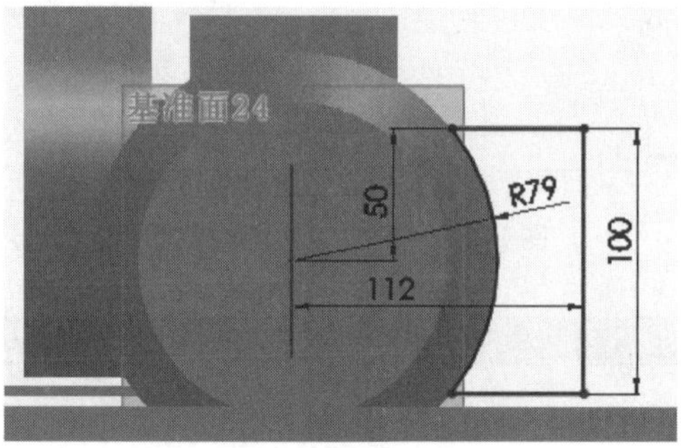

图 2-56　电机接线盒草图

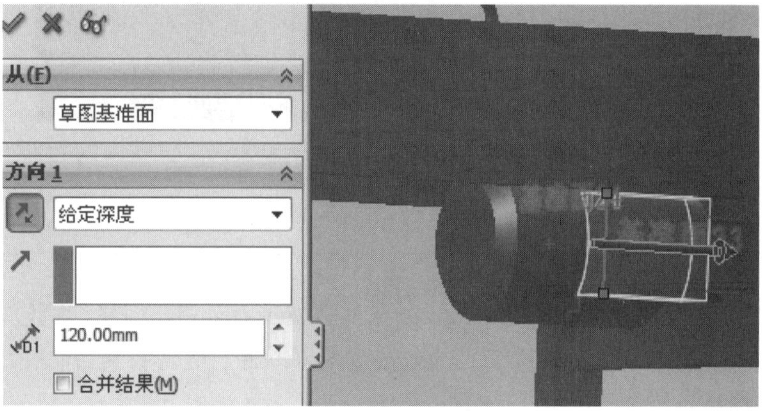

图 2-57　创建拉伸凸台

7. 绘制末端挡板和电源控制柜

（1）选择图 2-58 所示面为绘图面，绘制草图如图 2-59 所示，向外等距 3mm，封闭线段，如图 2-60 所示。

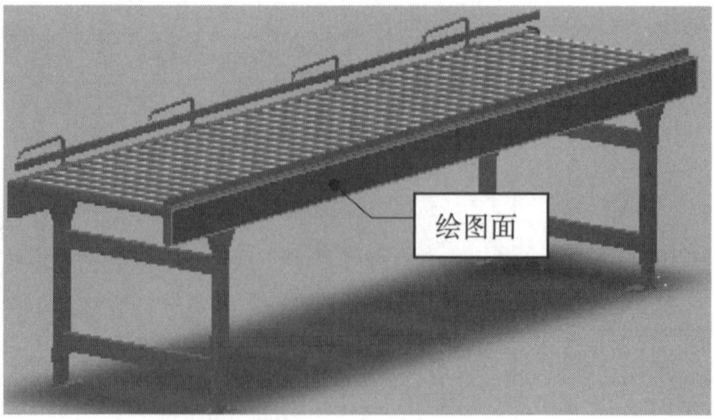

图 2-58　选择绘图面

传输链挡板支架建模

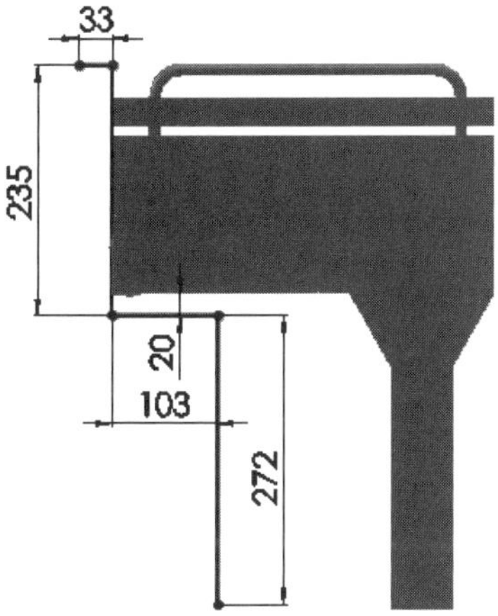

图 2-59　折线段

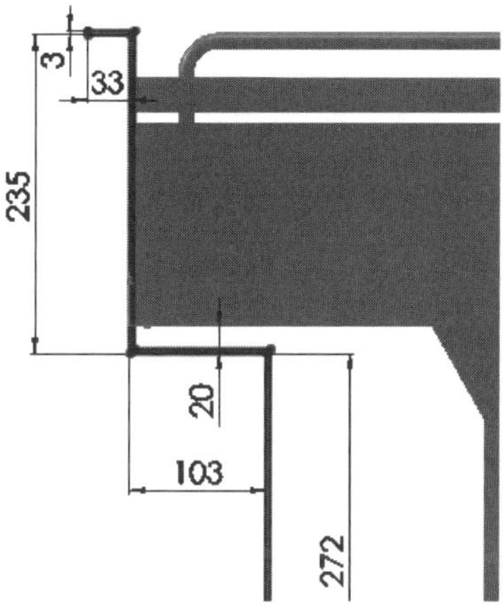

图 2-60　等距后封闭线段

确认并退出草图绘制，创建拉伸凸台，给定深度 680mm，方向朝向另一侧横梁，不合并结果。

（2）选择菜单栏中的“插入”→“特征”→“倒角…”命令，或单击工具栏中的“圆角”下的下拉箭头，选择“倒角”

，打开“倒角”属性窗口。选择“距离 - 距离”选项，分别在距离框中输入“30”和“38”，倒角对象选择挡板顶端高度方向的两条边线，如图 2-61 所示，确定后退出。

（3）选择图 2-62 所示面为绘图面，并正视于此面。选择菜单栏中的“插入”→“特征”→“筋…”命令，或单击工具栏中的“圆角”下的下拉箭头，选择“倒角”

。进入草图绘制界面后绘制线段（截面图形）如图 2-63 所示，确定并退出草图绘制环境（单击按钮），转而进入筋特征参数设定。

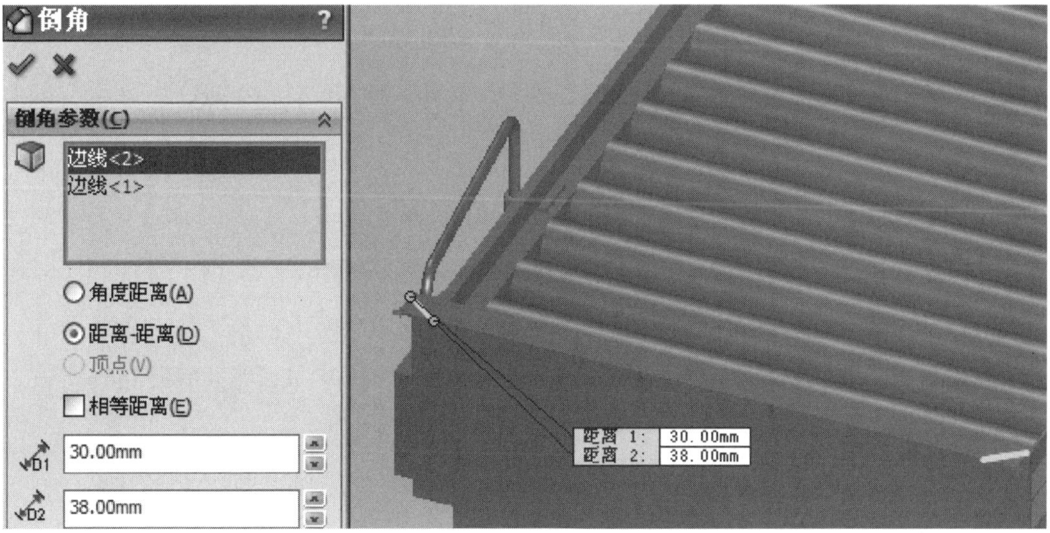

图 2-61　挡板上端两外侧边倒角

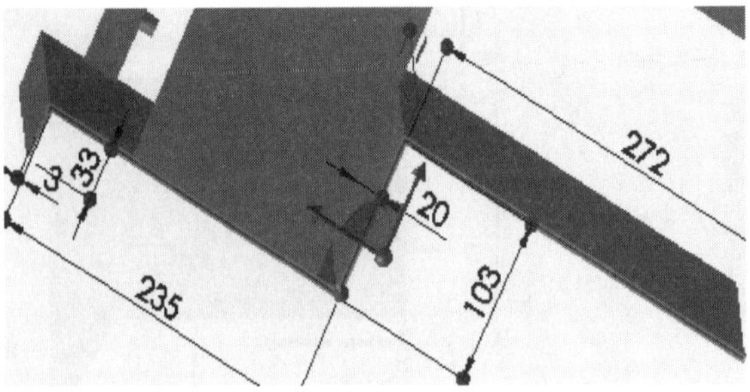

图 2-62　选择新绘图面

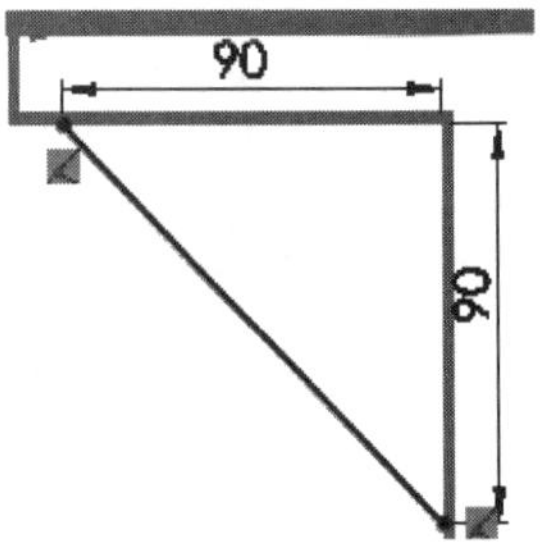

图 2-63　“筋”截面

说　明

“筋”特征截面草图是不封闭的，其截面只需绘制一条直线（线段），但必须保证直线（线段）两端与接触面对齐。

如图 2-64 所示，在“筋 3”属性窗口中，设置单侧厚度为 3mm（图示中选择“厚度”“第二边”，朝向左侧），拉伸方向如图 2-64 所示，为“平行于草图”向内，指向折弯边（图中通过勾选“反转材料方向”实现）；“所选实体”选择挡板模型，确定后完成筋特征创建。

（4）参照（3）创建另一侧“筋”特征，单侧厚度为 3mm，方向为向内。

（5）选择图 2-65 所示面为绘图面，绘制电源控制柜草图，确保矩形底边与板下边缘重合（见图 2-66）。完成草图后，拉伸形成实体，方向为向外，拉伸深度为 120mm，不合并结果。

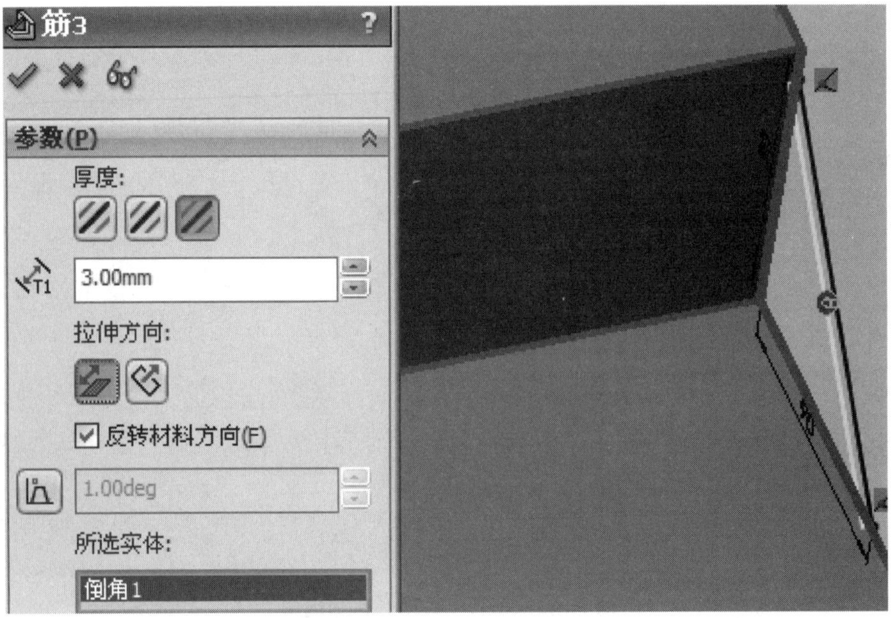

图 2-64　“筋”参数设置

图 2-65　电源控制柜绘图面

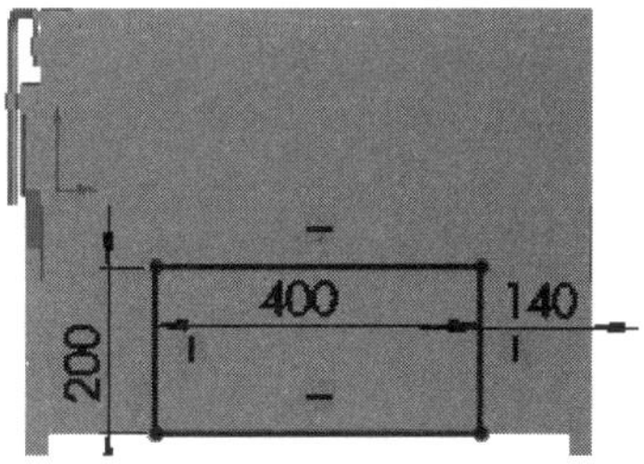

图 2-66　电源控制柜草图

8. **绘制两侧横梁侧向支架**

（1）选择上视基准面为绘图面，绘制图 2-67（a）所示草图，图 2-67（b）为局部放大图。完成后将其双向拉伸成实体，参数设置如图 2-68 所示。

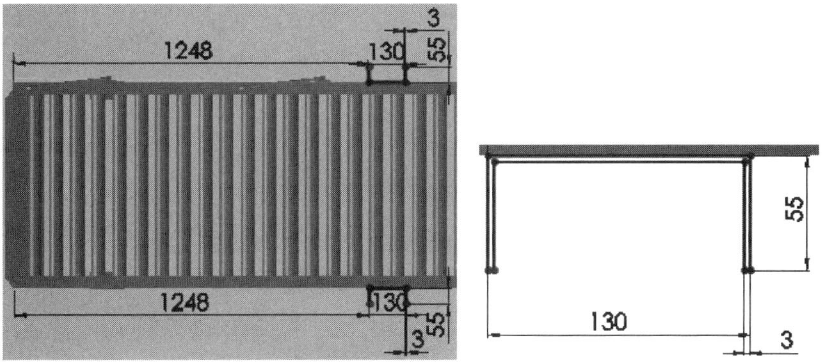

(a)　　　　(b)

图 2-67　横梁侧向支架

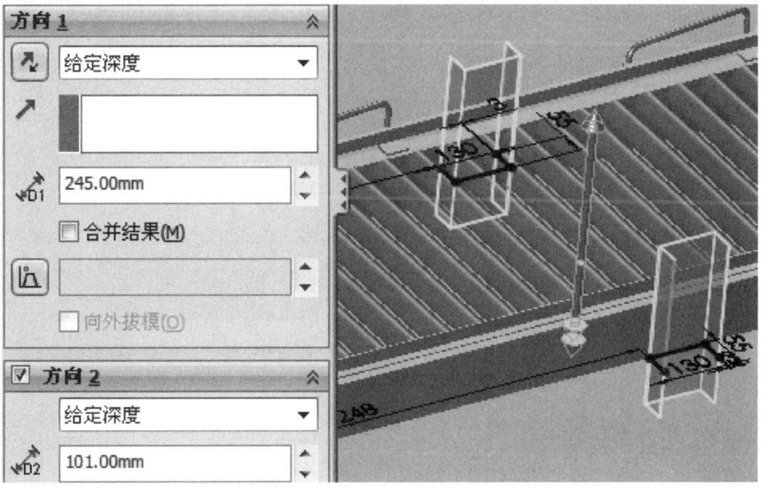

图 2-68　侧向支架拉伸设置

（2）选择图 2-69 所示面为绘图面，绘制支架上端封挡板截面，确保矩形 4 边与支架内侧边线共线，如图 2-70 所示。选择拉伸凸台 / 基体，选取绘制的草图，向下拉伸 3mm。

图 2-69　选择绘图面

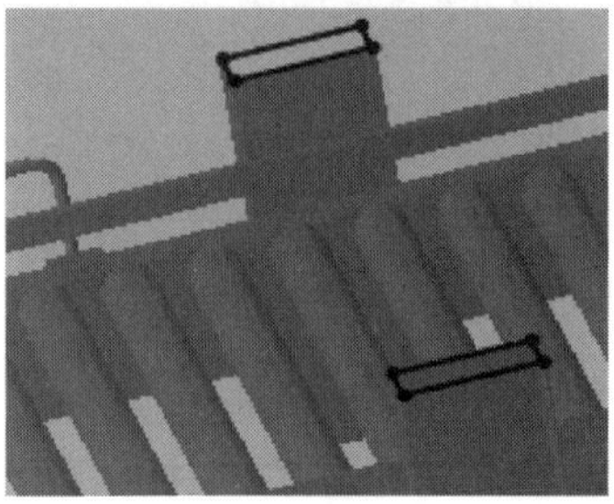

图 2-70　绘制封挡板截面草图

（3）选取图 2-71（a）所示面作为切口草图绘图面，绘制如图 2-71（b）所示两个矩形，其尺寸参照图 2-71（c）。选择菜单栏中的“插入”→“切除”→“拉伸…”命令，或单击工具栏中的“拉伸切除”按钮，在打开的“切除 - 拉伸”属性窗口中设置终止条件为“成形到下一面”，选择如图 2-72 所示面作为终止面，确认完成“拉伸切除”的创建。

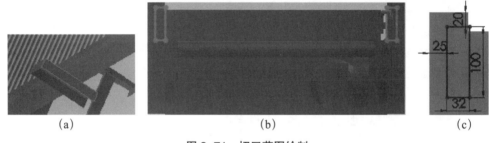

(a)　(b)　(c)

图 2-71　切口草图绘制

图 2-72　“拉伸切除”特征设置

2.1.3　文件保存及输出

1. 设置各部件颜色

（1）单击图形区上方的“编辑外观”按钮，在出现的“颜色”属性窗口中取消默认选择项。单击“选择实体”按钮，用鼠标选取电机、变速箱、传动轮等实体，颜色选取黑色，如图 2-73 所示。

（2）按上述（1）方法，将其他实体设为灰白色，完成后的效果如图 2-2 所示。

2. 文件保存

保存文件，单击“保存”按钮或选择菜单栏中的“文件”→“保存”命令。

若将此模型用于机器人软件（如 RobotStudio）进行离线编程和仿真，可将该模型导出为 ACIS 文件格式：选择菜单栏中的“文件”→“另存为…”命令，在弹出的窗口中选择“保存类型”为“ACIS（*.sat）”，设置保存路径和文件名（见图 2-74），保存即可。

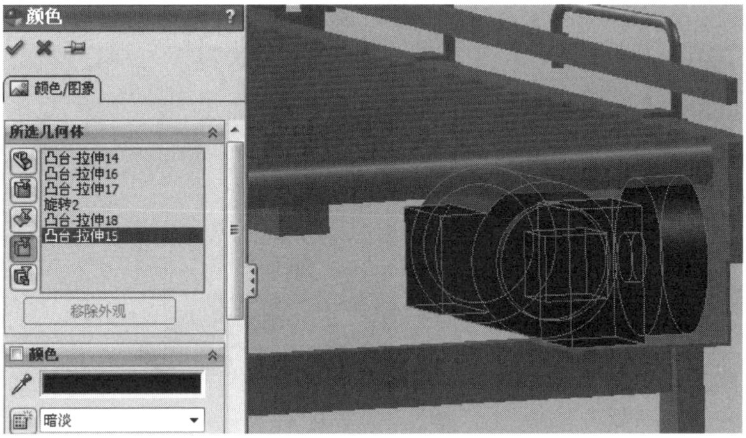

图 2-73　电机等实体颜色设置

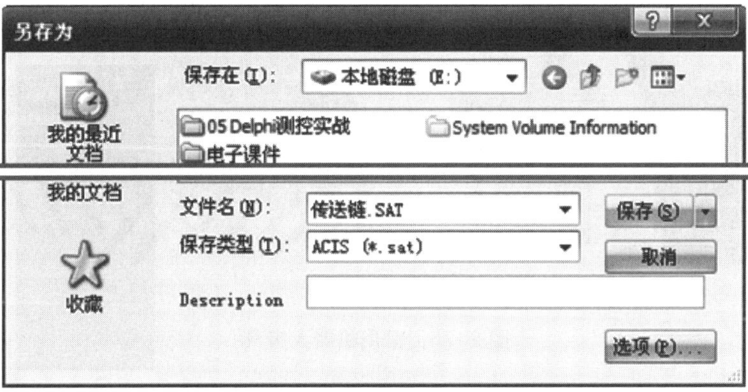

图 2-74　模型导出为 ACIS 格式

2.2　夹具及垛板建模

学习目标

夹具建模：先绘制 1 个底板，再通过阵列获得 3 个底板模型，然后完成连杆、上板、上方固定架、安装法兰的建模。

垛板建模：先完成垛板建模，再完成垛板垫、侧边挡板建模。

1. 夹具连杆为底部圆台，上部圆柱无法通过拉伸实现，此处可采用旋转方式实现。

2. 上方固定架为薄壁实体，采用抽壳方式比拉伸切除更为便捷。

3. 垛板垫、侧边挡板的截面固定，但轨迹非直线，故采用扫描方式建立实体。

重点难点

旋转、抽壳、筋特征及共线、相切等约束条件的运用。

常见码垛机器人夹具有夹板式、吸盘式、夹爪式、托盘式等，夹具的形式应根据实际使用要求进行合理设计或选型。图2-75所示为几种常见机器人夹具形式。

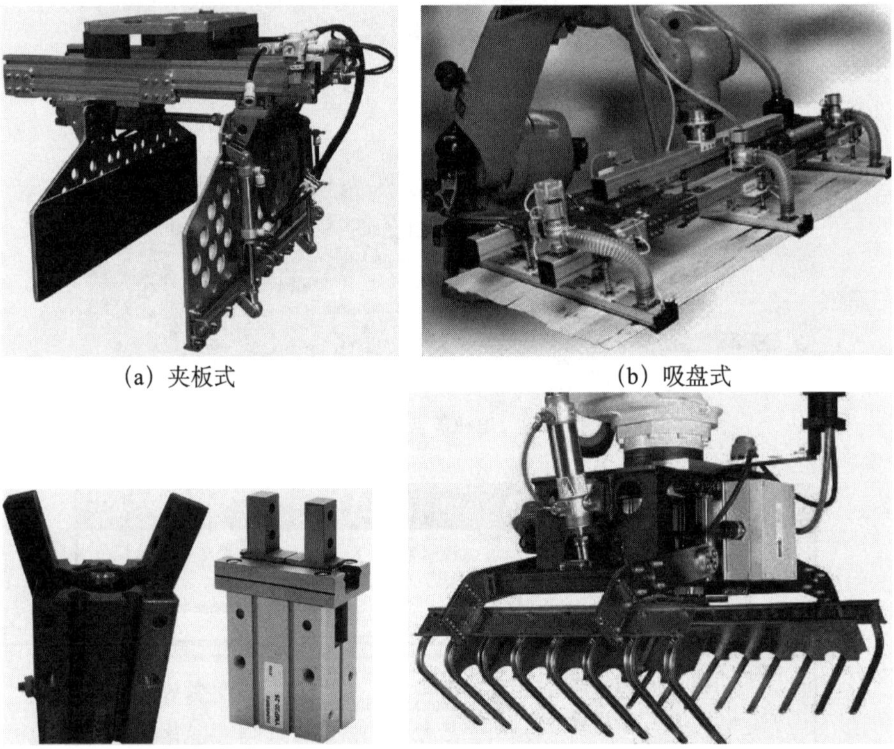

（a）夹板式　　（b）吸盘式

（c）夹爪式　　（d）托盘式

图2–75　常用机器人夹具

2.2.1　夹具建模

夹具如图2-76所示，为吸盘式夹具，用于纸箱类产品的搬运码垛工作站。建模过程介绍如下。

夹具建模

1. 夹具底部吸盘

（1）新建“零件”文件，选择前视基准面，进入草图绘制。

（2）绘制夹具底板草图如图2-77所示。

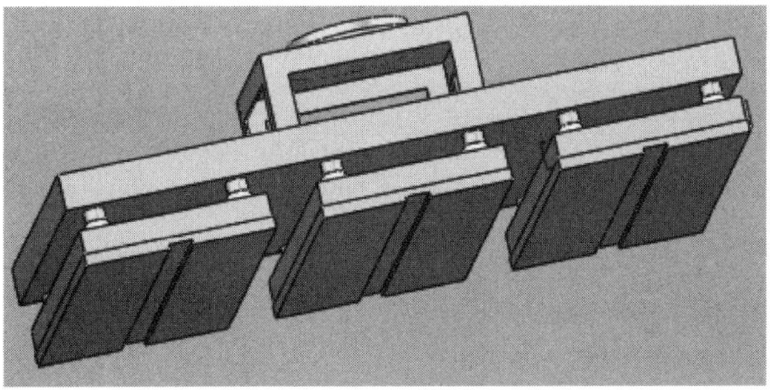

图 2-76　码垛机器人夹具

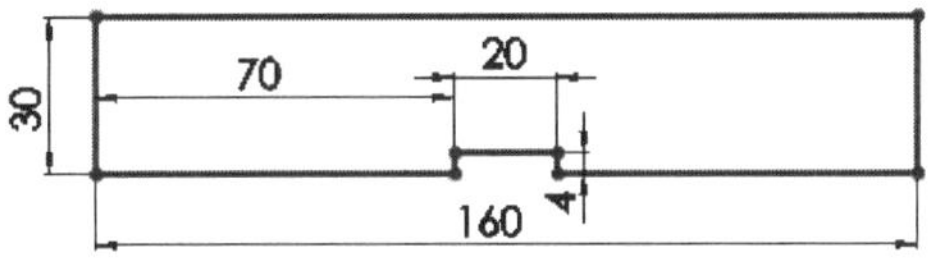

图 2-77　夹具底板草图

（3）添加“拉伸”特征，形成实体，给定深度设为 380mm。

（4）选择无凹槽一面作为绘图面，绘制矩形，与表面边线之间的间距均设为 1mm，如图 2-78 所示。

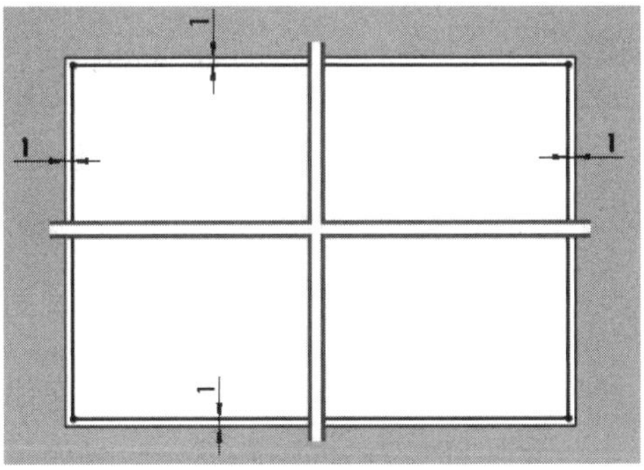

图 2-78　绘制周边切除草图

（5）进行拉伸切除操作，勾选“反侧切除”选项（见图 2-79），切除深度为 20mm。

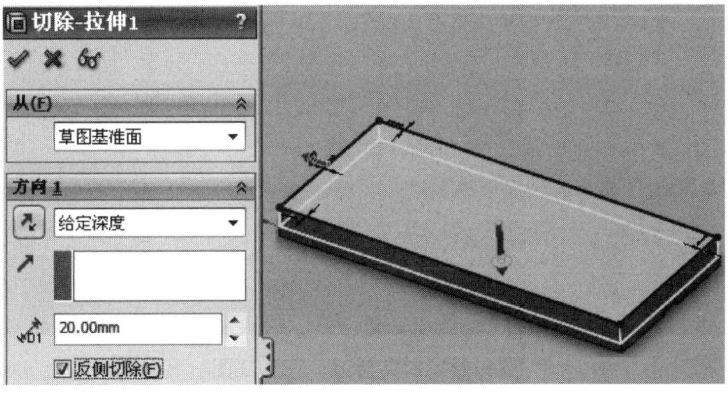

图 2-79　外侧拉伸切除

（6）添加“线性阵列”特征，产生3个同样实体，阵列间距为200mm，如图2-80所示。

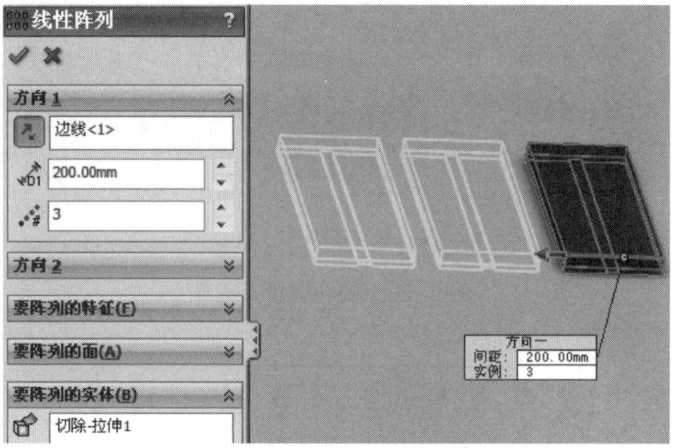

图2-80　阵列底板

2. 连杆

（1）创建图2-81所示基准面，偏移间距为29mm。

图2-81　创建基准面

（2）在新建的基准面上绘制草图如图2-82所示，确保底边与底板上表面共线。

（3）添加“旋转凸台/基体”特征，以左侧边线为旋转轴，不合并结果，如图2-83所示。

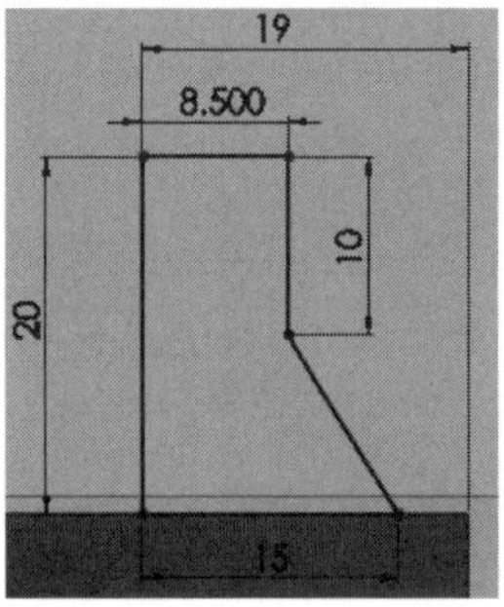

图2-82　连杆草图

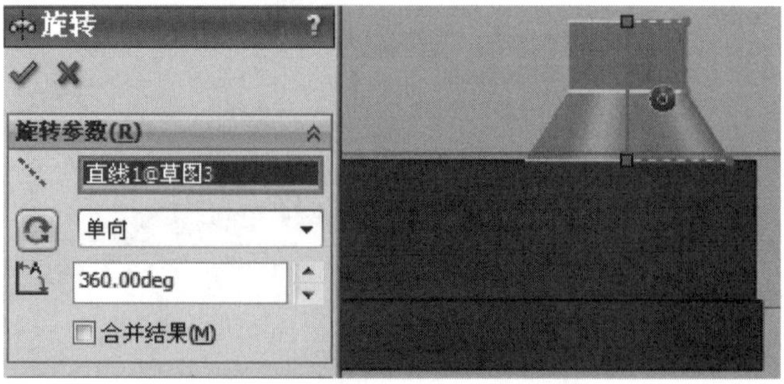

图2-83　旋转凸台/基体

（4）添加“线性阵列”，设置阵列的两个方向，两个方向的阵列实例均为 2，选择旋转实体，阵列间距分别设为 120mm 和 320mm，生成如图 2-84 所示 4 个连杆。

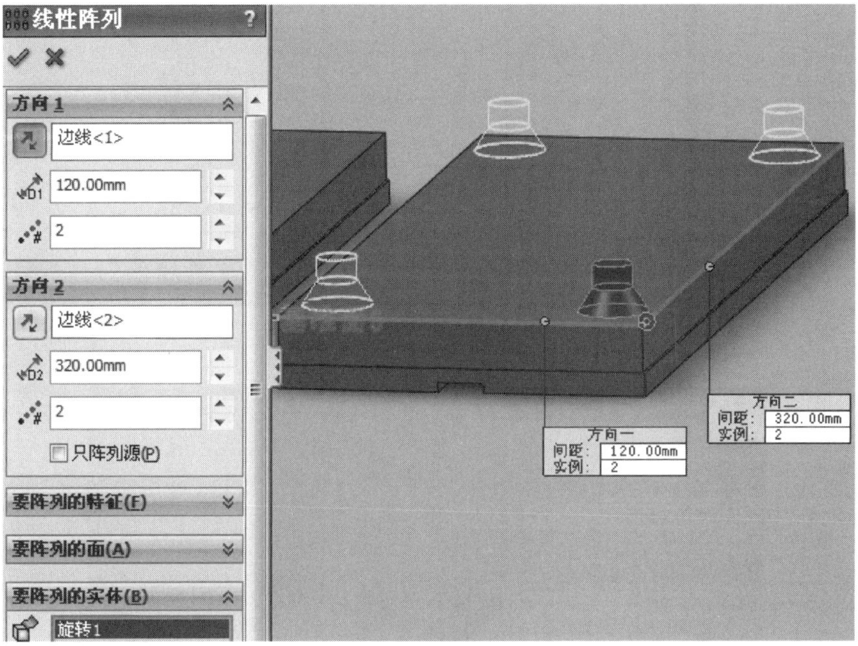

图 2-84　阵列 4 个连杆

（5）再次添加“线性阵列”，选择旋转实体及 3 个阵列实体，设置阵列间距为 200mm，阵列实例为 3，如图 2-85 所示。

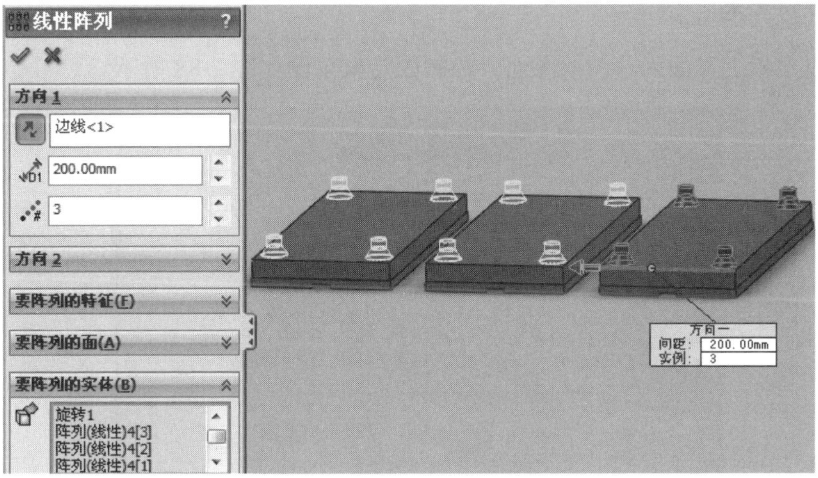

图 2-85　线性阵列完成 12 个连杆建模

3. 创建上板

（1）选择连杆上表面为绘图面，绘制图 2-86 所示草图。

（2）拉伸形成上板，给定深度设为 30mm，不合并结果，如图 2-87 所示。

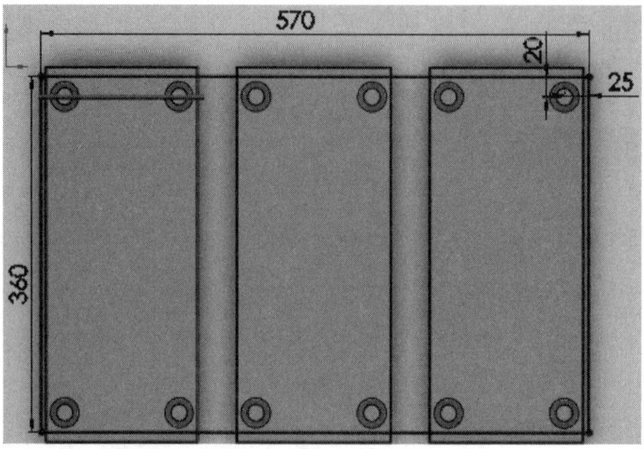

图 2-86　上板草图

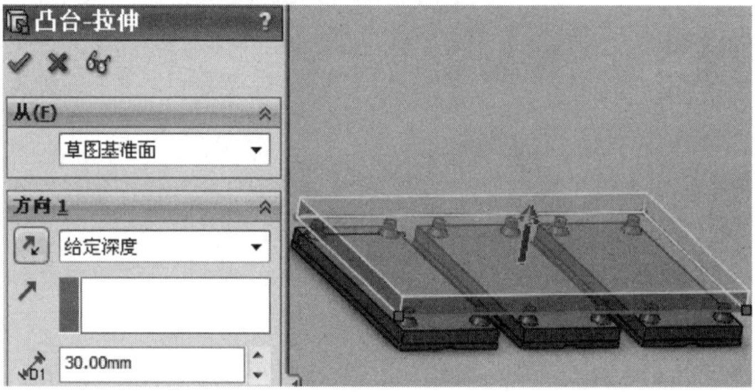

图 2-87　拉伸凸台形成上板

4. 上方固定架

（1）以上板上表面为草图绘图面，绘制固定架草图如图 2-88 所示。

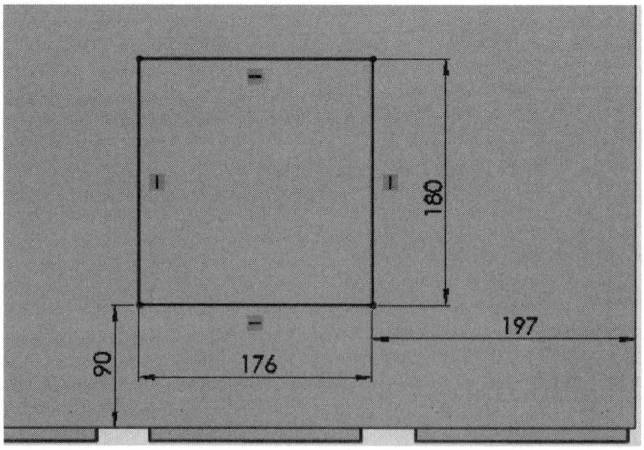

图 2-88　固定架草图

（2）为新绘的草图添加“拉伸”特征，设给定深度为 80mm，不合并结果，如图 2-89 所示。

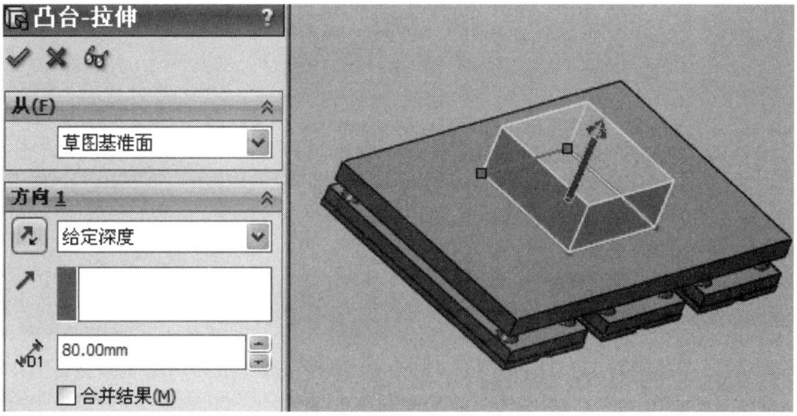

图 2–89　固定架凸台 / 拉伸

（3）隐藏中间板及底板，选择图 2-90 所示面作为抽壳去除面，添加“抽壳”特征（单击工具栏中的按钮，或选择菜单栏中的“插入”→“特征”→“抽壳…”命令），抽壳厚度设为 2mm，如图 2-90 所示。

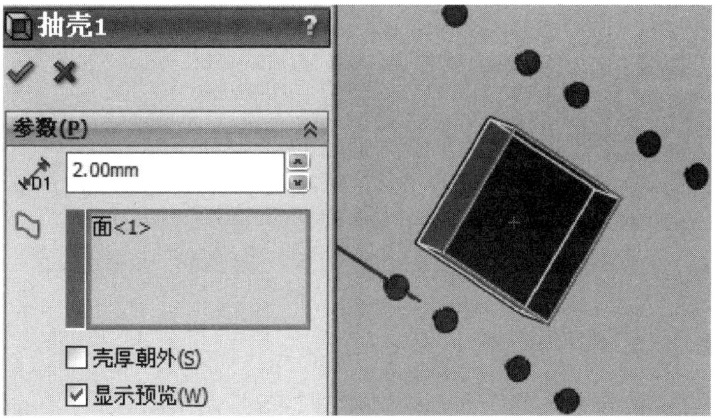

图 2–90　抽壳设置

说　明

“抽壳”特征是将实体的内部掏空，留下一定厚度的薄壁（等壁厚或多壁厚）的空腔，空腔可以是封闭的，也可以是不封闭的。

“抽壳”特征属性参数有“厚度”、“要移除的面”、“壁厚方向设置”、“多壁厚设定”。其中多壁厚设定有两个参数：“多厚度”和“多厚度面”，用于设置与默认壁厚不同的特定面壁厚。设置多壁厚时，在“多厚度面”中添加需要设置不同壁厚的面，选择保留面中相应面，在“多厚度”中修改壁厚值。

（4）将上述隐藏项显示。选择固定架边长为 176mm 的两个面中任一面为绘图面，绘制图 2-91 所示矩形，确保底边线与固定架下边线共线。添加“拉伸切除”特征，参数设置如图 2-92 所示，选择“成形到一面”即成形到对侧的一面，使之完全贯穿。

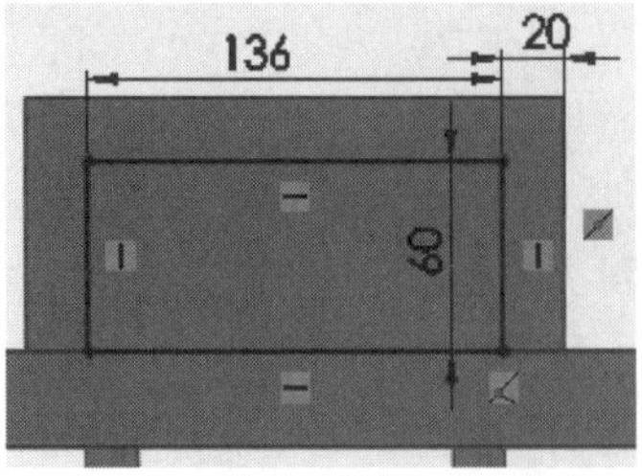

图 2-91　矩形草图绘制 1

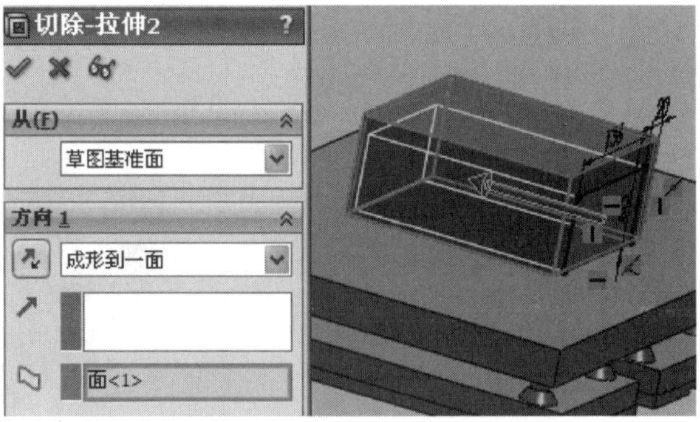

图 2-92　拉伸切除 1 参数设置

（5）选择边长 180mm 两面中的一面，绘制如图 2-93 所示草图，并使底边线与固定板架下边线共线。添加“拉伸切除”特征，设置如图 2-94 所示，选择“成形到一面”即成形到对侧的一面，使之完全贯穿。

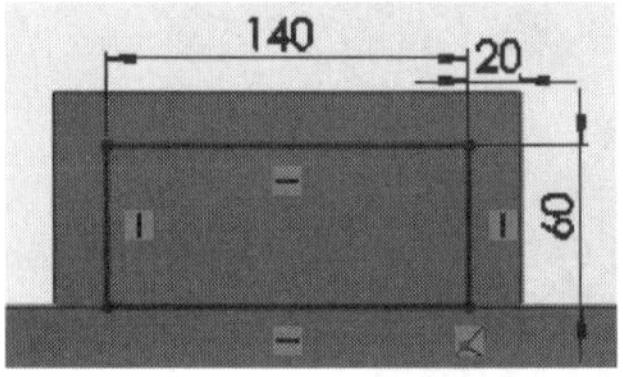

图 2-93　矩形草图绘制 2

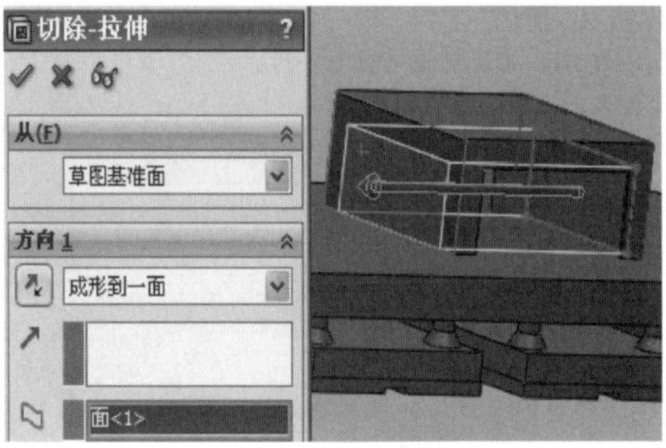

图 2-94　拉伸切除 2

5. **安装法兰**

（1）选择固定架上表面为绘图面，绘制如图 2-95 所示草图。

（2）添加“拉伸凸台 / 基体”特征，向上给定拉伸深度为 10mm，不合并结果。

（3）选择新建凸台的上表面，绘制草图如图 2-96 所示，设置此圆与前述凸台圆边同心。

（4）添加“拉伸凸台 / 基体”特征，设置向上给定拉伸深度为 10mm，不合并结果，完成安装法兰的创建。

（5）设置颜色（见图 2-76），完成后保存文件。

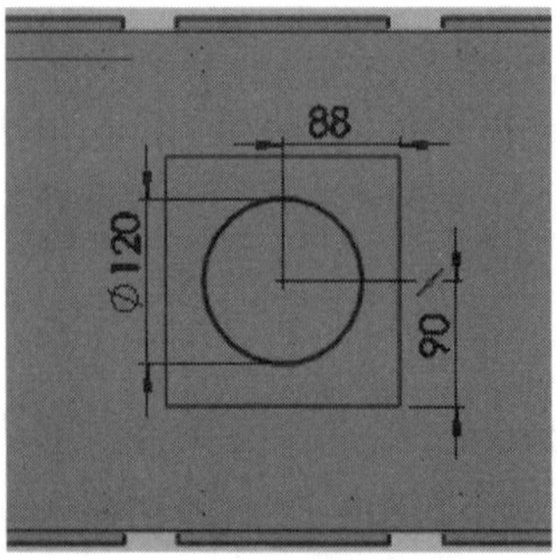

图 2-95　绘制凸台 1 草图

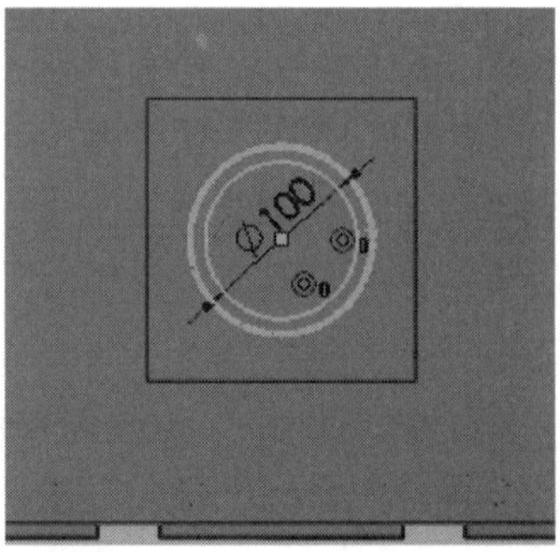

图 2-96　绘制凸台 2 草图

2.2.2　垛板建模

剁板建模

1. 垛板

（1）新建“零件”，选择前视基准面，绘制垛板草图如图 2-97 所示。

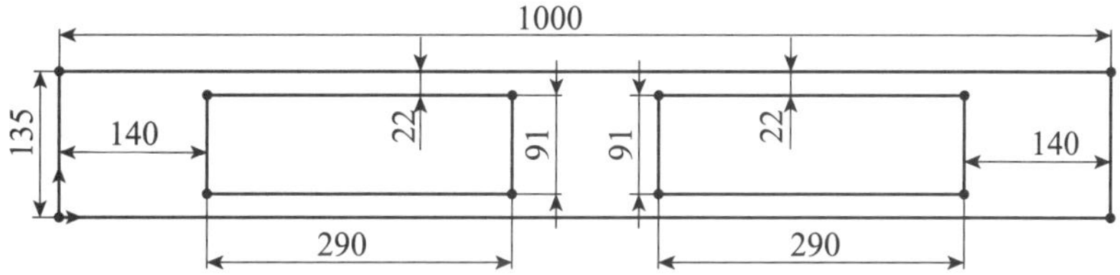

图 2-97　垛板草图 1

（2）添加“拉伸凸台 / 基体”特征，给定深度设为 140mm。

（3）添加“线性阵列”特征，实例数设为 3，间距设为 530mm，如图 2-98 所示。

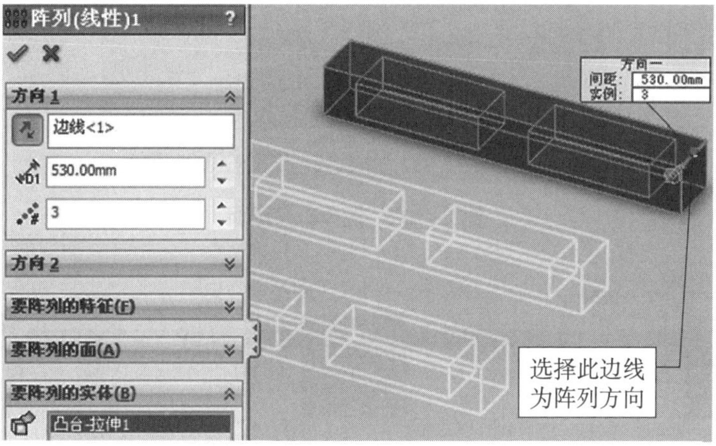

图 2-98　线性阵列

（4）选择图 2-99 所示面为绘图面，绘制如图 2-100 所示 3 个矩形草图，两侧边与绘图面边线重合。

图 2-99　新绘图面

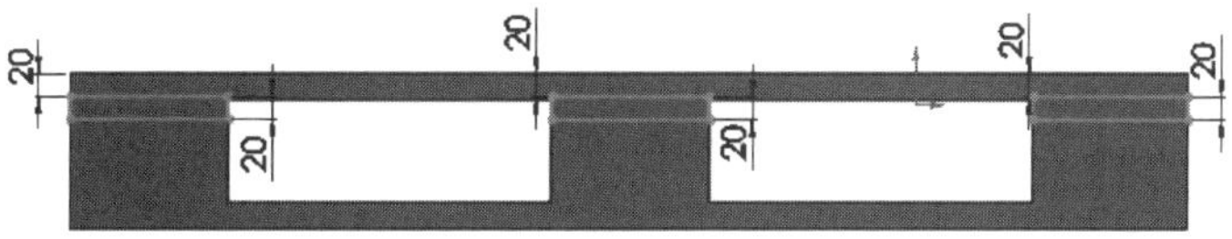

图 2-100　草图绘制 2

（5）选择新绘草图进行凸台拉伸，拉伸方式及终止面选择如图 2-101 所示。

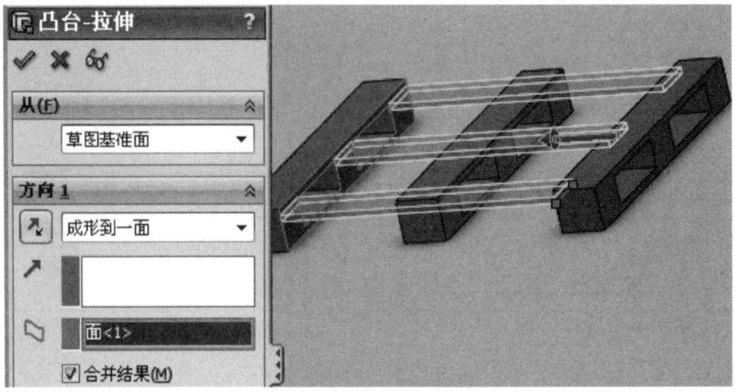

图 2–101　凸台拉伸 2

（6）选择图 2-102 所示面为新绘图面，绘制图 2-103 所示草图。

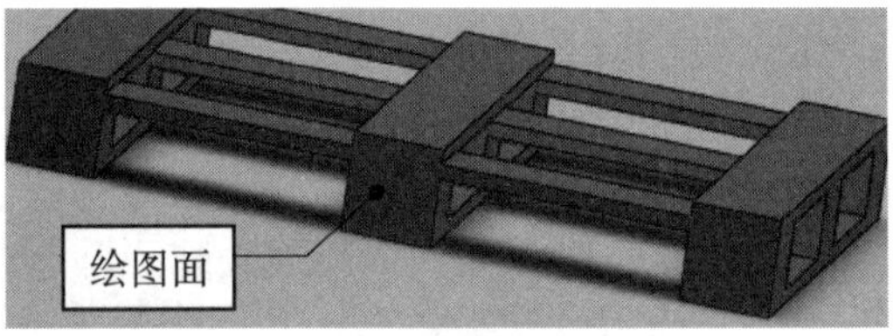

图 2–102　选择新绘图面

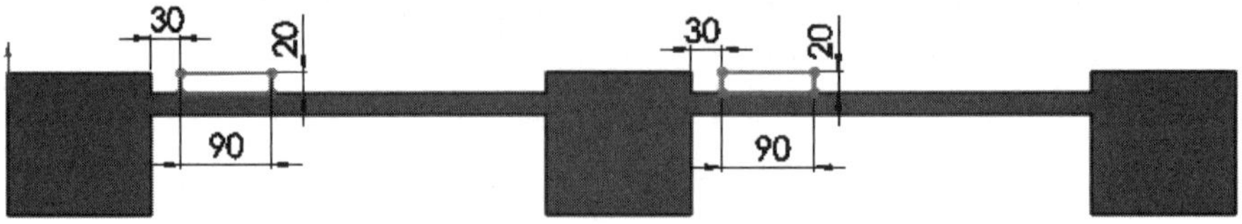

图 2–103　草图绘制 3

（7）选择新绘草图进行凸台拉伸，拉伸方式及终止面选择如图 2-104 所示，不合并结果。

（8）添加“线性阵列”特征，选择（7）中的拉伸实体为“要阵列的实体”，实例数设为 3，间距设为 120mm，阵列方向如图 2-105 所示。

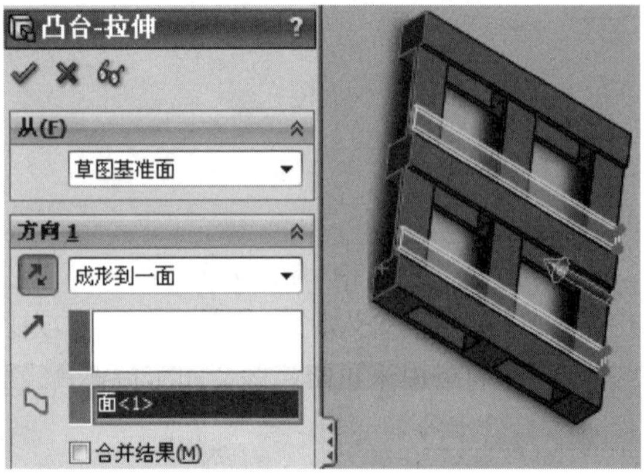

图 2–104　凸台拉伸 3

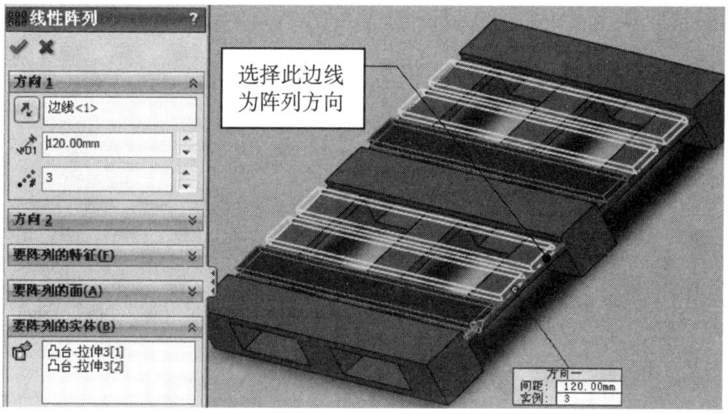

图 2-105 线性阵列 2

（9）修改颜色，完成建模后的垛板如图 2-106 所示。

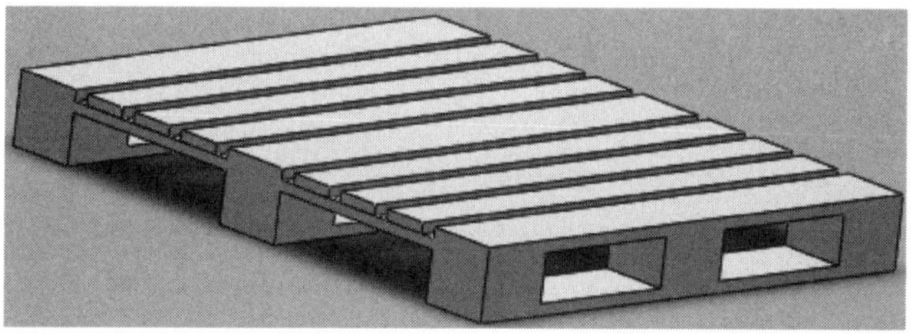

图 2-106 完成建模后的垛板

（10）保存文件。

2. **垛板垫**

（1）新建“零件”，选择前视基准面，绘制轮廓草图如图 2-107 所示，作为扫描轮廓，其右下点与原点重合。

（2）选择上视基准面，绘制如图 2-108 所示 3 条线段为路径草图，其中左侧竖线下部顶点与原点重合，作为扫描路径。

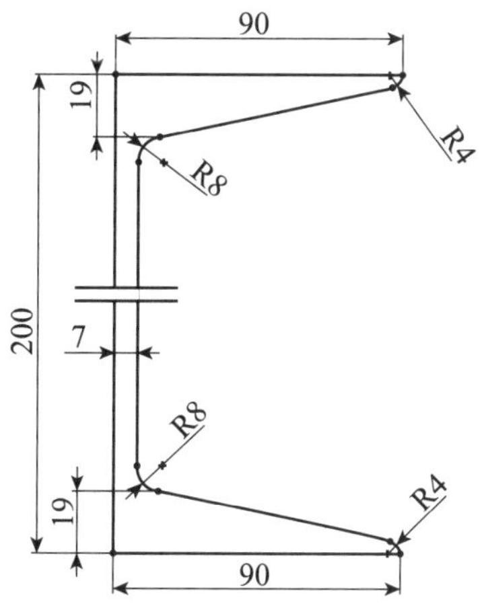

图 2-107 轮廓草图 1

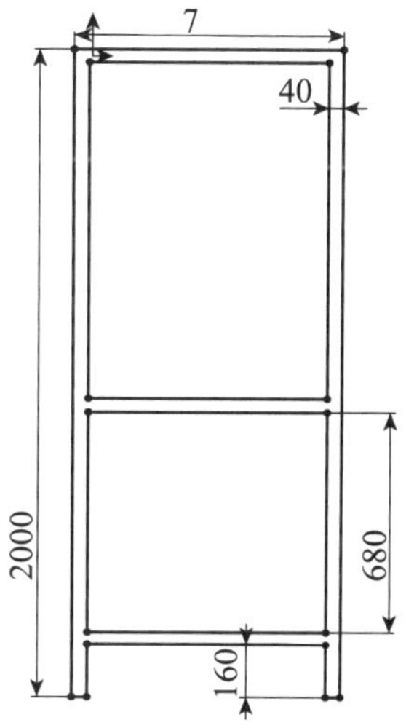

图 2-108 路径草图 1

（3）添加“扫描”特征，分别选择轮廓草图作为轮廓，路径草图作为路径，扫描形成槽钢实体，如图 2-109 所示。

刹板垫建模

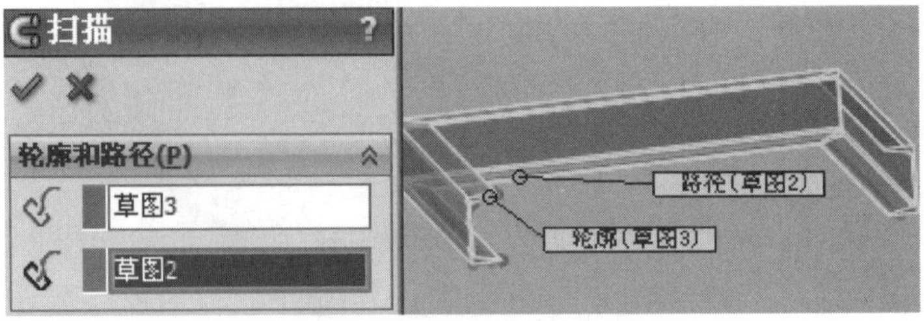

图 2-109　添加“扫描”特征形成底部槽钢

（4）选择上视基准面，绘制截面草图如图 2-110 所示，使底边线与扫描特征端面边线共线。

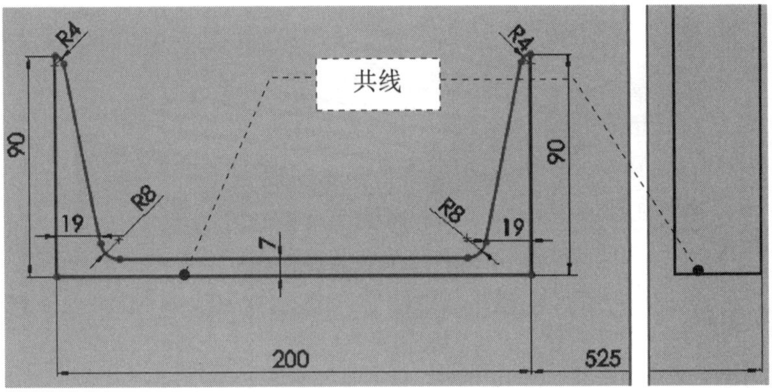

图 2-110　截面草图 1

（5）添加“拉伸凸台 / 基体”特征，给定深度设为 118mm，如图 2-111 所示。

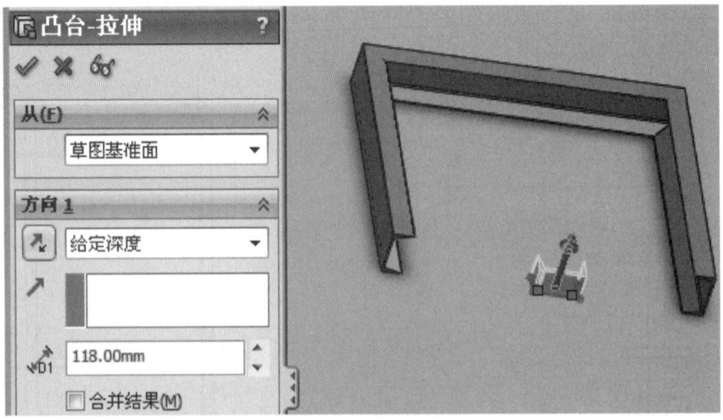

图 2-111　拉伸凸台 1

（6）选择图 2-112 所示面为绘图面，绘制截面草图如图 2-113 所示。

（7）添加“拉伸凸台 / 基体”特征，给定深度设为 1000mm，如图 2-114 所示。

（8）选择上表面为绘图面，沿实体外边线绘制草图线段，如图 2-115 所示，作为扫描路径。

图 2-112　选择绘图面

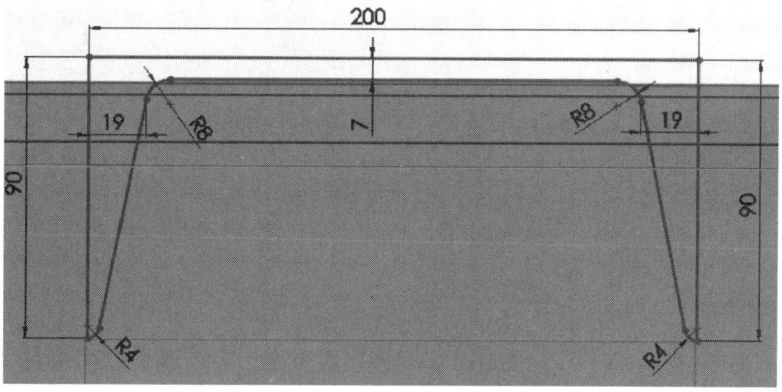

图 2-113　截面草图 2

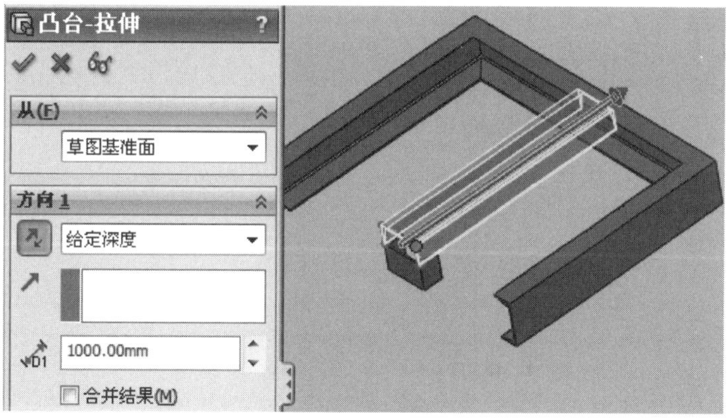

图 2-114　拉伸凸台 2

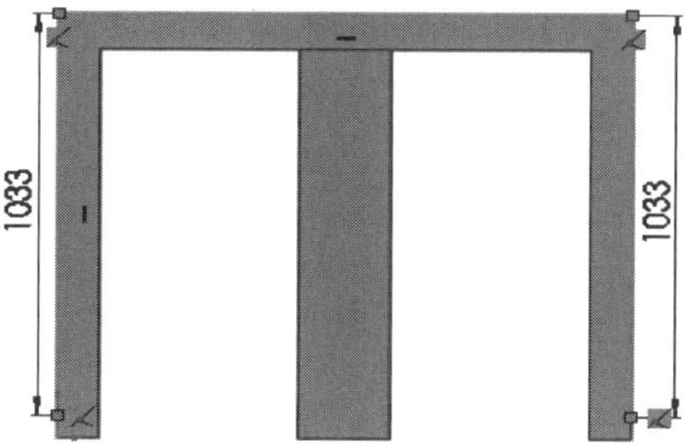

图 2-115　扫描路径 2

（9）创建经过路径端点且与前视基准面平行的新基准面，如图 2-116 所示。

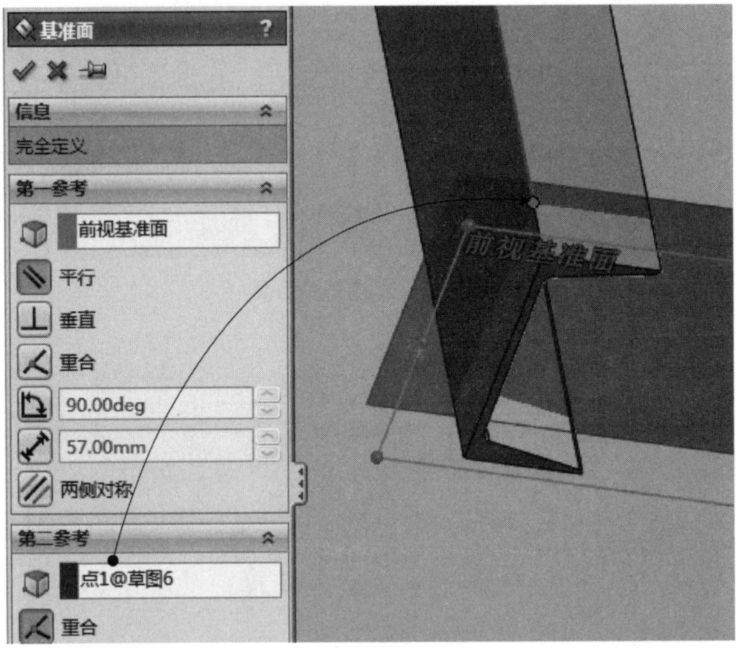

图 2–116　新建基准面

（10）在新建的基准面上绘制扫描轮廓草图如图 2-117 所示，添加约束条件，确保左侧边长 41mm 线段与下方槽钢实体边线重合。

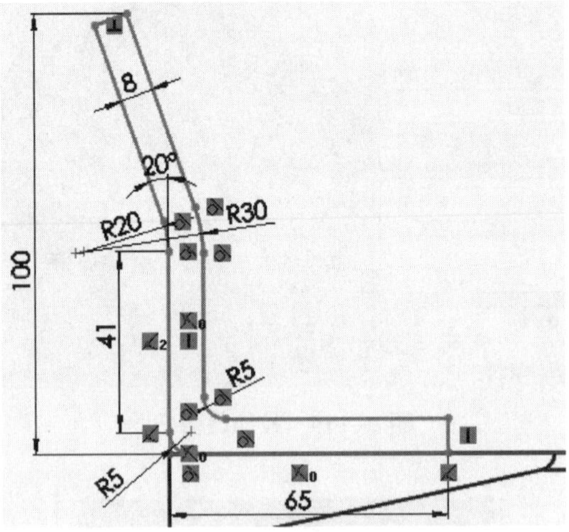

图 2–117　扫描轮廓草图 2

（11）添加“扫描”特征，分别选择上述草图作为轮廓和路径，不合并结果，形成上方围挡裙边，如图 2-118 所示。

（12）隐藏围挡裙边，选择上视基准面，绘制 10 个固定块位置草图，如图 2-119 所示，图 2-120 所示的是固定块的形状尺寸。

（13）选择上一步草图，添加“拉伸凸台 / 基体”，给定深度设为 29mm，取消勾选“合并结果”选项。完成后显示上方围挡裙边。

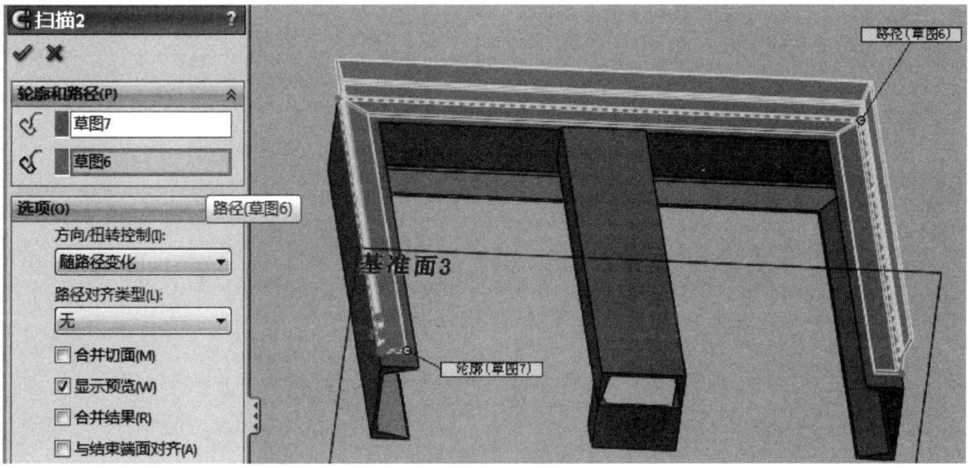

图 2-118　扫描形成围挡裙边

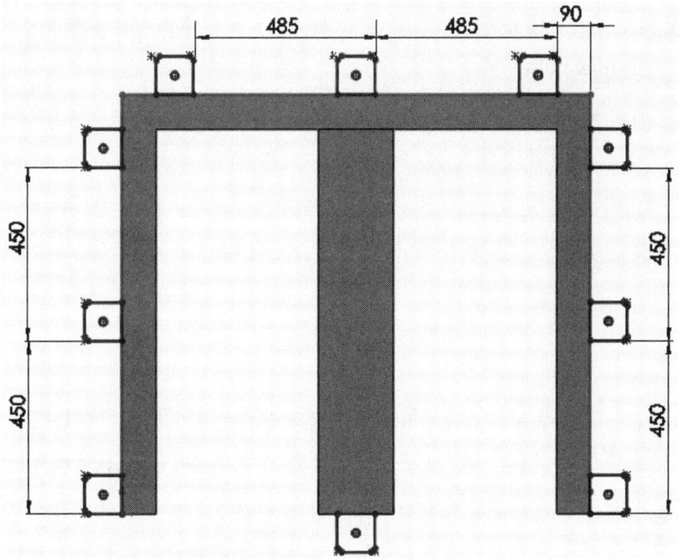

图 2-119　固定块位置草图

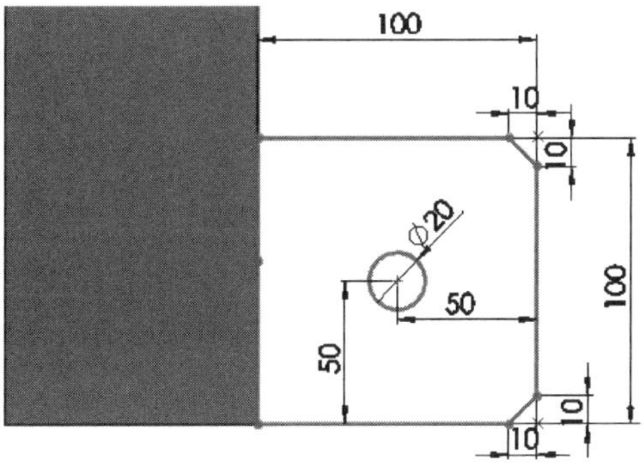

图 2-120　固定块的形状尺寸

（14）修改颜色（见图 2-121），完成后保存文件。

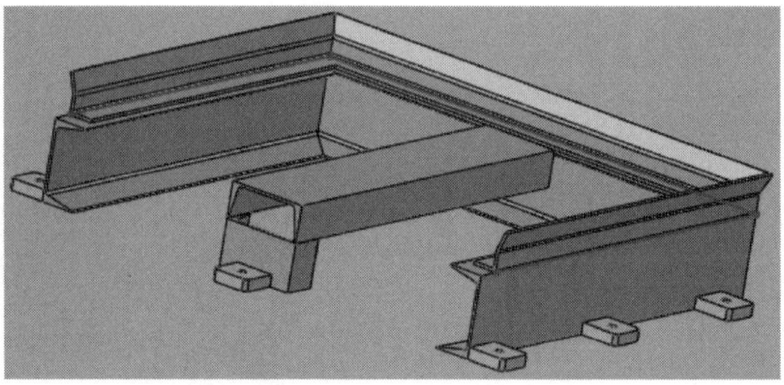

图 2-121　颜色设置

2.3　安全围栏建模

学习目标

先绘制围栏截面，通过拉伸建立栏杆主体模型，再绘制支脚模型。

1. 铰链通过旋转凸台获得。

2. 门把手通过扫描特征成形。

码垛机器人工作站需设置安全围栏，用于将操作人员、操作台等与机器人、传输链等运动设备工作区域进行分割，限制工作人员的活动范围和防止无关人员误入操作区，确保设备和人员安全。

1. **围栏** 1

（1）新建“零件”，选择前视基准面，绘制围栏的栏杆草图，如图 2-122 所示。

（2）添加“拉伸凸台 / 基体”特征，参数设置及效果如图 2-123 所示。

（3）选择栏杆外侧面，绘制图 2-124 所示支脚草图。

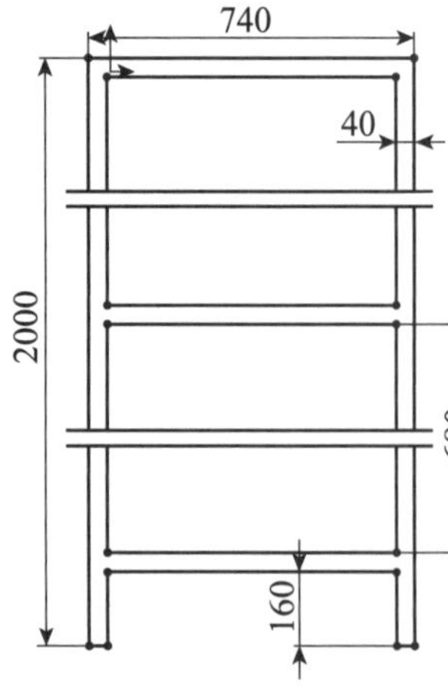

图 2-122　围栏的栏杆草图

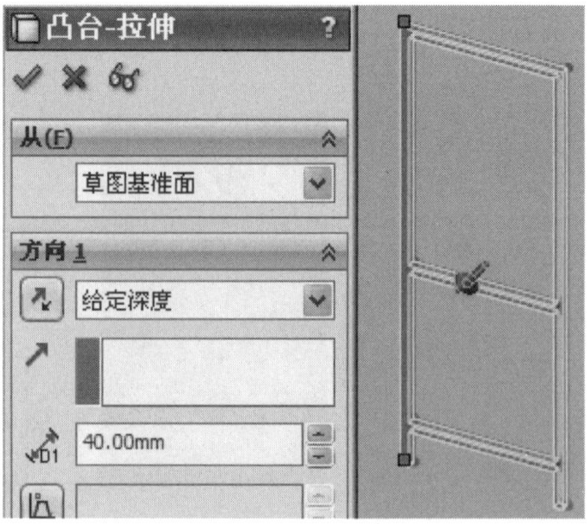

图 2-123　围栏栏杆实体特征参数设置及效果

（4）将新绘草图拉伸成实体，参数设置及效果如图 2-125 所示。

（5）添加“线性阵列”，产生一对侧边支脚，如图 2-126 所示。

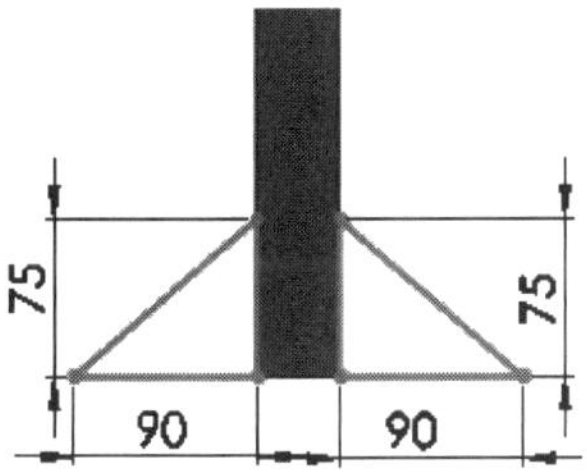

图 2-124　支脚草图

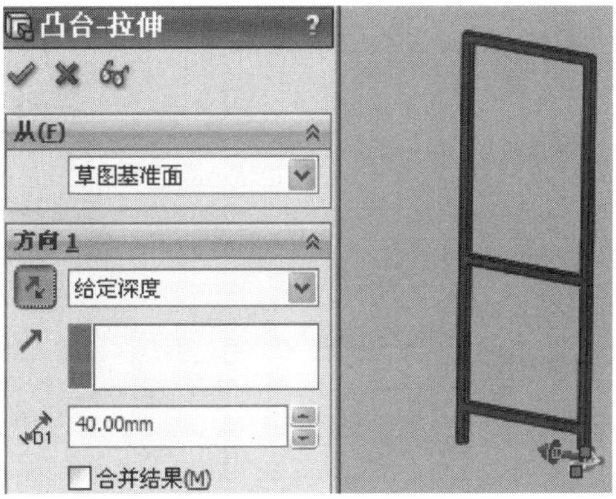

图 2-125　支脚实体特征参数设置及效果

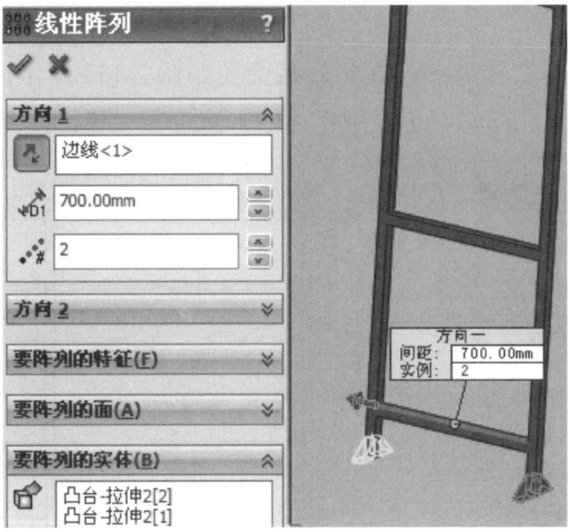

图 2-126　侧边支脚

（6）选择图 2-127 所示面为绘图面，绘制的草图如图 2-128 所示。

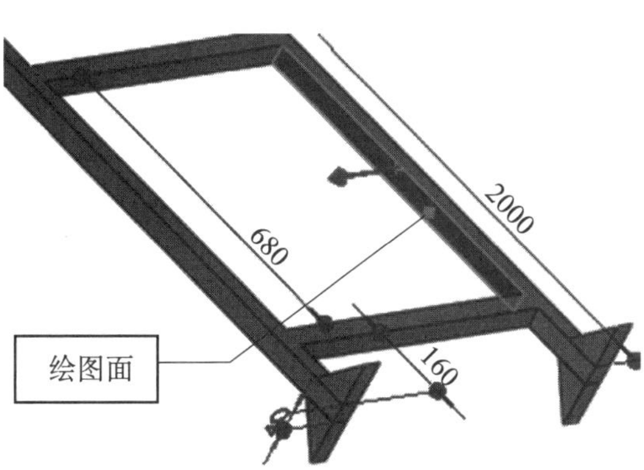

图 2-127　选择绘图面

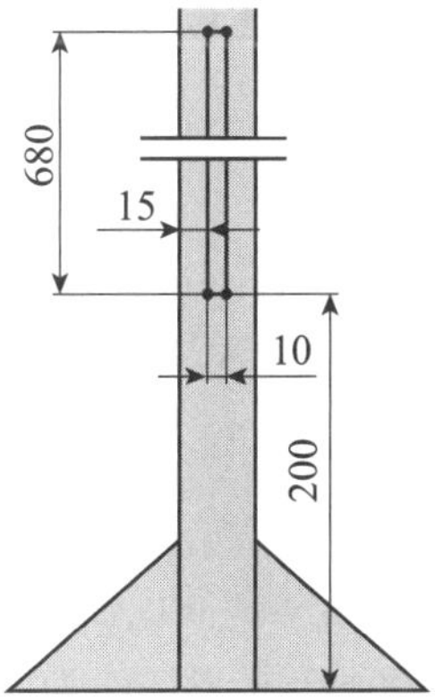

图 2-128　中间挡板草图

（7）添加“拉伸凸台 / 基体”，相关参数设置及效果如图 2-129 所示。

（8）修改颜色（见图 2-130），保存文件。

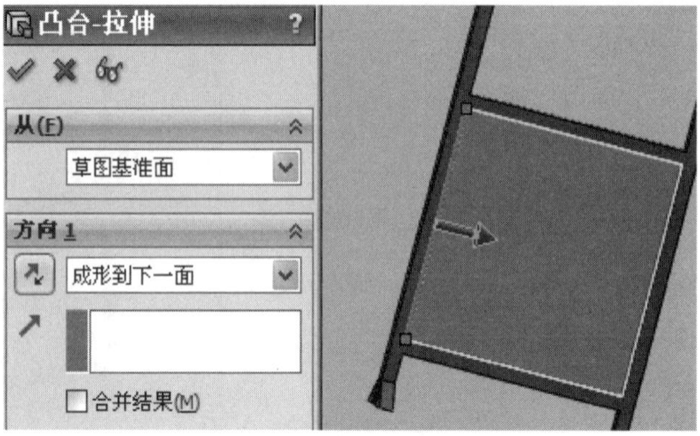

图 2–129　拉伸中间挡板实体参数设置及效果

图 2–130　修改颜色

2. **围栏** 2

图 2-131 所示为围栏 2 模型图，其栏杆截面图如图 2-132 所示。与围栏 1 相比，围栏 2 只是尺寸规格略有不同，读者可仿照围栏 1 的方法进行建模，此处不再赘述。

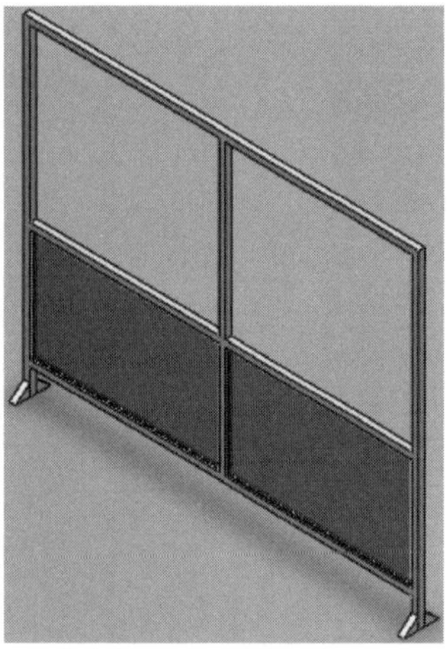

图 2–131　围栏 2 模型

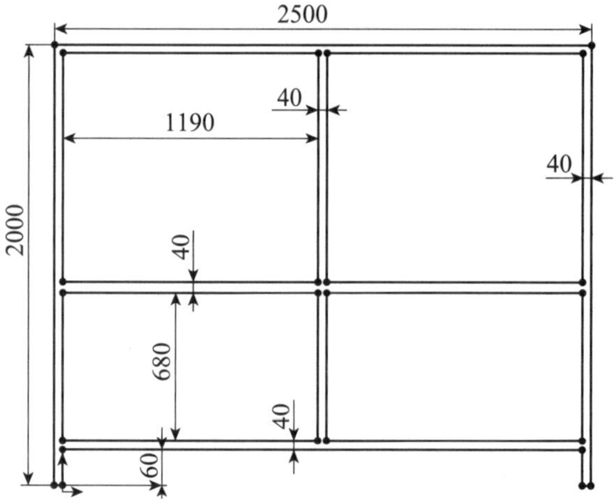

图 2–132　栏杆截面图

3. **围栏** 3

（1）新建文件，在前视基准面绘制栏杆截面，如图 2-133 所示。

（2）拉伸实体，选择图 2-133 中宽度为 40mm 处栏杆轮廓为所选轮廓，参数设置如图 2-134 所示。

围栏 3 建模

（3）通过草图、拉伸和线性阵列形成支脚模型如图 2-135 所示。

（4）新建基准面，使其与前视基准面平行，距离为 20mm。选择新建的基准面，绘制 10mm×100mm 矩形，作为铰链截面草图，如图 2-136 所示。

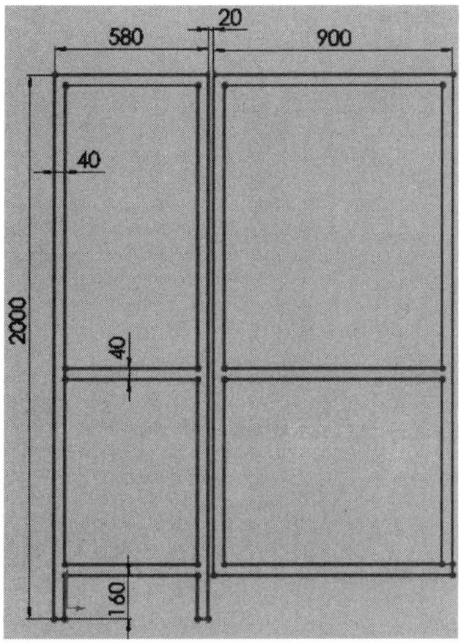

图 2-133　围栏 3 栏杆截面

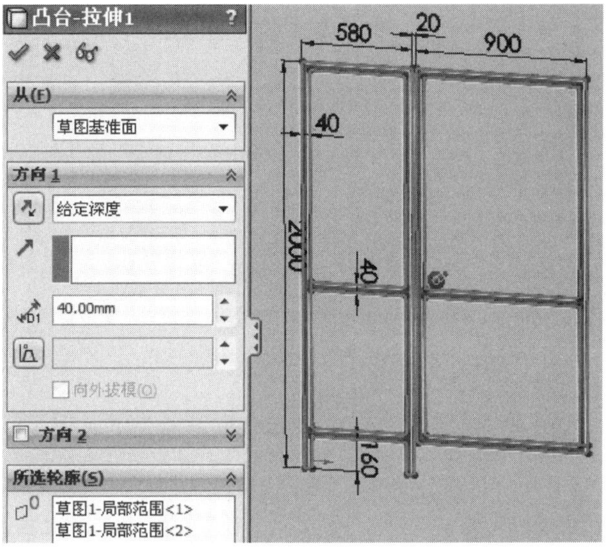

图 2-134　围栏 3 拉伸实体参数设置

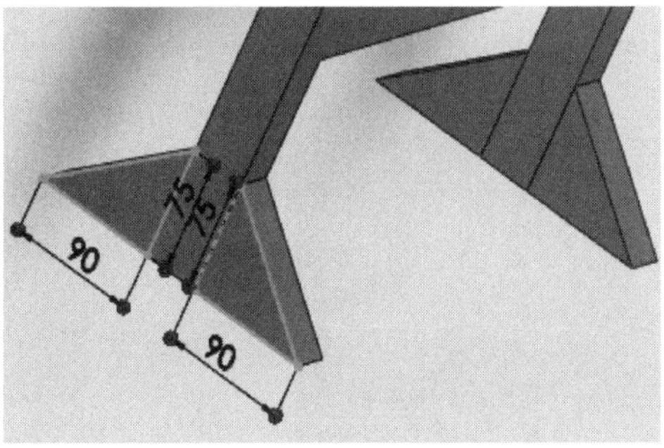

图 2-135　支脚模型

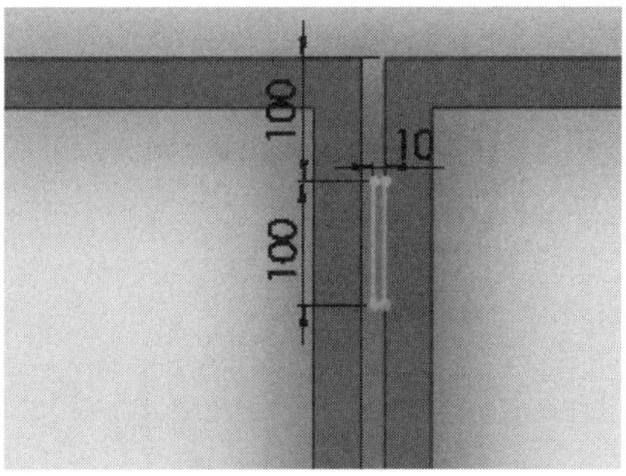

图 2-136　绘制铰链截面草图

（5）采用旋转凸台，形成铰链实体参数设置，如图 2-137 所示。

（6）利用线性阵列，形成另一个铰链，如图 2-138 所示。

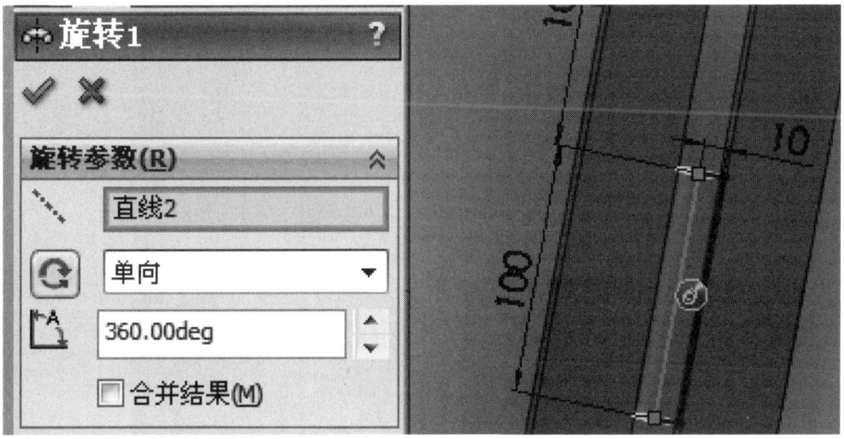

图 2-137　铰链实体参数设置

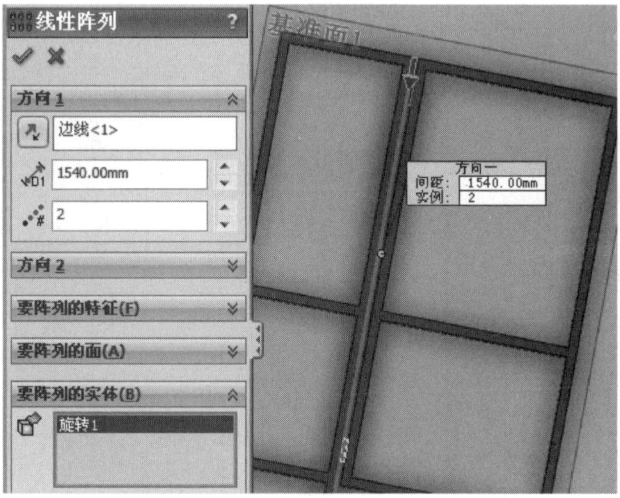

图 2-138　阵列形成第二个铰链

（7）在步骤（4）新建基准面上绘制 2 个矩形，草图如图 2-139 所示。

图 2-139　挡板草图

（8）将其拉伸形成挡板，如图 2-140 所示。

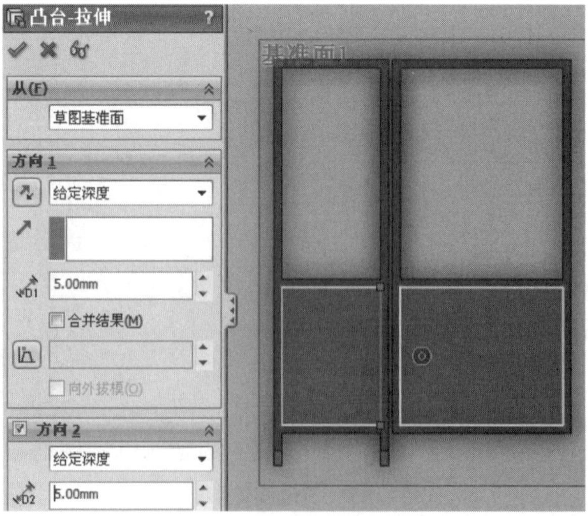

图 2-140　拉伸形成挡板

（9）在栏杆外表面上绘制圆形草图如图 2-141 所示，作为把手的轮廓。

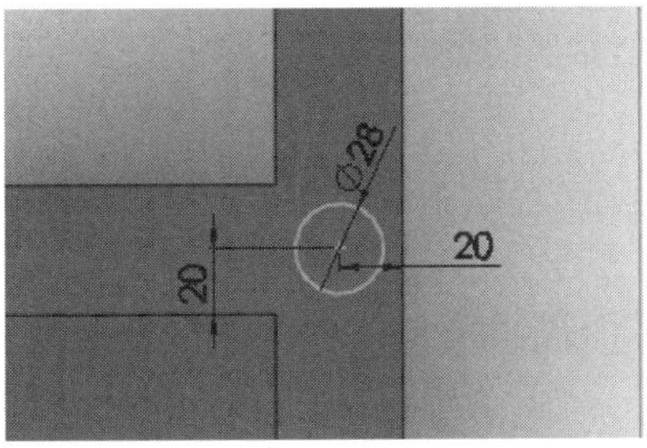

图 2-141　把手轮廓草图

（10）新建基准面如图 2-142 所示，在此基准面上绘制草图作为把手的扫描路径，如图 2-143 所示，并保持一端点与步骤（9）所绘圆心重合。

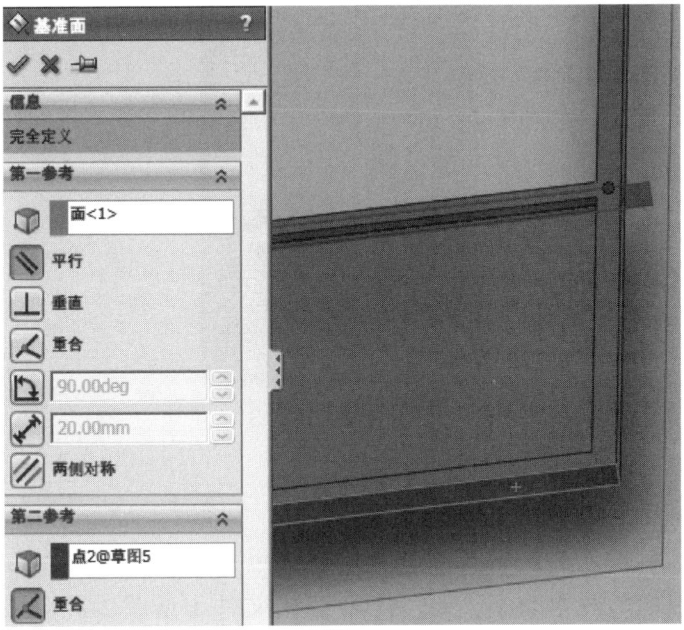

图 2-142　新建基准面 2

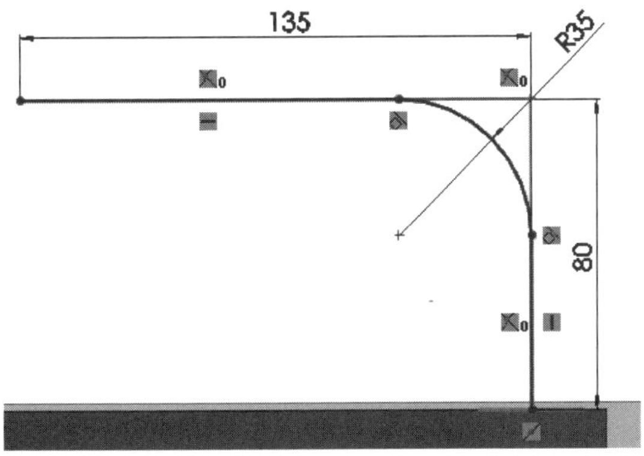

图 2-143　把手扫描路径

（11）扫描形成把手，相关参数设置及效果如图2-144所示。

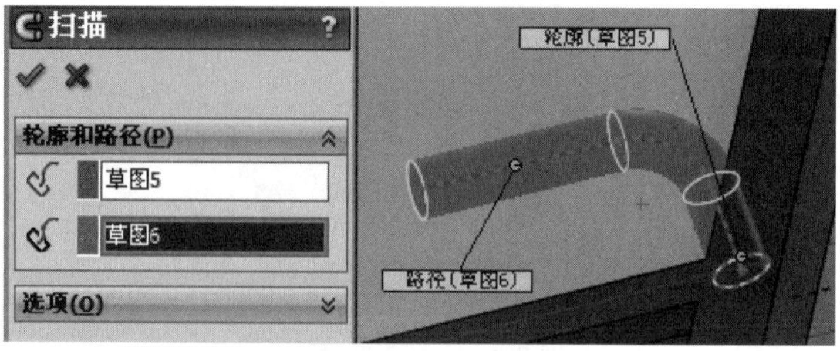

图2-144　扫描形成把手参数设置及效果

（12）修改颜色（见图2-145），保存文件。

图2-145　围栏3

4. 码垛机器人仿真

（1）以ABB机器人离线编程软件RobotStudio为例，将上述传送链、夹具、垛板、围栏等模型文件导出为.sat格式文件（见图2-74）。打开RobotStudio软件，导入上述模型，添加工业机器人IRB460。

码垛机器人仿真

利用RobotStudio软件自带的建模工具创建长、宽、高分别为600mm、400mm及250mm的长方体作为工件，创建长、宽、高分别为950mm、750mm及500mm的长方体作为机器人基座。按图2-1所示布置场景，夹具安装于机器人末端，工件放置于传送链末端。

（2）根据布局创建机器人系统，并设置语言为“Chinese（中文）”。

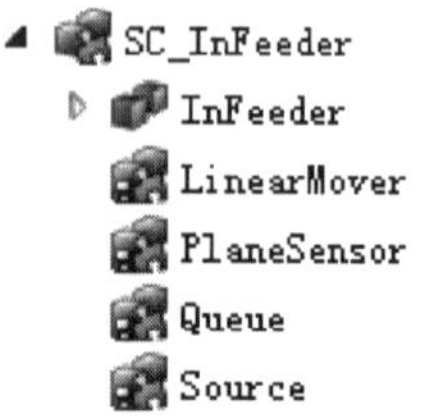

图2-146　传送链Smart组件

（3）添加空白Smart组件并重命名，添加子组件LinearMover、PlaneSensor、Queue、Source（见图2-146）及LogicGate逻辑“非”。设置线性移动LinearMover的移动方向及速度，面传感器PlaneSensor大小及位置，队列Queue所操作的对象为工件模型，Source子组件的复制对象为工件模型及复制出的工件位置。创建数字输入信号diStart、数字输出信号 doBoxInPos，并按图 2-147 所示进行信号与各 Smart 子组件信号连接，用于进行传送链动作仿真。

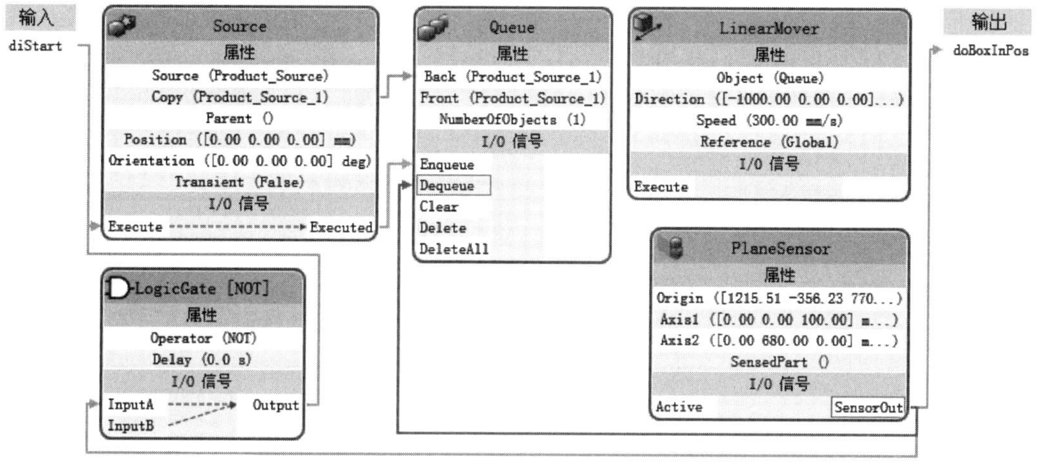

图 2-147　传送链各 Smart 组件信号连接关系

（4）添加空白 Smart 组件并重命名，添加子组件 Attacher、Detacher、LineSensor（见图 2-148）、LogicSRLatch 及 LogicGate 逻辑“非”。设置夹取工件 Attacher 的父对象为夹具，添加数字输入信号 diGripper、数字输出信号 doVacuumOK，按图 2-149 所示进行动态夹具 Smart 组件各信号连接，用于仿真夹具夹取及释放工件。

图 2-148　夹具 Smart 组件

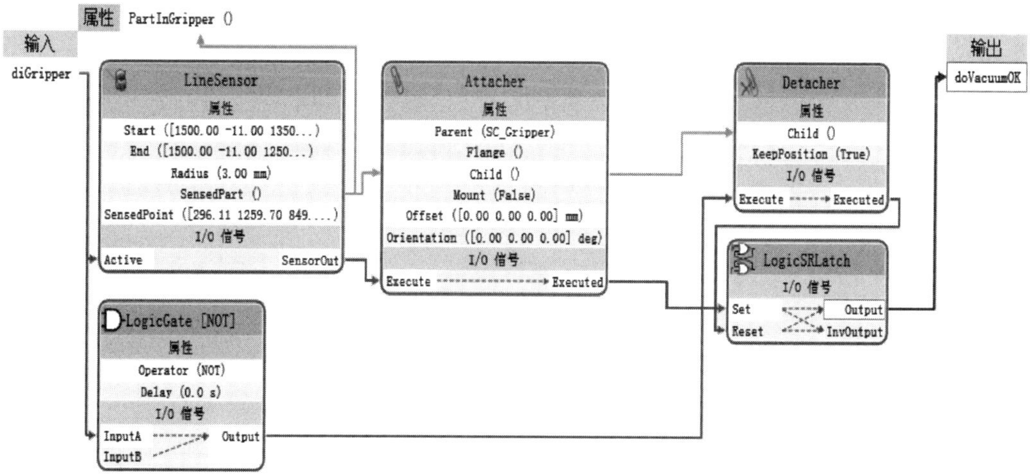

图 2-149　动态夹具 Smart 组件信号连接关系

（5）创建机器人工作站信号，数字输入信号 diBoxInPos、diVacuumOK，数字输出信号 doGripper，按图 2-150 所示进行信号连接。

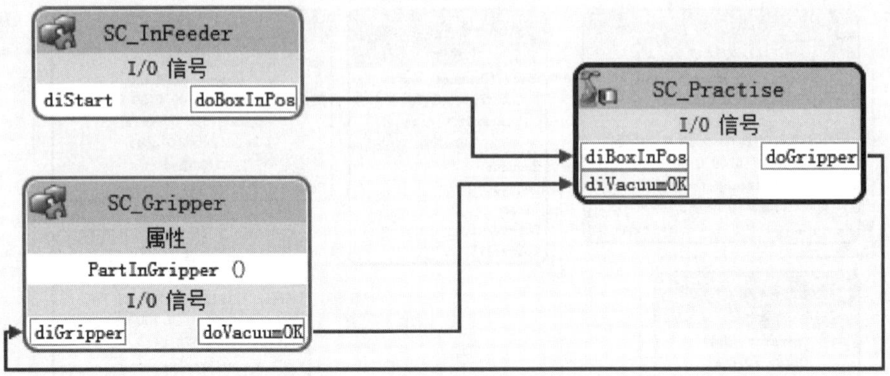

图 2-150　工作站逻辑信号连接图

（6）示教取件及放置工件的目标点，编写码垛程序，完成后可进行程序的仿真测试，如图 2-151 所示。

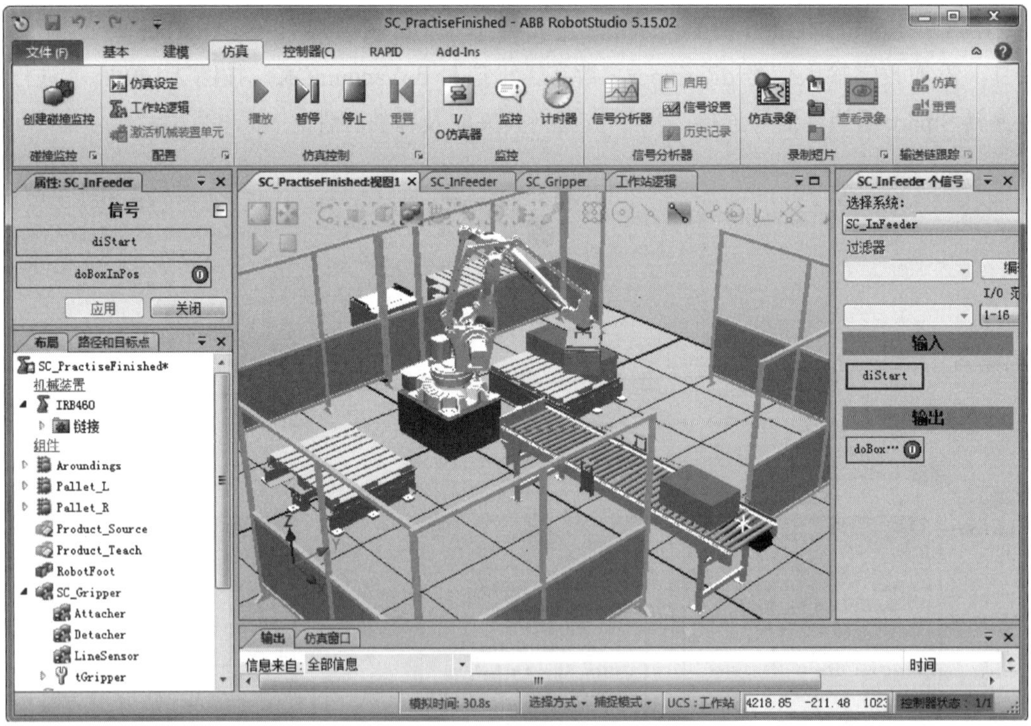

图 2-151　仿真测试

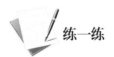

练一练

利用 RobotStudio 软件导入几何体文件“焊枪 .sat”，如图 2-152 所示。利用软件中的测绘工具对焊枪模型进行测绘，完成此焊枪的模型创建。

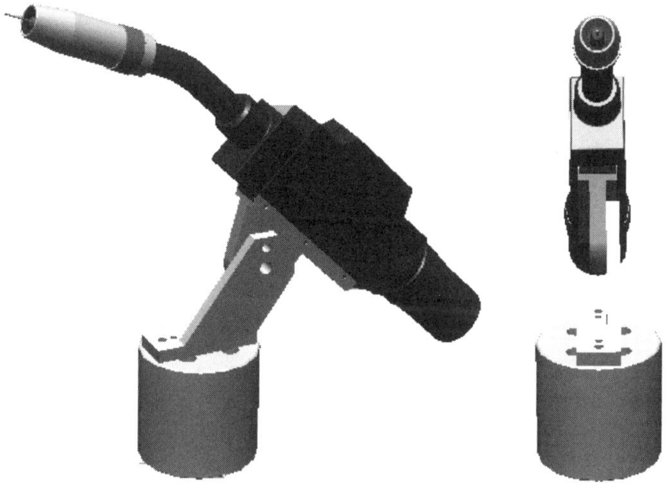

图 2-152　焊枪

第 3 章　压铸机器人建模

压铸是利用模具腔对熔化的金属施加高压，将熔融金属在高压高速下充填铸型，并在高压下结晶凝固形成铸件的过程。模具通常是用强度更高的合金加工而成的，过程有些类似注塑成形。工业机器人的加入使得现代压铸工艺更加方便，免去了人工取件所面临的高温、劳动强度大等恶劣环境，还可以配合后续工作站进行打磨、组装等一系列自动化作业。

模拟压铸工作站如图 3-1 所示，包括零件质量检测系统、机器人、压铸机、安全门、控制柜、冷却台、传输链、废料收集桶、安全围栏等。其中传输链及安全围栏可见第 2 章内容自行设计，此处不再赘述。

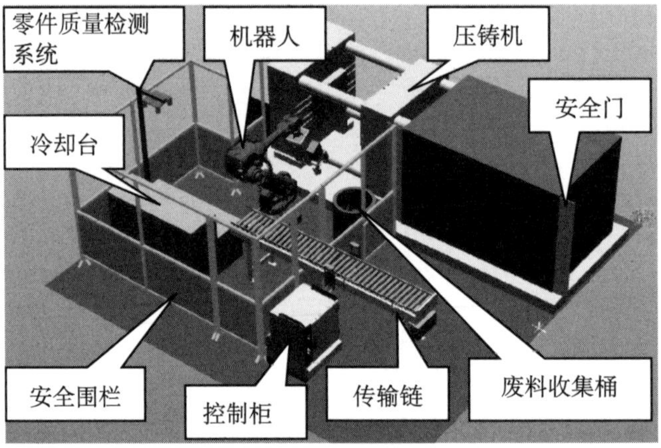

图 3-1　模拟压铸工作站

3.1　压铸机建模

学习目标

根据压铸机结构组成，先进行压铸机主体及安全门建模，再完成合模盖建模，最后进行压铸机基体模型创建。合模盖上的安装沟槽可采用拉伸切除方式创建。

重点难点

拉伸方向、终止条件的设置，特征的编辑（删除、修改），倒角、圆角。

压铸机由压铸机主体、合模机构及安全门等组成，下面分别对其进行建模。

3.1.1　压铸机主体及安全门

安全门安装于压铸机主体一侧，在仿真时需将两者创建为机械装置方能进行运动模拟。

（1）新建“零件”，在前视基准面绘制草图如图 3-2 所示，拉伸 10mm 形成薄板作为安全门模型，修改颜色并保存文件。

（2）压铸机主体。新建“零件”，在前视基准面绘制草图如图 3-3 所示，拉伸 1600mm，形成压铸机主体。在该实体上选取一个边长 1600mm×1600mm 面作为绘图面，绘制如图 3-4 所示导轨圆孔草图，拉伸切除，切除深度设为 1200mm。

（3）在步骤（2）的绘图面上，绘制安全门导轨草图，矩形底边与绘图面底边对齐，如图 3-5 所示。拉伸切除，切除深度设为 2500mm。保存文件。

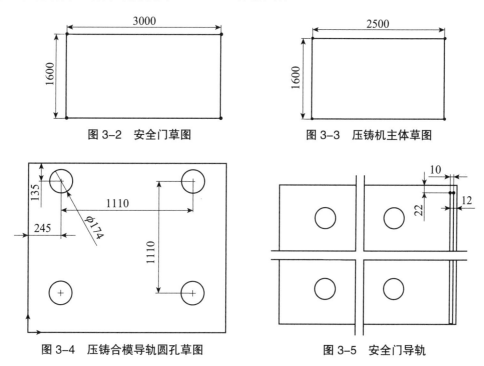

图 3–2　安全门草图

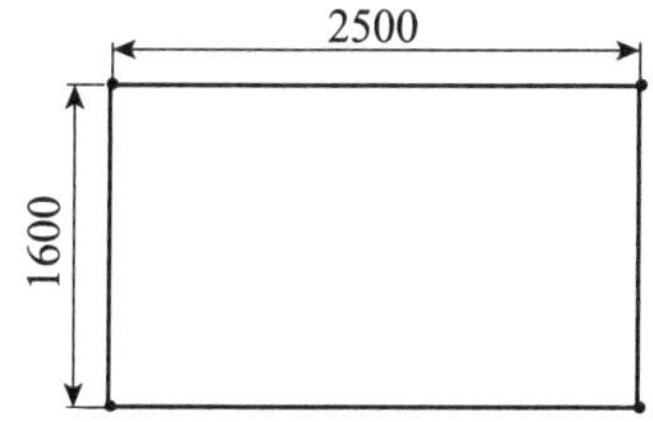

图 3–3　压铸机主体草图

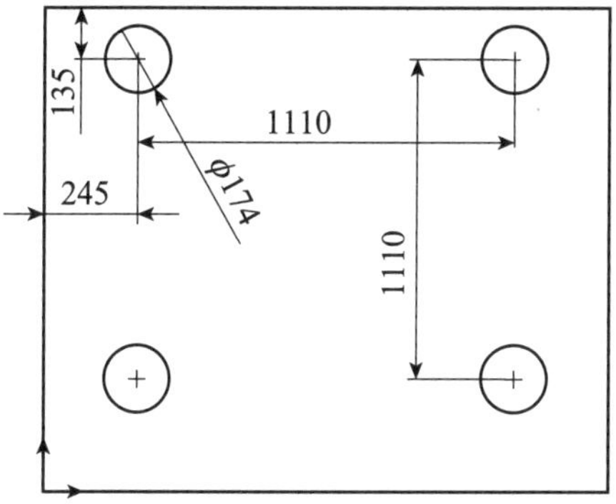

图 3–4　压铸合模导轨圆孔草图

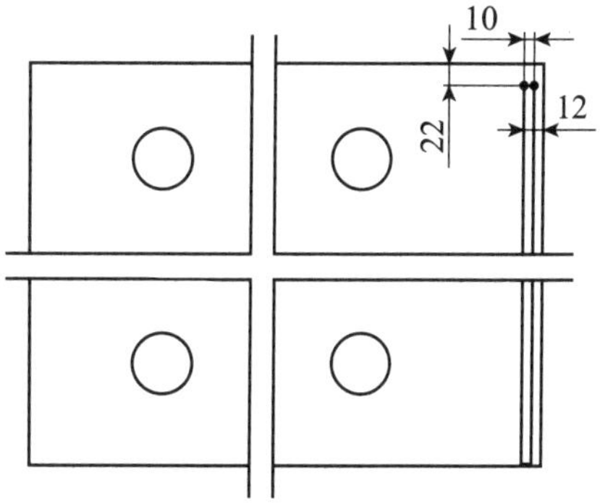

图 3–5　安全门导轨

3.1.2　压铸合模盖

压铸合模盖建模

（1）新建“零件”，选择前视基准面，绘制合模上盖草图如图 3-6 所示，拉伸 500mm。

（2）选择图 3-7 中的绘图面 1，绘制安装沟槽草图如图 3-8 所示。拉伸切除，切除深度设为 1420mm。

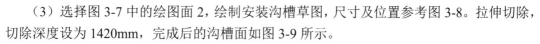

（3）选择图 3-7 中的绘图面 2，绘制安装沟槽草图，尺寸及位置参考图 3-8。拉伸切除，切除深度设为 1420mm，完成后的沟槽面如图 3-9 所示。

（4）在安装沟槽面上绘制安装的压铸上合模盖草图，如图 3-10 所示，向外拉伸 280mm。

（5）仍在安装沟槽面上绘制 4 个 $\phi 174$ 圆，草图如图 3-11 所示，拉伸切除，深度设为 500mm，形成上合模导轨圆孔。修改颜色并保存文件。

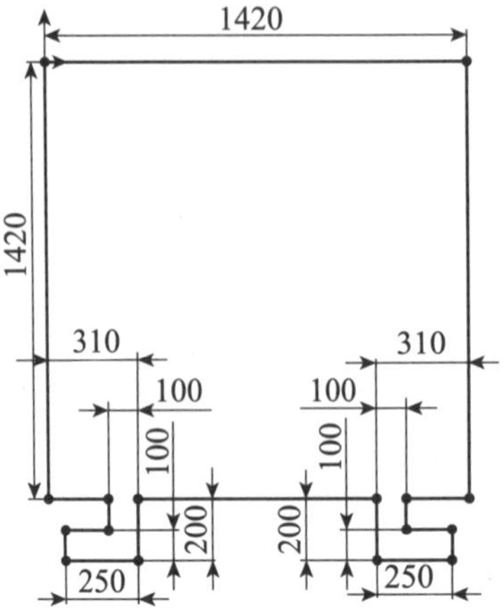

图 3-6　合模上盖草图

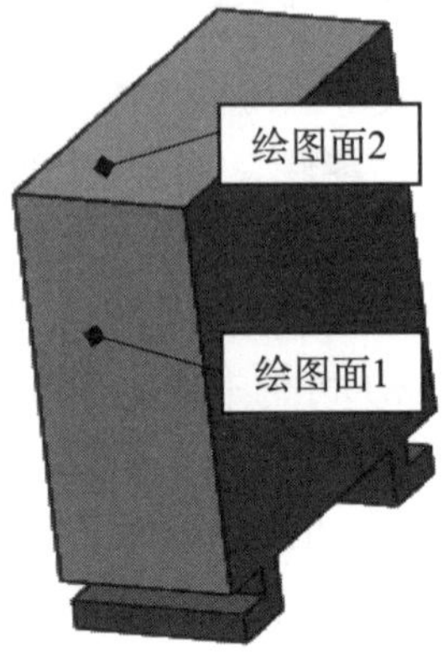

图 3-7　选择绘图面

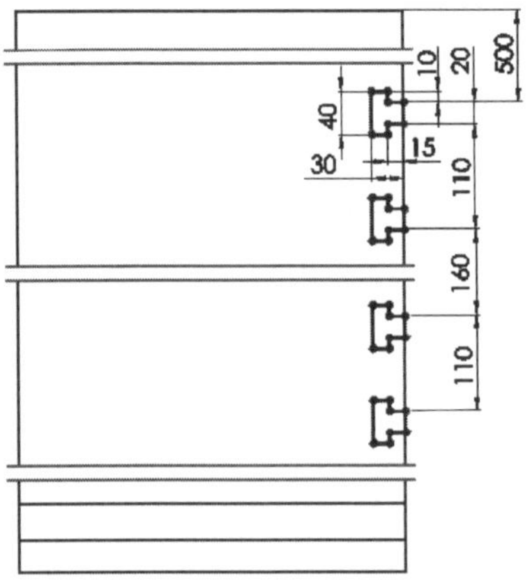

图 3-8　安装沟槽草图

图 3-9　安装沟槽面

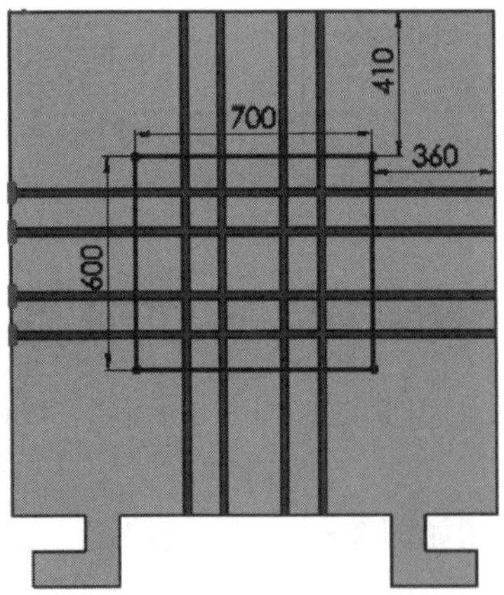

图 3-10　压铸上合模盖草图

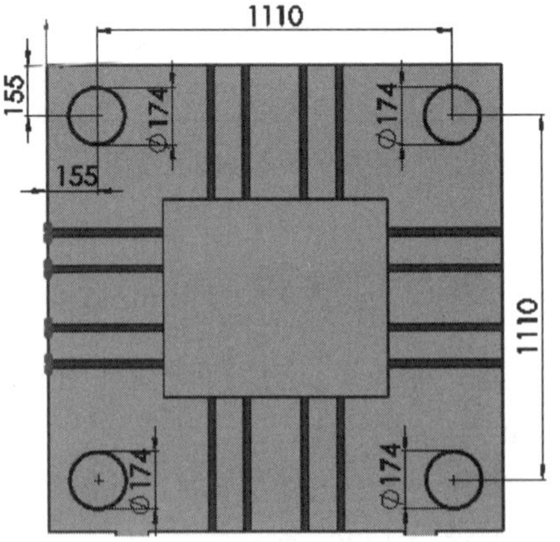

图 3-11　压铸合模导轨圆孔草图

3.1.3　压铸机基体

（1）打开 3.1.2 节所建压铸合模盖模型文件，另存为“压铸机基体”，删除 4 个 ϕ174

圆草图的“拉伸切除”特征，添加“拉伸特征”，将 4 个圆拉伸成圆柱，拉伸长度设为 2860mm。

（2）选择图 3-12 所示的面为绘图面，绘制压铸机基体底板（矩形），草图如图 3-13 所示。向下拉伸 170mm，形成基体底板。

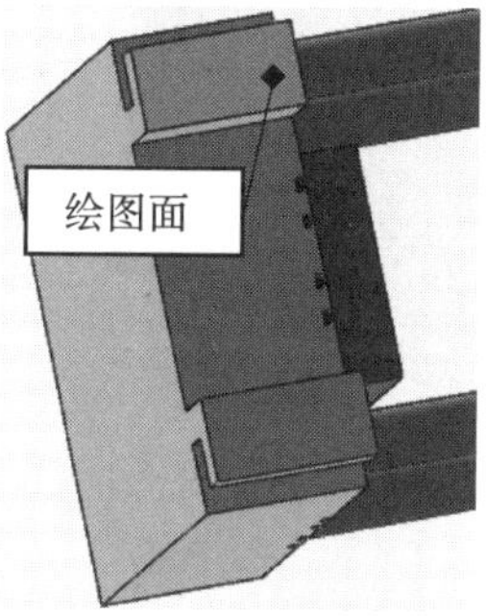

图 3–12　选择绘图面

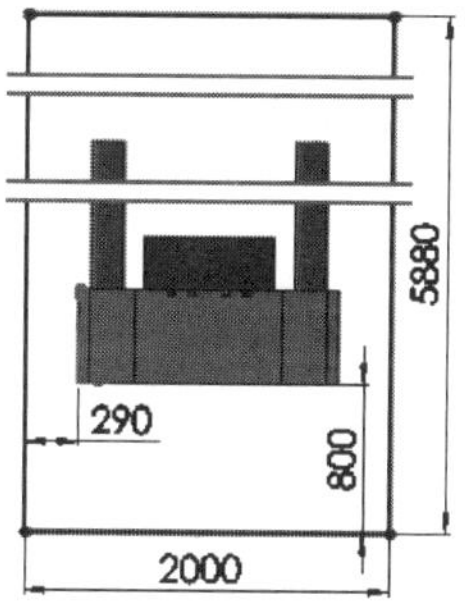

图 3–13　压铸机基体底板草图

压铸机基体建模

（3）选择图 3-14 所示基体底板表面为绘图面，绘制控制台草图如图 3-15 所示，向上拉伸 1600mm。

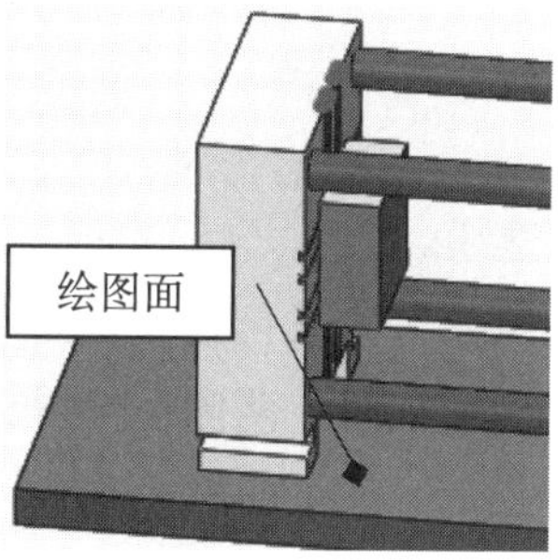

图 3–14　选择控制台绘图面

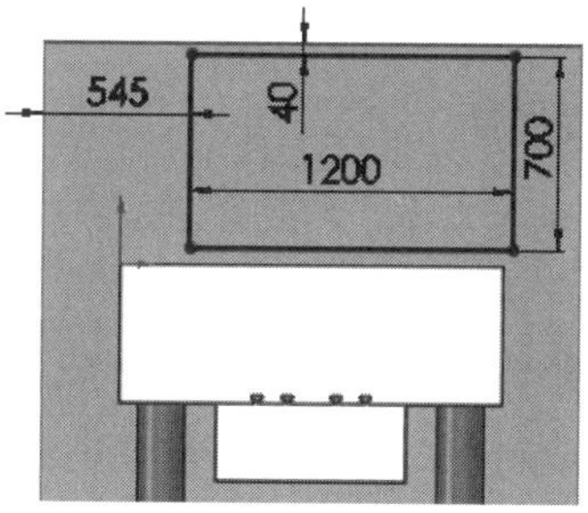

图 3–15　控制台草图

（4）对控制台一边进行倒角，形成操作面板，选择“距离 - 距离”选项，尺寸分别为 880mm 和 450mm，边线选择等设置如图 3-16 所示。

（5）在基体底板的上表面上绘制矩形草图，如图 3-17 所示。向下拉伸切除，切除深度设为 22mm。修改颜色，完成后保存文件。

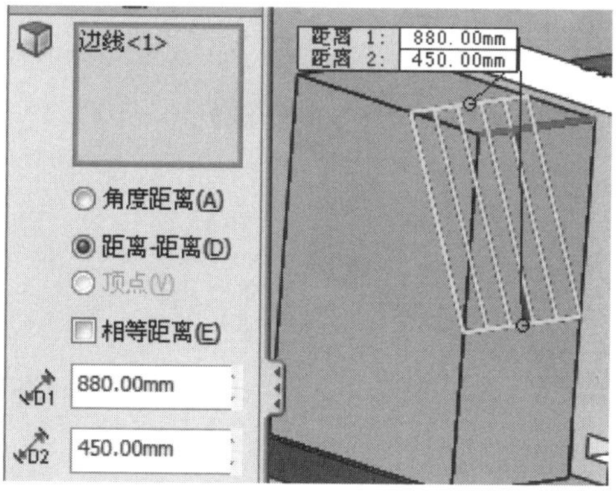

图 3–16　倒角形成控制面板边线选择等设置

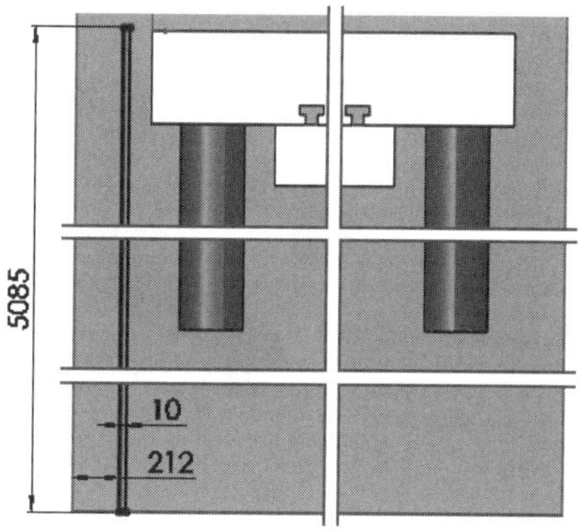

图 3–17　安全门导轨草图

图 3-18 所示为将压铸机基体、安全门、压铸合模盖、压铸机主体等装配后的压铸机完整模型图。

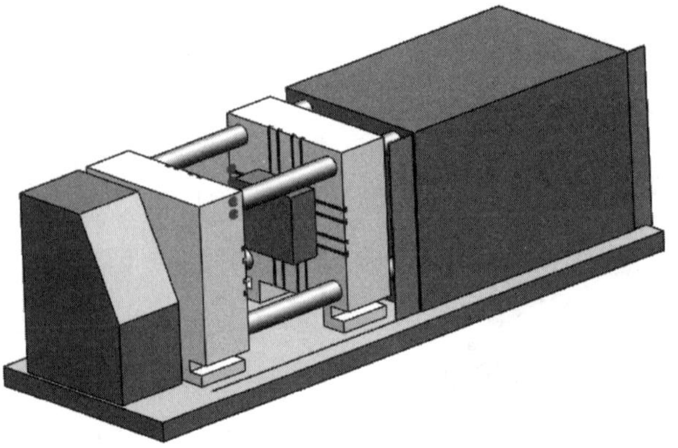

图 3-18　压铸机模型

3.2　压铸取件夹具建模

学习目标

依次完成安装法兰、夹具主体、气动装置及夹爪建模。

1. 压铸取件工具侧面加强筋外侧面为圆面，可通过两种方式创建：首先绘制顶视图截面，向下拉伸实体，再切除或倒角形成斜角；或先绘制前视图，两侧拉伸得到实体，拉伸切除或倒角形成斜角，再通过旋转切除形成侧向圆面。

2. 夹具的夹爪是几何对称的，故采用镜像特征创建。

重点难点

孔、镜像特征，旋转切除，多厚度抽壳。

压铸取件夹具如图 3-19 所示，包括安装法兰、夹具主体、气动装置及夹爪。

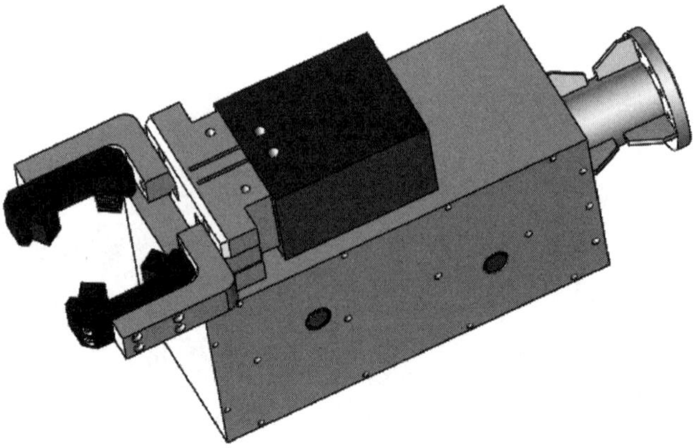

图 3-19　压铸取件夹具

3.2.1　安装法兰

压铸夹具主体建模

（1）新建“零件”文件，命名为“压铸取件夹具 .SLDPRT”。

（2）在上视基准面绘制 φ160 的圆及 12 个 φ10 的圆并沿 φ125 的圆周均匀分布，如图 3-20 所示，拉伸成凸台，拉伸深度设为 18mm，形成安装法兰盘。

（3）选择法兰盘表面，绘制 φ80 的圆，与法兰盘同心，拉伸凸台，拉伸深度设为 10mm。选择新建凸台的外表面边线倒角参数，其中距离为 1mm，角度为 45°，如图 3-21 所示。

（4）选择与步骤（3）相反的法兰盘表面，绘制直径 90mm 的圆，与法兰盘同心，拉伸 135mm。

（5）选择前视基准面，绘制加强筋草图如图 3-22 所示。双向拉伸，拉伸深度均设为 4mm，如图 3-23 所示。

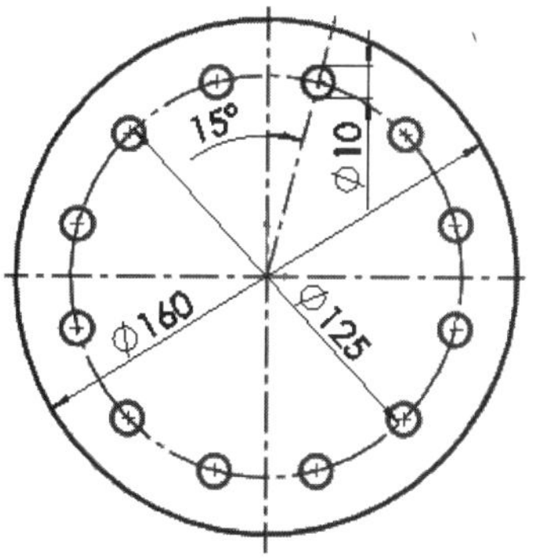

图 3–20　安装法兰草图

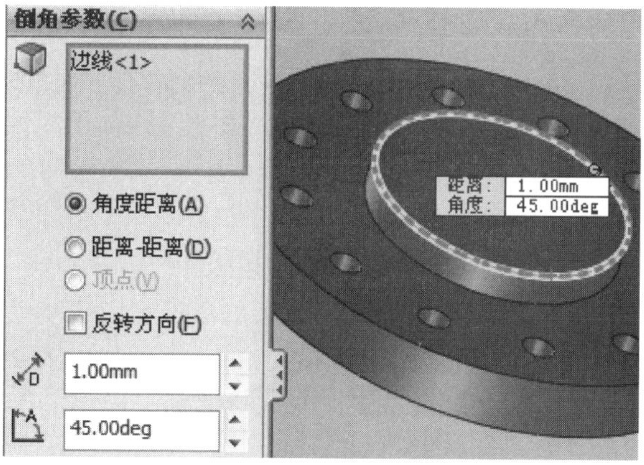

图 3–21　边线倒角

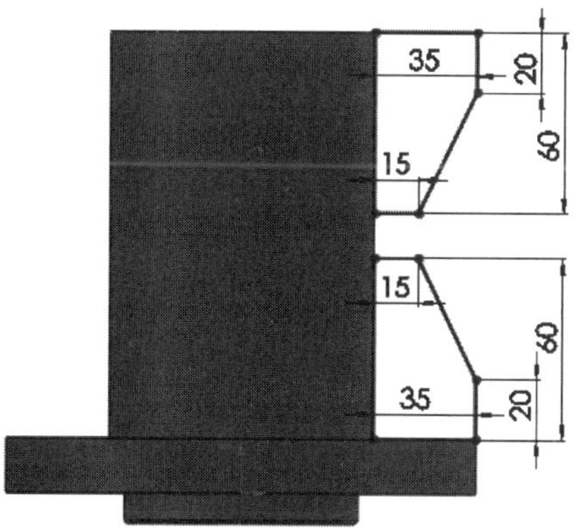

图 3–22　加强筋草图

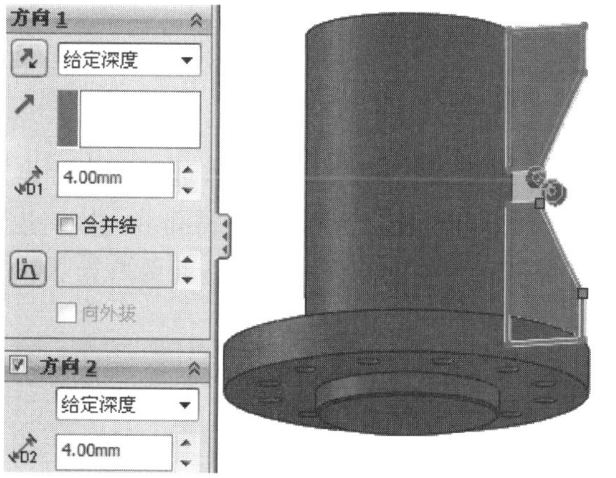

图 3–23　拉伸形成加强筋

（6）圆周阵列形成全部加强筋，阵列实例数设为 3，间距角度设为 120°，如图 3-24 所示。

（7）选择前视基准面，绘制如图 3-25 所示草图，旋转切除，使加强筋与外圆面齐平。

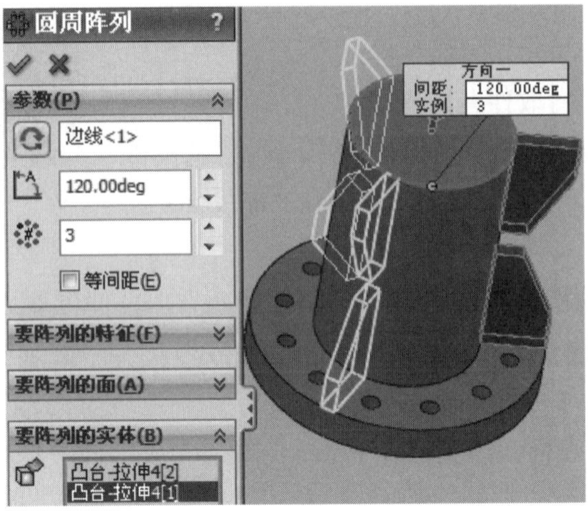

图 3-24　阵列产生全部加强筋

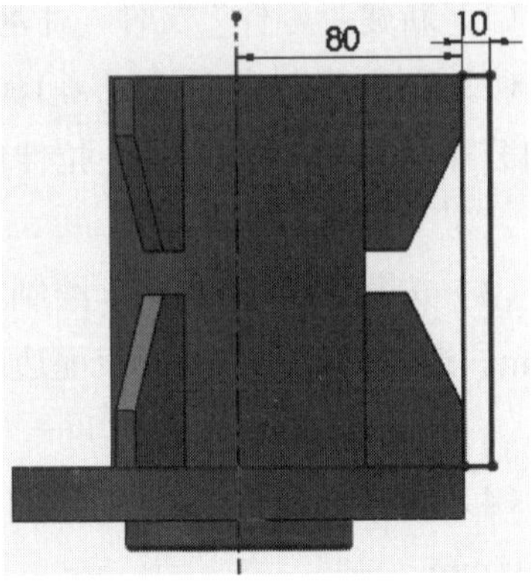

图 3-25　旋转切除矩形草图

3.2.2　夹具主体

（1）选择图 3-26 所示绘图面，绘制夹具主体草图，如图 3-27 所示。拉伸凸台，深度设为 550mm。

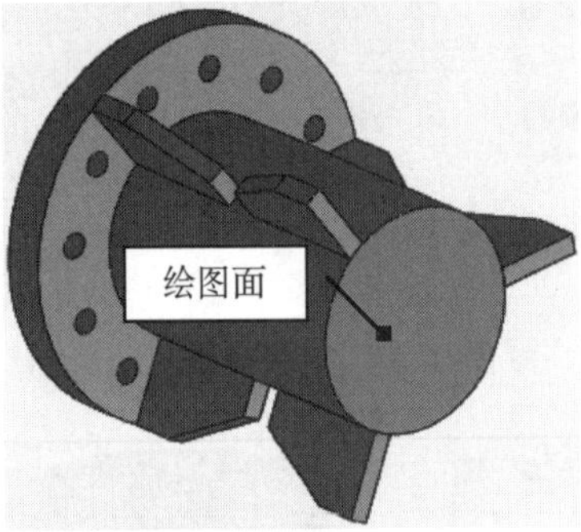

图 3-26　选择绘图面

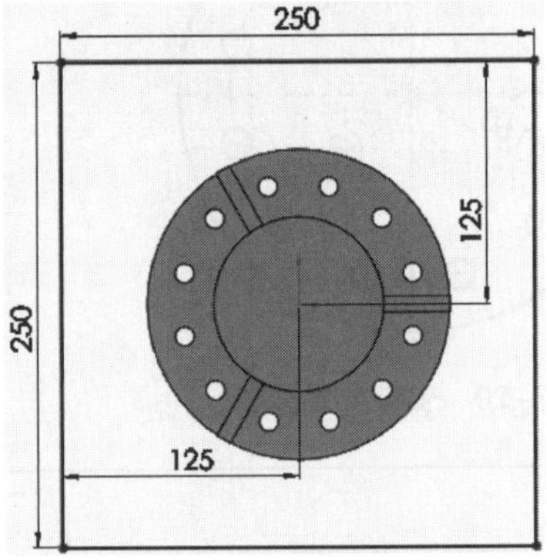

图 3-27　夹具主体草图

（2）将步骤（1）形成的实体进行抽壳，设置前端面为去除面，进行多壁厚设定：在“多厚度设定”处输入厚度为 15mm，选择上下两面；修改“多厚度设定”输入值为 17mm，再选择左右两个面；默认面壁厚为 26mm（去除面的对面厚度），如图 3-28 所示，确定完成。

（3）选择壁厚 17mm 的一面，绘制草图如图 3-29 所示。拉伸切除，切除深度设为 17mm。

（4）仍然选择上一步所选绘图面，绘制 7 个 ϕ10、11 个 ϕ8 以及 2 个 ϕ36 的圆，如图 3-30 所示。拉伸切除，切除深度设为 20mm。

（5）选择上一步所选绘图面，绘制 2 个 ϕ22 和 2 个 ϕ30 的圆，草图如图 3-31 所示。双向拉伸，向内拉伸深度设为 50mm，向外拉伸深度设为 5mm。

（6）对两个固定销套的外端面两边线分别倒角，其倒角参数中，距离为 1mm，角度为 45°，如图 3-32 所示。

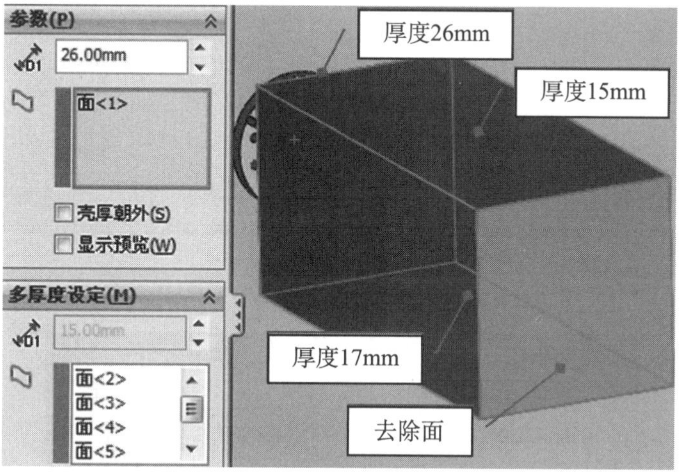

图 3-28　抽壳形成夹具主体外罩

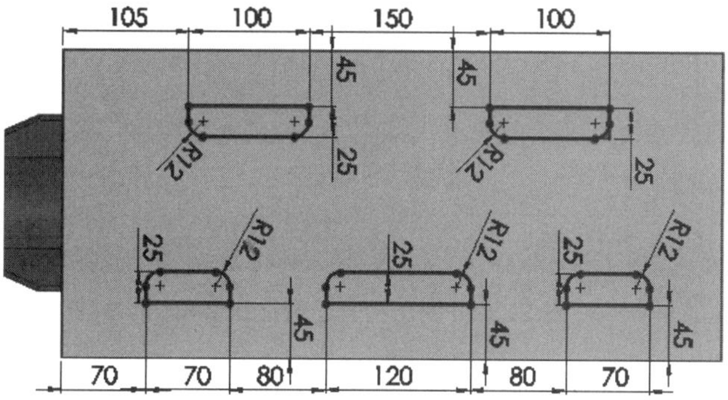

图 3-29　侧面开口草图

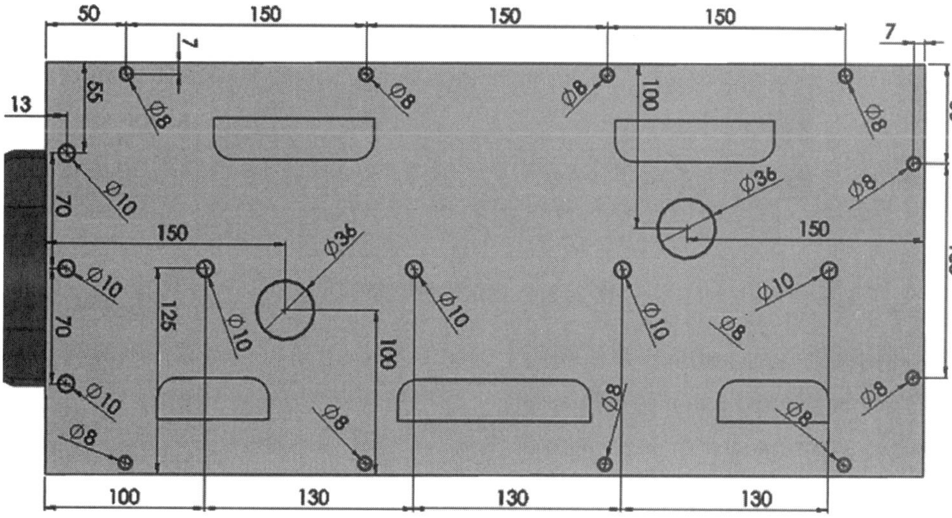

图 3-30　通孔草图

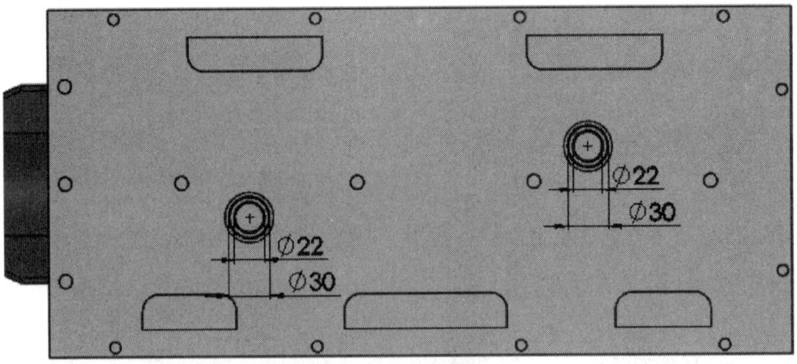

图 3–31　卡销草图

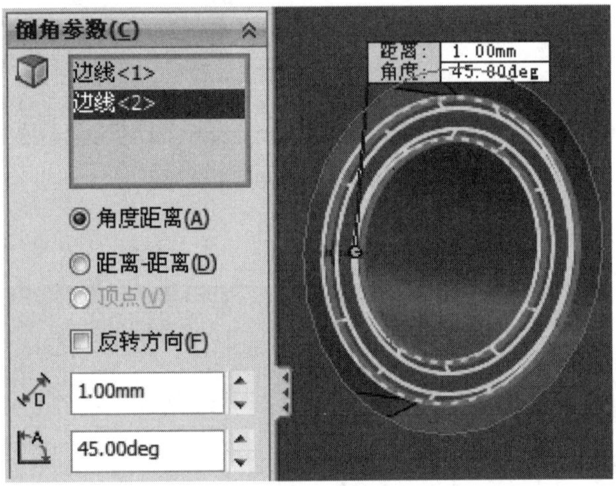

图 3–32　固定销套外端边线倒角

（7）选择步骤（5）所选面绘制固定压条草图，如图 3-33 所示，向外拉伸 5mm。

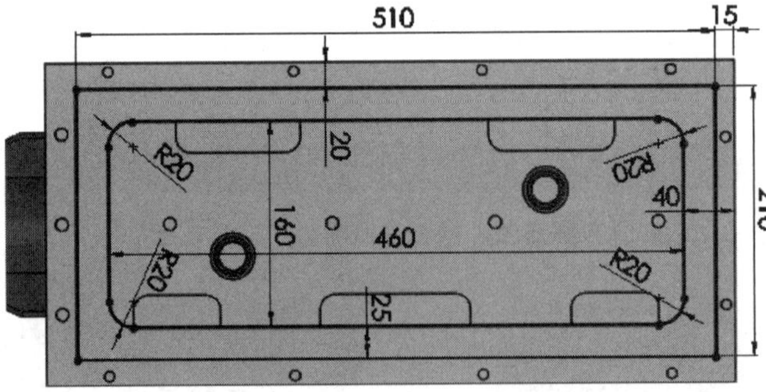

图 3–33　固定压条草图

（8）利用线性阵列，在上一步绘图面上，将步骤（4）所拉伸切除产生的圆孔（7 个 10、11 个 $\phi 8$ 以及 2 个 $\phi 36$）阵列到对侧面，阵列距离为 230mm，如图 3-34 所示。

（9）选择新阵列的圆孔所在的侧面为绘图面，绘制两个内外直径为 36mm 和 30mm 的圆环，草图如图 3-35 所示。向内拉伸 250mm，不合并结果，形成固定销套实体。隐藏外罩，对两个固定销套实体的外端面内外侧边线倒直角，倒角参数的距离为 1mm，角度为 45°。

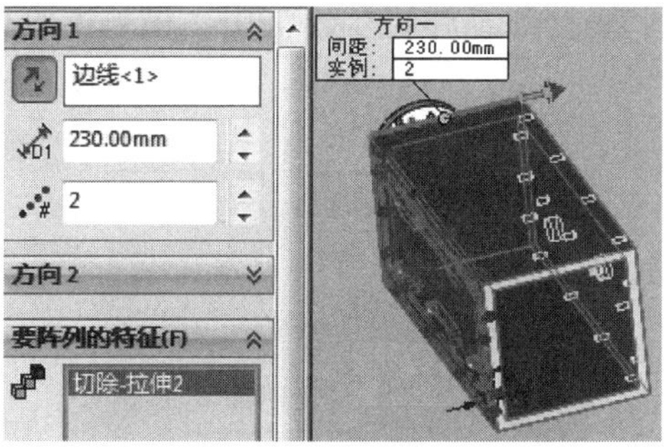

图 3-34　阵列圆孔

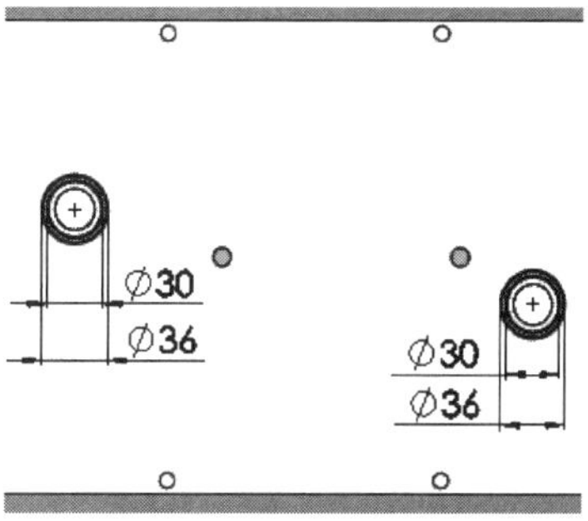

图 3-35　固定销套草图

（10）在上一步绘图平面相同的位置绘制两个 ϕ30 的圆，如图 3-36 所示。向内拉伸 250mm，不合并结果，形成固定销实体模型。将其外端面两边线倒锐角：1mm×45°。修改固定销及销套颜色。

（11）绘制封盖。选择开口处端面，绘制草图如图 3-37 所示，向内拉伸 20mm。

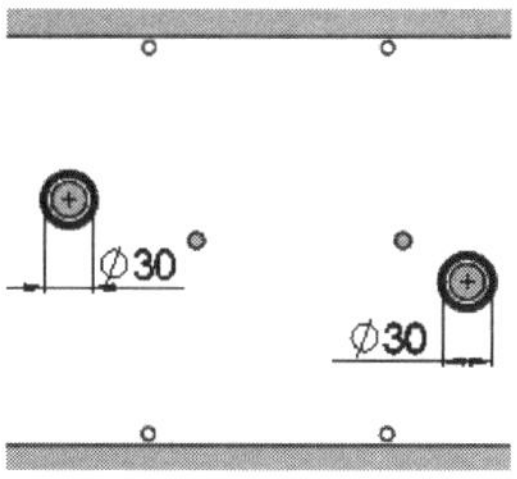

图 3-36　固定销草图

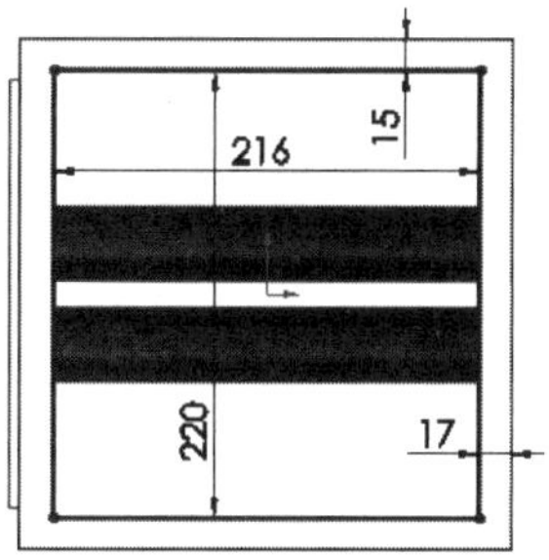

图 3-37　封盖草图

3.2.3　气动装置

（1）选择图 3-38 所示绘图面，绘制草图如图 3-39 所示，向外拉伸 120mm。

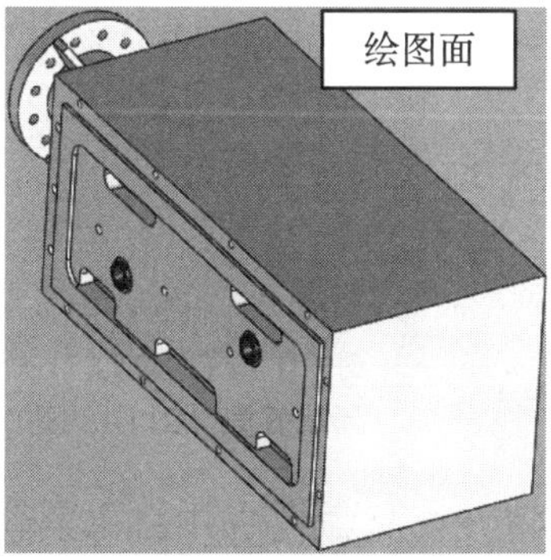

图 3-38　选择绘图面

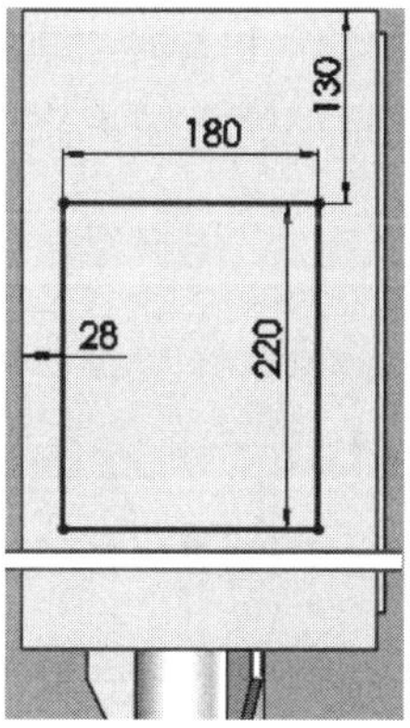

图 3-39　气动装置草图

压铸夹具气动装置及夹爪建模

（2）选择气动装置模型上表面，绘制安装孔草图如图 3-40 所示。向内拉伸切除，深度设为 20mm。

（3）选择图 3-41 所示绘图面，绘制夹具气阀，草图如图 3-42 所示。向外拉伸 90mm，不合并结果。

（4）选择夹具气阀上表面，绘制两个边长为 38mm 的正方形，如图 3-43 所示。拉伸切除，切除深度设为 100mm。

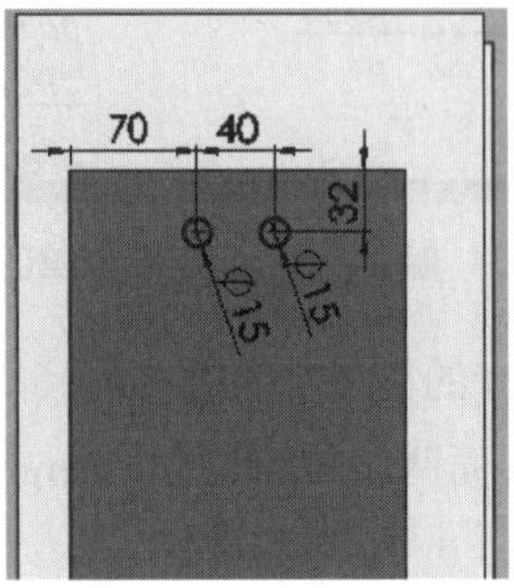

图 3-40　安装孔草图

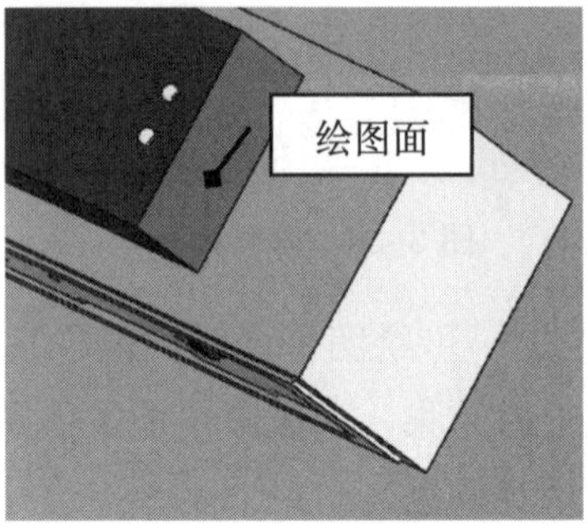

图 3-41　选择绘图面

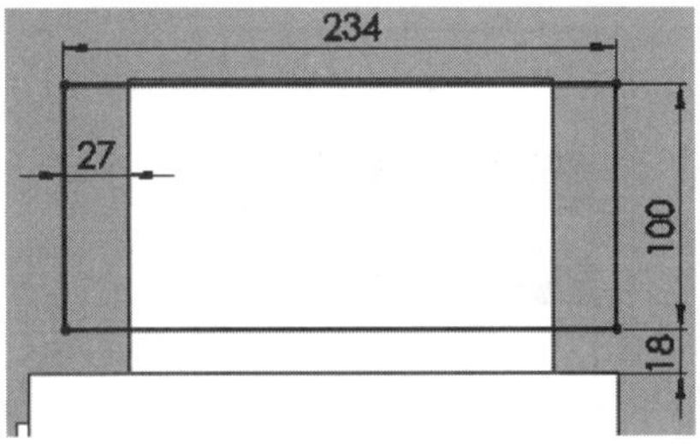

图 3-42　夹具气阀草图

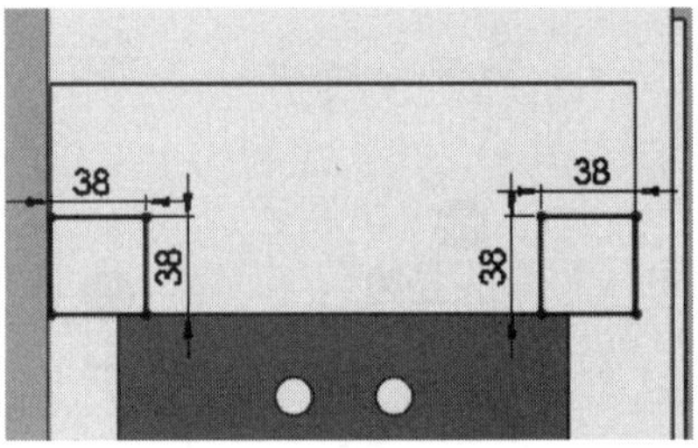

图 3-43　夹具气阀边角切除草图

（5）选择夹具气阀上表面，绘制两个 73mm×5mm 的矩形，草图如图 3-44 所示。拉伸切除，深度设为 5mm。线性阵列此沟槽，阵列方向设为向下，距离设为 95mm，使之在对侧面形成两个沟槽。

（6）选择菜单栏中的“插入”→“特征”→“孔”→“简单直孔…”命令，放置两个直孔于夹具气阀上表面，直孔深度设为 20mm，直径设为 12mm，如图 3-45 所示。分别进入两个孔特征的草图，修改其位置如图 3-46 所示，确定并退出草图。

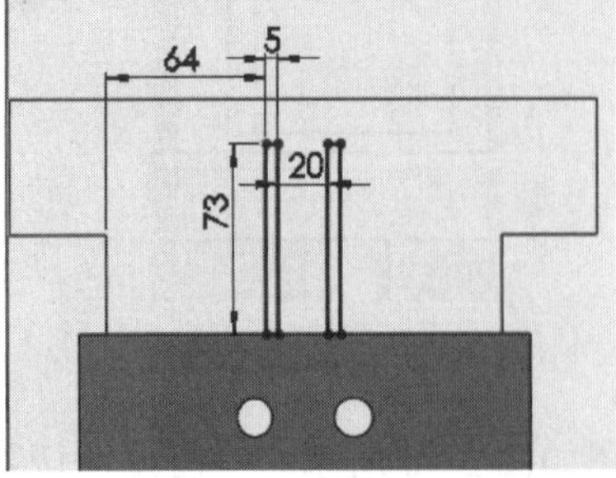

图 3-44　沟槽草图

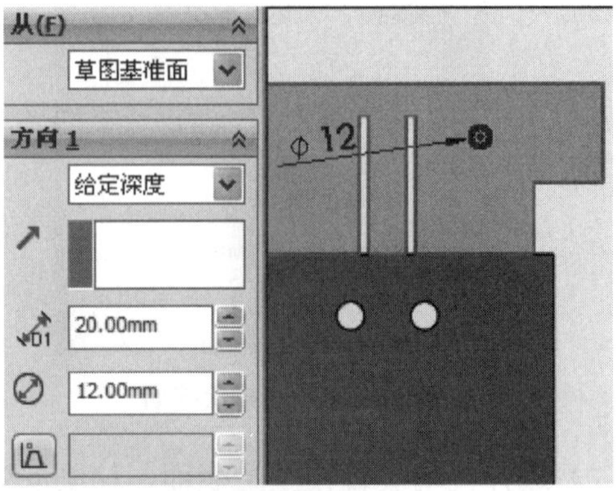

图 3-45　直孔特征属性设置

说　明

“孔”特征命令的功能是在实体上钻孔。“孔”特征包括简单直孔和异形向导孔。简单直孔为具有圆截面的切口，始于放置曲面并延伸到指定的终止曲面或深度；异形向导孔为具有基本形状的螺孔，基于工业标准的、可带有不同的末端形状的标准沉头孔和埋头孔。

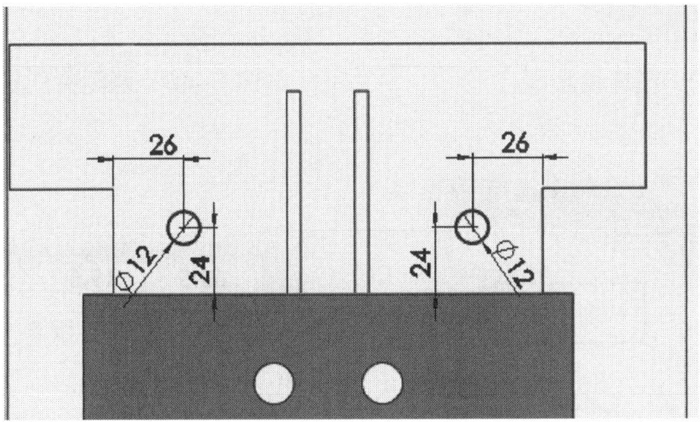

图 3-46　直孔位置

（7）如图 3-47 所示，将夹具气阀外端面四周边线倒角：10mm×5mm。

（8）选择图 3-48 所示绘图面，绘制夹爪安装槽草图，如图 3-49 所示。向对侧面拉伸切除，深度设为 52mm。

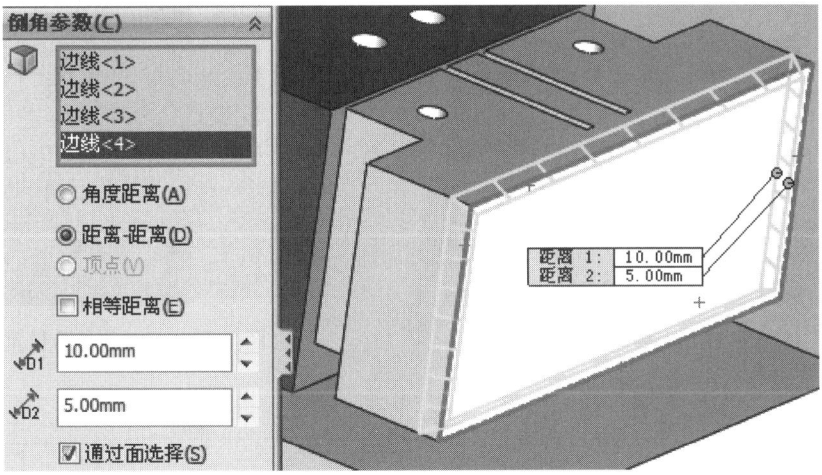

图 3-47　夹具气阀端面边线倒角

（9）选择图 3-50 所示绘图面，绘制夹爪侧向安装杆草图，如图 3-51 所示。向外拉伸 52mm，不合并结果。

（10）分别选择图 3-52 所示两个绘图面，添加“直孔”特征，直径设为 6mm，深度设为 20mm，位置如图 3-53 所示。

（11）选择夹爪安装槽下底面为绘图面（见图 3-54），绘制夹爪草图，如图 3-55 所示。双向拉伸，深度分别设为 37mm 和 3mm，如图 3-56 所示。

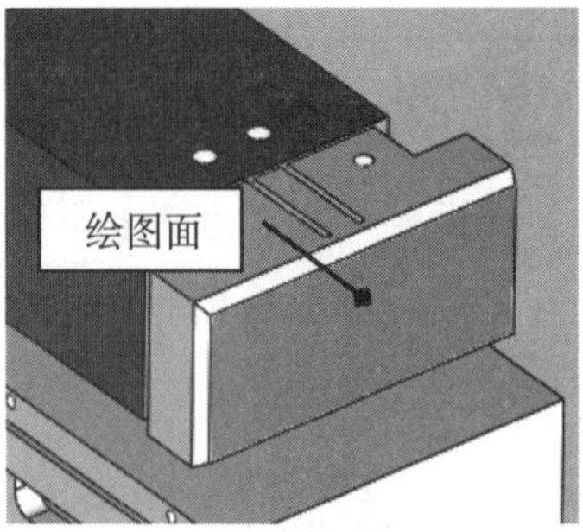

图 3-48　选择绘图面

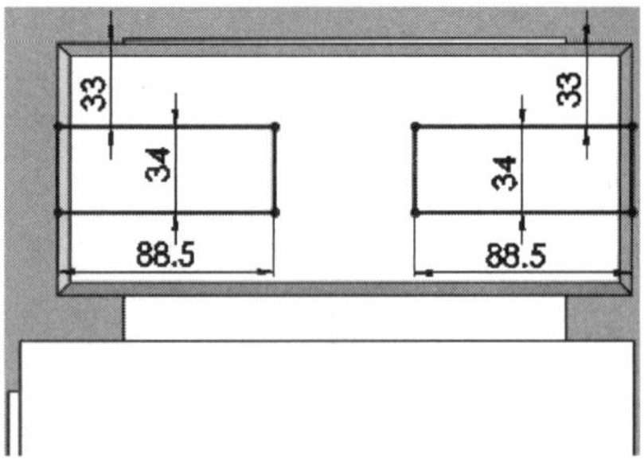

图 3-49　两侧夹爪安装槽草图

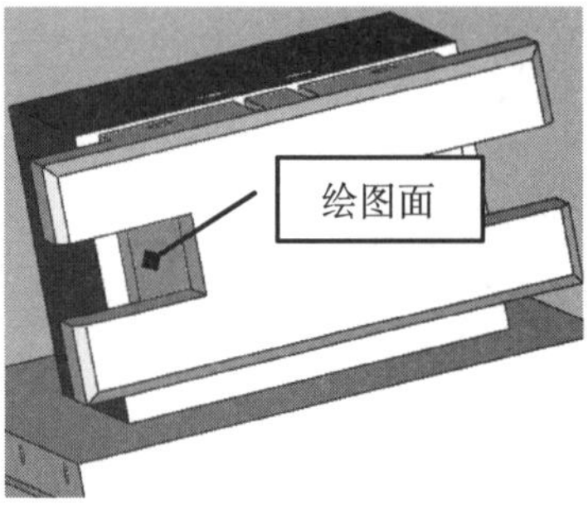

图 3-50　选择绘图面

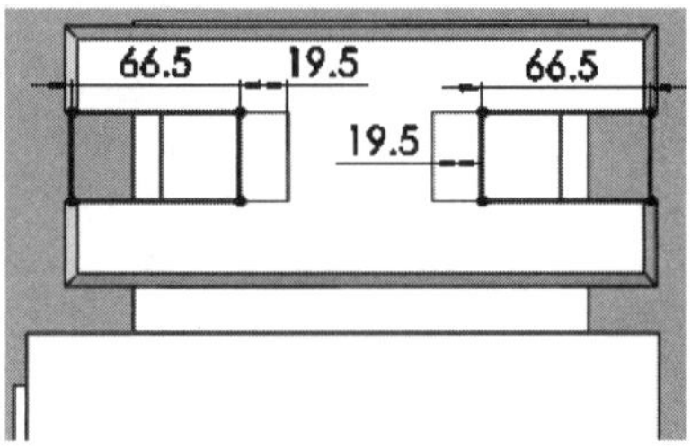

图 3-51　夹爪侧向安装杆草图

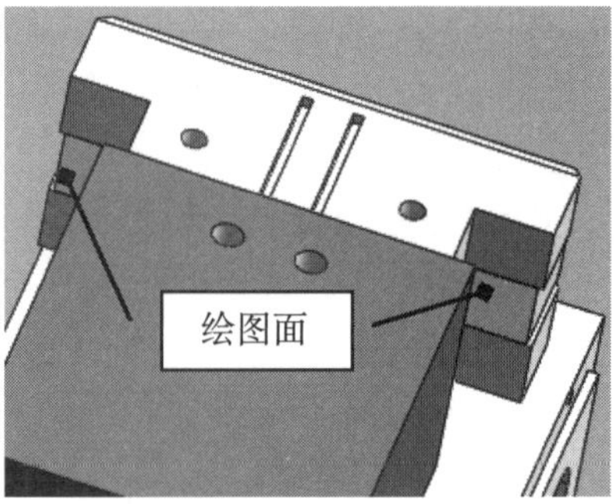

图 3-52　选择绘图面

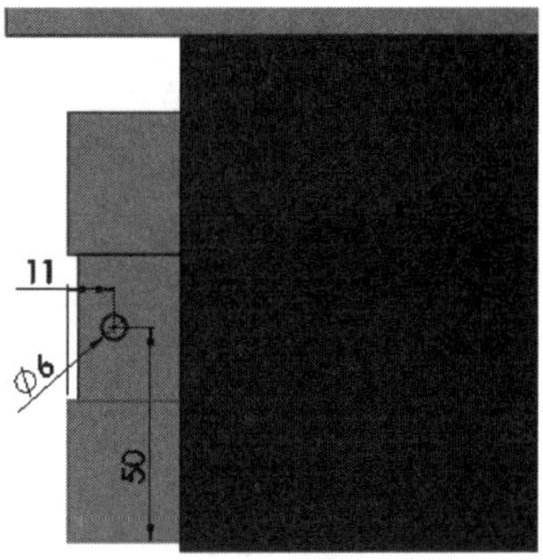

图 3-53　ϕ6 安装孔位置

图 3-54　夹爪绘图面

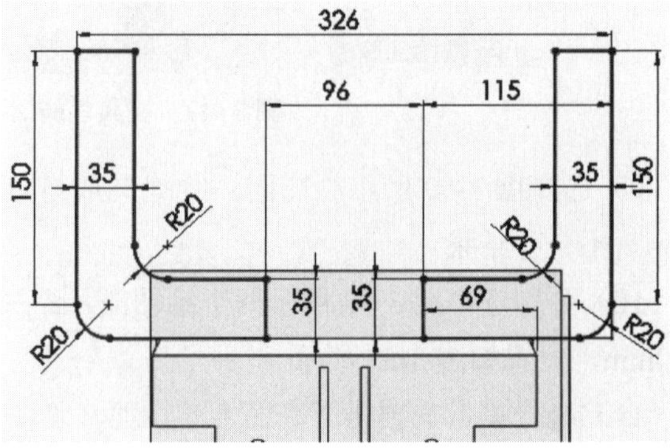

图 3-55　夹爪草图

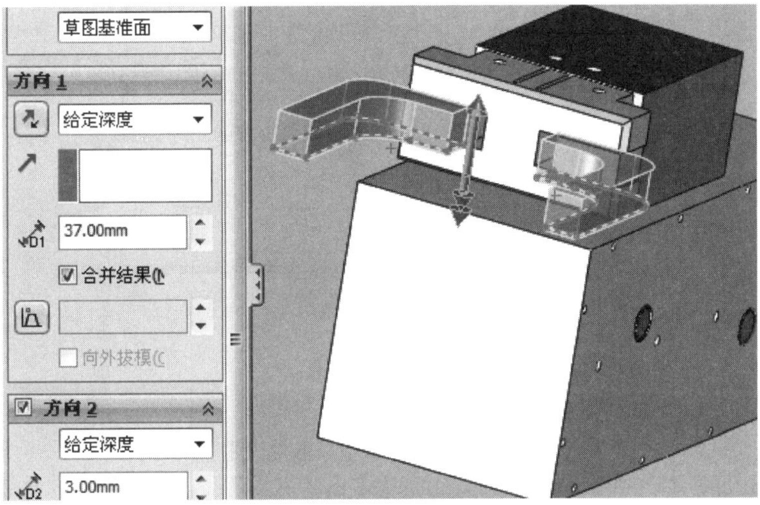

图 3–56　拉伸夹爪实体

（12）选择图 3-57 所示绘图面，选择菜单栏中的“插入”→“特征”→“孔”→“向导…”命令，添加异形孔特征。在“类型”选项卡中，选择孔类型为“柱形沉头孔”，标准选择“ISO”，孔规格为“M12”，给定深度设为 30mm，如图 3-58 所示。切换至“位置”选项卡，标注沉孔位置如图 3-59 所示。

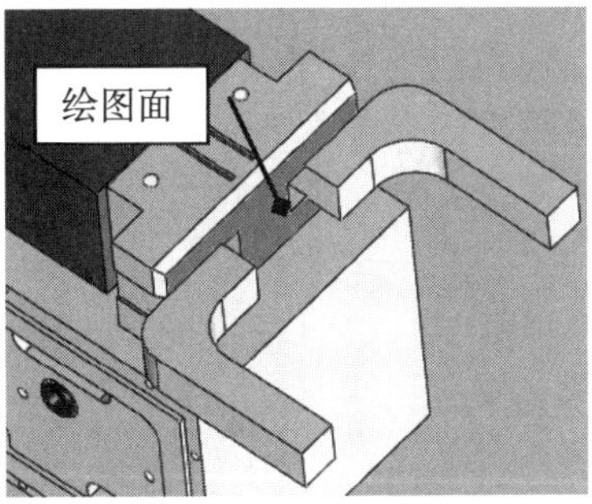

图 3–57　选择绘图面

图 3–58　异形孔参数设置

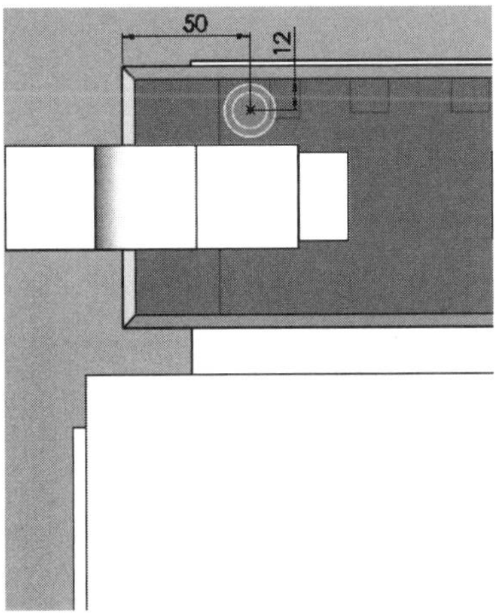

图 3–59　标注沉孔位置

（13）添加线性阵列，产生其余3个安装螺纹孔，阵列方向和距离设置如图3-60所示。

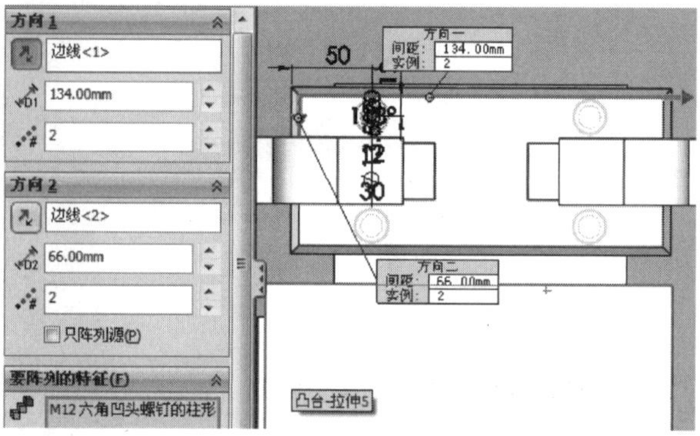

图3-60　阵列螺纹孔参数设置

（14）选择图3-57所示的夹爪的上表面，绘制对称的草图如图3-61所示。向下拉伸成实体，不合并结果，拉伸深度设为40mm，并修改其颜色。

（15）分别选择夹爪的两侧外面为绘图面（见图3-62），参照步骤（12）添加4个螺纹孔，孔类型设为“沉孔”，标准选择“ISO”，孔规格设为“M8”，给定深度设为50mm，位置如图3-63所示。阵列产生4个沉孔，阵列水平间距设为20mm，垂直间距设为60mm，完成后的阵列螺纹孔如图3-64所示。

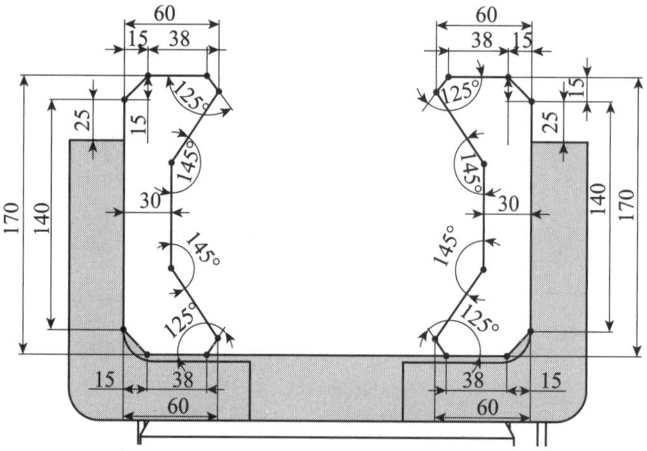

图3-61　夹爪夹紧部草图

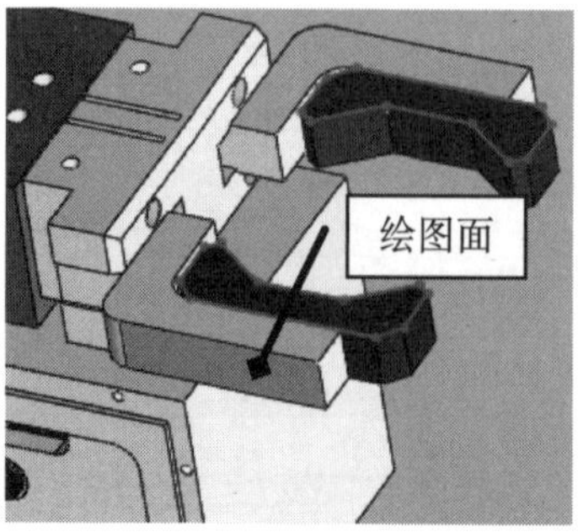

图3-62　选择螺纹孔绘图面

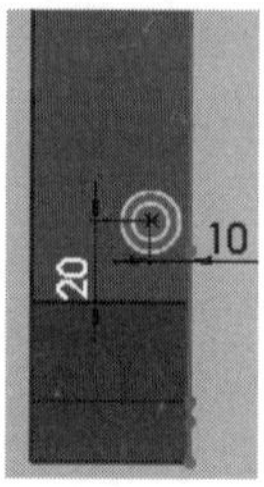

图3-63　螺纹孔位置

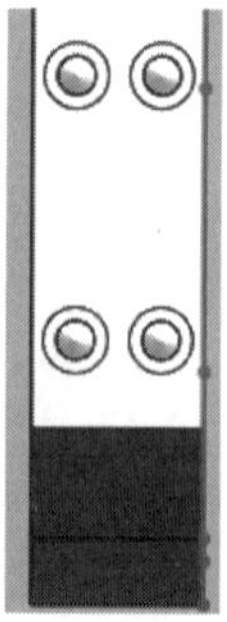

图3-64　阵列螺纹孔

（16）选择另一夹爪的外侧面，添加 4 个螺纹孔，尺寸和位置与上一步一致。

（17）选择夹紧部内侧面为绘图面如图 3-65 所示，绘制夹持块矩形，草图如图 3-66 所示。向外拉伸 25mm，不合并结果。

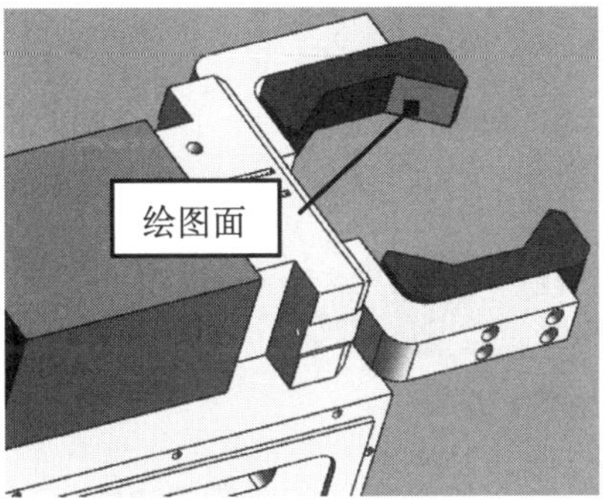

图 3-65　选择绘图面

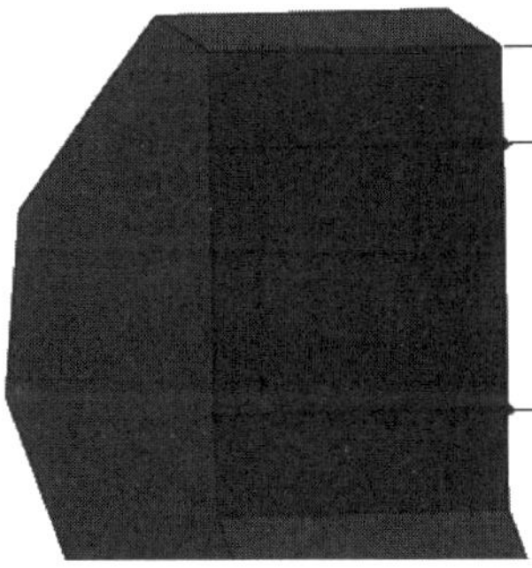

图 3-66　夹持块草图

（18）选择图 3-67 所示绘图面，绘制 6 个间距为 6mm 的三角形阵列作为夹紧齿草图，如图 3-68 所示。拉伸切除，切除深度设为 30mm。

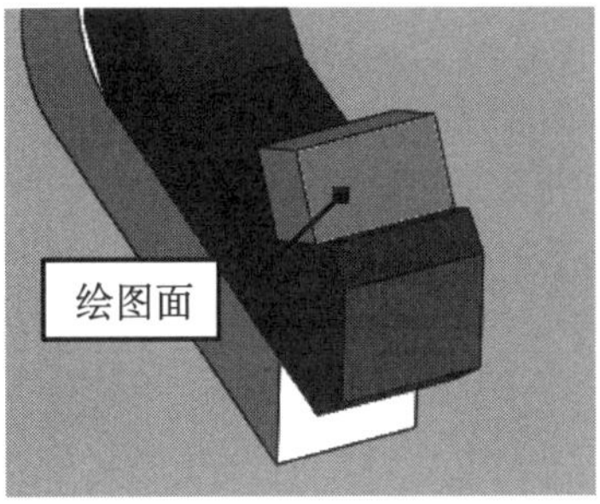

图 3-67　夹紧齿绘图面

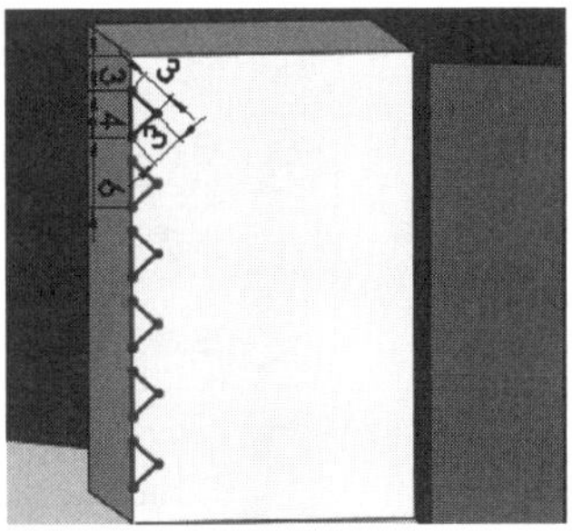

图 3-68　夹紧齿草图

（19）选择夹爪侧面创建基准面，间距设为 163mm，产生介于两侧面正中并与侧面平行的面为新基准面，如图 3-69 所示。

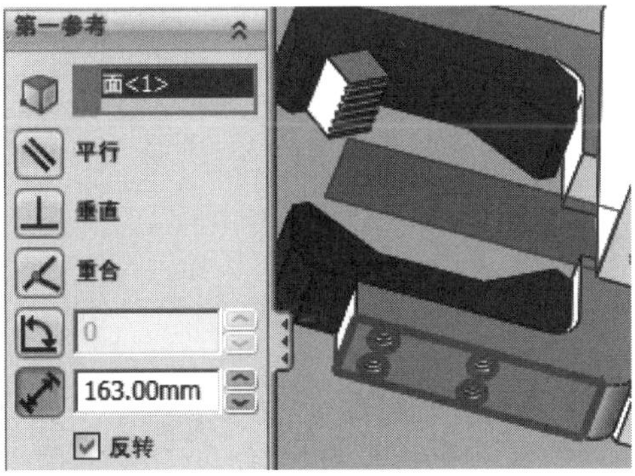

图 3-69　创建基准面

（20）添加镜像特征，选择新建基准面为镜像面，将夹齿设为镜像的实体，镜像产生第二个夹齿如图 3-70 所示。

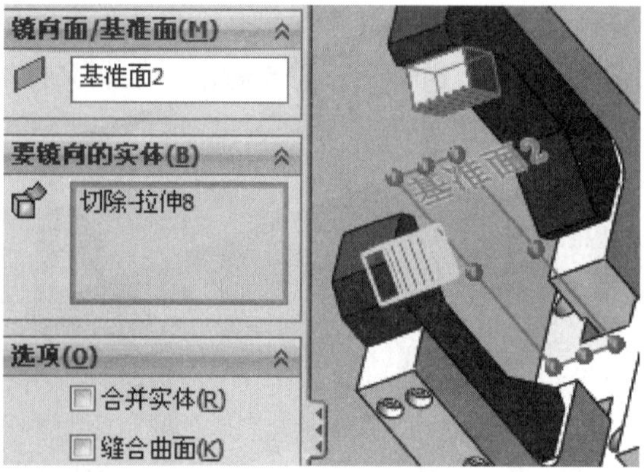

图 3-70　镜像产生第二个夹齿

（21）按上述方法，选择图 3-71 所示绘图面，创建新基准面，间距设为 85mm。

（22）添加镜像特征，选择新建的基准面为镜像面，再选择上述两个夹齿实体为镜像的实体，从而产生 4 个夹齿，如图 3-72 所示。

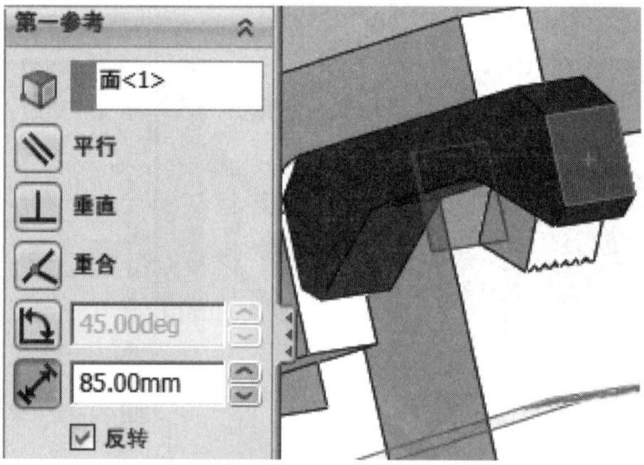

图 3-71　创建第二个镜像基准面

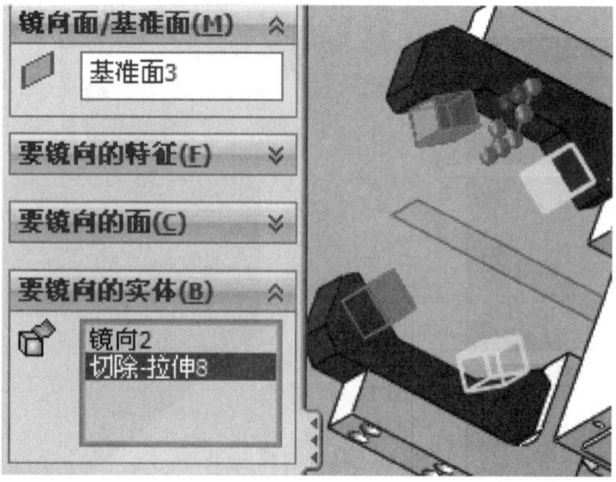

图 3-72　镜像产生 4 个夹齿

（23）创建平行所选面并经过所选边线的平面，如图 3-73 所示。

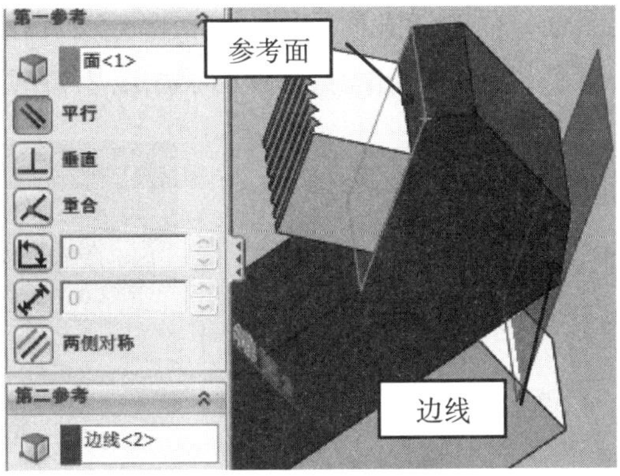

图 3–73　新建基准面

（24）选择上一步创建的基准面，添加向导孔：孔类型设为“沉孔”，标准选择“ISO”，孔规格设为“M8”，给定深度设为 60mm，孔尺寸约束如图 3-74 所示。

（25）选择上一步创建的“孔”特征，利用步骤（19）和步骤（21）所创建的基准面，镜像产生其他夹爪夹紧部外侧拐角处的安装螺纹孔，如图 3-75 所示。

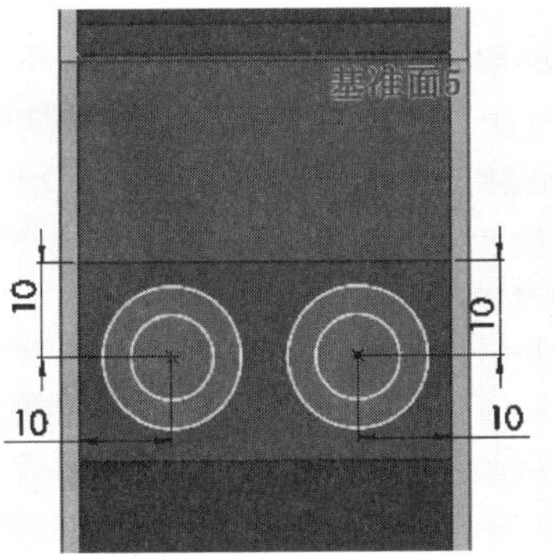

图 3–74　孔尺寸约束

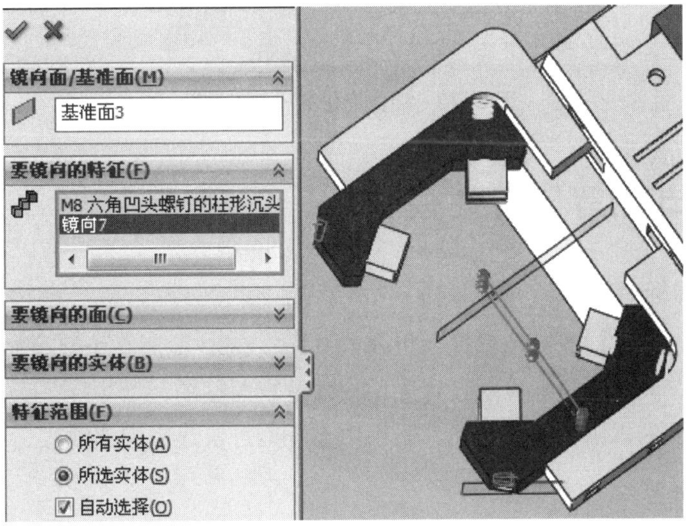

图 3–75　镜像产生其他位置处的螺纹孔

（26）选择图 3-76 所示面，添加“孔”特征：孔类型设为“沉孔”，标准选择“ISO”，孔规格设为“M8”，给定深度设为 60mm，孔位置约束如图 3-77 所示。

图 3-76　选择孔放置面

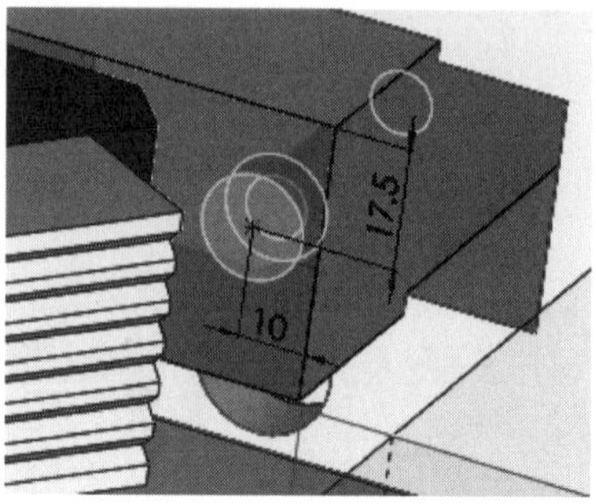

图 3-77　孔位置约束

（27）镜像产生对侧螺纹孔，选择步骤（19）所建基准面为镜像面，上一步创建的孔为要镜像的实体，如图 3-78 所示，单击“确定”按钮。

（28）修改夹具各部分颜色，完成后保存文件。

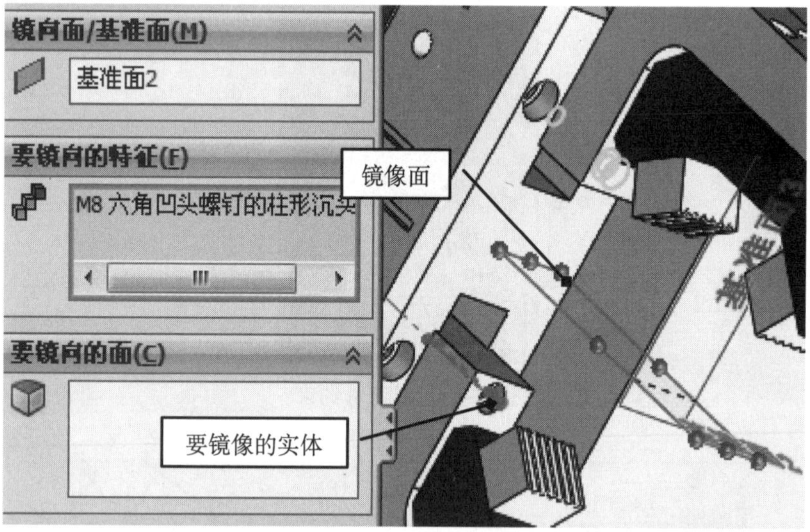

图 3-78　镜像产生另一侧安装孔

3.3　冷却台等附件建模

学习目标

依次完成压铸工件、废品收集桶、机器人基座、CCD 检测系统及冷却台建模。

1. 压铸工件、废品收集桶外观设置采用纹理及表面贴图。

2. 冷却架台面为规则排列的通孔，采用填充阵列可快速完成建模。

重点难点

填充阵列，表面纹理及贴图。

压铸机器人系统需要建模的其他附件有冷却台、压铸工件、废品收集桶、机器人基座、CCD 检测系统。在 RobotStudio 软件中，机器人和控制柜模型已内置，故不需再创建。

3.3.1　压铸工件

（1）新建“零件”文件，选择上视基准面，绘制草图如图 3-79 所示。拉伸 30mm 形成实体。

（2）仍然选择上视基准面，绘制草图直径 100mm 的圆，与上述 R50 圆弧同心，如图 3-80 所示。向上拉伸 120mm，形成工件手柄。

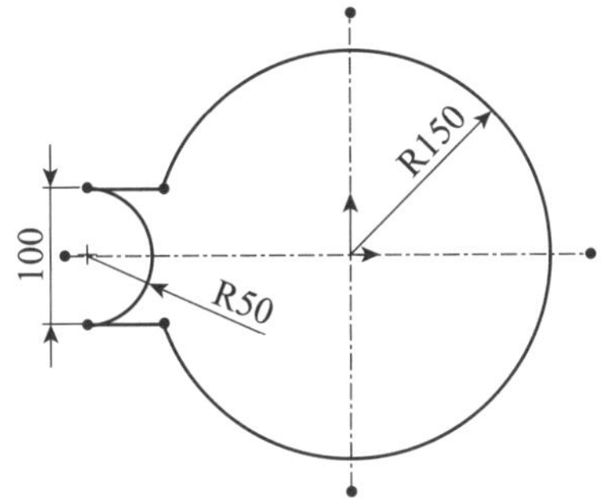

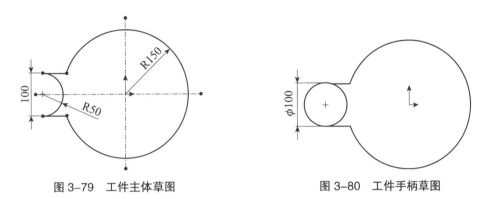

图 3-79　工件主体草图

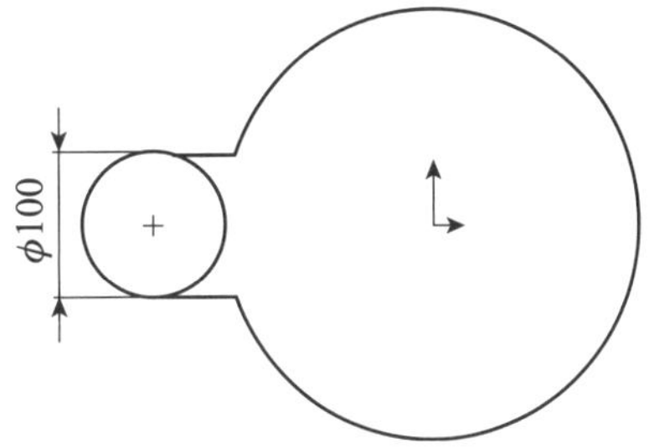

图 3-80　工件手柄草图

（3）添加外观纹理。选择菜单栏中的“工具”→“插件…”命令，在弹出的“插件”对话框中勾选“PhotoWorks”插件，单击“确定”按钮，此时菜单栏增加一菜单项“PhotoWorks”。选择“PhotoWorks”菜单下的“贴图”可将图片覆盖至实体被选择的面上。或单击“任务窗格”下的“外观 /PhotoWorks”图标，再选择相应的外观和纹理。此处我们选择的是“iron”类型下的“第二铸铁”纹理，如图 3-81 所示。

（4）保存文件。

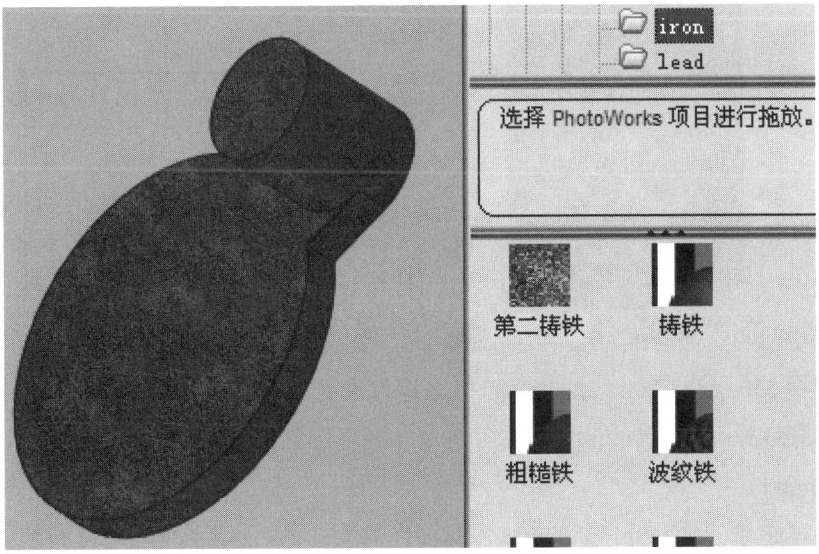

图 3-81　修改工件外观纹理

3.3.2 废品收集桶

（1）新建“零件”。选择上视基准面，绘制废品收集桶草图如图 3-82 所示。向上拉伸 700mm，形成圆柱体。

（2）添加“抽壳”特征，设置默认抽壳厚度为 50mm，抽壳去除面选择圆柱体一个端面，在“多厚度设定”栏中选择另一端面，将其厚度设定为 10mm，如图 3-83 所示。这样，形成的圆桶底部保留的厚度为 10mm，而侧面厚度为默认厚度 50mm。

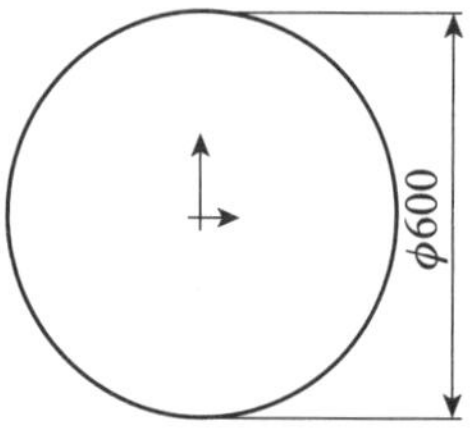

图 3-82　废品收集桶草图

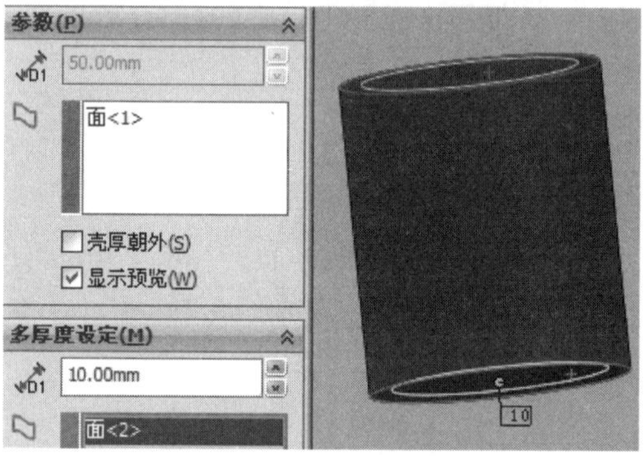

图 3-83　抽壳形成废品收集桶实体

（3）修改颜色并添加回收标志贴图，如图 3-84 所示。

（4）保存文件。

3.3.3 机器人基座

机器人基座建模

（1）新建“零件”，选择上视基准面，绘制草图如图 3-85 所示，向上拉伸 320mm。

图 3-84　着色并贴图的废品收集桶

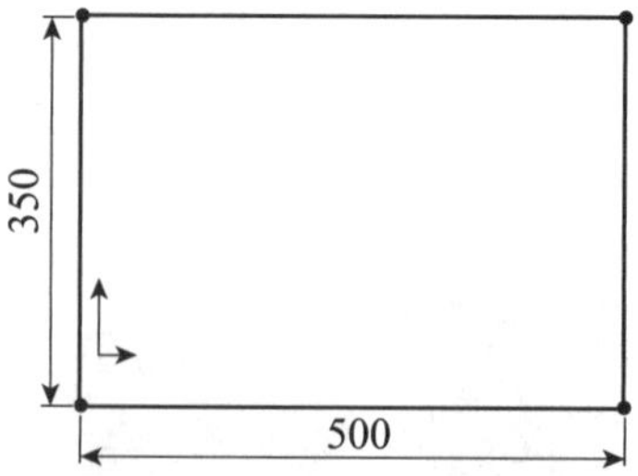

图 3-85　机器人基座草图

（2）选择 350mm×500mm 面作为去除面进行抽壳，厚度设为 16mm。

（3）选择 320mm×500mm 面为绘图面，绘制草图如图 3-86 所示。拉伸切除，切除深度设为 350mm。

（4）选择剩下的 350mm×500mm 内侧面作为绘图面，绘制 4 个均匀分布的 $\phi 22$ 的圆，草图如图 3-87 所示。拉伸切除，切除深度设为 16mm。

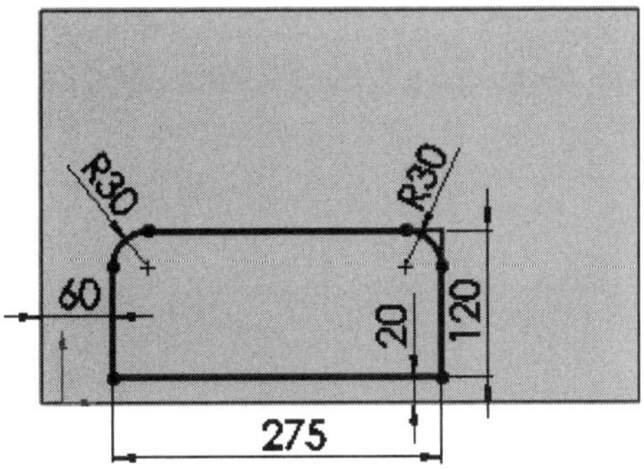

图 3–86 侧面切口草图

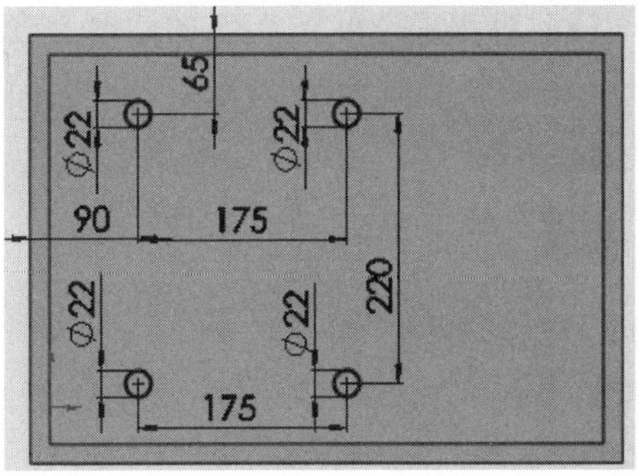

图 3–87 底面圆孔草图

（5）选择图 3-88 所示面进行绘制草图，绘制的草图如图 3-89 所示。添加约束条件，使矩形左边线与下方实体左边线对齐，矩形底边线与下方实体上边线对齐。双向拉伸草图，拉伸深度分别设为 125mm 和 475mm，使伸出下方实体开口侧的长度均为 125mm。

图 3–88 选择绘图面

图 3–89 上方盖板草图

（6）选择盖板上表面，绘制草图如图 3-90 所示，向上拉伸 30mm。

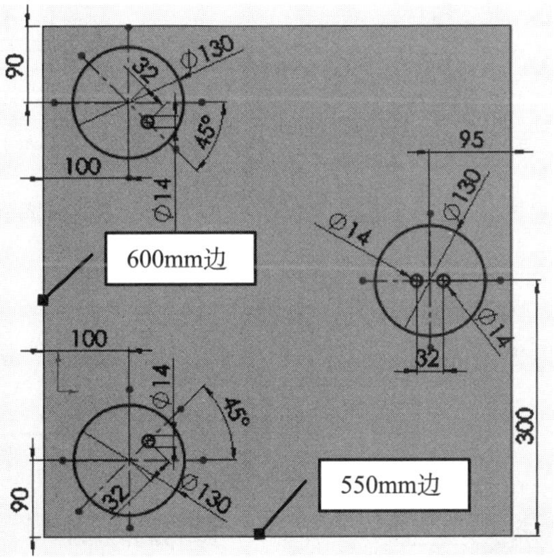

图 3–90 上方凸台草图

（7）在左侧凸台上表面继续绘制两个直径为 $\phi 35$ 的圆台，使其圆心与凸台圆心同心，如图 3-91 所示，向上拉伸 8mm。

（8）对新建的两个 ϕ35 的圆台上边线倒角 2mm×45°。

（9）在新建的两个 ϕ35 的圆台表面上绘制两个直径 ϕ14 的圆，使其与圆台同心，如图 3-92 所示。拉伸切除，切除深度设为 38mm。

（10）修改颜色后保存文件。

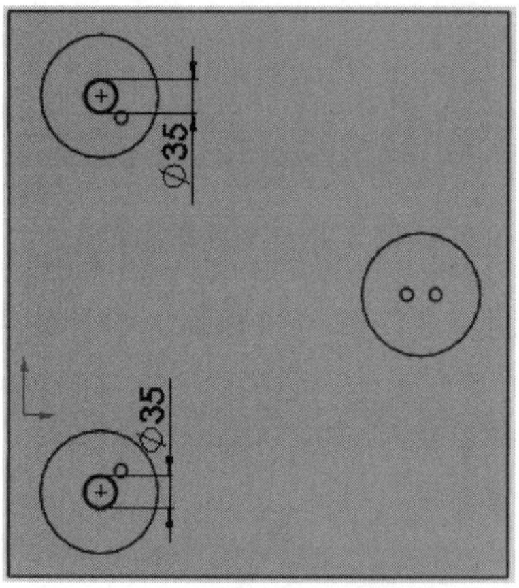

图 3-91　圆台截面草图

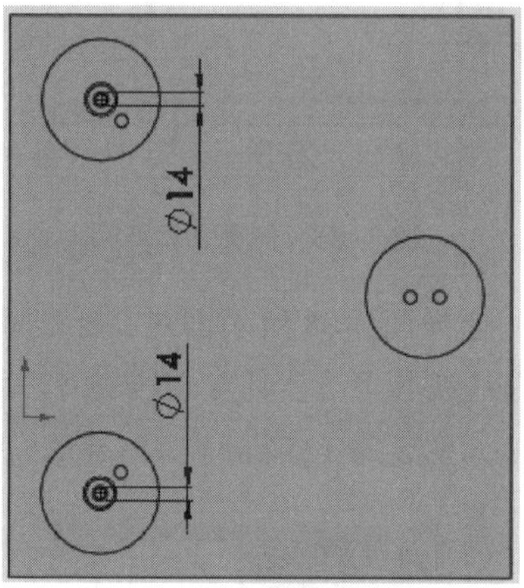

图 3-92　圆台中心孔草图

3.3.4　CCD 检测系统

（1）新建“零件”，选择上视基准面，绘制检测系统支架截面草图如图 3-93 所示。

（2）选择前视基准面，绘制检测系统支杆外形轨迹草图如图 3-94 所示。

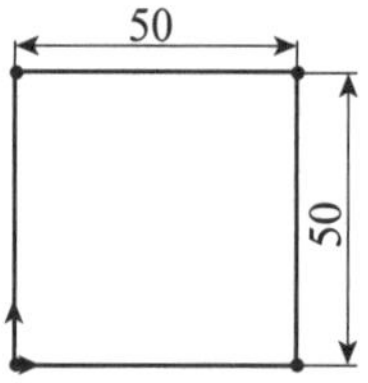

图 3-93　支杆截面草图

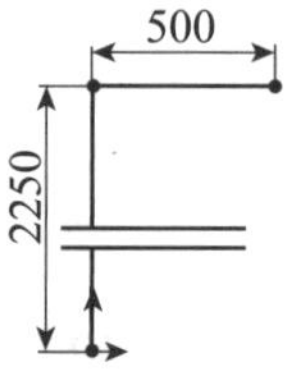

图 3-94　支杆外形轨迹草图

（3）采用扫描形成实体，选择步骤（1）中绘制的草图为扫描轮廓，步骤（2）中绘制的草图为扫描路径。

（4）绘制 CCD 图像传感器安装固定板。选择图 3-95 所示面为绘图面，绘制草图如图 3-96 所示。向下拉伸，深度设为 10mm。

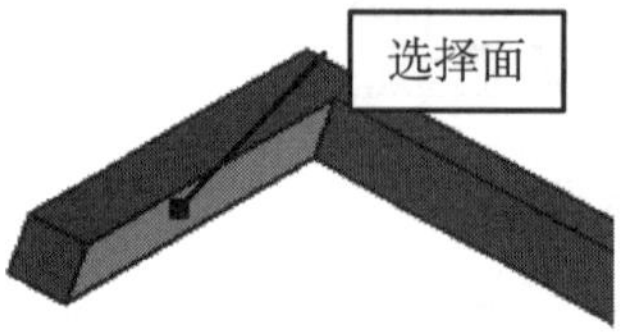

图 3-95　选择绘图面

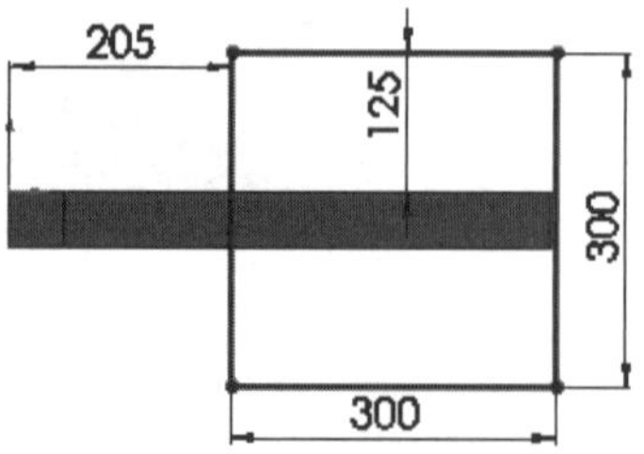

图 3-96　CCD 图像传感器固定板草图

（5）选择图 3-97 所示的绘图面，绘制 4 个 $\phi 60$ 的圆形作为图像传感器模型截面，如图 3-98 所示。向下拉伸 100mm 形成圆柱体。

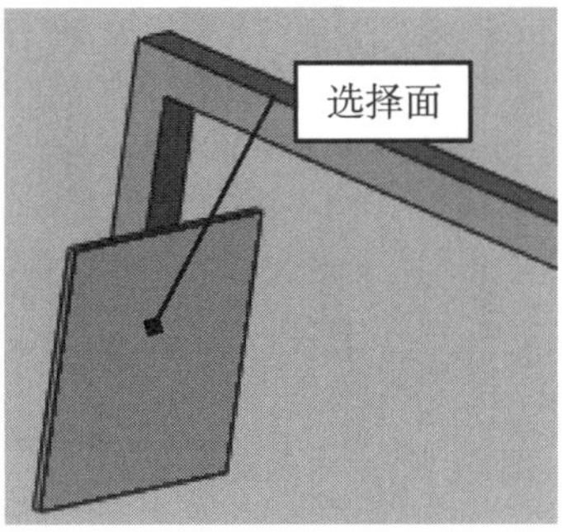

图 3–97　选择绘图面

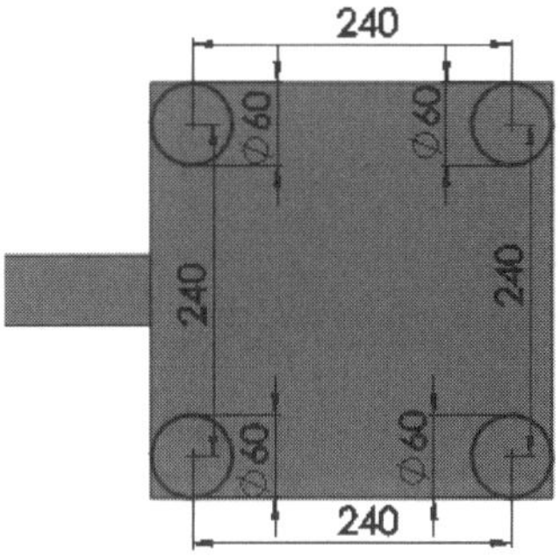

图 3–98　图像传感器截面草图

（6）修改颜色后保存文件。

3.3.5　冷却台

（1）新建“零件”。选择上视基准面，绘制冷却台支腿截面草图如图 3-99 所示。向上拉伸 990mm，形成一条支腿。

（2）添加线性阵列，选择支腿截面的两个互相垂直的边线为阵列方向，阵列间距分别设为 460mm 和 1460mm，如图 3-100 所示。

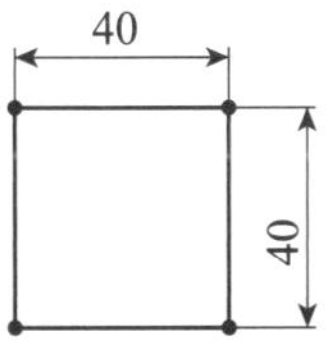

图 3–99　支腿截面草图

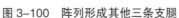

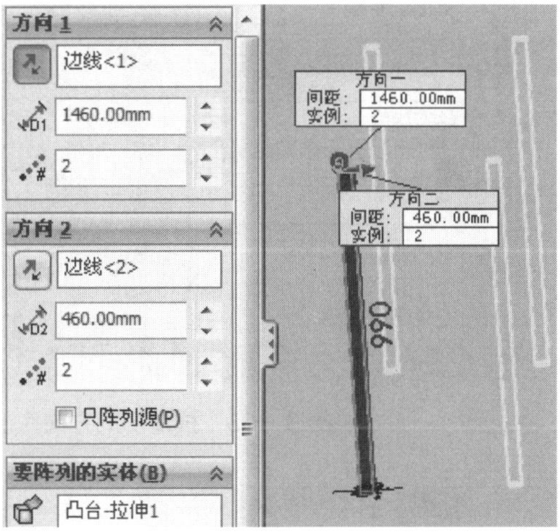

图 3–100　阵列形成其他三条支腿

冷却台建模

（3）选择上视基准面，绘制两个边长为 40mm 的正方形，与前述支腿一侧对齐，草图如图 3-101 所示。向上拉伸成实体，拉伸长度设为 490mm。完成后的模型如图 3-102 所示。

（4）添加支腿连杆。选择支腿内侧面为绘图面，如图 3-103 所示。在 990mm 长的支腿上的下端绘制 4 个边长为 40mm 正方形，边线分别与支腿边线对齐，草图如图 3-104 所示，向对侧支腿方向拉伸 440mm，形成支腿连杆，如图 3-105 所示。

（5）依次参照图 3-106 和图 3-107，完成其他连杆设计。

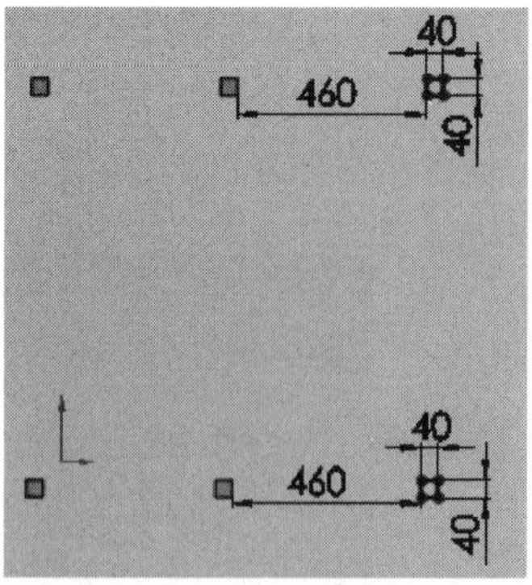

图 3-101　另两条支腿截面草图

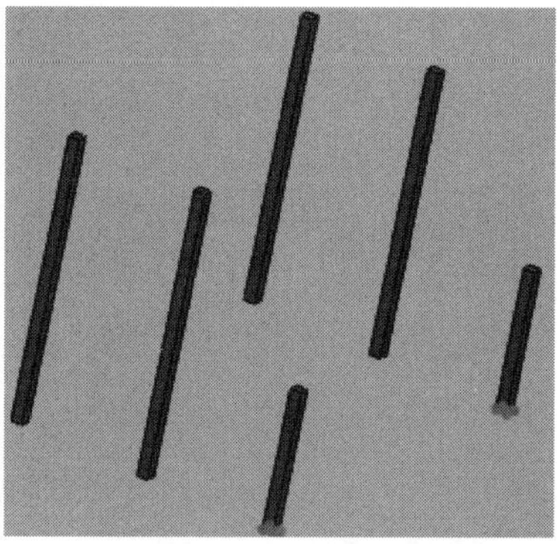

图 3-102　六条支腿模型

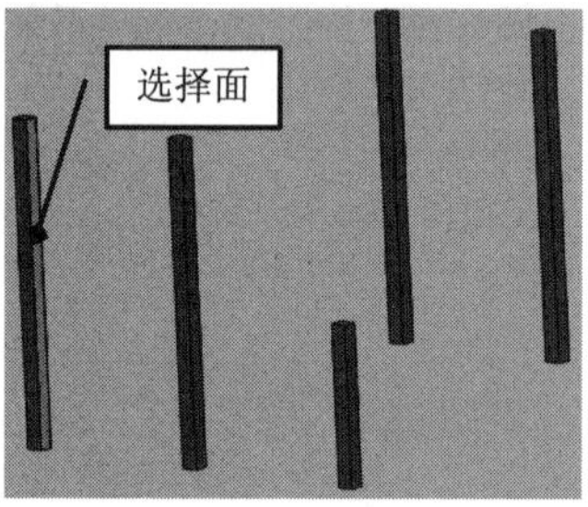

图 3-103　选择绘图面

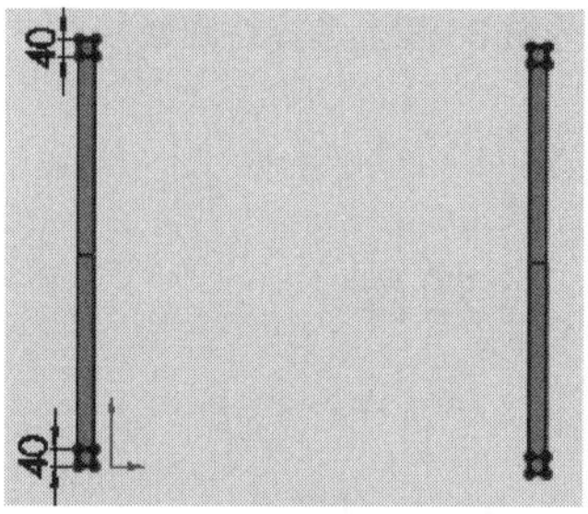

图 3-104　4 个连杆草图

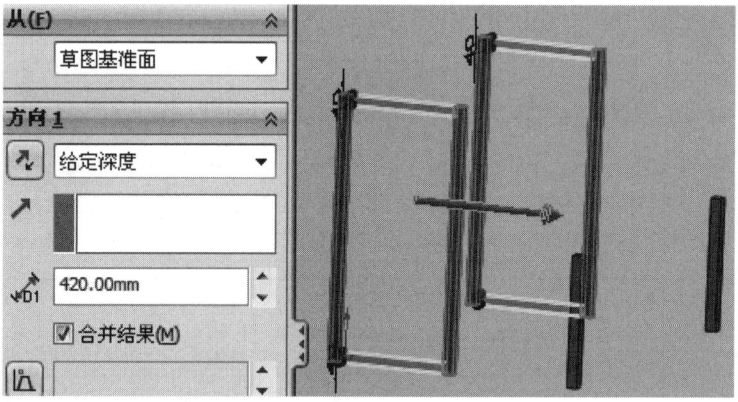

图 3-105　拉伸形成方向 1 的支腿连杆

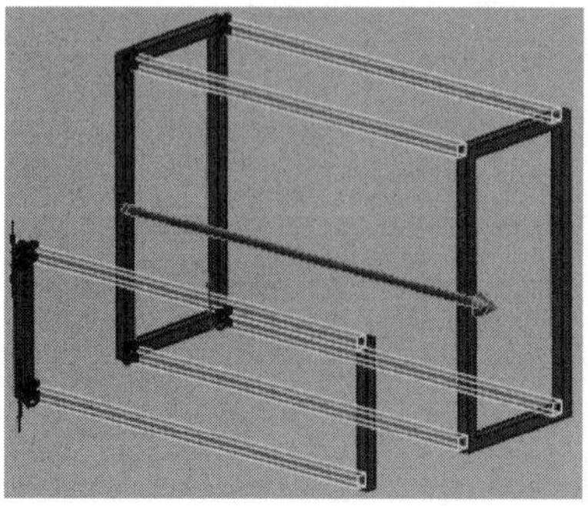

图 3-106　添加方向 2 支腿连杆

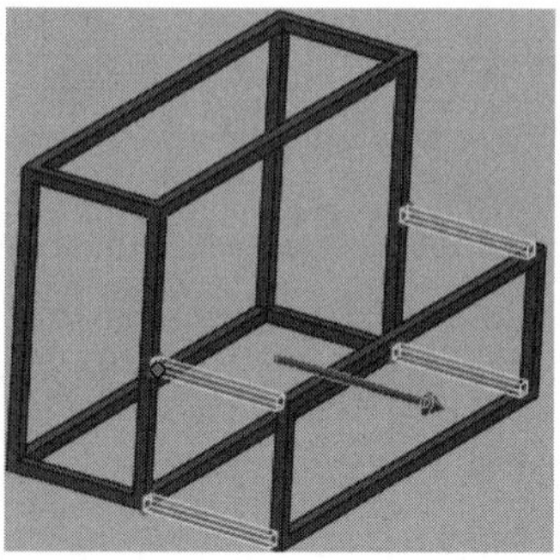

图 3-107　继续添加方向 1 支腿连杆

（6）选择图 3-108 所示绘图面，绘制草图如图 3-109 所示。向上拉伸 10mm 形成冷却台台面 1 模型。

图 3-108 选择绘图面

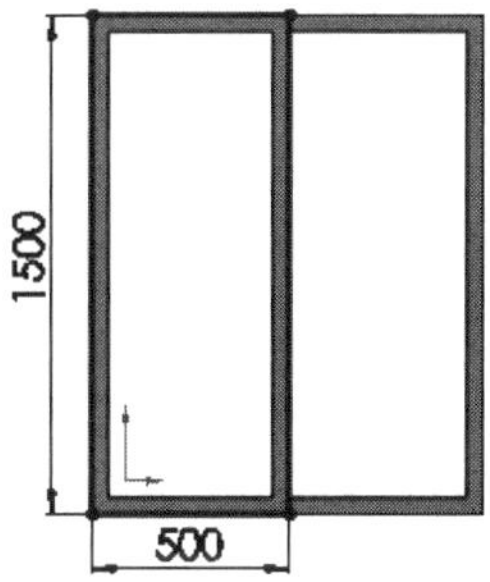

图 3-109 冷却台台面 1 草图

（7）选择图 3-110 所示绘图面，绘制草图如图 3-111 所示。向上拉伸 10mm 形成冷却台台面 2 模型。

图 3-110 选择绘图面

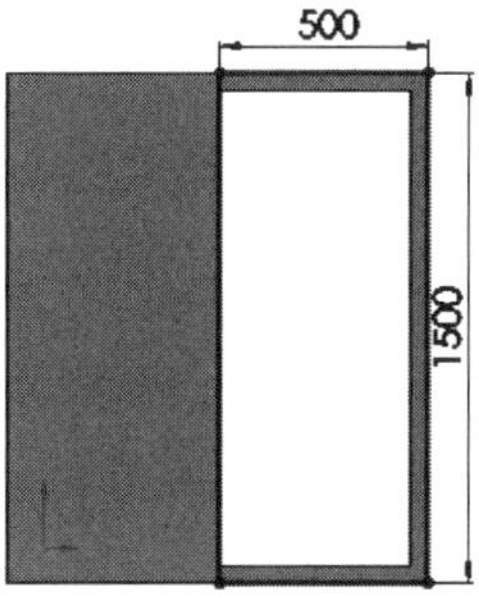

图 3-111 冷却台台面 2 草图

（8）选择其中台面 1 为绘图面，绘制的草图如图 3-112 所示。拉伸切除，拉伸深度设为 10mm，形成台面通孔。

（9）继续选择台面 1 为绘图面，绘制阵列范围矩形草图如图 3-113 所示。

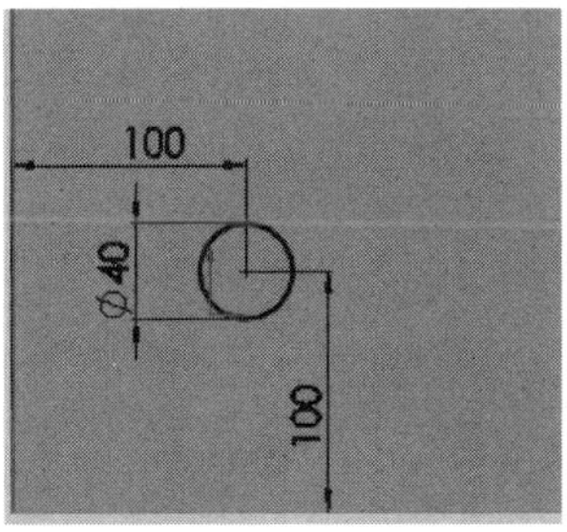

图 3-112 通孔草图

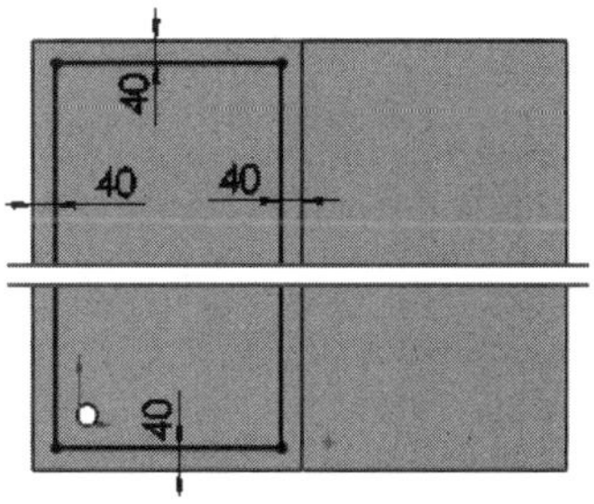

图 3-113 阵列范围矩形草图

（10）选择菜单栏中的“插入”→“阵列 / 镜像”→“填充阵列…”命令，或单击工具栏中的“线性阵列”下方的下拉箭头，选择“填充阵列” 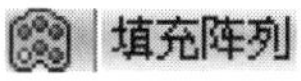 。在“填充阵列”属性窗口中选择步骤（9）绘制的矩形草图为填充阵列的边界，填充阵列布局类型选择“穿孔” 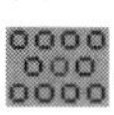，选择步骤（8）所创建的通孔为要阵列的特征，实例间距设为 70mm，交错断

续角度设为 60°，如图 3-114 所示。

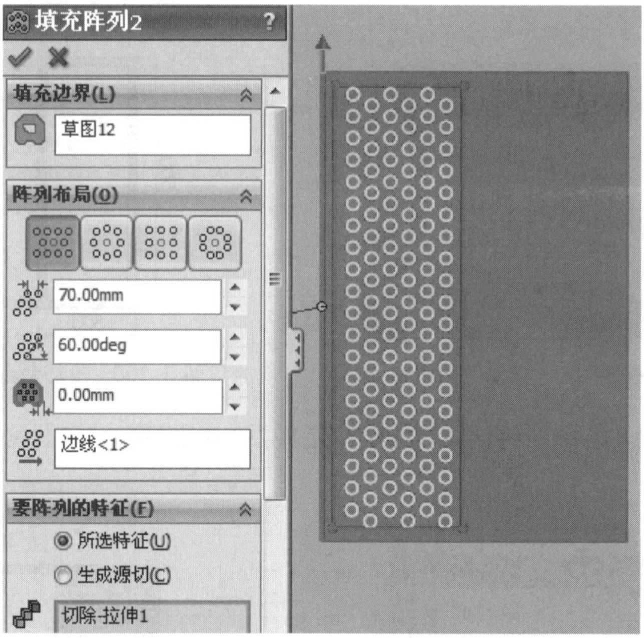

图 3-114　填充阵列生成台面网孔

（11）按上述方法，在台面 2 绘制 ϕ40 的圆形草图和矩形阵列边界草图，将 ϕ40 的圆拉伸切除产生通孔，对通孔进行填充阵列，形成台面 2 网孔。

（12）修改颜色，如图 3-115 所示，保存文件。

图 3-115　冷却台模型

说 明

填充阵列就是将源特征填充到指定的位置（指定位置一般为一片草图区域），使源特征产生多个副本。

创建填充阵列的一般步骤为：①绘制填充区域草图。②创建源特征。③添加填充阵列特征。④在“填充阵列”属性窗口中进行属性和参数设置。⑤确认完成填充阵列创建。

“填充阵列”各属性参数说明如图 3-116 所示。

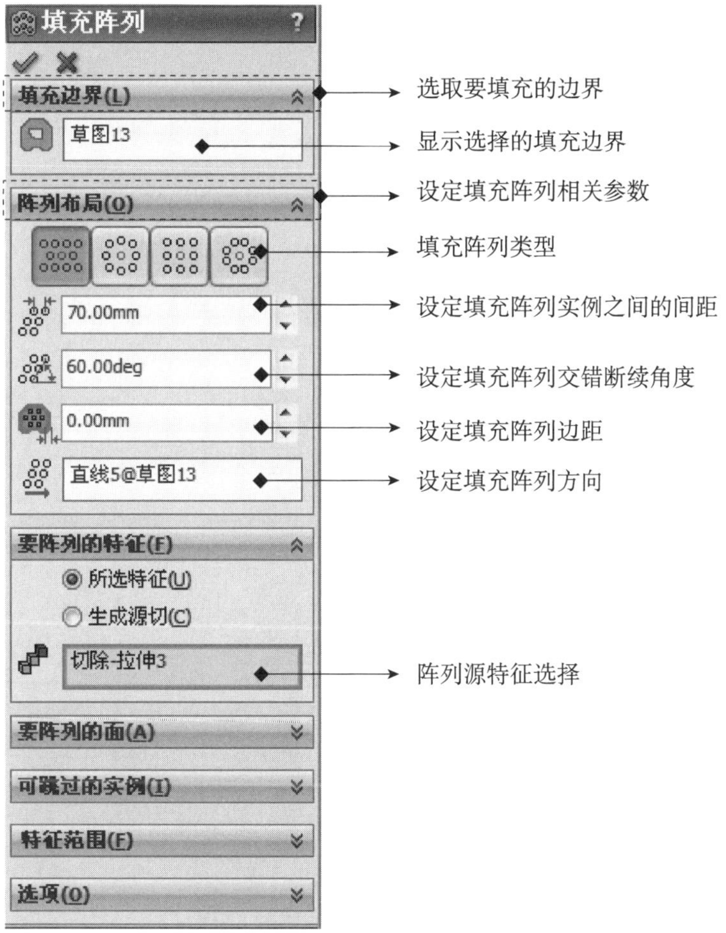

图 3–116 “填充阵列”属性窗口

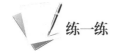

练一练

利用 RobotStudio 软件导入几何体文件“夹爪气动部分 .sat”，如图 3-117 所示。利用软件中的测绘工具进行测绘，根据测绘数据完成夹爪气动部分的实体建模。

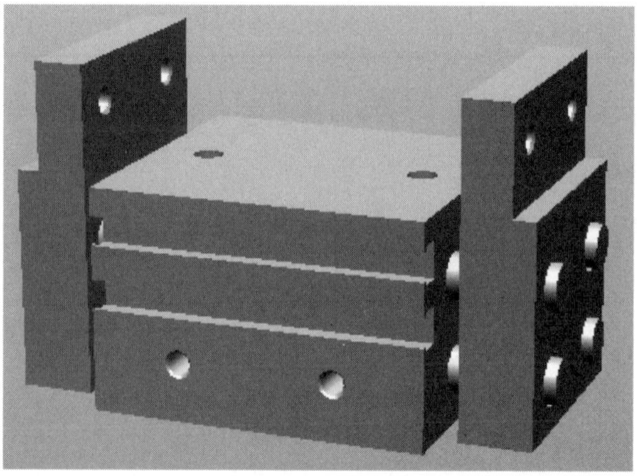

图 3-117　机器人夹爪气动部分

第 4 章　多功能实训台建模

多功能实训台是最为常用的工业机器人实训装置，可进行机器人码垛、搬运、轨迹运动以及压铸等编程操作练习。图 4-1 为多功能实训台的实物图。本章主要针对多功能实训台进行建模操作，包括工作台、操作面板、夹具、压铸单元、轨迹单元、传输单元、码垛等。

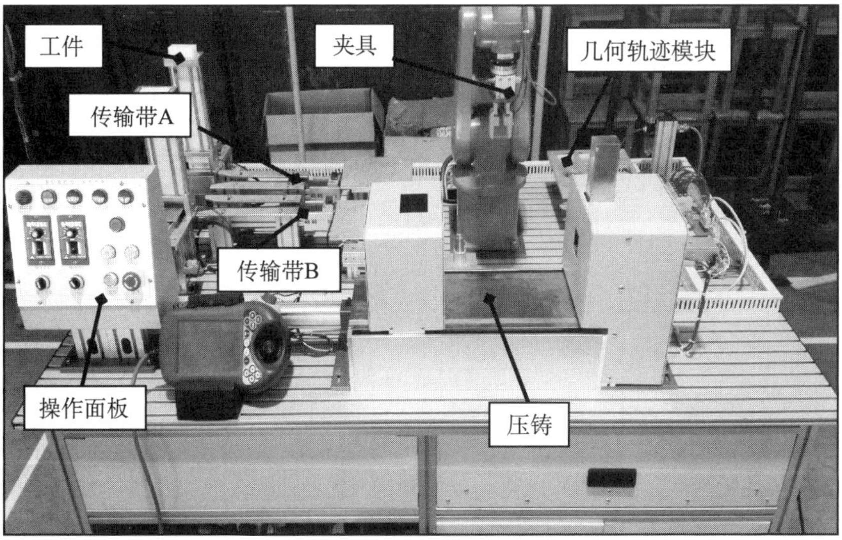

图 4–1　多功能实训台的实物图

多功能实训台展示

4.1　工作台及操作面板建模

学习目标

综合实训台的工作台由操作面板、工作台主体、传输带、电机、压铸机构、垛板等构成，可先完成工作台主体建模，再逐次绘制操作台等其他附件。

1. 工作台台面为型材组装而成，可先绘制一个，再进行阵列；或先绘制台面实体，再拉伸切除为型材实体。

2. 操作面板上的按钮可通过拉伸、阵列实现。

3. 急停按钮上图案可通过包覆特征中的蚀雕实现；调速器表面文字采用草图文字特征

可通过包覆特征中的浮雕实现。

重点难点

面圆角、旋转切除、包覆特征的应用。

实训工作台为承载各实训单元，安放元器件的载体。考虑实际情况，在不影响仿真和离线编程的情况下，对某些部件做出适当删减，不做详细建模，个别部分只给出大致轮廓。

4.1.1 工作台

实训台台面支腿建模

1. 工作台台面

新建“零件”，在“上视基准面”绘制长 1800mm，宽 1200mm 矩形草图，如图 4-2 所示。拉伸成 20mm 厚薄板。

2. 支腿

（1）选择台面的下面为绘图面，绘制支腿草图（见图 4-3）。拉伸支腿为实体，拉伸长度设为 670mm，不合并结果。

（2）阵列支腿，采用线性双向阵列，沿边长 1800mm 方向阵列间距设为 1660mm，实例数设为 2；沿边长 1200mm 方向阵列间距设为 1080mm，实例数设为 2，如图 4-4 所示。

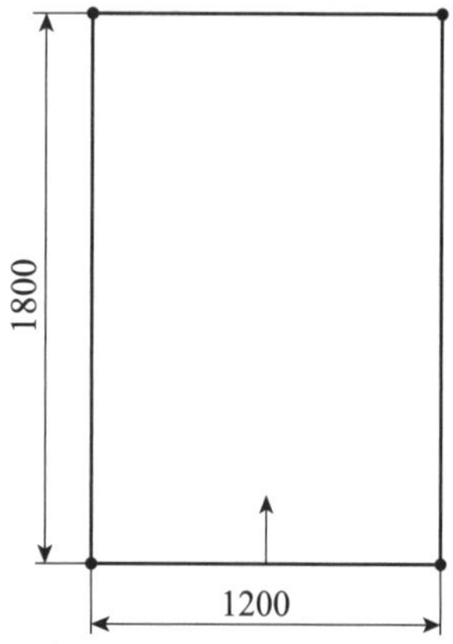

图 4-2　台面草图

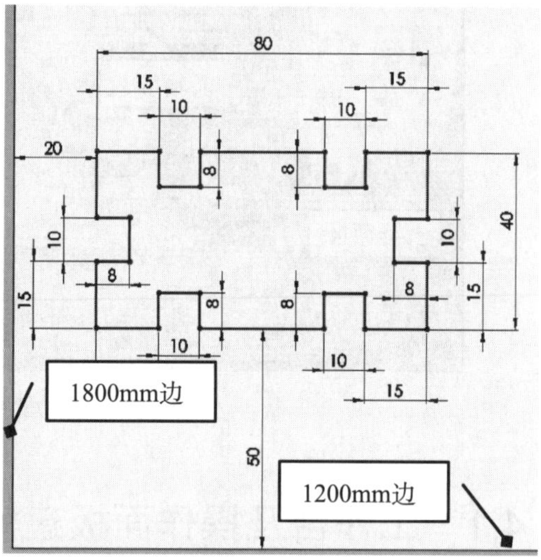

图 4-3　支腿草图

（3）绘制支腿之间的连杆。选取长度方向支腿的内侧面为绘图面（见图 4-5），在两侧支腿末端绘制连杆截面草图如图 4-6 所示，其中最外边边线与支腿外侧对齐，上边线与支腿末端对齐。拉伸形成连杆，如图 4-7 所示。

（4）按步骤（3）方法，截面形状尺寸与上述一致，创建另一方向连杆如图 4-8 所示。

（5）利用线性阵列创建支撑连杆，选择底部 4 个连杆实体，设置阵列方向朝向台面，阵列距离为 630mm，如图 4-9 所示。

（6）绘制长度方向中间支撑杆。选择图 4-10 所示连杆表面为绘图面，绘制的草图如图 4-11 所示，其中草图尺寸见图 4-6。拉伸凸台实体，如图 4-12 所示。

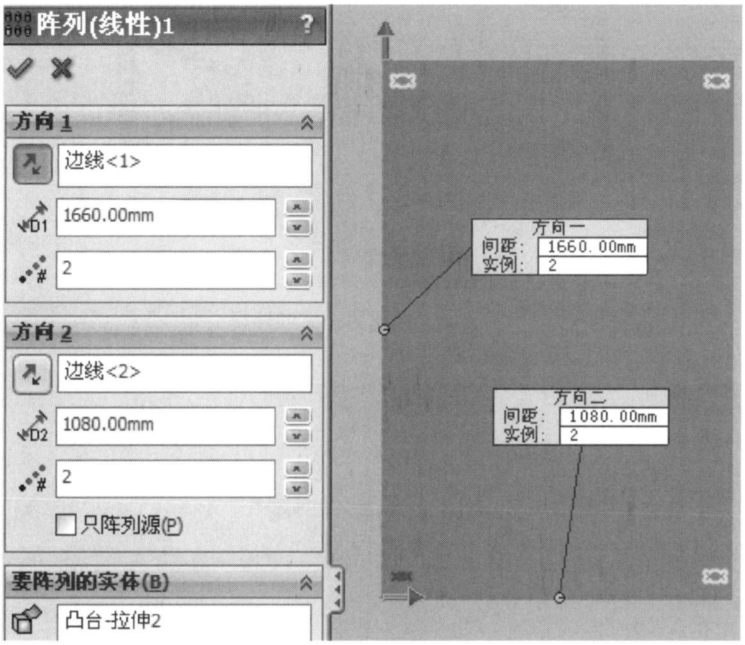

图 4–4　支腿阵列

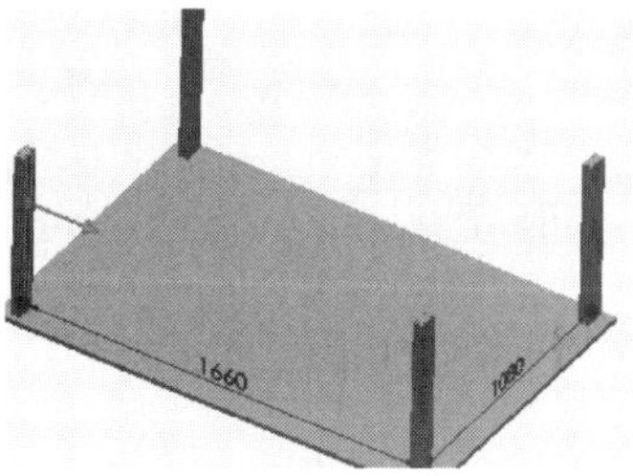

图 4–5　选取绘图面

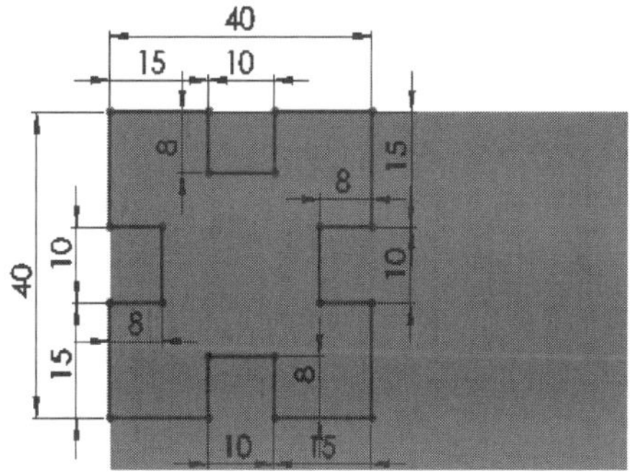

图 4–6　支腿连杆截面草图

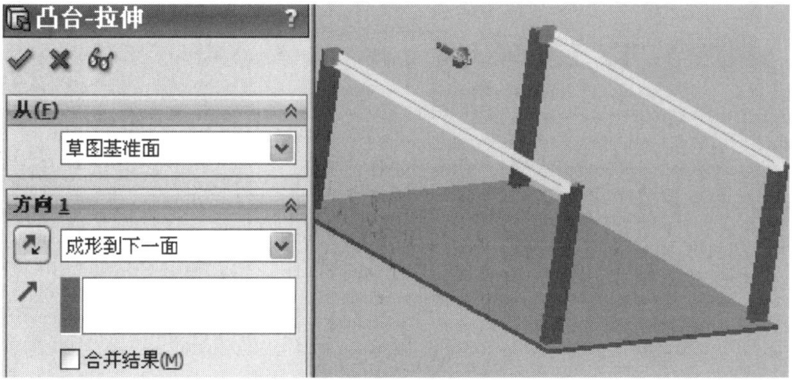

图 4–7　拉伸形成连杆

图 4-8　创建另一方向连杆

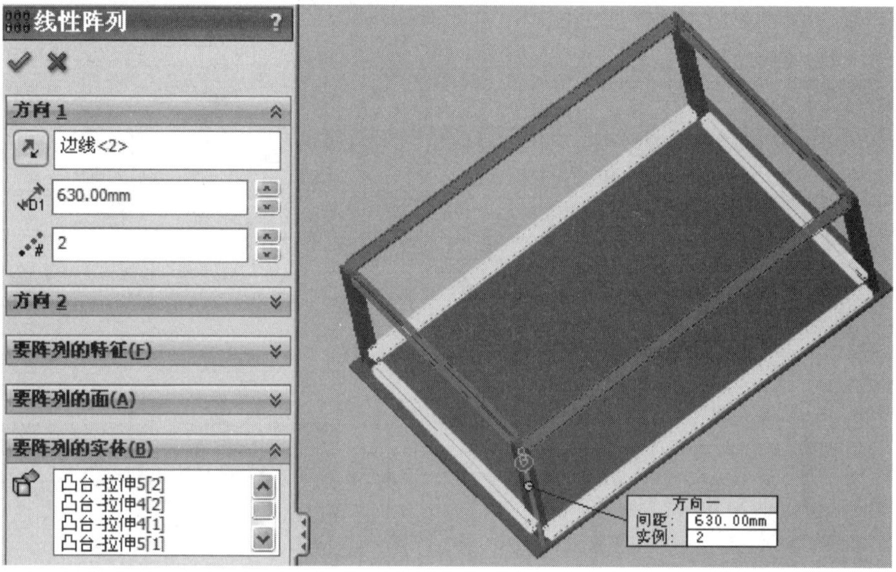

图 4-9　阵列产生台面支撑连杆

图 4-10　选择绘图面

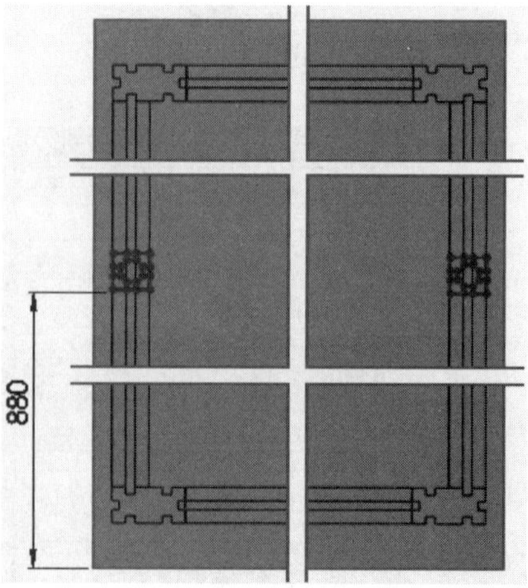

图 4-11　绘制两侧支撑杆截面草图

（7）绘制侧面中间连杆。选择图 4-13 所示面为绘图面，草图尺寸见图 4-6，与台面底部距离为 240mm（见图 4-14）。拉伸为实体，如图 4-15 所示。

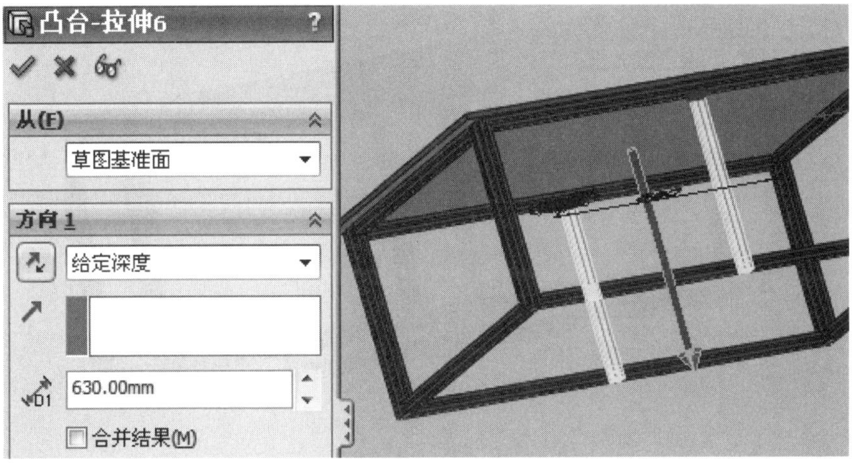

图 4–12　形成支撑杆实体

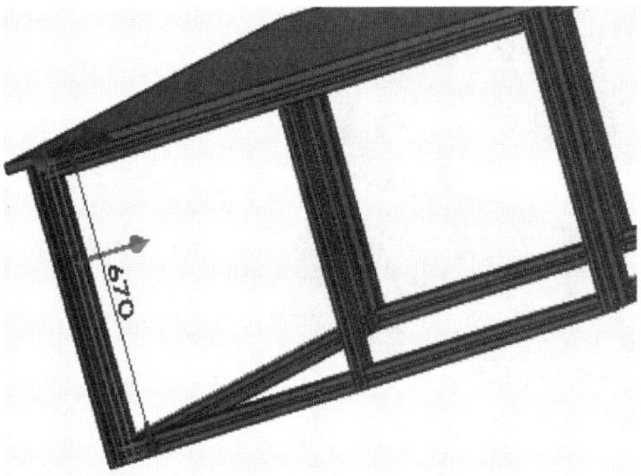

图 4–13　选择绘图面

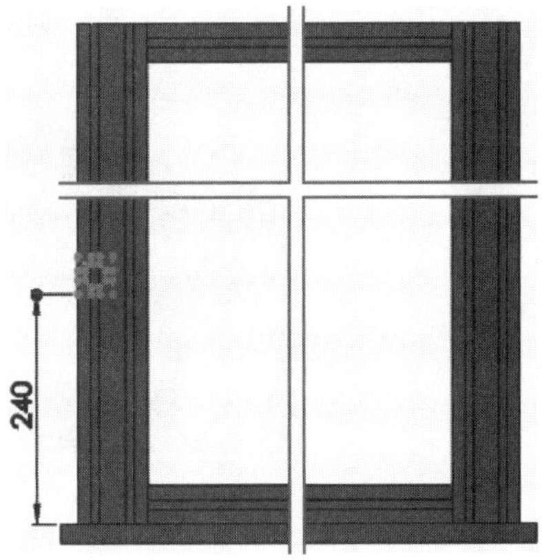

图 4–14　草图截面及位置

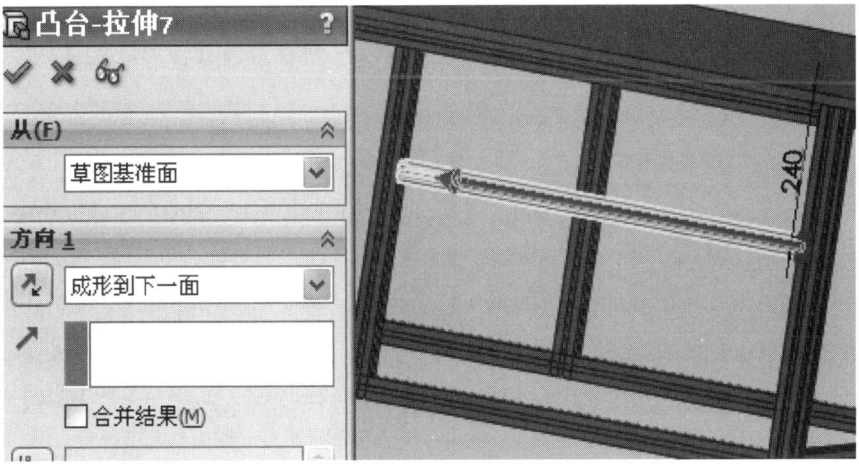

图 4–15　拉伸成连杆

（8）阵列产生另一连杆，间距设为830mm，如图4-16所示。

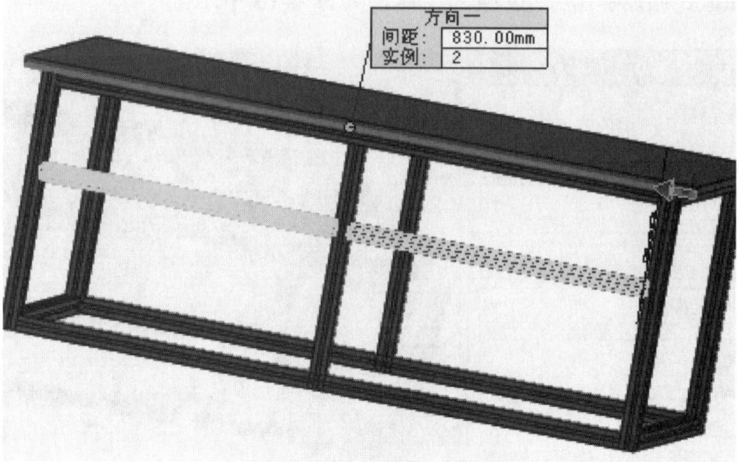

图4–16　阵列形成另一连杆

（9）绘制如图4-17所示抽屉两侧固定导轨的连杆，高度、截面形状与中间连杆相同。

图4–17　抽屉导轨

3. 滚轮

（1）创建与右视基准面平行的基准面，间距设为540mm，如图4-18所示。

（2）在新建基准面上绘制草图如图4-19所示，以左侧线为轴旋转形成实体（见图4-20）。

实训台滚轮建模

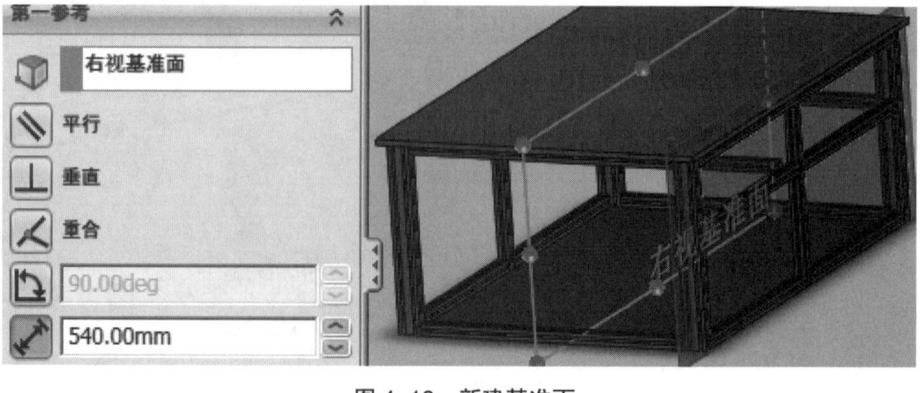

图4–18　新建基准面

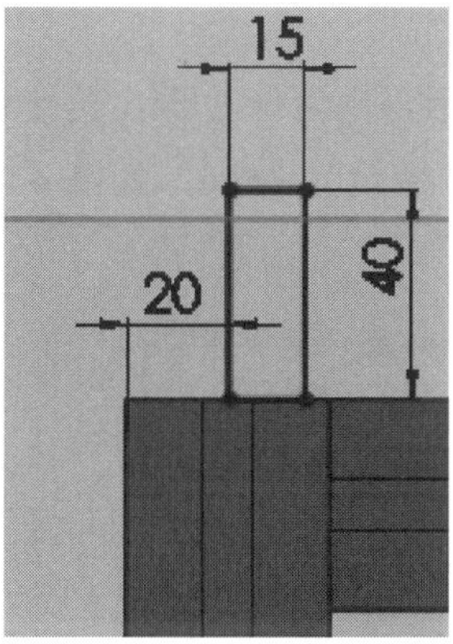

图 4-19 滚轮连杆草图

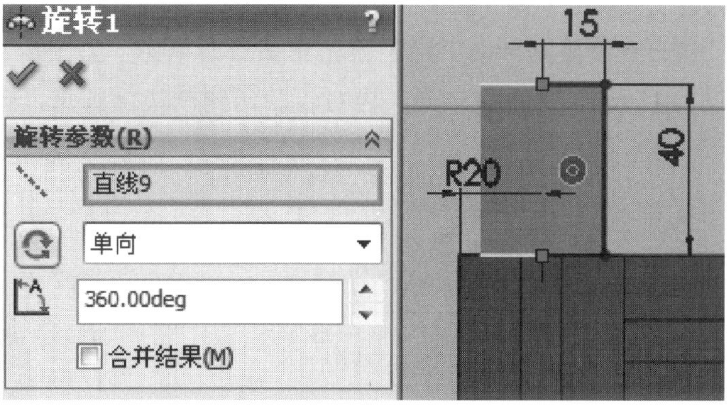

图 4-20 旋转形成滚轮连杆实体

（3）在图 4-18 所示的基准面上继续绘制滚轮固定架草图，如图 4-21 所示，拉伸成实体，属性设置：双向拉伸，两侧拉伸深度均为 21mm。

（4）对上一步创建的滚轮固定架进行抽壳，抽壳厚度设为 3mm，选择如图 4-22 所示 6 个面为去除面，即只保留左右两侧及底部 3 个面。

（5）继续在上述新建基准面上绘制滚轮中心轴，绘制直径为 10mm 圆（见图 4-23），向两侧拉伸凸台，两侧给定深度设为 27mm，不合并结果，完成的实体如图 4-24 所示。

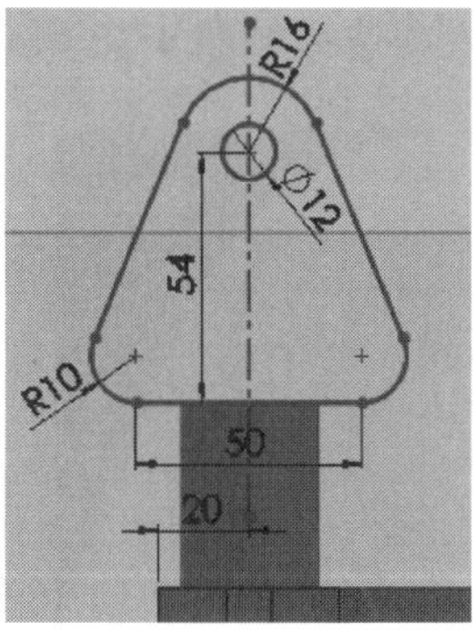

图 4-21 滚轮固定架草图

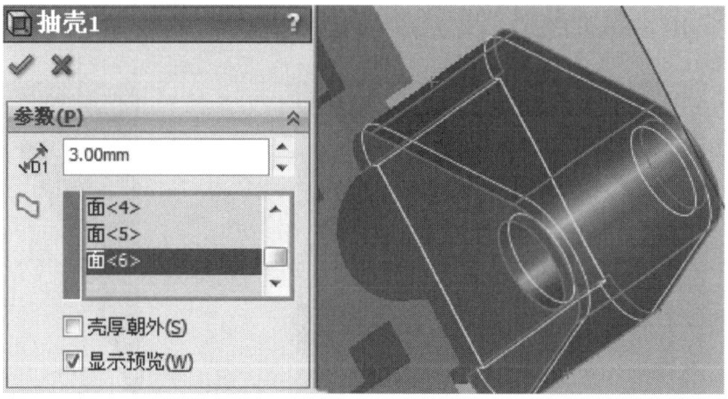

图 4-22 抽壳

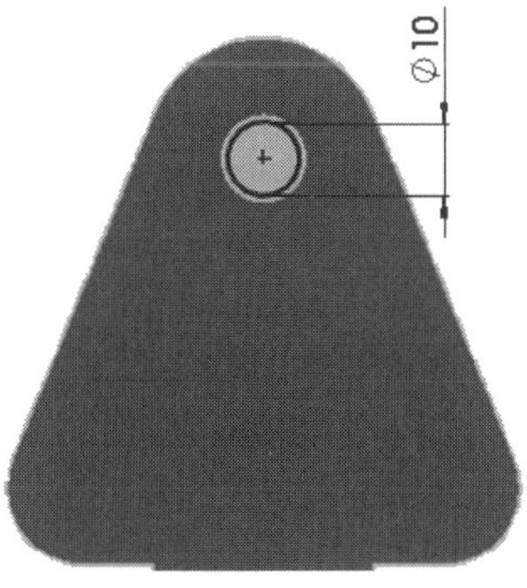

图 4-23 滚轮连杆草图

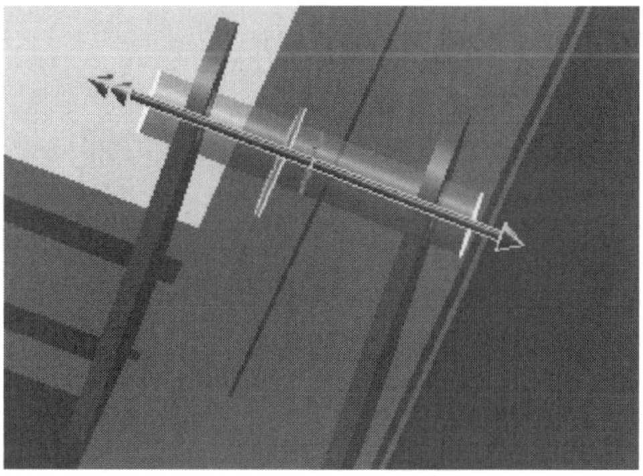

图 4-24 旋转形成滚轮连杆实体

（6）在新建基准面上绘制滚轮轮毂截面草图，如图 4-25 所示。向两侧拉伸，给定深度设为15mm，不合并结果。

（7）在新建基准面上绘制滚轮轮胎截面草图，如图4-26所示。向两侧拉伸，给定深度设为15mm，不合并结果。再对轮胎两侧圆边倒圆角，圆角半径设为2mm，如图4-27所示。

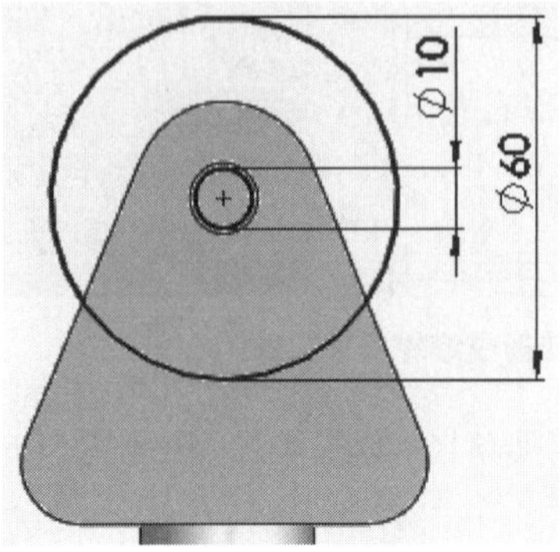

图4-25　滚轮轮毂截面草图

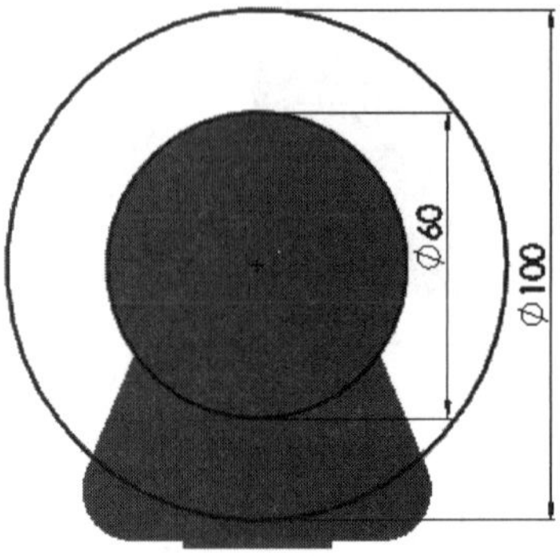

图4-26　滚轮轮胎截面草图

（8）修改轮胎及轮毂颜色。

（9）绘制两侧安装螺母。选择固定架外侧表面为绘图面，绘制螺母截面草图如图4-28所示，并修改螺母颜色。拉伸为实体，给定深度设为6mm，如图4-29所示。

（10）阵列螺母，产生另一侧螺母实体，阵列距离设为48mm，方向选择如图4-30所示。

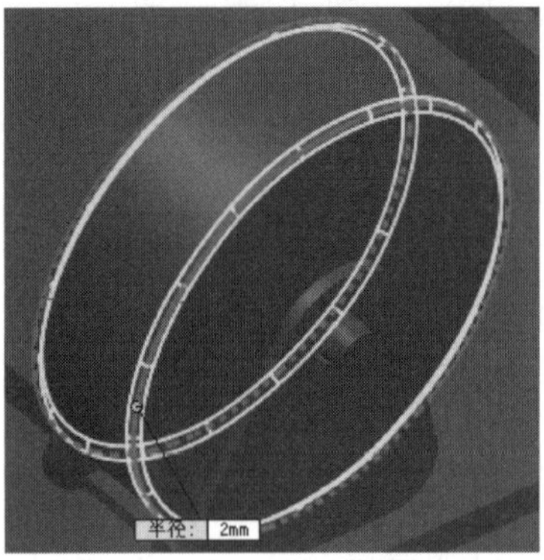

图4-27　轮毂边缘倒圆角

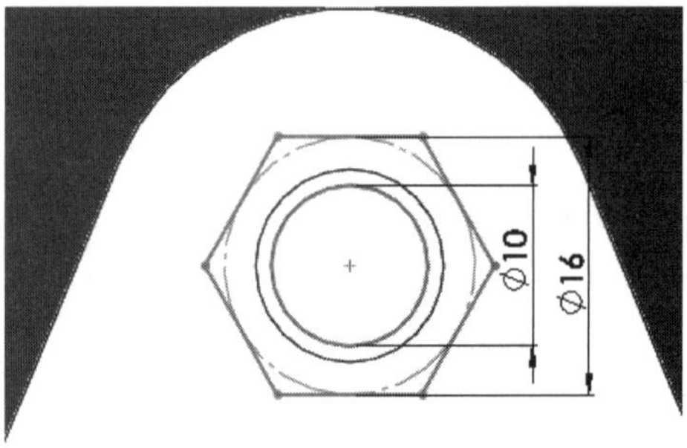

图4-28　绘制螺母截面草图

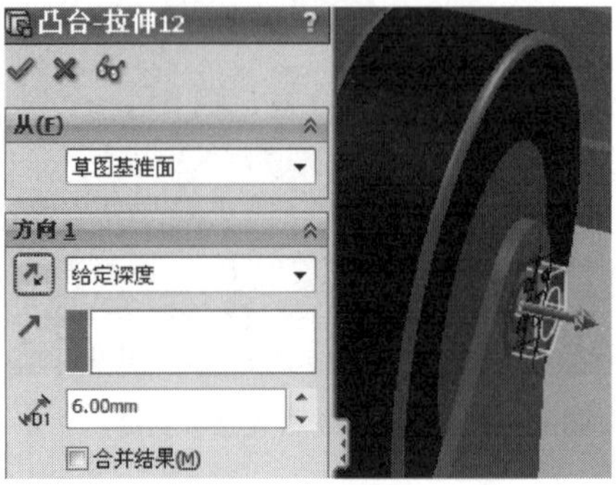

图4-29　拉伸成螺母实体

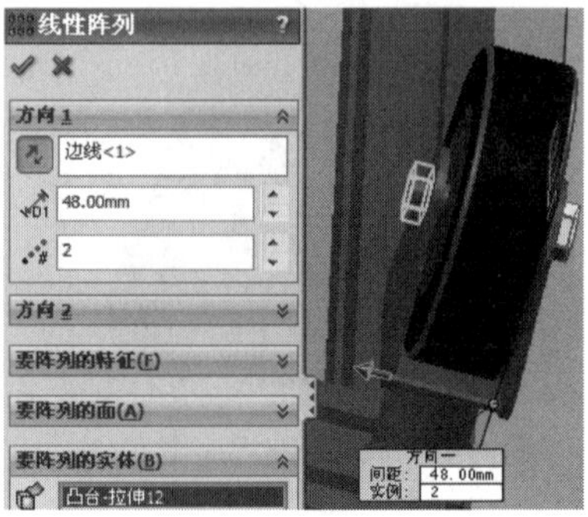

图4-30　阵列产生另一侧螺母

（11）阵列滚轮及其连接组件，使之产生 4 个滚轮，分布在各个支脚处，阵列方向及间距设置如图 4-31 所示。

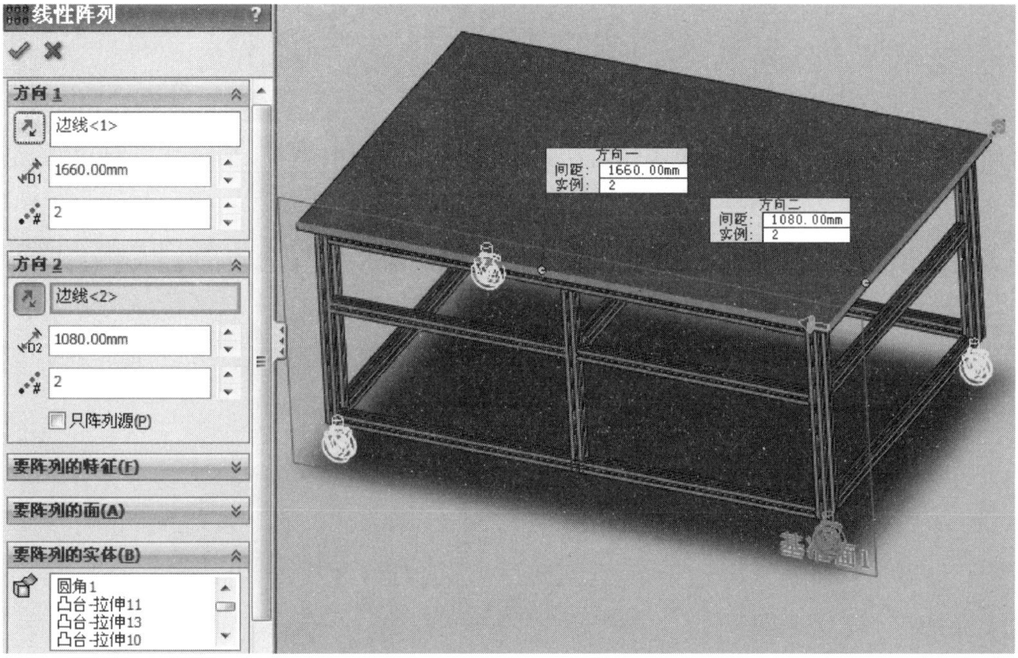

图 4–31　阵列产生 4 个均布滚轮及连接件

4. 周边罩板

实训台罩板建模

罩板外表面与支腿外表面齐平，故绘制罩板时应选择支腿外表面为绘图面，如图 4-32 所示，绘制草图。

（1）取其中一个面，绘制矩形草图，其 4 边分别与支腿、连杆的内侧边线重合，如图 4-33 所示。向工作台内侧拉伸 3mm，形成罩板。

图 4–32　选择罩板绘图面

图 4–33　侧面罩板草图

（2）参照上述方法，完成其他面罩板绘制，全部完成后的罩板如图 4-34 所示，除安放机器人控制器位置（图中虚线处）不需安放罩板外，其他侧面包括底部全部加上罩板。

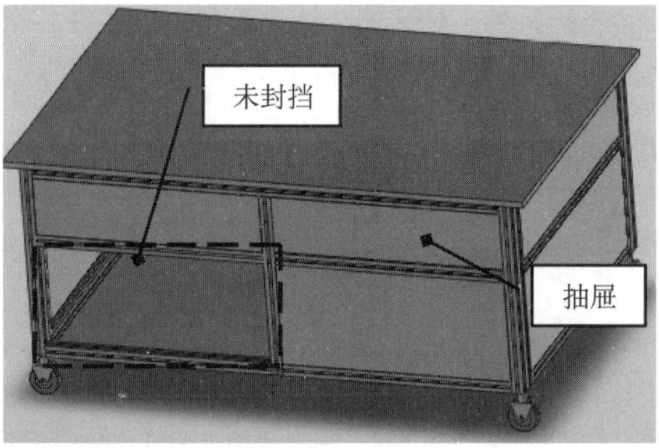

图 4-34　完成的罩板

（3）绘制抽屉把手。创建新基准面，让其垂直且经过抽屉罩板正中位置，如图 4-35 所示，两面相距设为 1265mm。

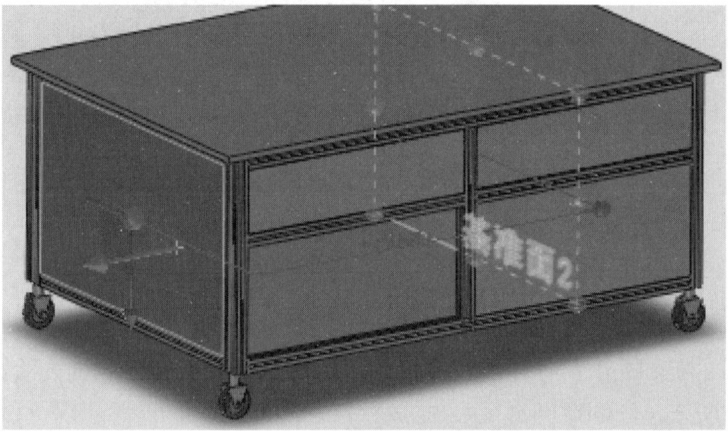

图 4-35　创建把手绘图面

（4）在新建平面上绘制草图如图 4-36 所示，作为把手截面。圆弧的圆心与台面底面相距设为 140mm。向两侧拉伸成实体，拉伸长度均设为 60mm，如图 4-37 所示。

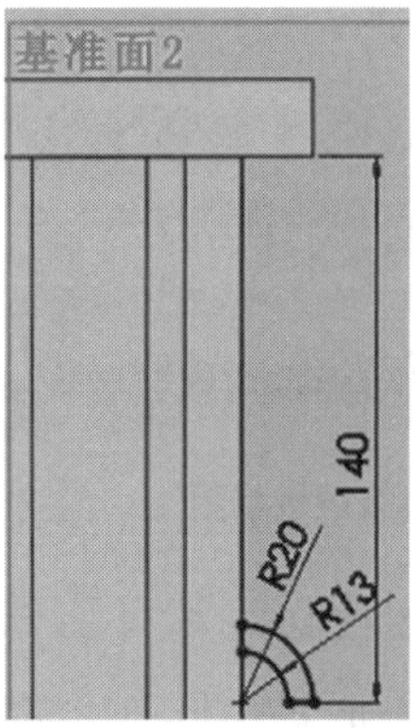

图 4-36　把手截面草图

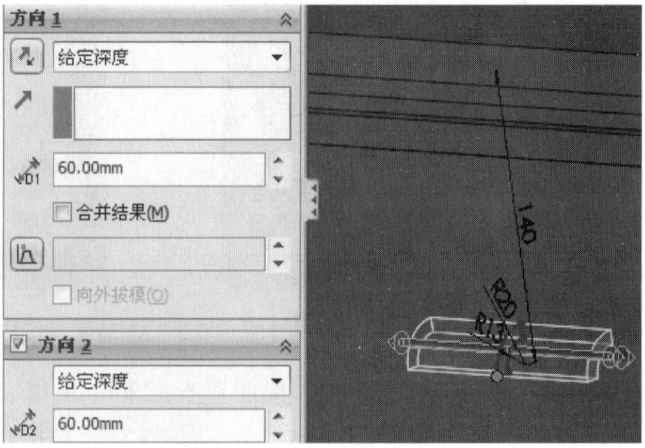

图 4-37　拉伸形成把手实体

（5）添加“圆角”特征，圆角类型设为“完整圆角”，分别选取把手内外圆弧面作为“边侧面组 1”和“边侧面组 2”，选取把手底平面为“中央面组”，对底面进行圆面化，如图 4-38 所示。

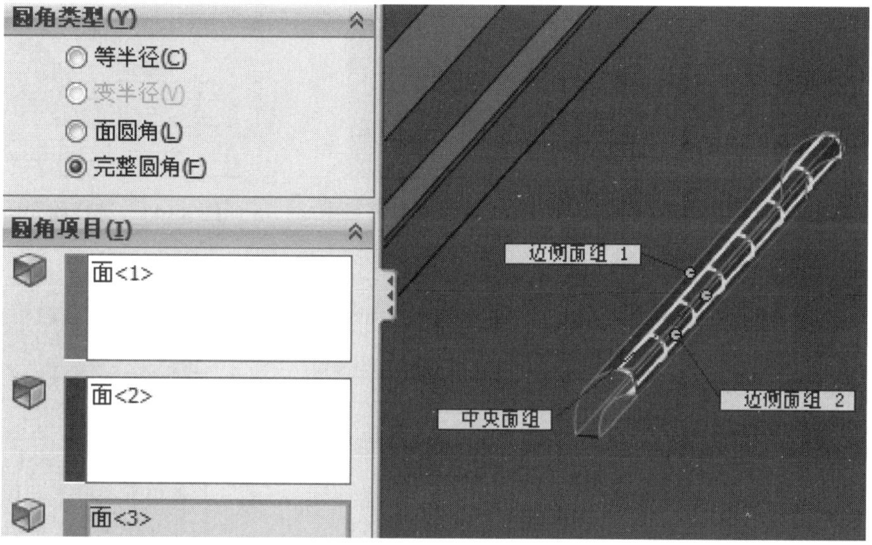

图 4–38 把手底面圆面化

（6）修改把手颜色并保存。

说 明

完整圆角是相切于三个相邻面的圆角。创建完整圆角特征时，需在其“圆角项目”中定义三个相邻面作为圆角相切面。

4.1.2 操作面板

实训台操作面板建模

（1）在台面上表面绘制矩形草图如图 4-39 所示，相距 1800mm 长边距离为 120mm，距离 1200mm 宽边距离为 130mm。向上拉伸 10mm 形成操作面板固定板，不合并结果。修改其颜色。

（2）选择固定板表面绘制连接支撑杆草图（见图 4-40），向上拉伸 100mm，不合并结果，形成连接支撑杆。

（3）选择连接支撑杆侧面为绘图面（见图 4-41），绘制草图如图 4-42 所示。向两侧拉伸形成实体，两侧的拉伸深度分别设为 70mm 和 230mm，如图 4-43 所示。修改面板颜色。

（4）选择操作面板斜面为绘图面，绘制如图 4-44 所示 10 个 $\phi 40$ 的圆，向上拉伸 18mm，不合并结果。

（5）在其中一个圆台表面绘制一个 $\phi 55$ 的圆，向上拉伸 5mm（见图 4-45）。将形成的 $\phi 55$ 圆台侧面转化成完整面圆角（方法可参见前述把手面圆角操作）。

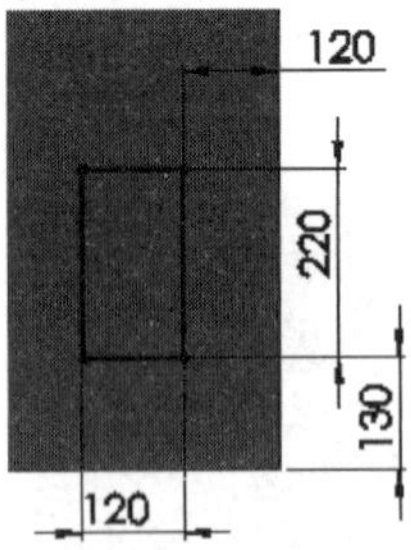

图 4-39　固定板草图

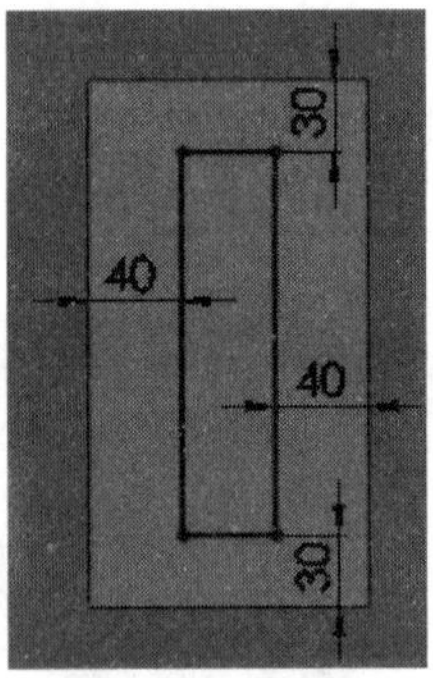

图 4-40　连接支撑杆草图

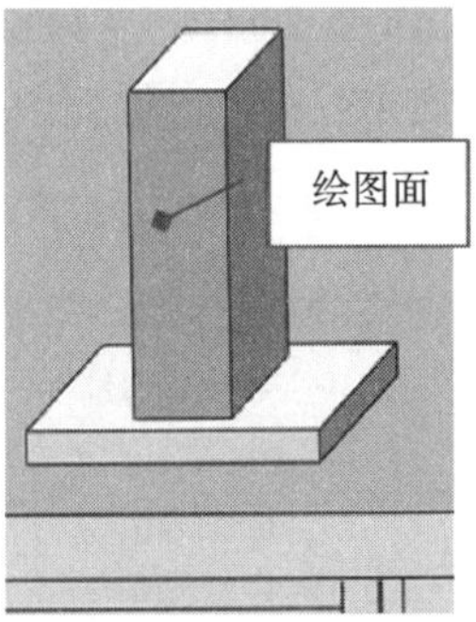

图 4-41　选择绘图面

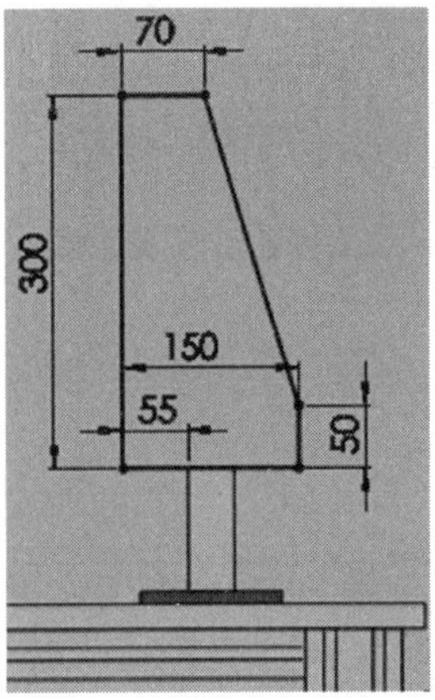

图 4-42　操作面板草图

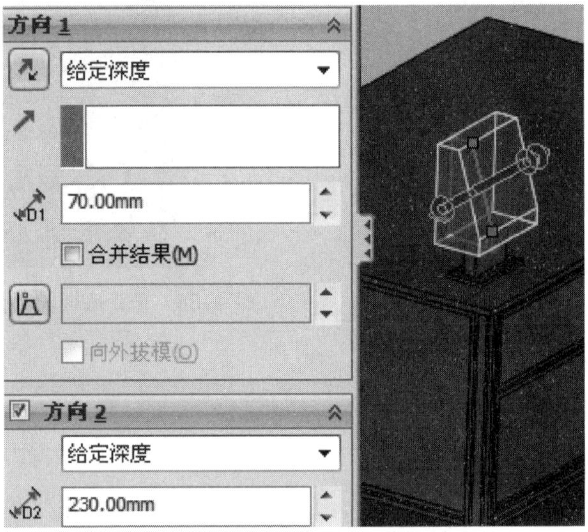

图 4-43　拉伸形成操作面板实体

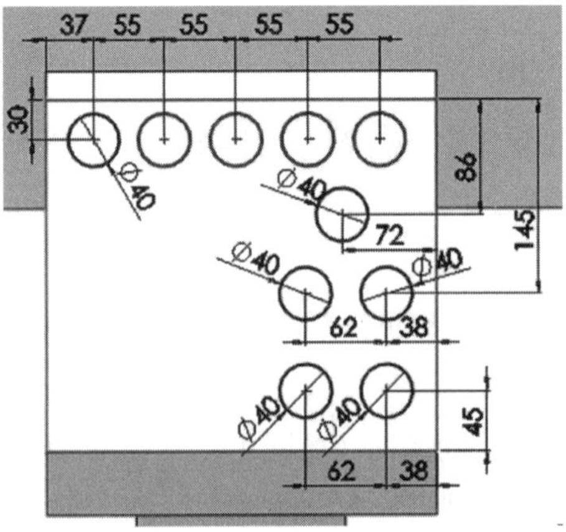

图 4-44　面板指示灯草图

（6）修改各圆台颜色，完成后的按钮、指示灯如图 4-46 所示。

（7）为急停按钮绘制标记。在急停按钮最外表面上绘制三个旋转箭头，草图如图 4-47 所示。选择菜单栏中的“插入”→“特征”→“包覆…”命令，打开“包覆”属性窗口。

包覆类型选择“蚀雕”，将急停按钮表面选为蚀雕面，雕刻深度设为 0.4mm（见图 4-48）。完成后修改箭头蚀雕内面颜色为白色。

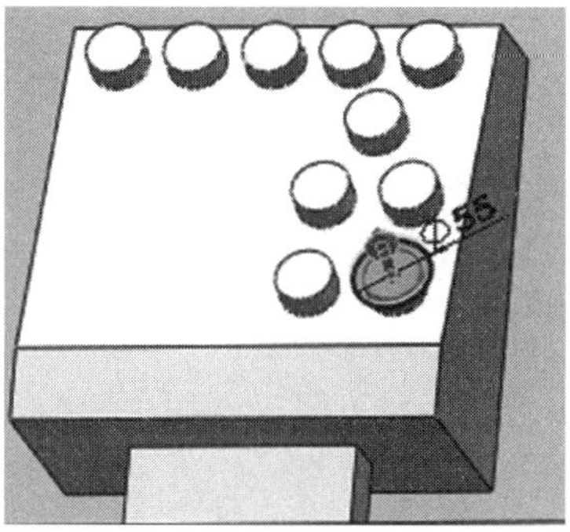

图 4–45　急停按钮

图 4–46　按钮、指示灯

图 4–47　箭头草图

图 4–48　将箭头蚀雕至按钮表面

说　明

“包覆”特征用于将草图包裹到平面或非平面。可从圆柱、圆锥或拉伸的模型生成一平面，也可选择一平面轮廓来添加多个闭合的样条曲线草图。一般通过“包覆”特征可方便地制作文字、图标等标记的浮雕、蚀刻效果。

（8）绘制调速控制器。选择操作面板斜面，绘制草图如图 4-49 所示。向外拉伸 10mm，不合并结果，修改颜色为黑色。

（9）在调速器模型表面上添加草图文字“ORIENC”，设置相应的字体、大小、字形等，如图 4-50 所示。

（10）添加包覆特征，选择“浮雕类型”，深度设为 2mm。阵列产生另一个调速控制器上的标记文字，修改文字实体颜色，完成后文字标志如图 4-51 所示。

（11）在调速器表面绘制旋钮截面草图（如图 4-52 所示，此处未添加尺寸约束，读者可自行设置旋钮外观及位置）。阵列产生一个调速器旋钮，向上拉伸 12mm，如图 4-53 所示。

（12）在调速器表面绘制草图如图 4-54 所示，拉伸 1mm，形成实体，并着色。

（13）选择图 4-55 所示面创建新绘图面，绘制开关截面草图如图 4-56 所示。两侧拉伸 4mm，形成开关按钮模型。

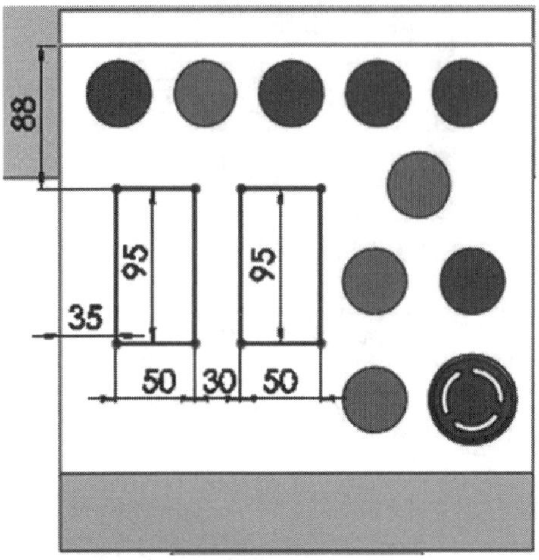

图 4-49　调速器草图

图 4-50　文字标记

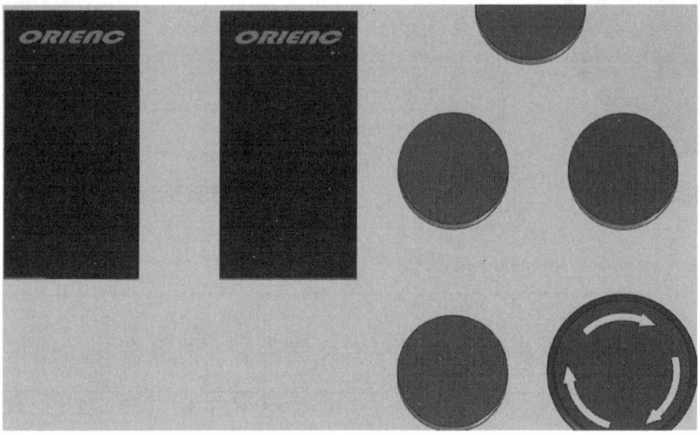

图 4-51　完成包覆、阵列及颜色修改的文字标志

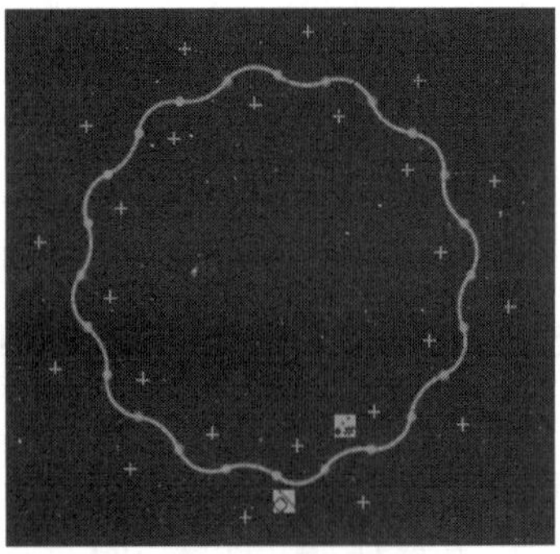

图 4-52　旋钮截面草图

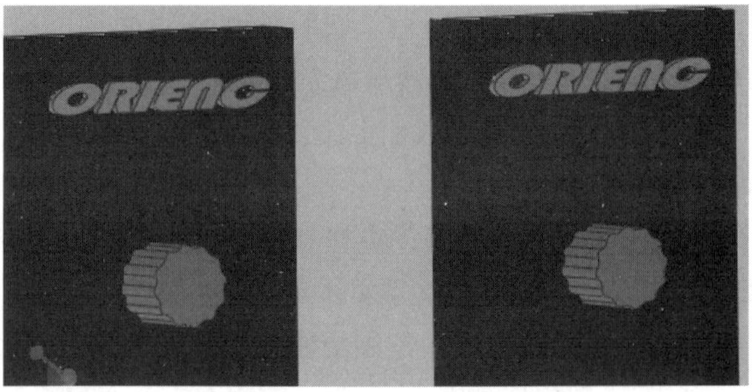

图 4-53　完成建模的调速器旋钮

（14）利用线性阵列特征，产生另一个调速器面板上的开关按钮等模型，如图 4-57 所示。

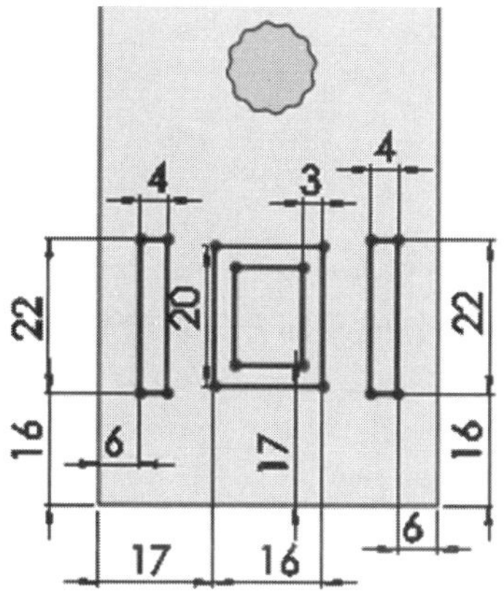

图 4–54　绘制开关框等草图

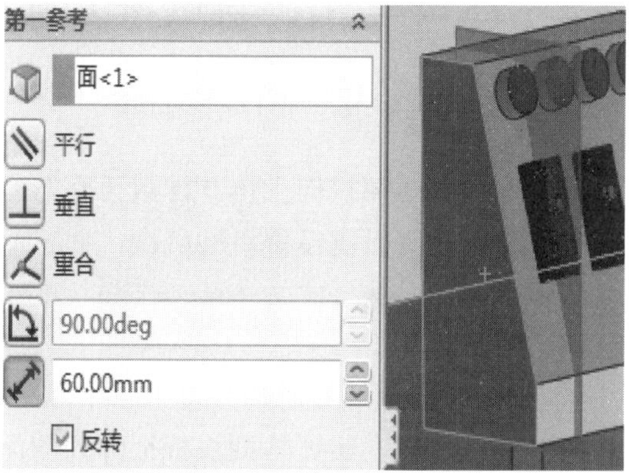

图 4–55　创建新绘图面

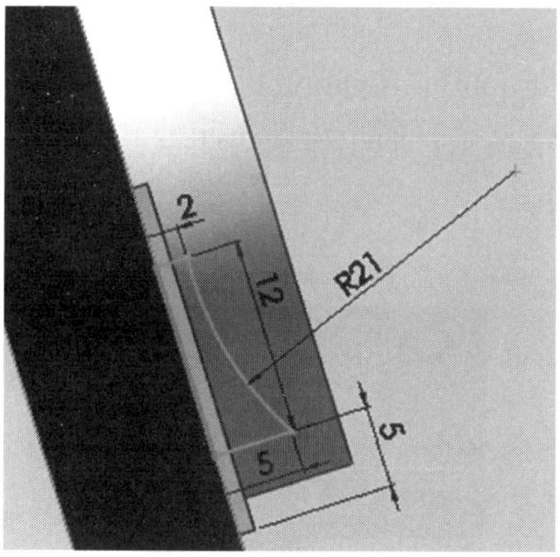

图 4–56　开关截面草图

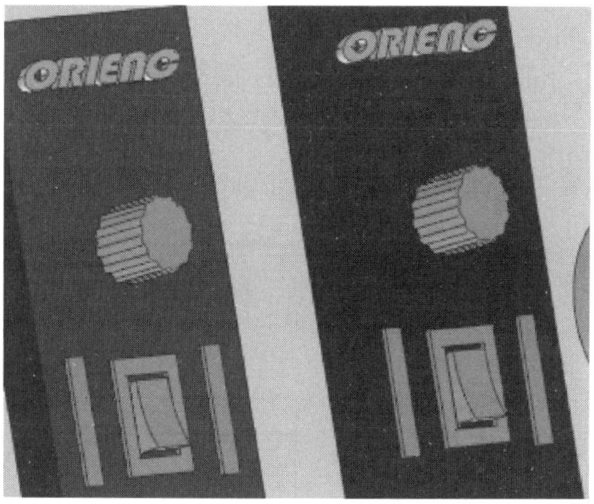
图 4–57　阵列创建另一个调速器开关按钮

（15）绘制模式旋钮。选择操作面板表面，绘制草图如图 4-58 所示，向上拉伸 10mm，不合并结果。

（16）在形成的模式旋钮凸台面上绘制草图如图 4-59 所示，绘制旋钮拔挡键，向上拉伸 8mm，不合并结果。

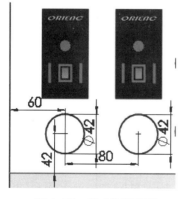

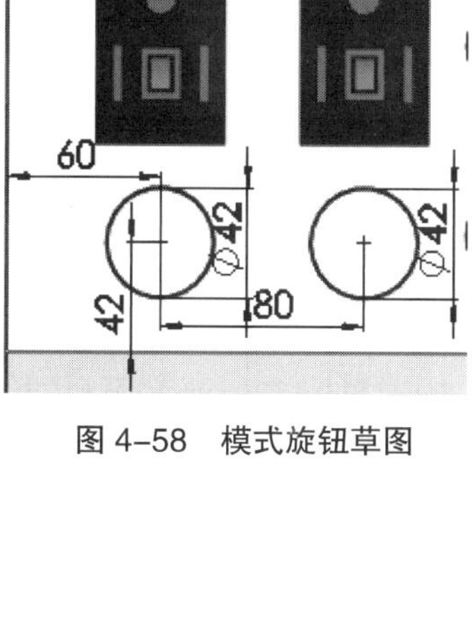

图 4–58　模式旋钮草图

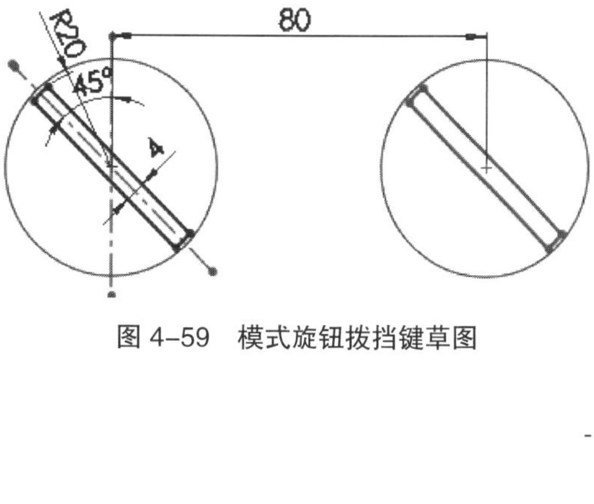

图 4–59　模式旋钮拔挡键草图

4.2　压铸单元、轨迹单元建模

学习目标

本节分别绘制压铸机构主体、计数传感器、轨迹单元、压铸盖。

压铸机构在仿真时需设置机械机构，演示压铸动作，因而分成两部分分别绘制。其中，压铸基体与工作台一体，压铸盖单独作为一个文件。

重点难点

样条曲线的绘制，实体阵列与特征阵列的区别。

实训台压铸单元建模

4.2.1　压铸单元

（1）选择工作台台面，绘制草图如图4-60所示。向上拉伸10mm板材实体，设置颜色。

（2）选择图4-61所示绘图面，绘制草图如图4-62所示。向工作台内侧拉伸270mm，不合并结果，形成压铸进料机构模型，如图4-63所示。

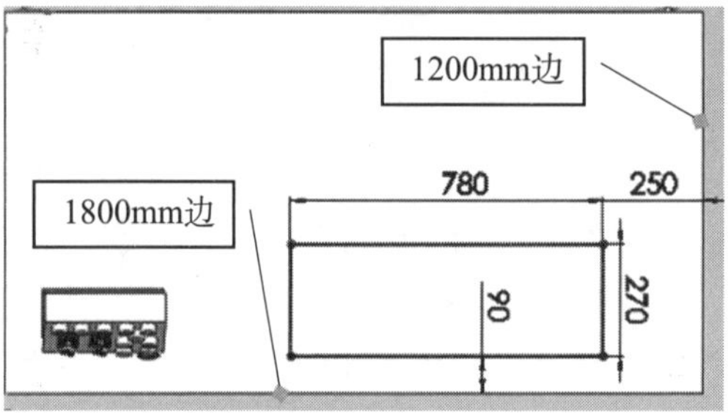

图4-60　压铸基座草图

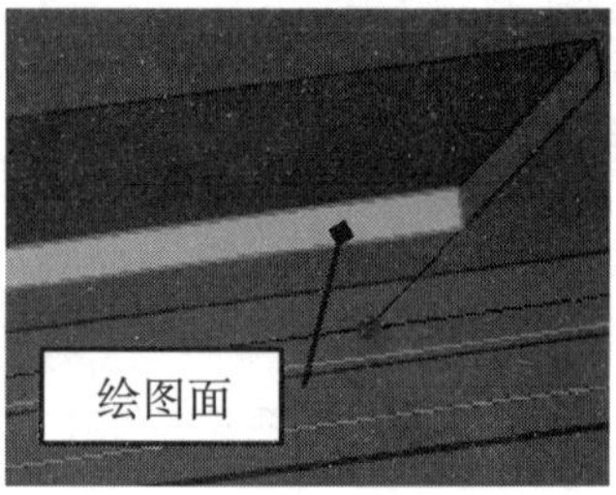

图4-61　选取绘图面

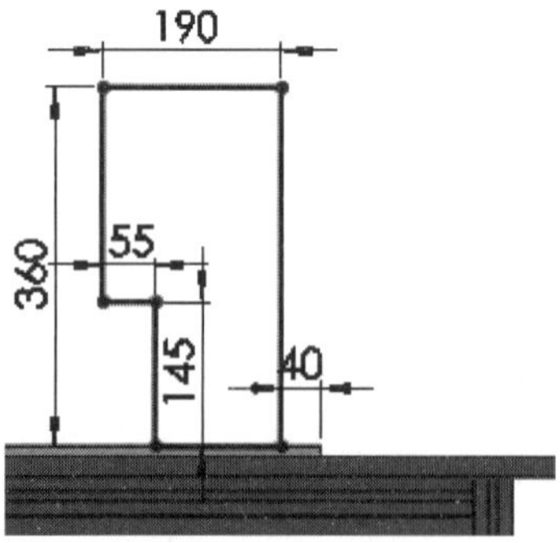

图4-62　压铸进料机构草图

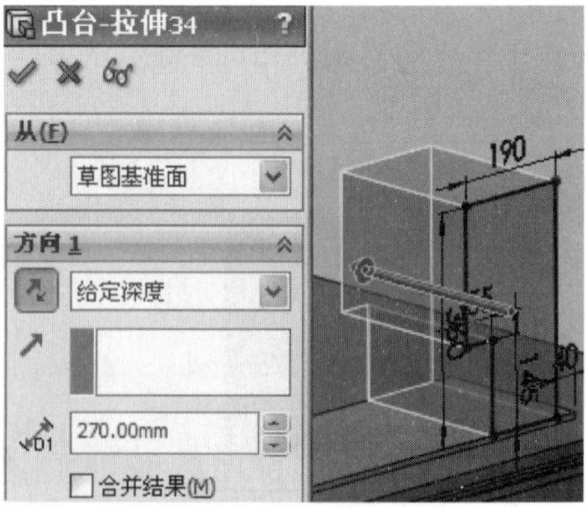

图4-63　压铸进料机构模型

（3）对压铸进料机构上面两边线倒角20mm×45°，如图4-64所示。

（4）选取压铸进料机构顶面，绘制图4-65所示草图，向上拉伸120mm，不合并结果，形成实体。

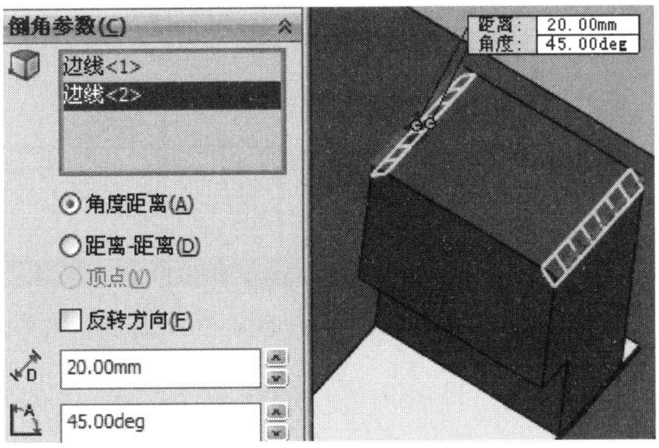

图 4-64　边线倒角

（5）选择进料管实体的上表面，绘制矩形草图如图 4-66 所示。选择该草图，向下拉伸切除，拉伸深度设为 225mm。

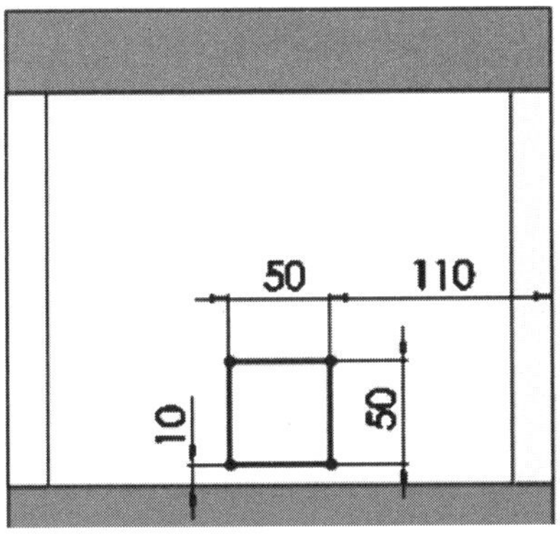

图 4-65　进料管草图

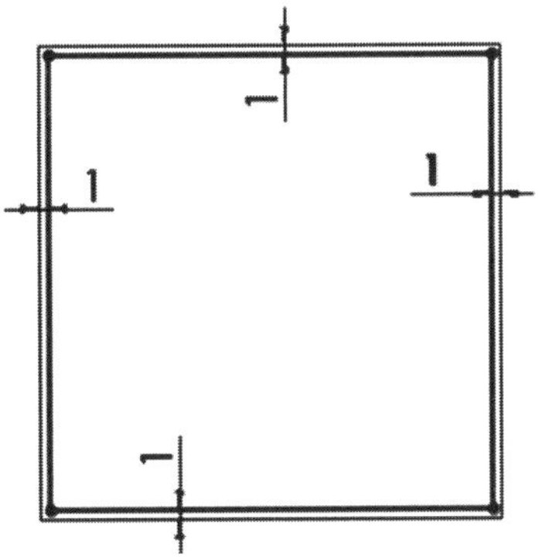

图 4-66　进料管内腔草图

（6）选择图 4-67 所示面为绘图面，绘制图 4-68 所示草图。向内拉伸切除，拉伸深度设为 60mm。完成后修改实体颜色。

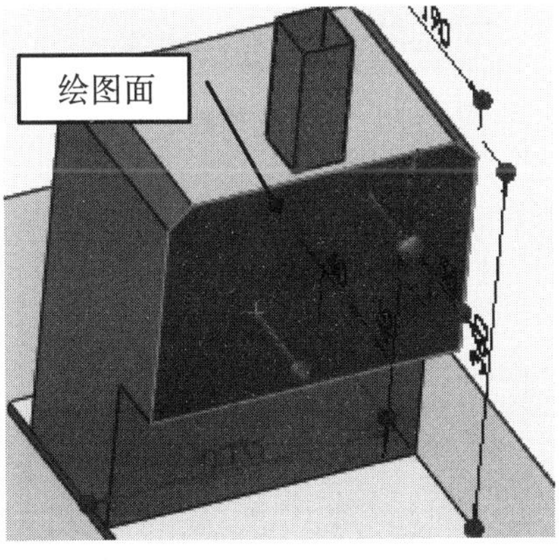

图 4-67　选择绘图面

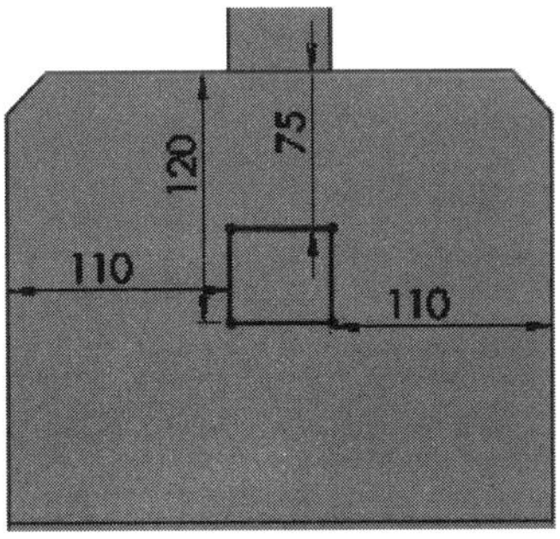

图 4-68　出料口草图

（7）选取图 4-69 所示绘图面，绘制草图如图 4-70 所示。向内拉伸 10mm 形成外侧挡板，不合并结果。

图 4-69　选择绘图面

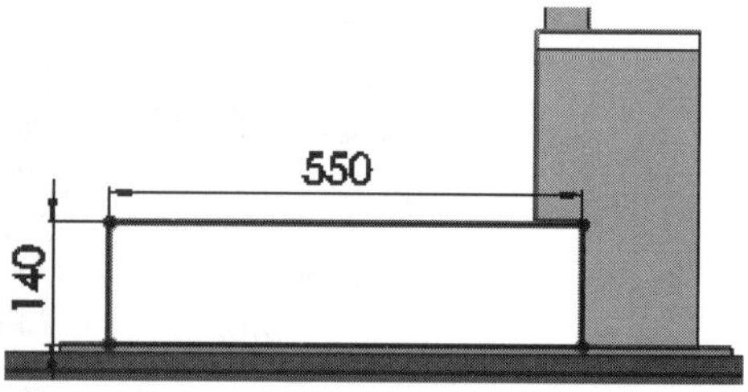

图 4-70　压铸机构外侧挡板草图

（8）选择图 4-71 所示绘图面，绘制内侧挡板草图（尺寸与外侧挡板一致），向内拉伸 10mm 形成内侧挡板，不合并结果。

（9）选择图 4-72 所示面为绘图面，绘制如图 4-73 所示末端挡板草图，向上拉伸 140mm 形成末端挡板。完成后修改上述 3 个挡板的颜色。

图 4-71　选择内侧挡板绘图面

图 4-72　末端挡板绘图面

（10）选择末端挡板外侧面（见图 4-74）为绘图面，绘制上方挡板草图，如图 4-75 所示，地边线与下方挡板面对齐。拉伸到另一面形成上挡板实体，如图 4-76 所示。

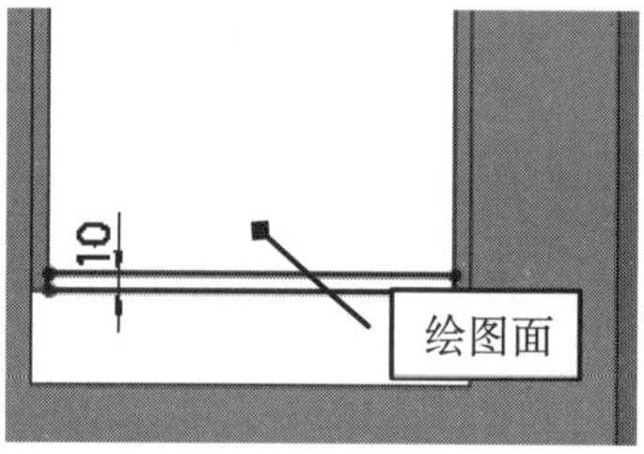

图 4-73　末端挡板草图

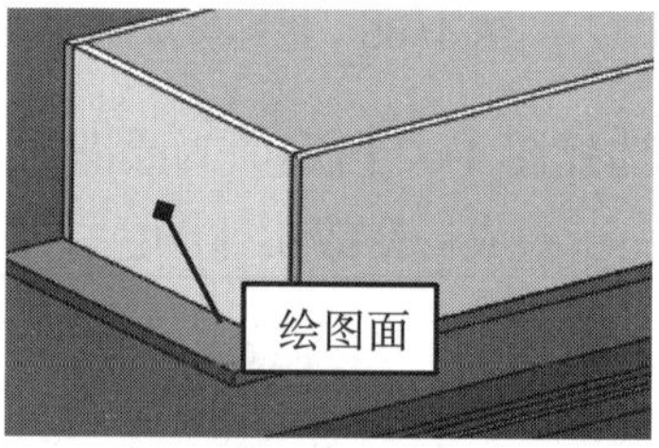

图 4-74　选择末端挡板外侧面

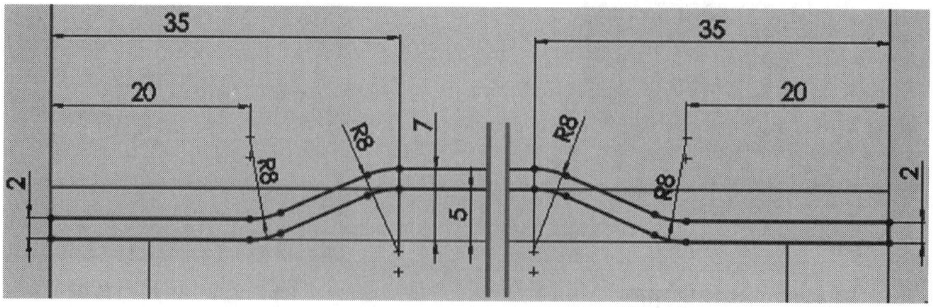

图 4-75　上方挡板草图

图 4–76　拉伸形成上挡板

（11）绘制压铸气缸。选择图 4-77 所示绘图面，绘制草图如图 4-78 所示。拉伸 30mm 形成气缸端盖，对端盖 4 棱倒角 2mm×45°。

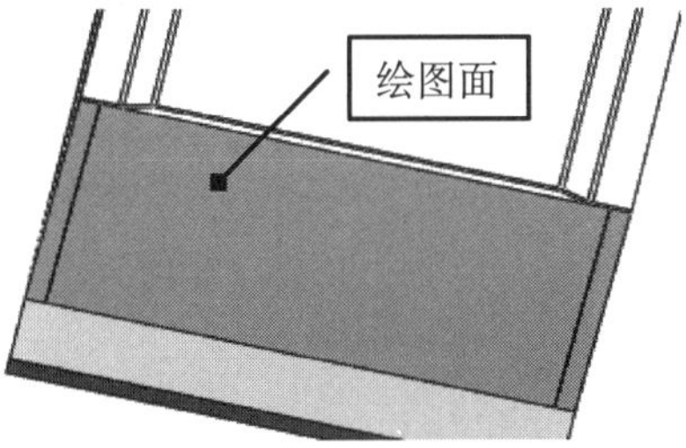

图 4–77　选择绘图面

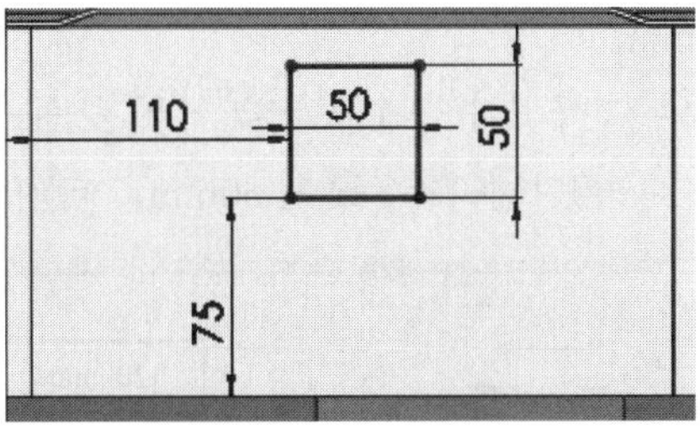

图 4–78　压铸气缸端盖草图

（12）选择端盖外侧表面，绘制 4 个 $\phi 5$ 和 1 个 $\phi 36$ 的圆，草图如图 4-79 所示。拉伸形成气缸及周边连杆，拉伸深度设为 340mm。

（13）线性阵列端盖至另一端，阵列间距设为 370mm，如图 4-80 所示。

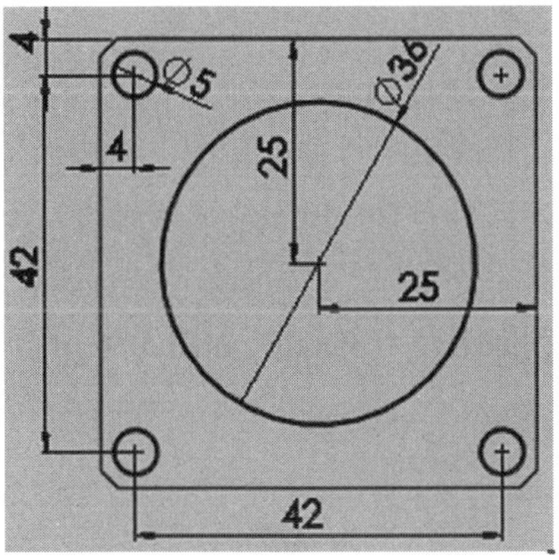

图 4–79　气缸及连杆草图

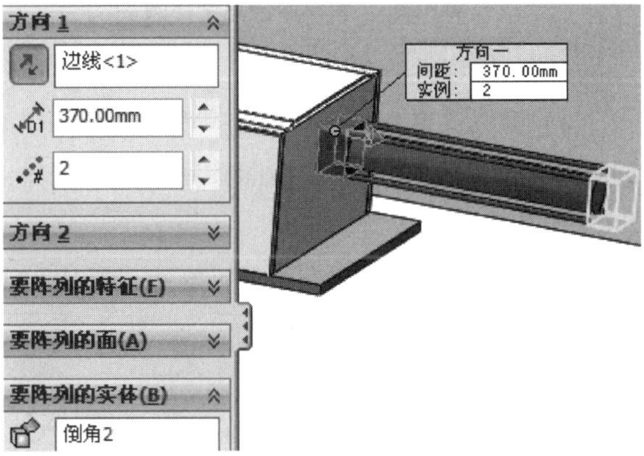

图 4–80　阵列产生另一端盖

（14）绘制顶料气缸。选择图 4-81 所示绘图面，绘制草图如图 4-82 所示。向外拉伸形成实体，拉伸深度设为 110mm。

图 4-81　选择绘图面

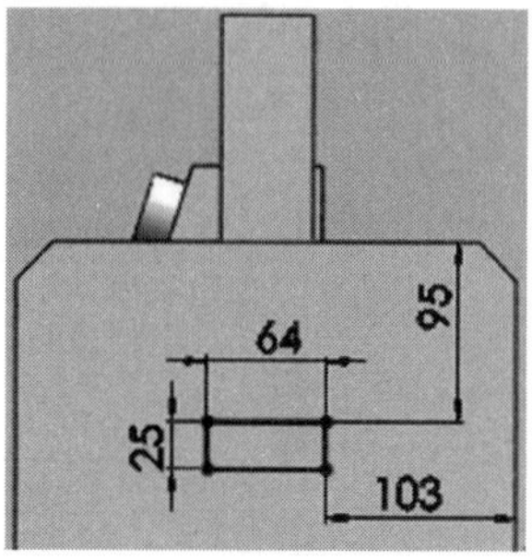

图 4-82　顶料气缸草图

4.2.2　计数传感器

实训台计数传感器建模

（1）选择实训台台面，绘制传感器固定架草图，如图 4-83 所示。向上拉伸 150mm。

（2）选择其中一个固定架外侧表面，绘制传感器截面草图，如图 4-84 所示。进行双侧拉伸，外侧拉伸深度设为 60mm，向内侧拉伸深度设为 40mm。

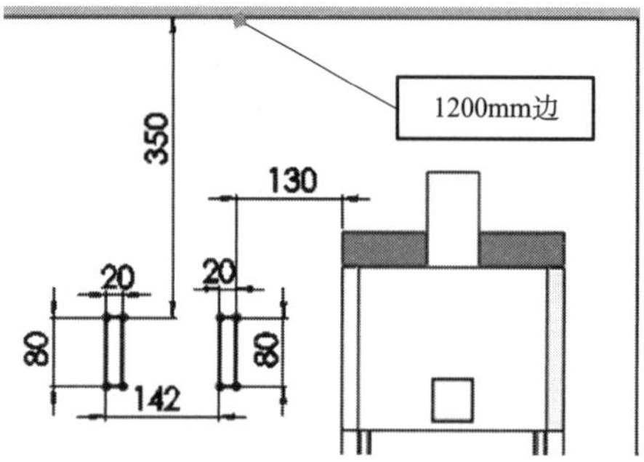

图 4-83　传感器固定架草图

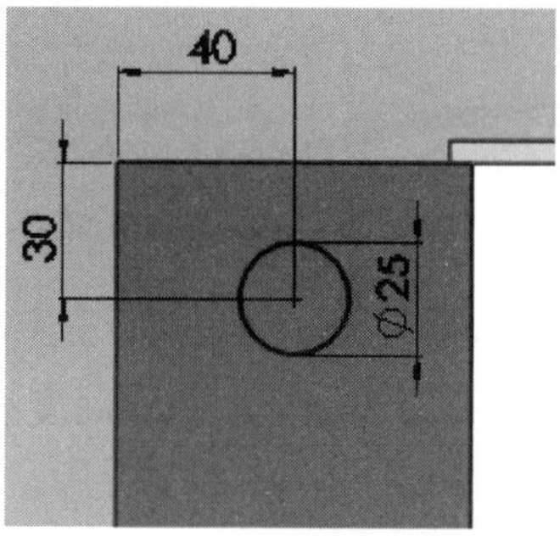

图 4-84　传感器截面草图

（3）利用线性阵列产生另一个传感器模型，阵列间距设为 182mm。

（4）仍然选择其中一个固定架外侧表面作为绘图面绘制固定螺母截面草图，六边形外接圆及 φ25 的圆与传感器截面圆同心，如图 4-85 所示。向外拉伸 15mm，形成螺母，不合并结果。

（5）利用线性阵列，产生传感器另一侧固定螺母，阵列间距设为 35mm，如图 4-86 所示。

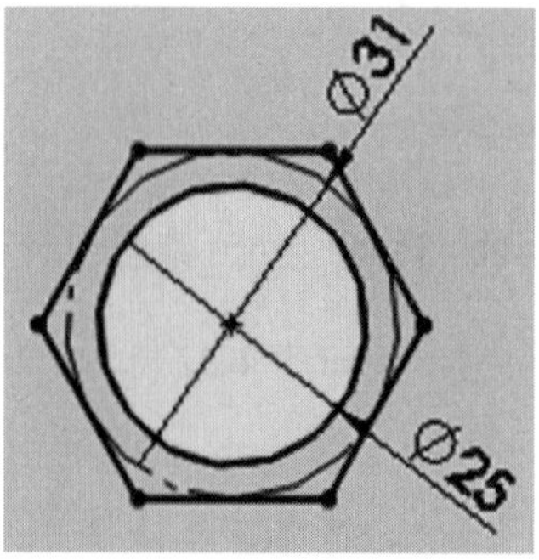

图 4-85　固定螺母截面草图

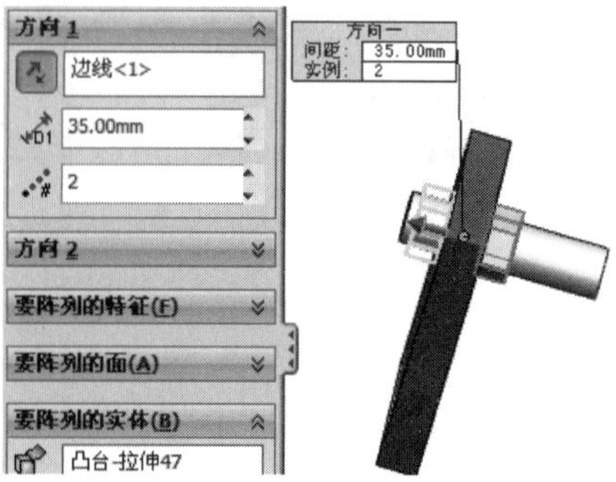

图 4-86　阵列产生对侧固定螺母

（6）利用上述两个螺母实体，再次阵列产生另一传感器的 2 个固定螺母，阵列方向与上述一致，阵列间距设为 142mm，完成后效果如图 4-87 所示。

（7）绘制传感器固定板侧边加强筋。选择固定板一侧面作为绘图面，如图 4-87 所示，绘制加强筋截面草图（见图 4-88）。拉伸 80mm，与固定板宽度一致，形成实体。

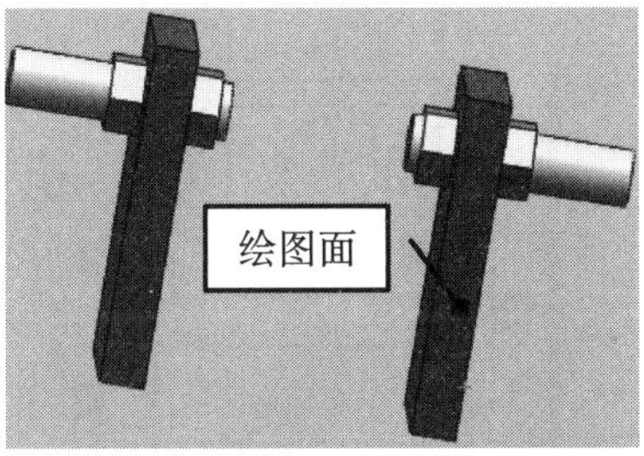

图 4–87　传感器两侧固定螺母

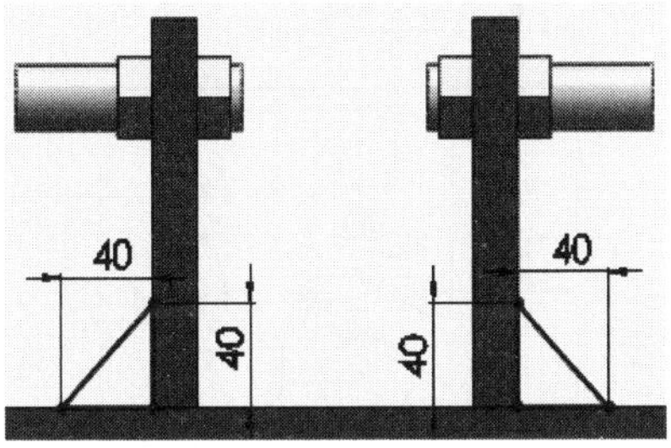

图 4–88　加强筋截面草图

4.2.3　轨迹单元

实训台轨迹单元建模

（1）选择实训台台面，绘制草图如图 4-89 所示。向上拉伸 10mm 形成轨迹单元固定底板。

（2）选择固定底板上表面作为绘图面，绘制连接梁草图如图 4-90 所示，向上拉伸 100mm，形成连接梁实体。

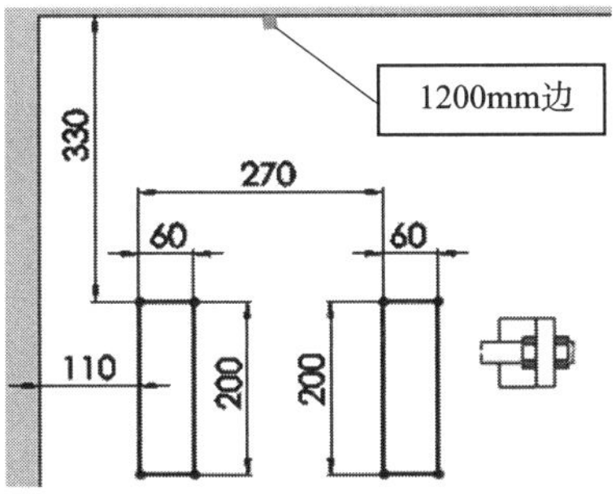

图 4–89　固定底板草图

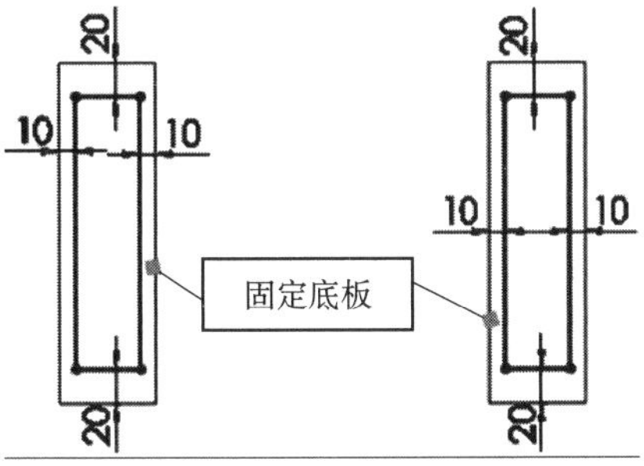

图 4–90　连接梁草图

（3）选择连接梁上表面作为绘图面，绘制轨迹单元面板草图，如图 4-91 所示，向上拉伸 12mm，形成轨迹单元面板。

（4）选择轨迹面板表面作为绘图面，绘制放料位置草图（见图 4-92）。拉伸切除，深度设为 10mm。

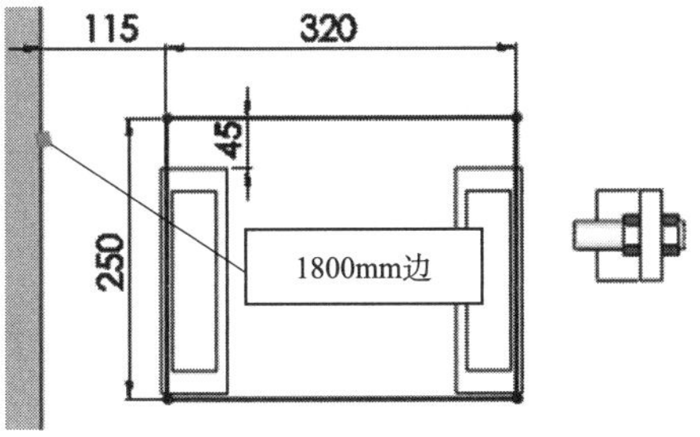

图 4–91　轨迹单元面板草图

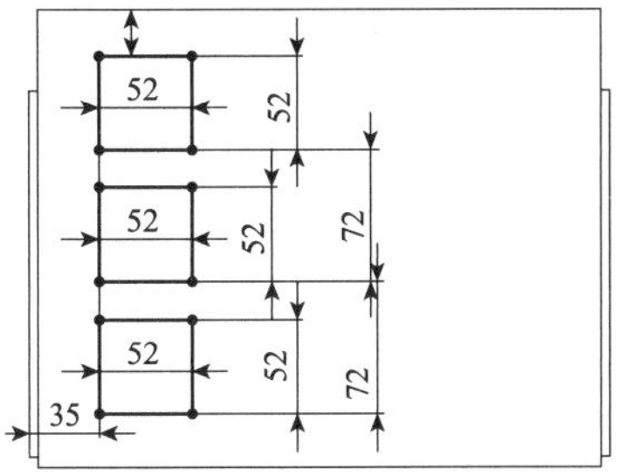

图 4–92　放料位置草图

（5）在轨迹面板表面，绘制长方形、三角形、圆形以及样条曲线轨迹切口草图，如图4-93所示。拉伸切除，切除深度设为12mm。

（6）绘制机器人基座。在实训台台面上绘制机器人基座草图如图4-94所示，向上拉伸10mm形成基座实体。保存文件。

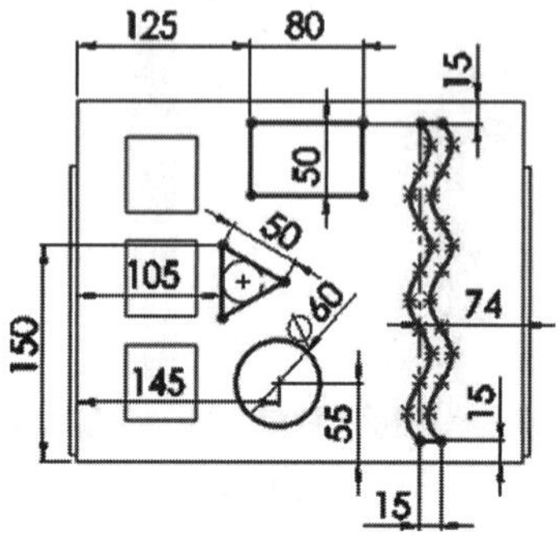

图4–93　轨迹切口草图

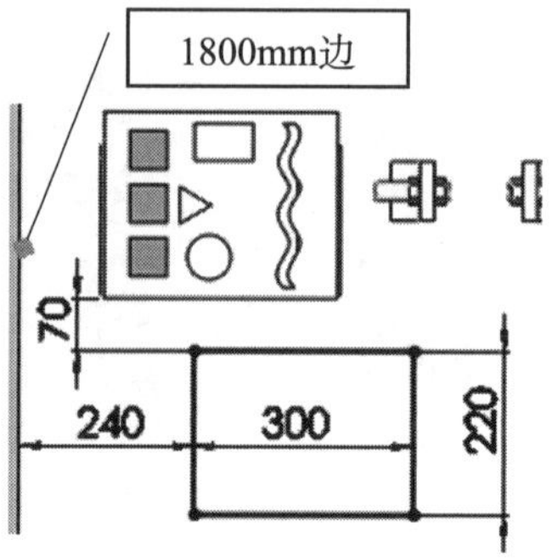

图4–94　机器人基座草图

4.2.4　压铸盖

为便于在RobtStudio软件中建立压铸机械装置，压铸盖需要单独建模。

（1）新建“零件”文件，选择前视基准面，绘制压铸盖草图如图4-95所示，拉伸270mm形成实体。选择图4-96所示165mm×270mm面的两个边倒角20mm×45°。

压铸盖建模

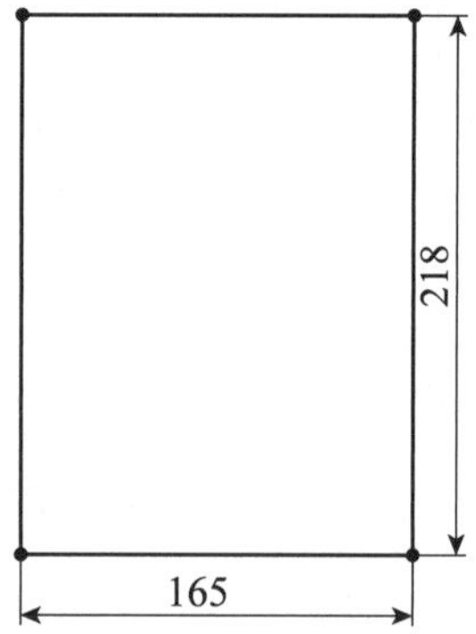

图4–95　压铸盖草图

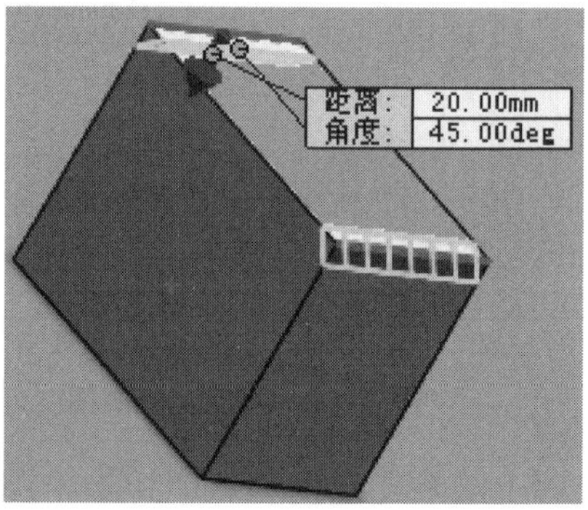

图4–96　压铸盖上侧边倒角

（2）选择另一165mm×270mm面作为绘图面，绘制导轨截面草图如图4-97所示，对此草图进行拉伸切除，切除深度设为165mm，形成压铸盖底面导轨。

（3）选择图4-98所示面作为绘图面，绘制压铸盖取料口草图，如图4-99所示，拉伸切除形成取料口，切除深度设为90mm。

（4）选择带两倒角边的面作为绘图面，绘制压铸盖顶端切口草图如图4-100所示，拉伸切除，切除深度设为145mm，与取料口连通。

（5）绘制压铸盖推料气缸。选择图4-101所示面为绘图面，绘制压铸盖推料气缸截面草图，如图4-102所示，完成后向外拉伸60mm，形成推料气缸实体。

（6）修改气缸、压铸盖外观颜色，完成后保存文件。

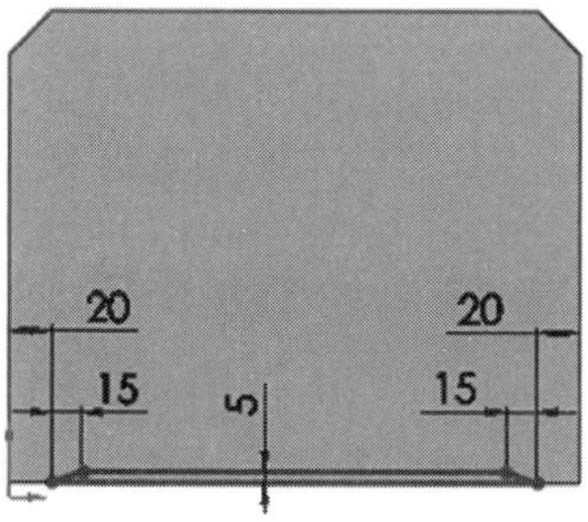

图 4–97　导轨截面草图

图 4–98　选择绘图面

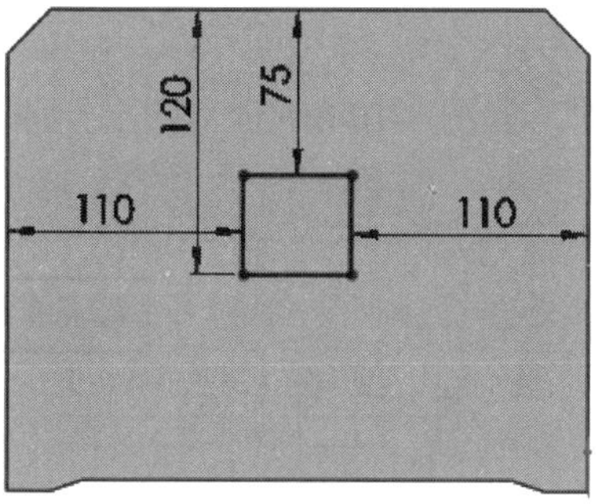

图 4–99　取料口草图

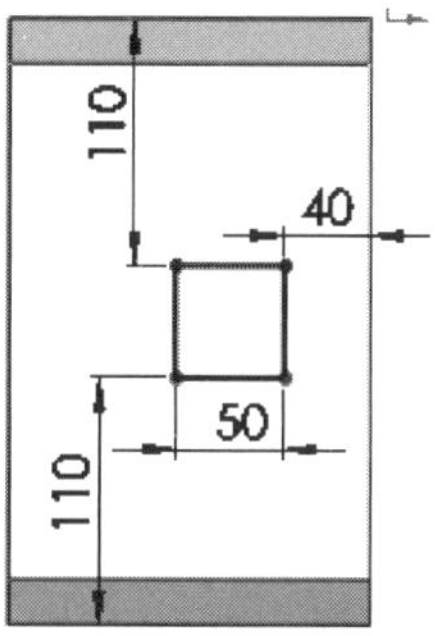

图 4–100　压铸盖顶端切口草图

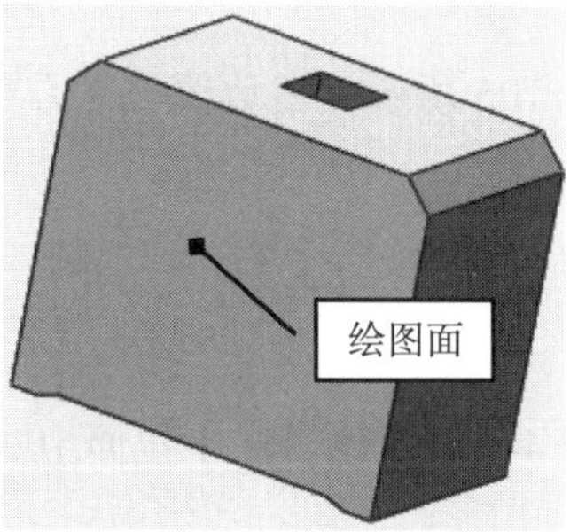

图 4–101　选择绘图面

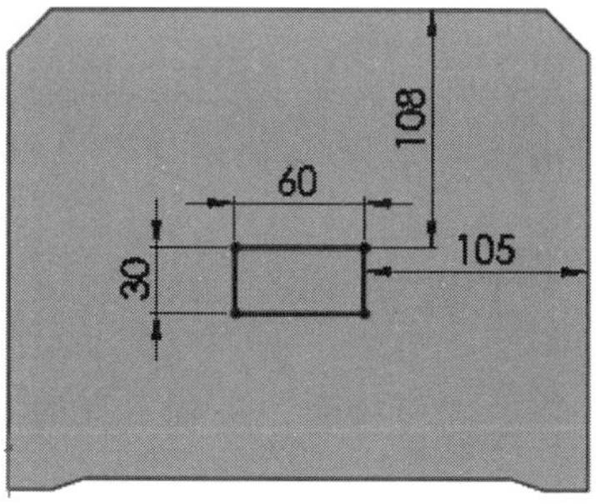

图 4–102　推料气缸截面草图

4.3　传输单元、夹具建模

学习目标

这里需要建模的附件包括传输单元、夹具及线槽、工具架等附件。

1. 夹具主体及夹爪在仿真时同样需设置为机械机构，演示夹取工件的动作，故处理方式与前述一致。

2. 传输链为环形带，需先绘制侧面草图，再拉伸完成实体建模。

3. 线槽侧面散热孔可直接采用长圆孔特征并经线性阵列实现。

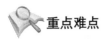

实训台剁板
工具架建模

重点难点

扫描特征、长圆孔的应用。

4.3.1 垛板

打开前述实训台模型文件，继续绘制码垛垛板等模型。

（1）选择实训台台面，绘制垛板固定垫板草图，如图 4-103 所示，图中标示的“长边”是实训台台面边长为 1800mm 的边，“基座”为机器人安装基座（见图 4-94），拉伸 10mm 形成垛板固定垫板。

（2）选择垫板表面绘制垛板固定支架草图，如图 4-104 所示。向上拉伸 115mm。

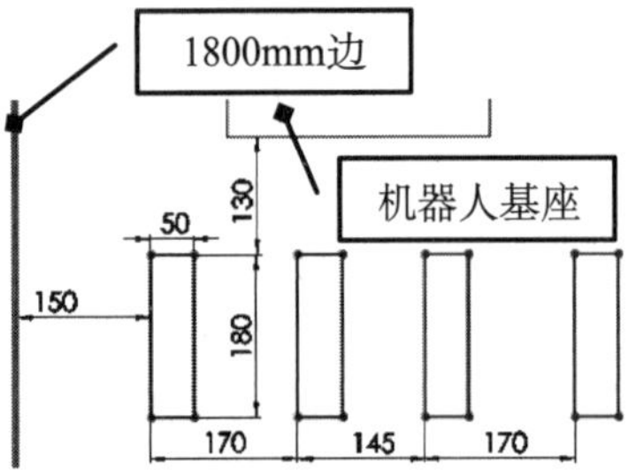

图 4–103　垛板固定垫板草图

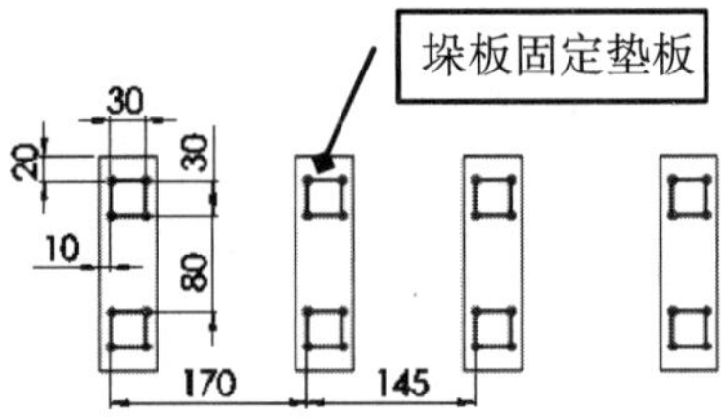

图 4–104　垛板固定支架草图

（3）在垛板固定支架上表面绘制垛板草图如图 4-105 所示，左边线与下方垫板左边线共线，向上拉伸 5mm 形成垛板。

4.3.2 工具架

（1）选择实训台台面，绘制工具架支杆草图如图 4-106 所示，向上拉伸 100mm。

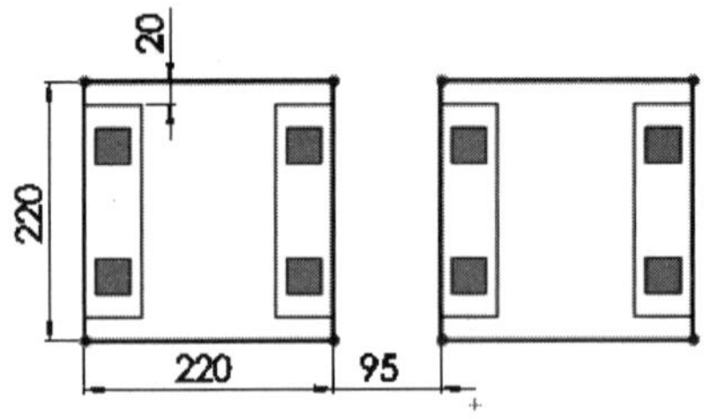

图 4–105　垛板草图

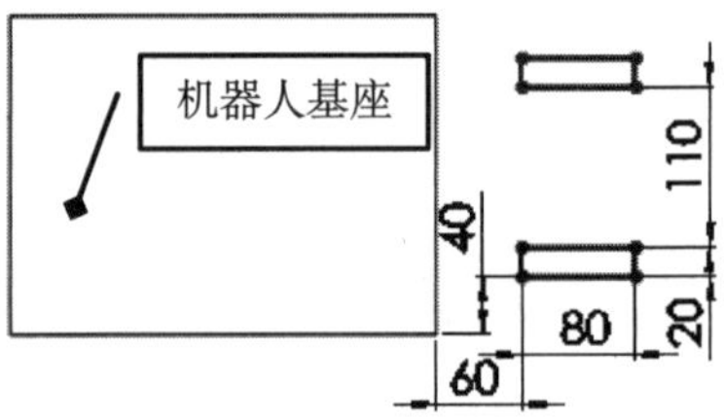

图 4–106　工具架支杆草图

（2）选择步骤（1）创建的工具架支杆表面，绘制矩形，添加约束，使矩形四边分别与支杆外侧边共线，向上拉伸 10mm，合并结果，形成工具架台面。

（3）选择工具架上表面，绘制草图如图 4-107 所示，向上拉伸 30mm。

（4）选择步骤（3）形成的 ϕ34 圆柱上表面，绘制与上述圆同心的圆（见图 4-108），直径设为 24mm，拉伸切除，深度设为 40mm。

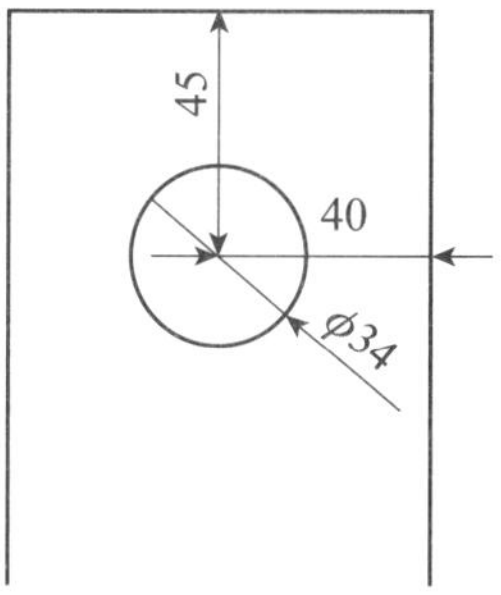

图 4-107　工具架 1 草图

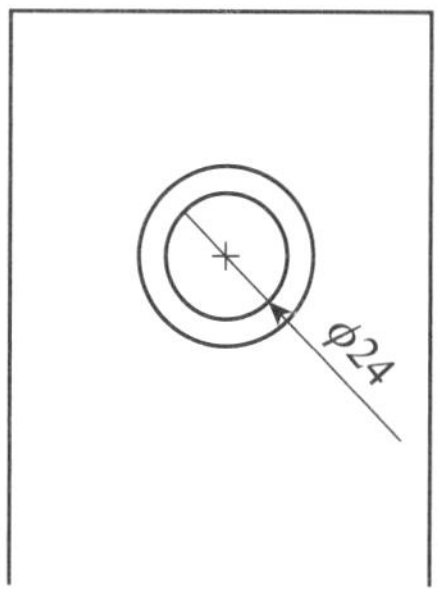

图 4-108　工具架 1 内孔草图

（5）选择工具架表面，绘制草图如图 4-109 所示，向上拉伸 15mm，形成支架 2 实体。

（6）选择步骤（5）矩形凸台上表面，绘制草图如图 4-110 所示，拉伸切除，切除深度设为 25mm，着色后的工具架模型如图 4-111 所示。

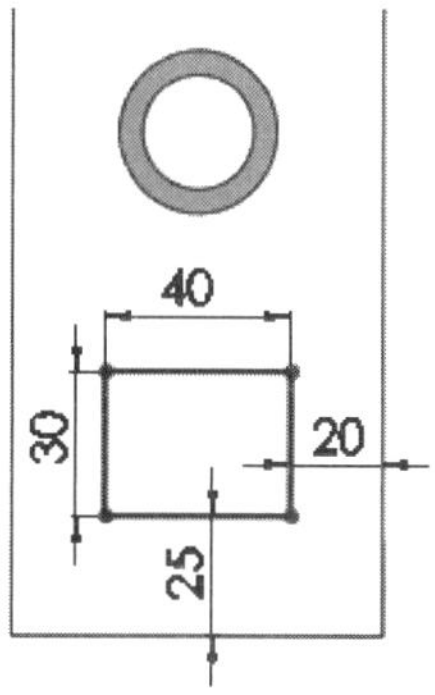

图 4-109　工具架 2 草图

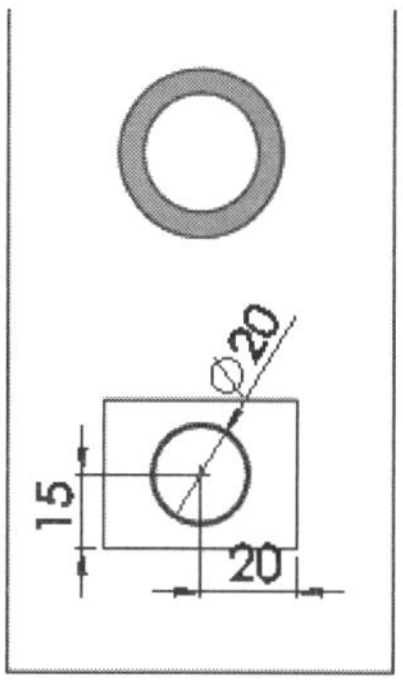

图 4-110　工具架 2 内孔草图

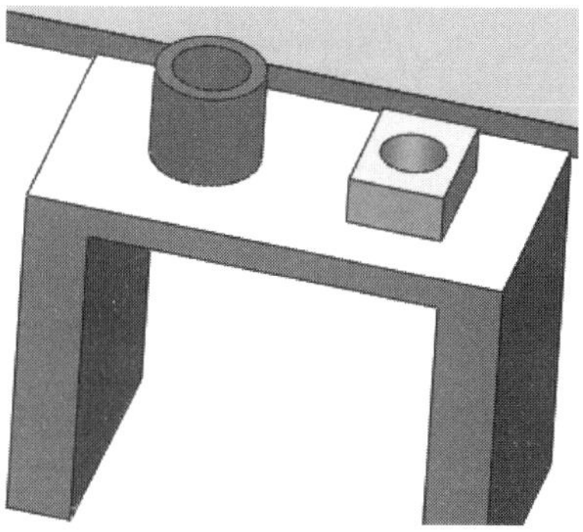

图 4-111　工具架模型

4.3.3　传输单元

（1）选择实训台表面，绘制传输带支架草图如图 4-112 所示，向上拉伸 120mm。

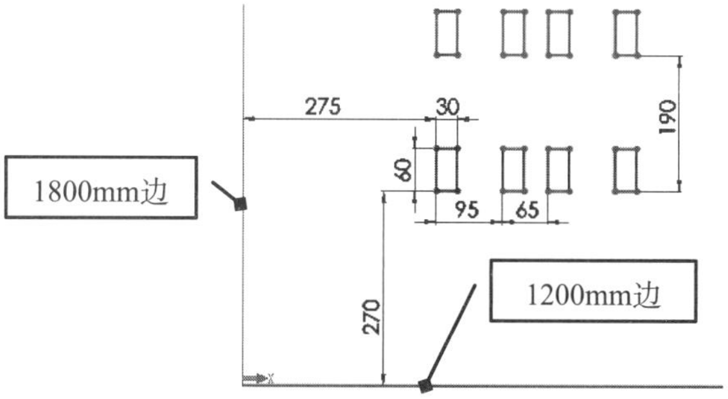

图 4-112　传输带支架草图

实训台传输
单元建模

（2）选择右视基准面，创建新绘图面，间距设为 290mm，如图 4-113 所示。

（3）在新建基准面上绘制传输带截面草图如图 4-114 所示，向内拉伸 55mm。

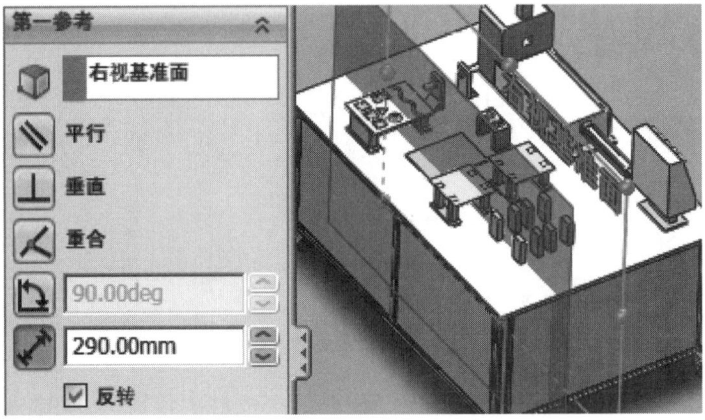

图 4-113　创建新绘图面

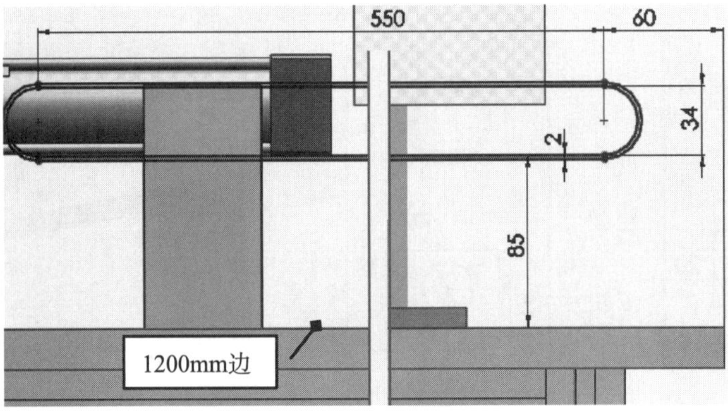

图 4-114　绘制传输带截面草图

（4）利用线性阵列产生另一个传输带，阵列间距设为 160mm，如图 4-115 所示。

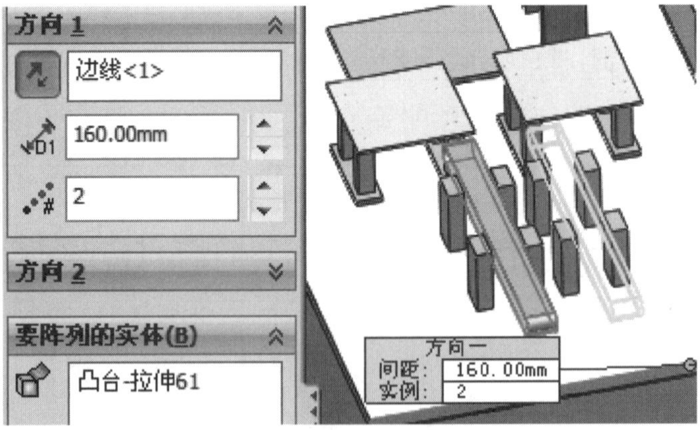

图 4-115　阵列生成另一个传输带

（5）选择步骤（2）创建的基准面，绘制皮带内侧支撑连杆草图（长方形），如图 4-116 所示。向内拉伸 55mm。将生成的支撑连杆实体进行线性阵列，方向选择台面 1200mm 边线，阵列间距设为 160mm（参照图 4-115 所示传输带阵列）。

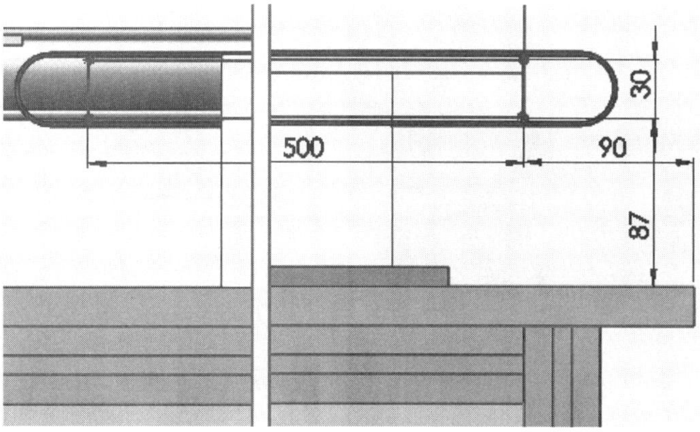

图 4–116　皮带内侧支撑连杆草图

（6）选择步骤（2）创建的基准面，绘制 2 个 $\phi 6$ 的圆，圆心分别与传输带两端半圆同心。双向拉伸 2 个小圆的草图形成滚轮轴承，如图 4-117 所示。按步骤（4）方向和间距（160mm）阵列滚轮轴承，产生另一传输带滚轮轴承。

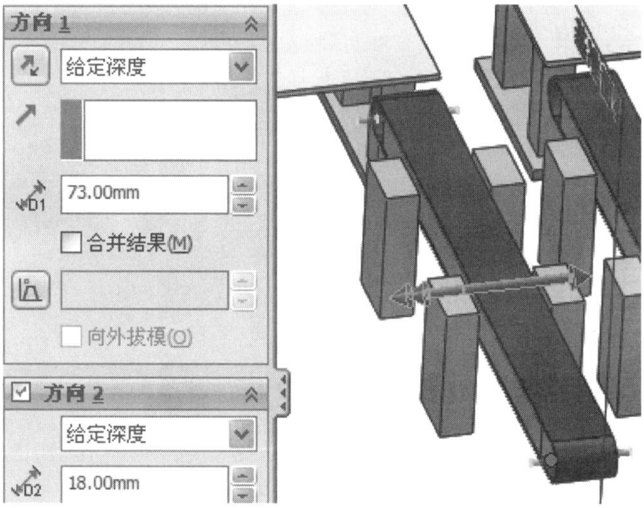

图 4–117　传输带滚轮轴承

（7）绘制滚轮。选择步骤（2）创建的基准面，在传输带两端轴承处绘制滚轮草图，如图 4-118 所示，其圆心分别与上述轴承同心。拉伸草图形成滚轮实体，拉伸深度设为 55mm。线性阵列两端滚轮，阵列方式参照步骤（4）。

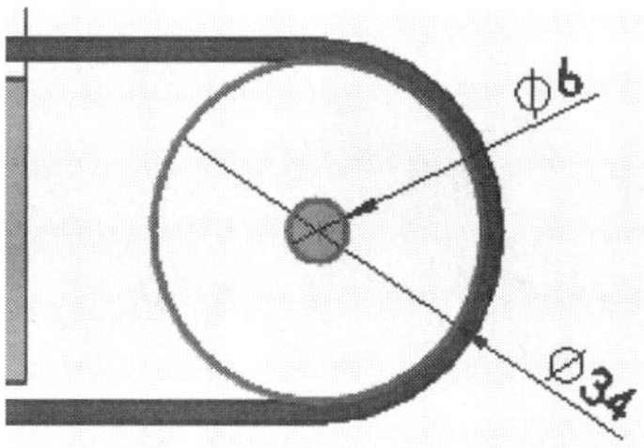

图 4–118　传输带一端滚轮草图

（8）绘制滚轮固定挡板。选择步骤（2）创建的基准面，绘制传输带两端滚轮固定挡板草图如图 4-119、图 4-120 所示。向外拉伸 10mm，修改颜色为黑色。

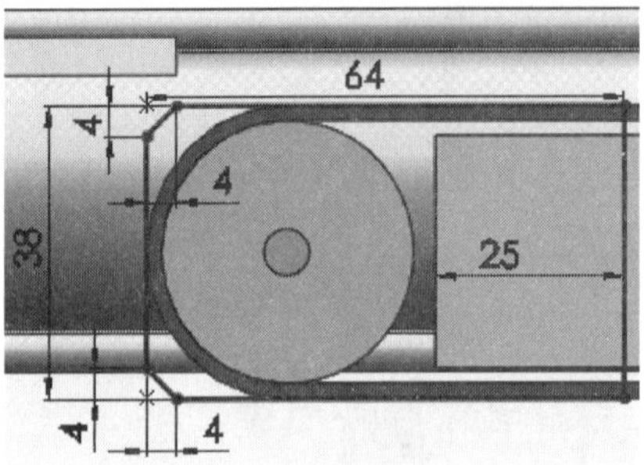

图 4-119　末端 1 固定挡板草图

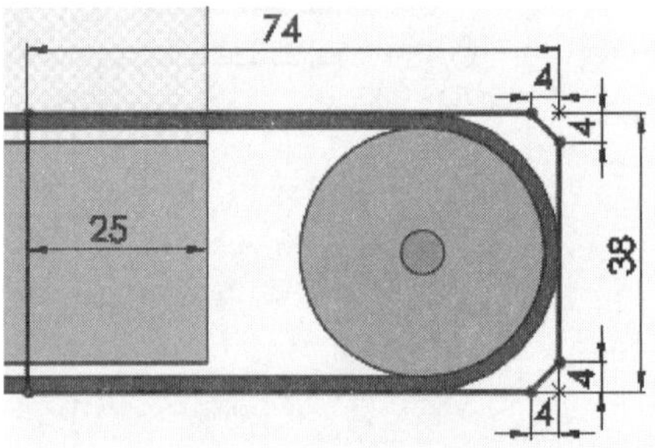

图 4-120　末端 2 固定挡板草图

（9）线性阵列上述挡板，阵列间距设为 65mm，方向朝向传输带另一侧。选择阵列后传输带两侧 4 块滚轮固定挡板，再次进行线性阵列操作，阵列间距设为 160mm，产生另一传输带两侧挡板模型，如图 4-121 所示。

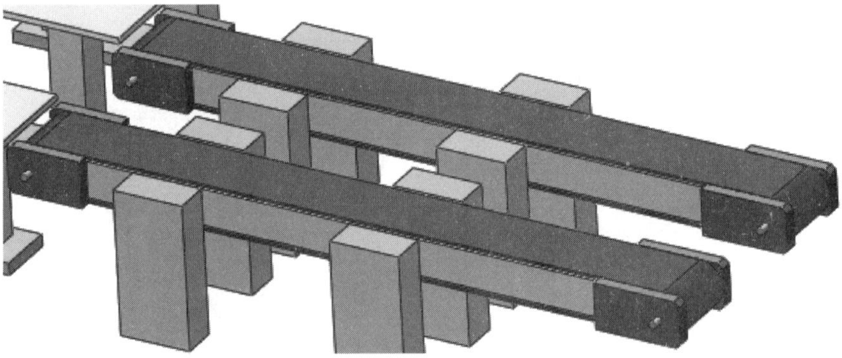

图 4-121　阵列产生另一传输带两侧挡板模型

（10）选择传输带右侧端轴承表面为绘图面，绘制联轴器草图如图 4-122 所示，向外拉伸 18mm 形成电机联轴器模型。

（11）选择联轴器外表面，在其上绘制电机减速器草图如图 4-123 所示，拉伸 30mm 形成电机减速机构模型，修改颜色为黑色。

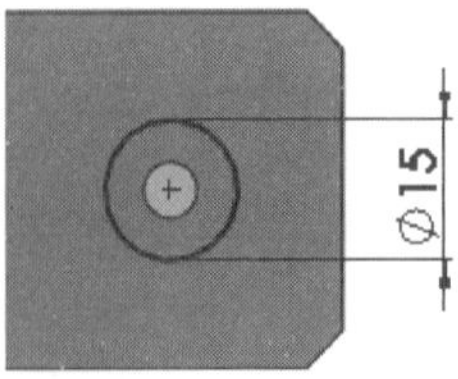

图 4-122　联轴器草图

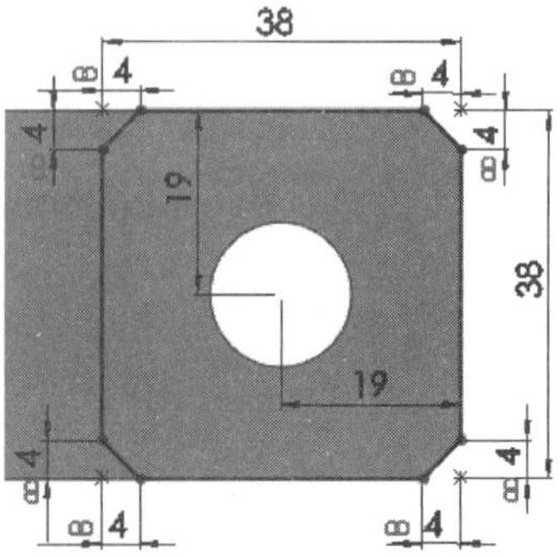

图 4-123　电机减速器草图

（12）选择步骤（11）模型的外表面，绘制电机线圈草图如图 4-124 所示，向外拉伸 50mm。

（13）选择上述圆柱体的外表面，绘制电机线圈草图如图 4-125 所示，向外拉伸 6mm，完成电机线圈部分模型的创建。

（14）将圆柱面外边线倒圆角，半径设为 2mm，如图 4-126 所示。

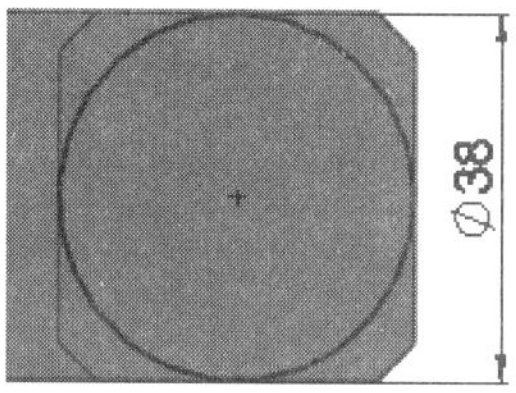

图 4-124　电机线圈草图 1

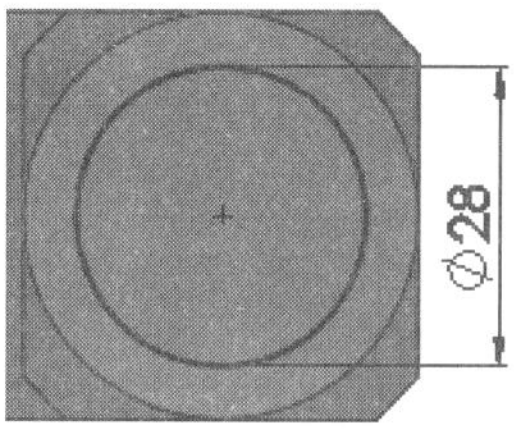

图 4-125　电机线圈草图 2

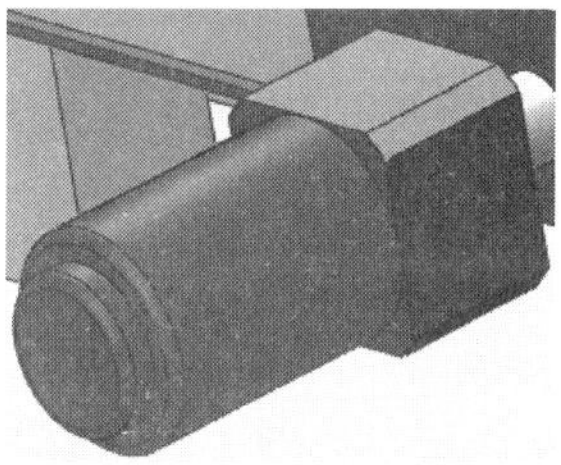

图 4-126　边线倒圆角

（15）选择右视基准面创建镜像基准面，间距设为 180mm，使之处于两个传输带中间，如图 4-127 所示。以新建基准面为对称面，将步骤（10）~（14）所建模型镜像至另一传输带内侧。

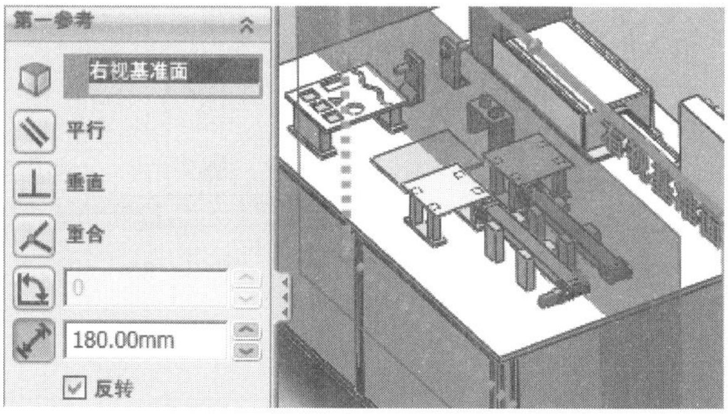

图 4-127　创建镜像基准面

4.3.4　线缆槽

（1）选择实训台表面，绘制线缆槽扫描路径如图 4-128 所示。

（2）选择实训台 1200mm 边长的一面，创建新基准面，间距设为 20mm，使之经过所绘路径边长为 790mm 线，在此面上绘制线缆槽扫描轮廓截面，如图 4-129 所示，并使其外侧一点与路径点重合。

（3）添加扫描特征，分别选择上述 2 个草图作为轮廓和路径，完成后的线缆槽如图 4-130 所示。

（4）选择图 4-131 所示绘图面，绘制中间线缆槽截面如图 4-132 所示，拉伸 740mm，形成另一线缆槽。

（5）选择线缆槽一侧外表面，绘制散热孔如图 4-133 所示。阵列此散热孔，如图 4-134 所示，阵列间距设为 20mm，阵列数目应确保阵列的散热孔距线缆槽两侧基本相等。

实训台线缆槽建模

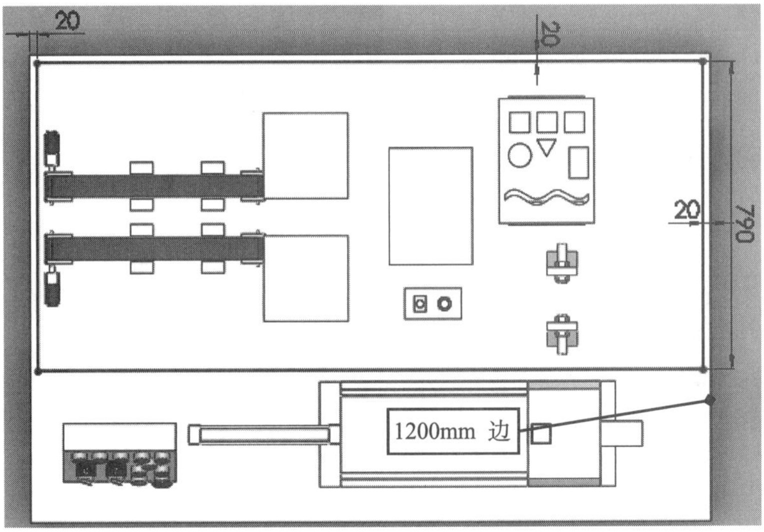

图 4-128　线缆槽扫描路径

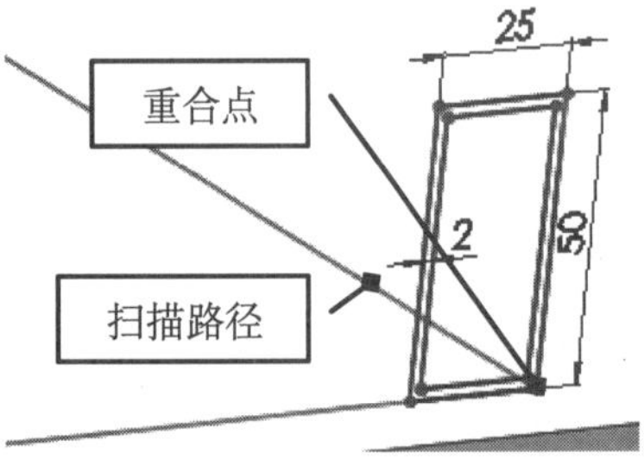

图 4-129　线缆槽扫描轮廓截面

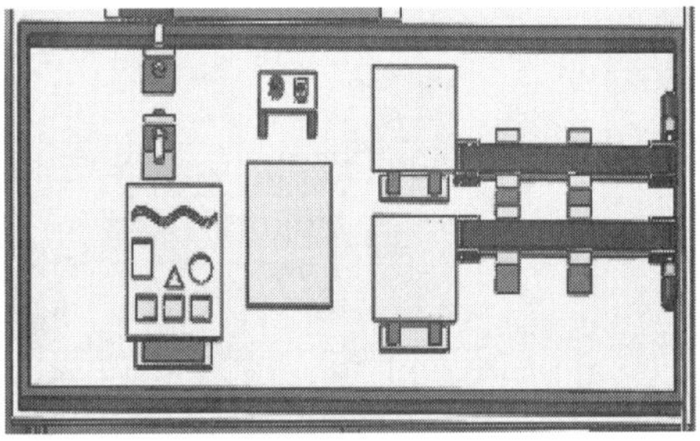

图 4-130　扫描形成线缆槽

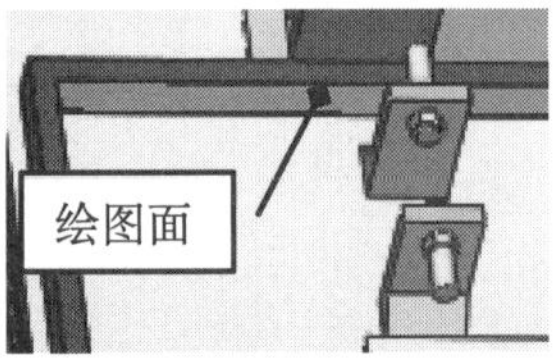

图 4-131　选择绘图面

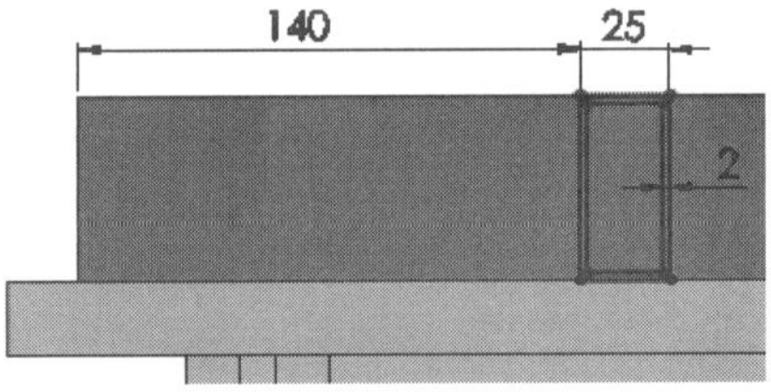

图 4-132　绘制中间线缆槽截面

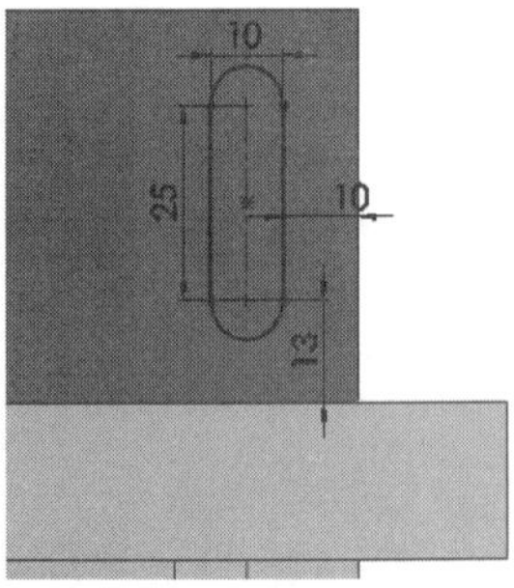

图 4-133　散热孔

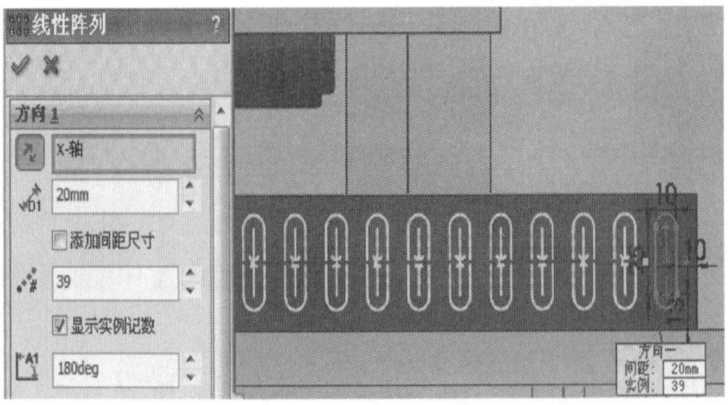

图 4-134　阵列产生均匀分布散热孔

（6）对散热孔进行拉伸切除，切除深度设为 25mm，完全穿透线缆槽，形成线缆槽散热孔。

（7）按步骤（5）、（6）完成其他线缆槽散热孔创建。

（8）完成后，修改各部分颜色，保存该模型文件。完成后的实训台如图 4-135 所示。

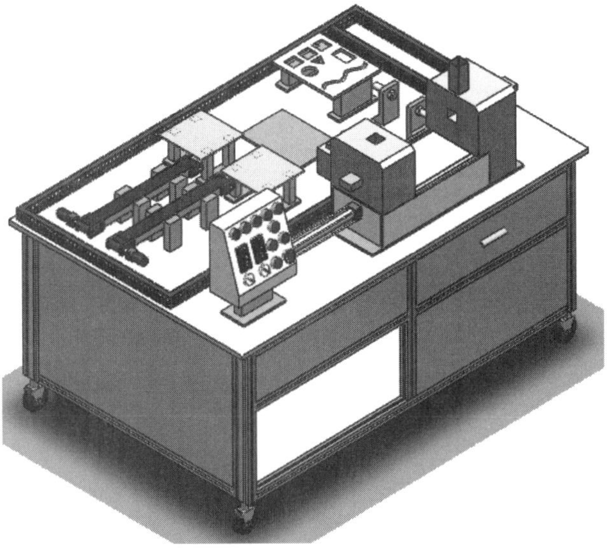

图 4–135　多功能实训台效果图（安装了压铸盖）

4.3.5　夹具、工具

为便于仿真夹具的夹取动作，夹具分为夹具主体和夹爪，应分别创建模型文件。

（1）绘制新建“零件”文件，保存为夹具主体，选择上视基准面，绘制夹具安装法兰草图如图 4-136 所示，向上拉伸 10mm。

（2）选择法兰上表面，绘制连杆草图如图 4-137 所示，确保其与法兰同心，向上拉伸 30mm。

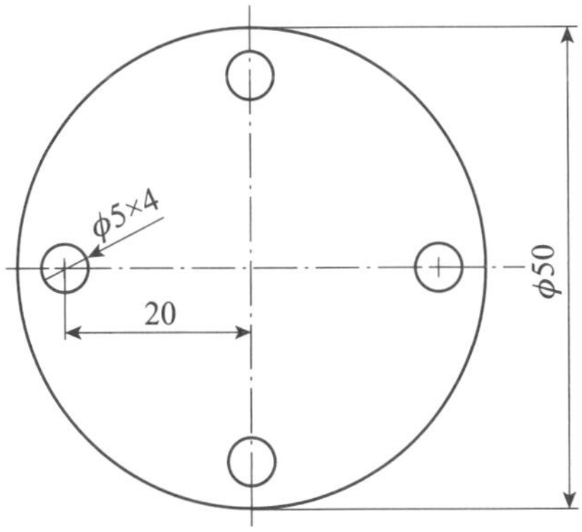

图 4–136　夹具安装法兰草图

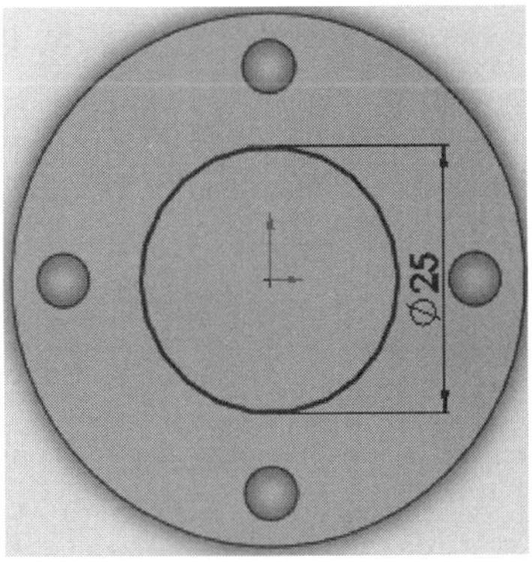

图 4–137　连杆草图

夹具主体及气缸建模

（3）选择连杆上表面作为绘图面，绘制 φ60 的连接法兰盘，草图如图 4-138 所示，连接法兰盘的圆心与前述所绘圆同心，向上拉伸 10mm（见图 4-139）。

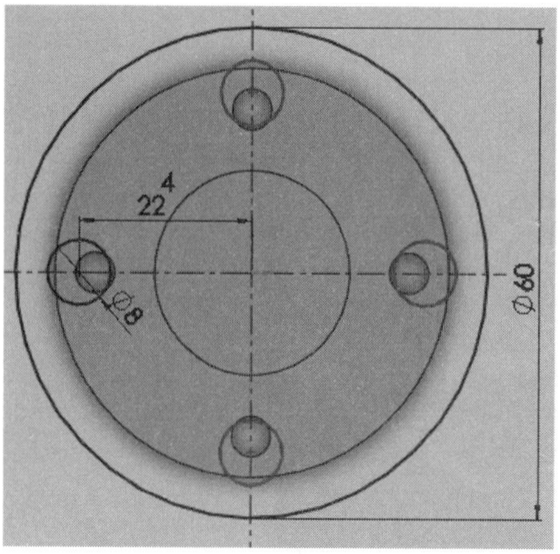

图 4-138　连接法兰盘草图

图 4-139　完成连接法兰盘创建

（4）在连接法兰盘上表面，绘制矩形草图如图 4-140 所示，向上拉伸 50mm，形成气动夹具主体。

（5）选择气动夹具主体含边长 70mm 的一侧面，绘制草图如图 4-141 所示。拉伸切除形成切槽，切除深度设为 62mm。

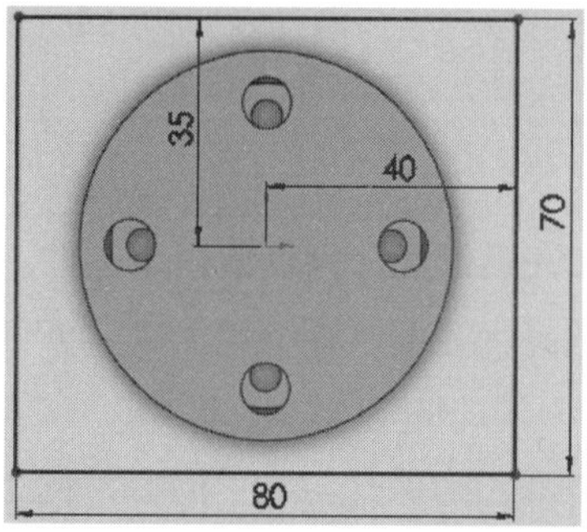

图 4-140　气动夹具主体矩形草图

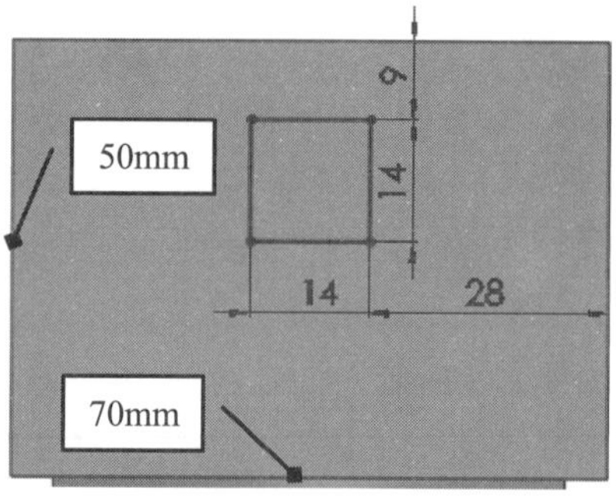

图 4-141　切槽截面草图

（6）选择切槽内底面，绘制气缸推杆截面草图，如图 4-142 所示，向外拉伸 53mm。

（7）选择图 4-143 所示圆柱气缸推杆外表面作为绘图面绘制矩形草图如图 4-144 所示，其尺寸及位置应与前述切槽截面草图一致，向外拉伸 9mm，不合并结果。

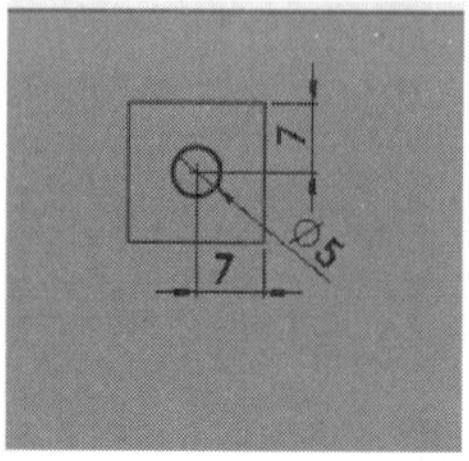

图 4-142　气缸推杆截面草图

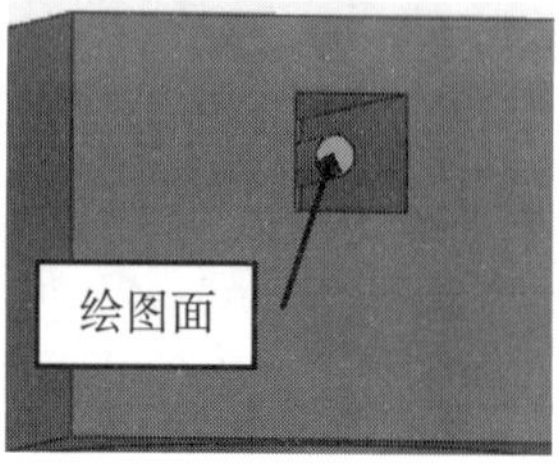

图 4-143　选取绘图面

图 4-144　推杆固定块矩形草图

（8）选择固定块外表面，绘制草图如图 4-145 所示，向外拉伸 50mm，不合并结果，形成气缸主体。

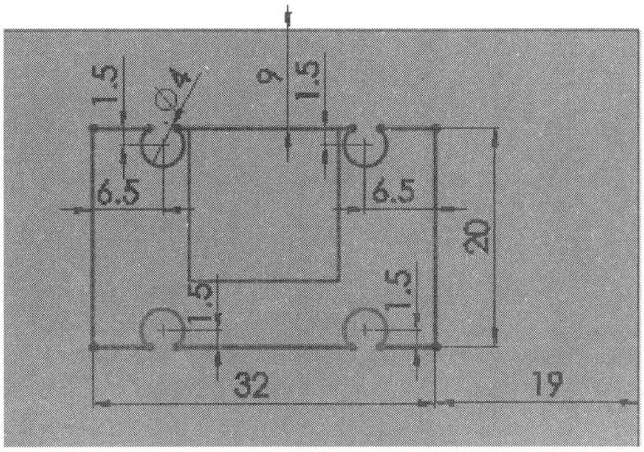

图 4–145　气缸主体草图

（9）选取图 4-146 所示的面作为绘图面，绘制草图如图 4-147 所示，拉伸切除，切除深度设为 6mm。

（10）选择步骤（9）对向侧面，在此面再次绘制如图 4-147 所示草图，拉伸切除，切除深度仍设为 6mm。

图 4–146　选取侧面为绘图面

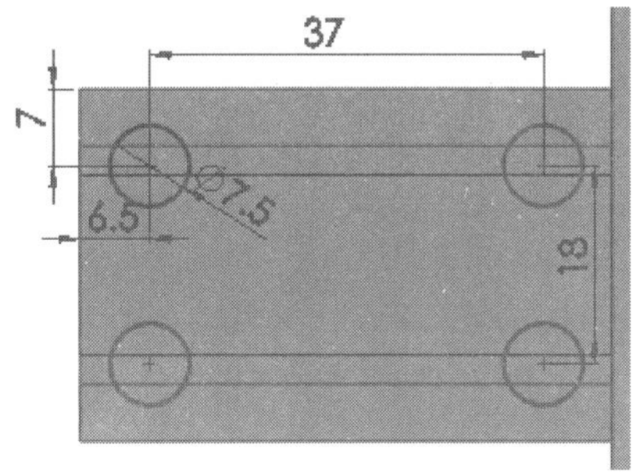

图 4–147　侧向沉孔草图

（11）选择任一沉孔底面，绘制 4 个直径为 4mm 的圆，圆心分别与 4 个沉孔圆心重合，草图如图 4-148 所示。拉伸切除，切除深度设为 14mm，形成通孔。

（12）如图 4-149 所示，选取另一侧面为绘图面，绘制通孔草图如图 4-150 所示。拉伸切除，深度设为 32mm。

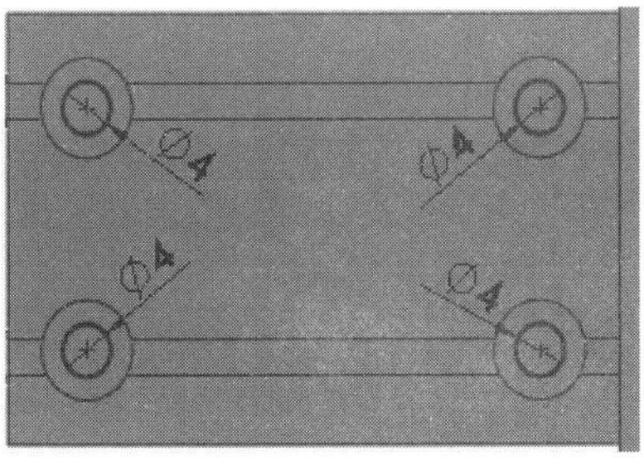

图 4–148　沉孔内通孔草图

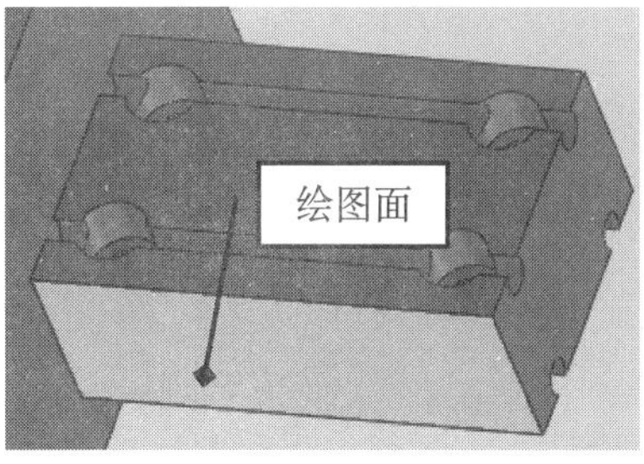

图 4–149　选取另一侧面

（13）选取气缸主体的最外端面，绘制圆环草图，如图 4-151 所示，直径分别设为 9mm 和 17mm，拉伸切除，深度设为 2mm。

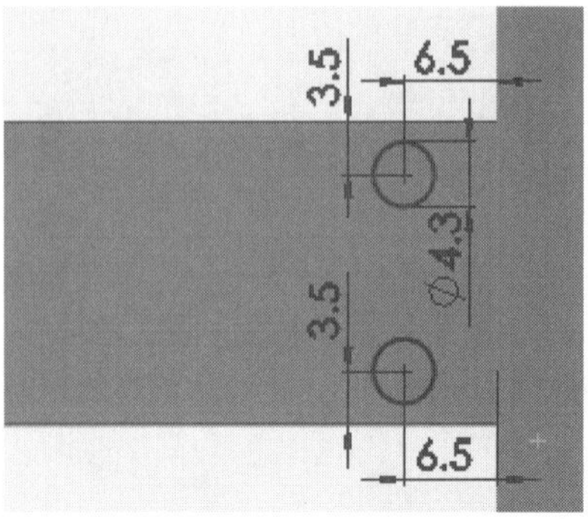

图 4–150　另一侧面通孔

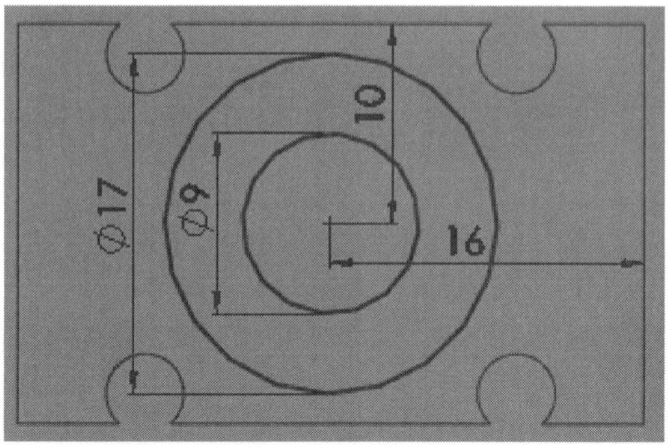

图 4–151　圆环草图

（14）选取气缸主体的最外端面，绘制两个直径为 4mm 的圆，如图 4-152 所示，拉伸切除，深度设为 5mm，完成后的气缸主体模型如图 4-153 所示。

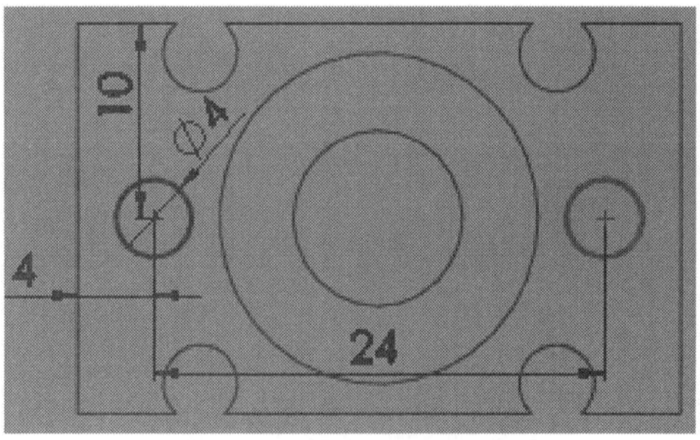

图 4–152　外端面圆孔草图

图 4–153　气缸主体模型

（15）选取图 4-153 所示面为新绘图面，绘制夹爪导向槽草图如图 4-154 所示，拉伸切除，深度设为 9mm。

（16）选取夹具主体长方体的侧面（见图 4-155）创建新基准面，间距设为 25mm。在新建基准面上绘制夹具固定夹爪截面草图如图 4-156 所示。选择此草图，添加“拉伸”特征，拉伸深度设为 20mm，如图 4-157 所示。

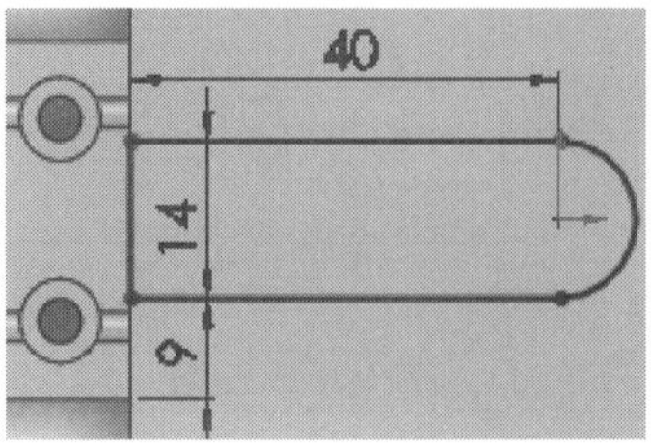

图 4–154　夹爪导向槽草图

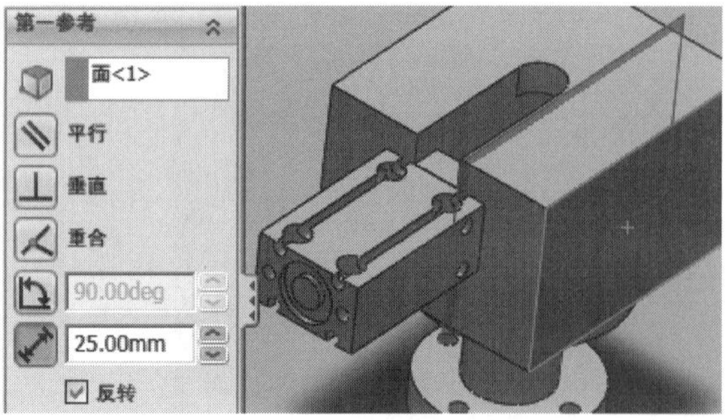

图 4–155　创建新基准面

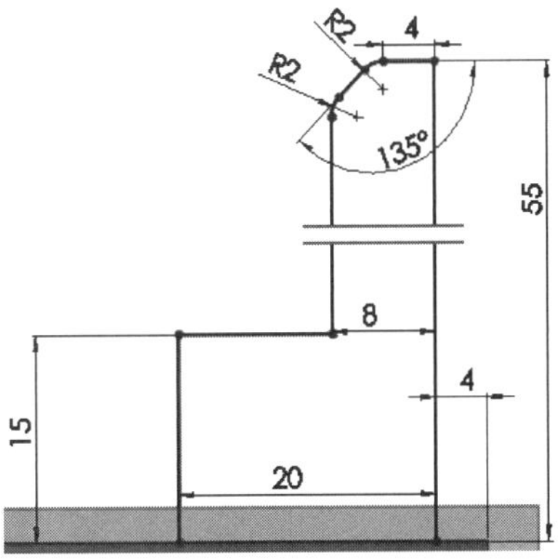

图 4-156　固定夹爪截面草图

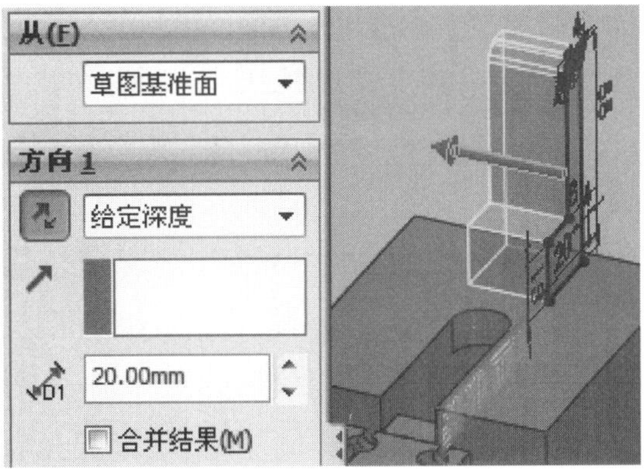

图 4-157　拉伸形成固定夹爪

（17）选择图 4-158 所示绘图面，绘制真空吸盘连接块草图，如图 4-159 所示，拉伸 32mm 形成连接块模型。

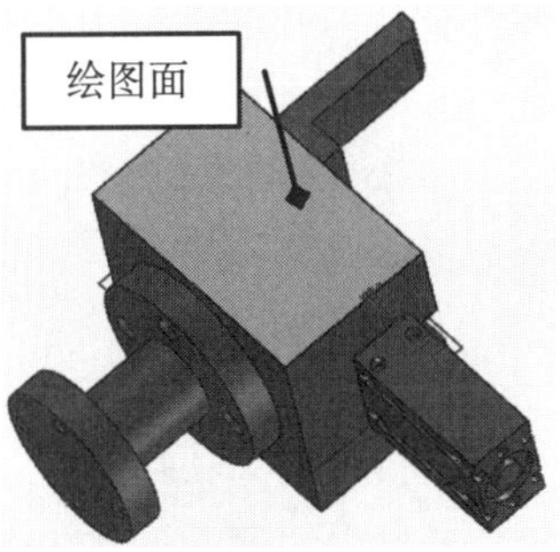

图 4-158　选择绘图面

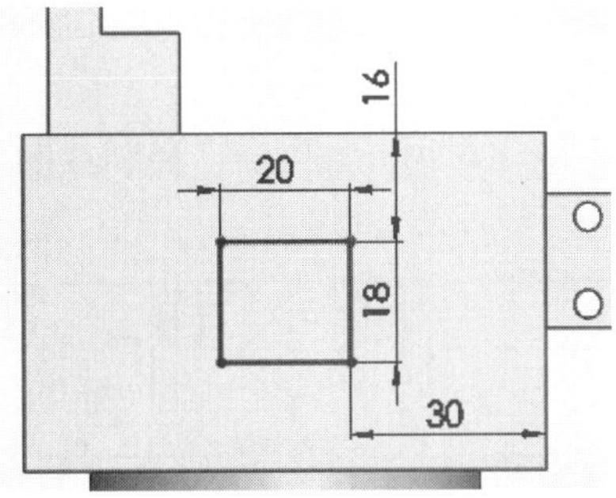

图 4-159　真空吸盘连接块草图

（18）选择上述连接块最外端面，使用“多边形工具”绘制真空吸盘连接螺母截面草图，如图 4-160 所示，六边形内切圆直径为 15mm。拉伸 10mm，形成螺母模型。

（19）选择右视基准面，绘制旋转轴及截面草图如图 4-161 所示。添加“旋转切除”特征，选择图 4-161 中所绘构造线为旋转轴，旋转角度为 360°。

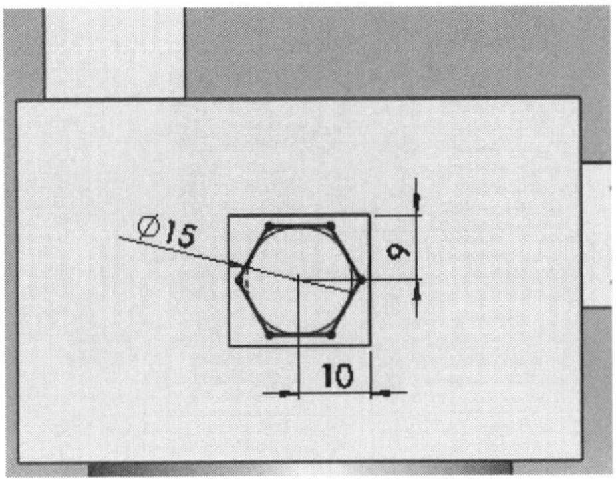

图 4-160　真空吸盘连接螺母截面草图

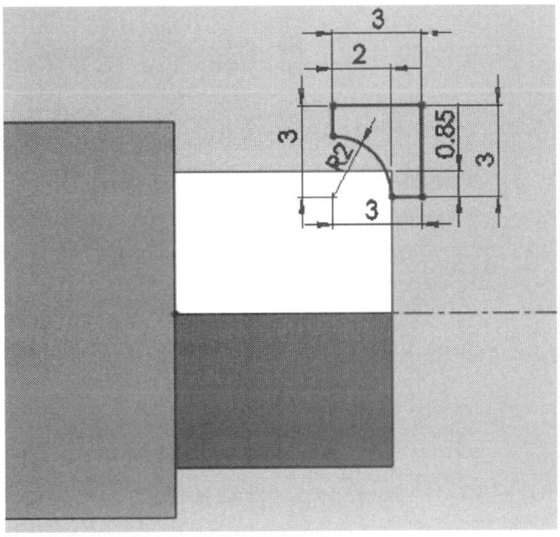

图 4-161　旋转轴及截面草图

（20）选择六角螺母外端面，绘制 ϕ15 的圆，草图如图 4-162 所示。拉伸 10mm，形成真空吸盘连杆实体模型。对连杆外侧面边线倒圆角，圆角半径设为 1mm，如图 4-163 所示。

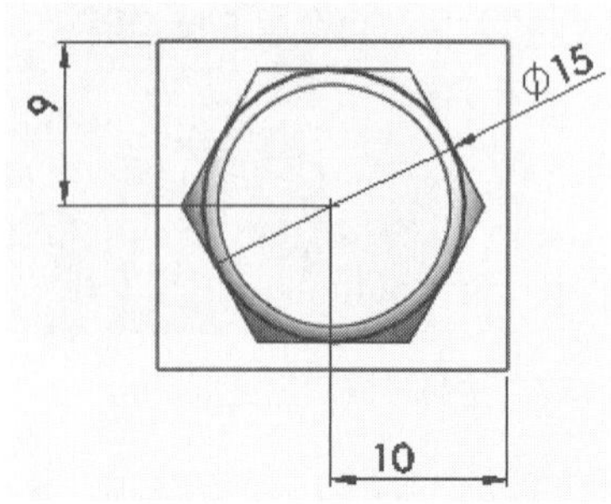

图 4-162　连杆截面草图

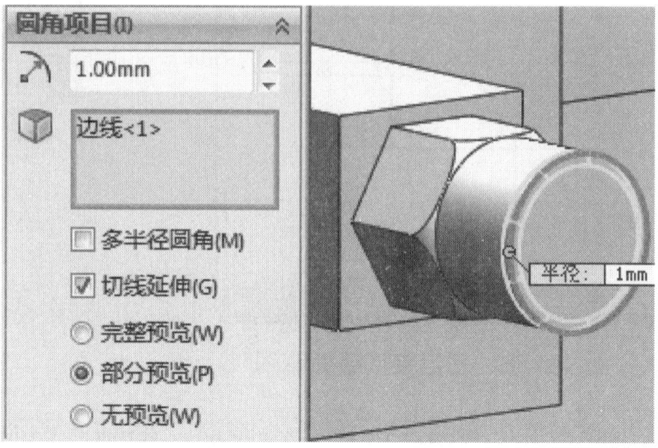

图 4-163　连杆端面边线倒圆角

（21）选择右视基准面，绘制吸盘截面草图及中心线如图 4-164 所示，沿中心线旋转形成吸盘实体模型。

（22）选择吸盘内部平面，绘制草图如图 4-165 所示，拉伸切除，深度设为 37mm。

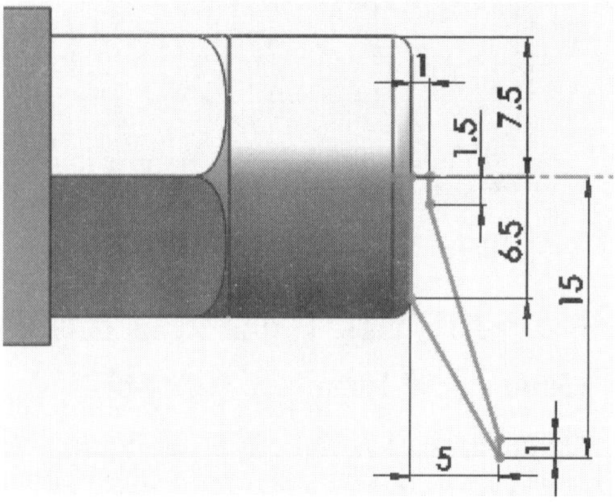

图 4-164　吸盘截面草图及中心线

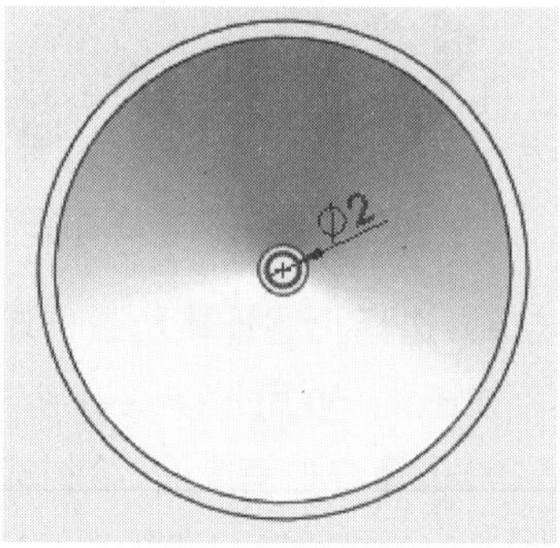

图 4-165　吸盘气孔草图

（23）选择图 4-166 所示面为绘图面，绘制吸盘气路连杆草图如图 4-167 所示，拉伸 10mm。

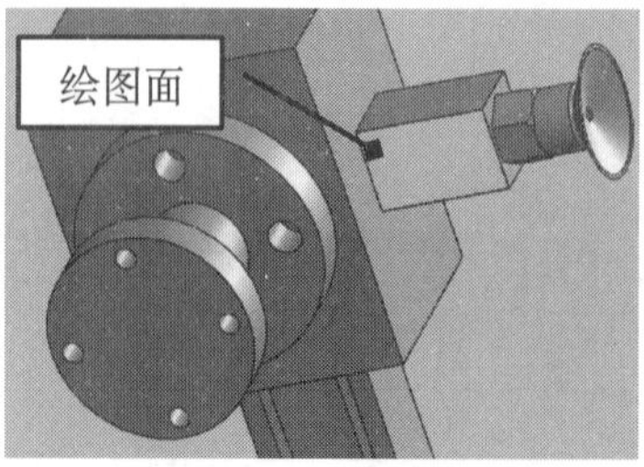

图 4-166　选择绘图面

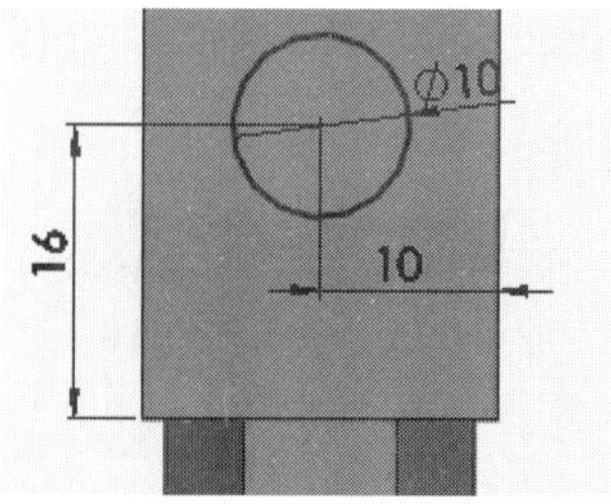

图 4-167　吸盘气路连杆草图

（24）继续绘制气管卡件。选择连杆外表面，绘制草图如图 4-168 所示，与图 4-167 中

的 ϕ10 圆保持同心，拉伸 1mm。

（25）选择上步圆台外表面作为绘图面绘制草图如图 4-169 所示，添加与前述 ϕ6 圆同心的约束，拉伸 1mm。

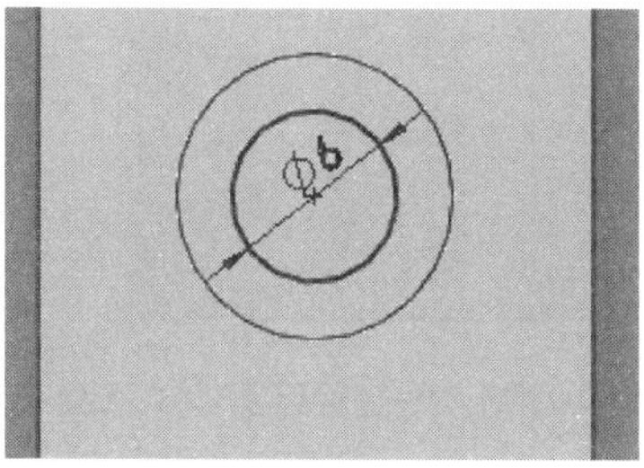

图 4–168　气管卡件部件 1 草图

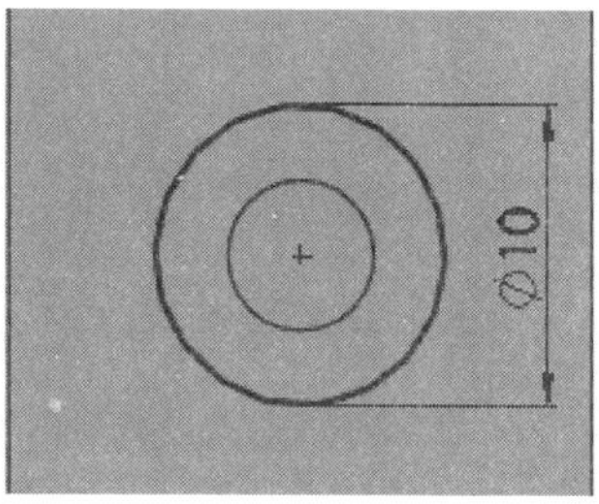

图 4–169　气管卡件部件 2 草图

（26）绘制气路通孔。选择卡件部分 2 的外表面，绘制气路通孔截面，如图 4-170 所示。拉伸切除，切除深度设为 24mm。修改气路卡件、螺母及吸盘颜色分别为蓝色、黄色和白色。

（27）选取图 4-171 所示面为绘图面，绘制气缸管路，草图如图 4-172 所示，拉伸 2mm，不合并结果。

（28）选择上步拉伸凸台外表面，绘制 ϕ10 的圆，与前步创建的 ϕ6 圆台同心，如图 4-173 所示，拉伸 9mm。

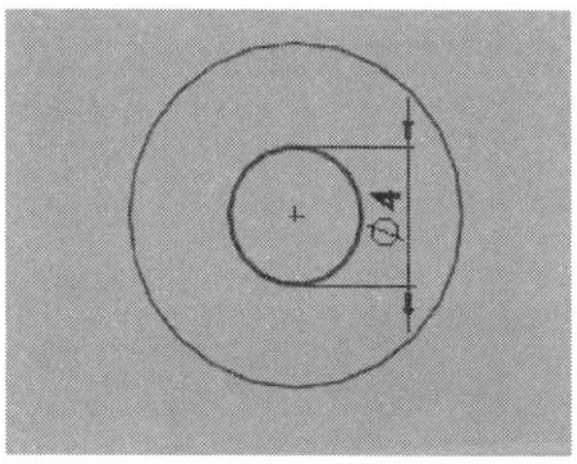

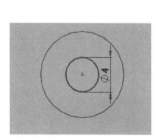

图 4–170　气路通孔截面

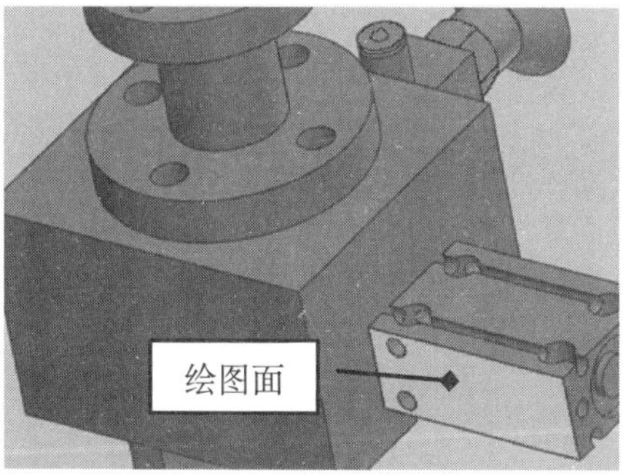

图 4–171　气缸管路绘图面

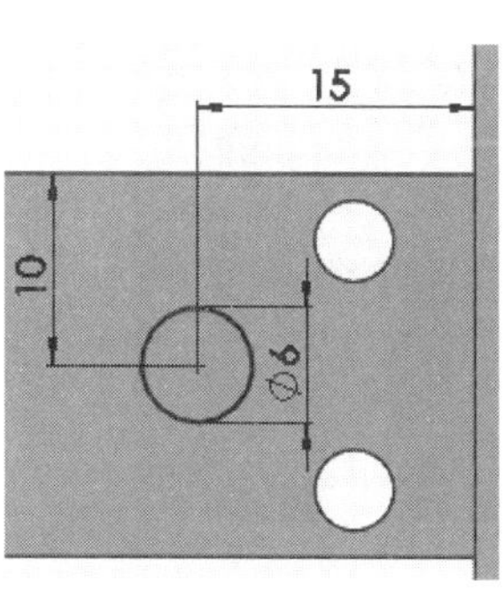

图 4–172　气缸管路部件 1 草图

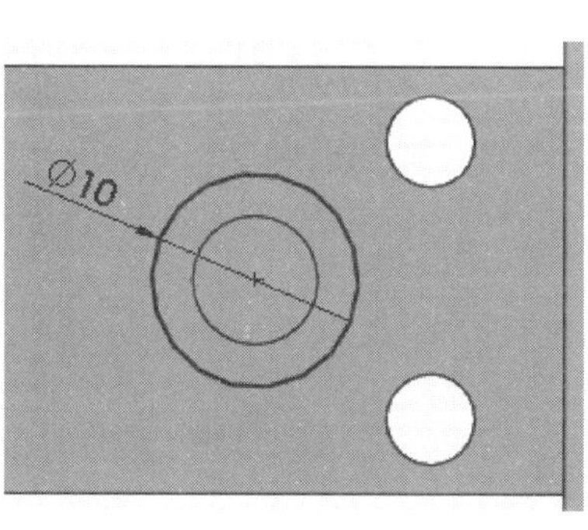

图 4–173　气缸管路部件 2 草图

（29）选择 ϕ10 圆台外表面，绘制草图如图 4-174 所示，与前步创建的 ϕ10 圆台同心。拉伸凸台，深度设为 4mm。

（30）选择 ϕ9 圆台外表面，绘制草图如图 4-175 所示，与前步创建的 ϕ9 圆台同心。拉伸凸台，深度设为 4mm。

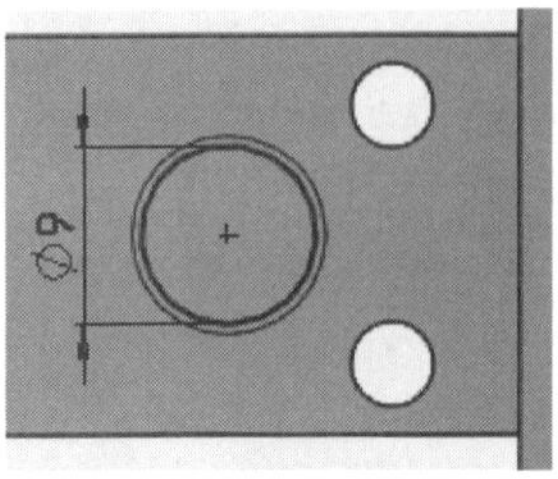

图 4-174　气缸管路部件 3 草图

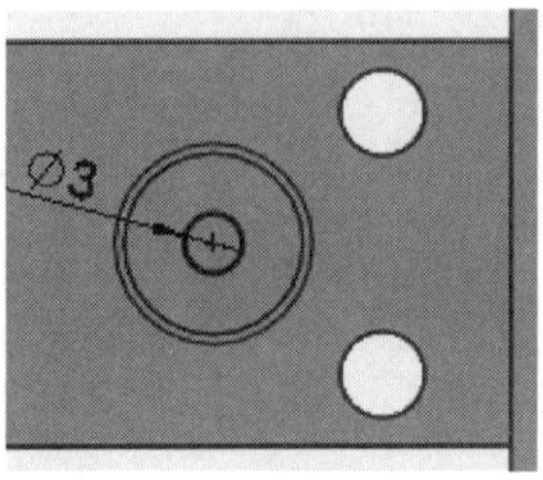

图 4-175　气缸管路部件 4 草图

（31）选择 ϕ3 圆台外表面，绘制草图如图 4-176 所示，与前步创建的 ϕ3 圆台同心。拉伸凸台，深度设为 2.5mm。

（32）选择 ϕ7.5 圆台外表面，绘制草图如图 4-177 所示，与前步创建的 ϕ7.5 圆台同心。拉伸凸台，深度设为 4mm。

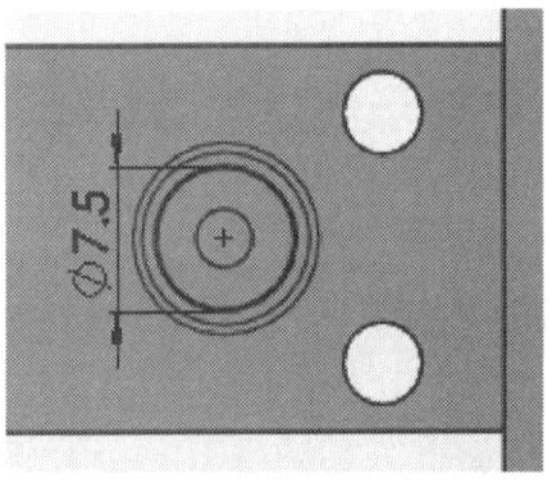

图 4-176　气缸管路部件 4 草图

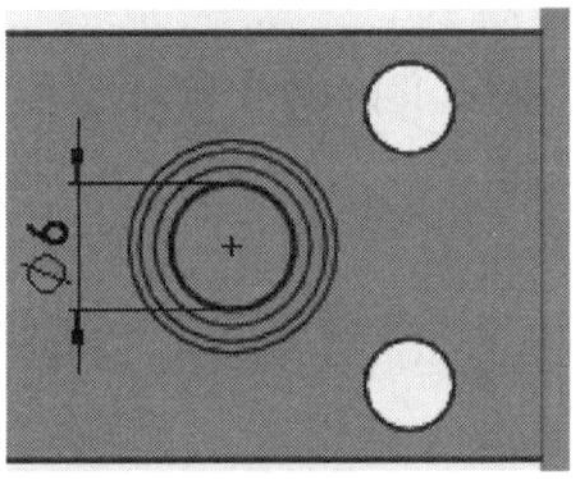

图 4-177　气缸管路部件 5 草图

（33）创建新基准面，如图 4-178 所示。

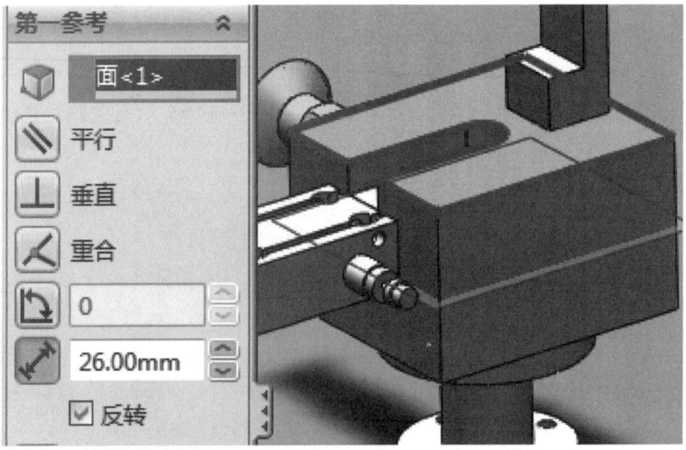

图 4-178　创建新基准面

（34）在新建基准面上绘制草图，如图 4-179 所示。拉伸凸台，选择“成形到一面”即成形到下方圆柱面，如图 4-180 所示。

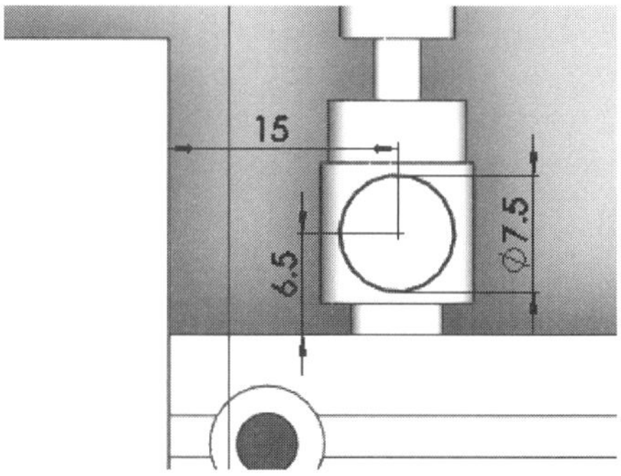

图 4–179　气缸管路部件 6 草图

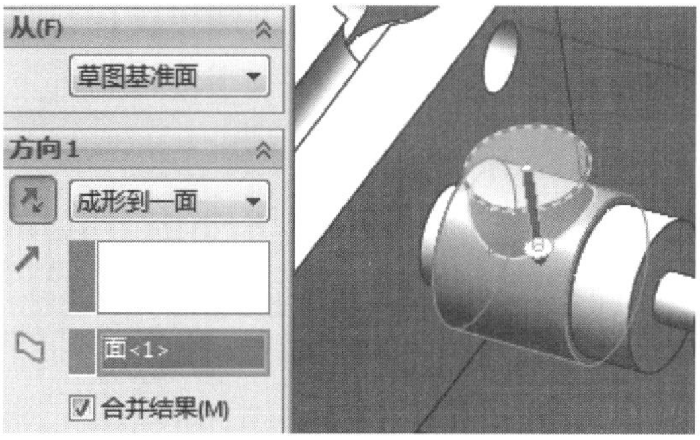

图 4–180　成形到圆柱面

（35）选择上步形成的圆柱上表面，绘制草图如图 4-181 所示，向上拉伸 10mm。对形成的 ϕ10 的圆柱下底面边线倒直角 1.25mm×45°，如图 4-182 所示。

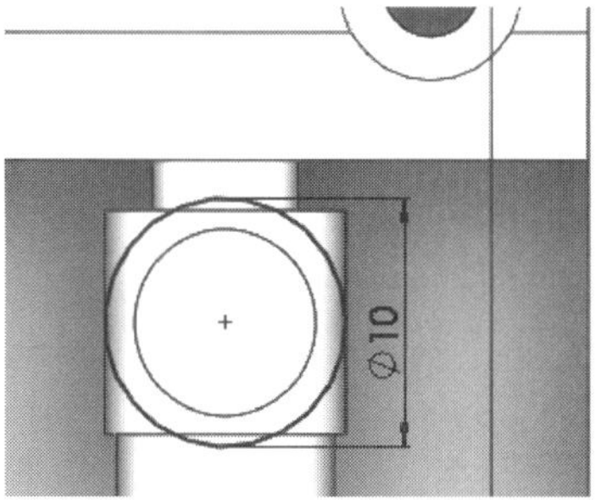

图 4–181　气缸管路部件 7 草图

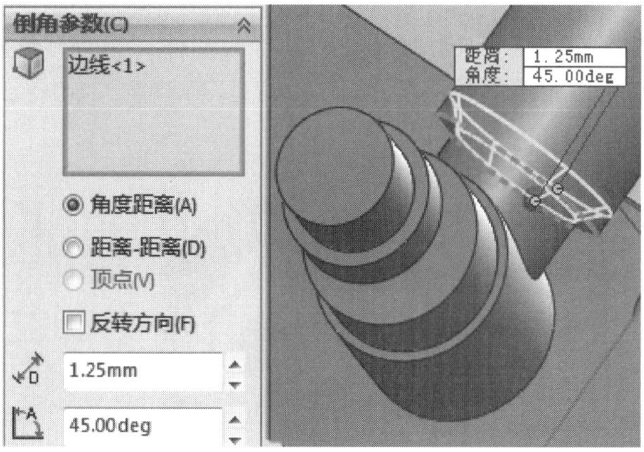

图 4–182　新建圆柱下底面边线倒角

（36）选择新建 ϕ10 圆柱上表面，继续绘制气缸管路卡件及气缸管路通孔，按照前述步骤（24）~（26），分别绘制 ϕ6 圆柱体、ϕ10 圆柱体，拉伸深度均设为 1mm。绘制 ϕ4 圆孔，拉伸切除深度设为 13mm。完成后修改气缸管路各部件颜色，如图 4-183 所示。

（37）线性阵列气缸管路部件，得到另一管路部件，作为气缸出气管路，阵列距离设为 20mm，方向选择边线如图 4-184 所示。

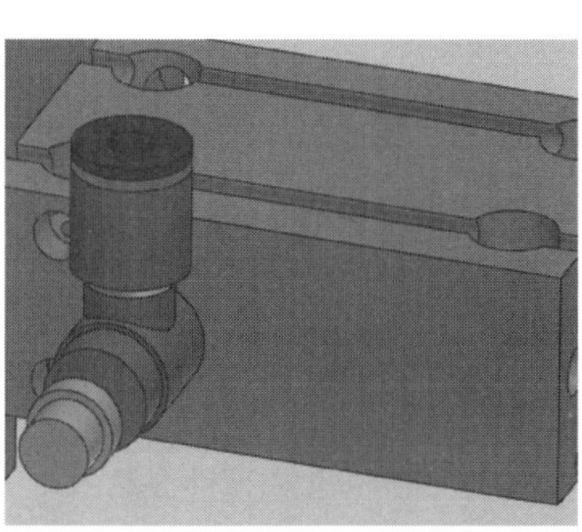

图 4–183　修改气缸管路各部件颜色（进气）

图 4–184　阵列产生气缸出气管路部件

（38）绘制真空发生器。选择图 4-185 所示面为绘图面，绘制草图如图 4-186 所示，拉伸 16mm。

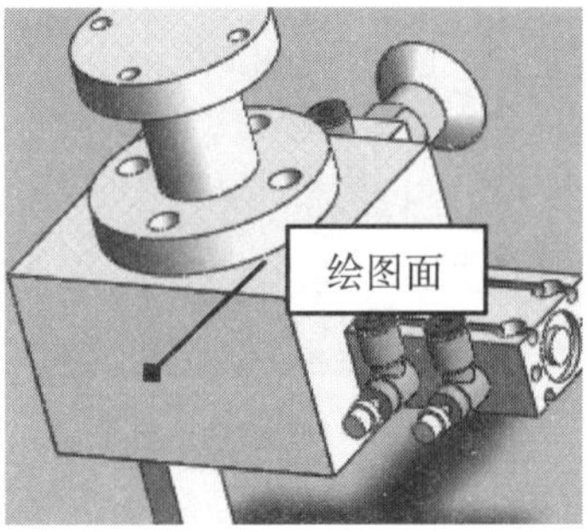

图 4-185　真空发生器绘图面

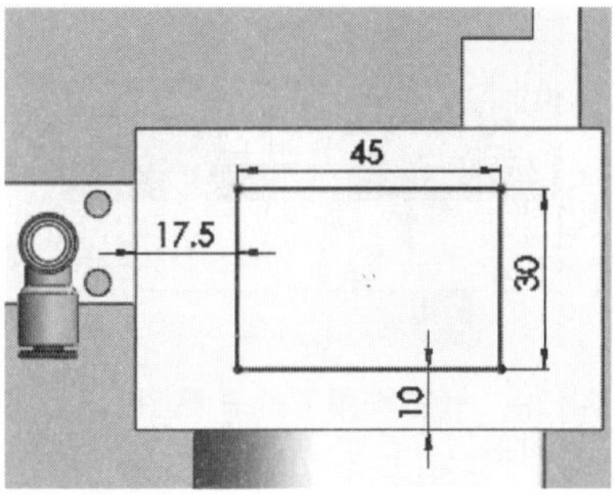

图 4-186　真空发生器部件 1 草图

（39）选择上步创建的实体外表面，创建图 4-187 所示基准面，在该基准面上绘制草图如图 4-188 所示，旋转 360° 形成实体，修改颜色后的实体如图 4-189 所示。

（40）选择上步创建的基准面，绘制草图如图 4-190 所示，旋转形成实体，修改颜色后的实体如图 4-191 所示。

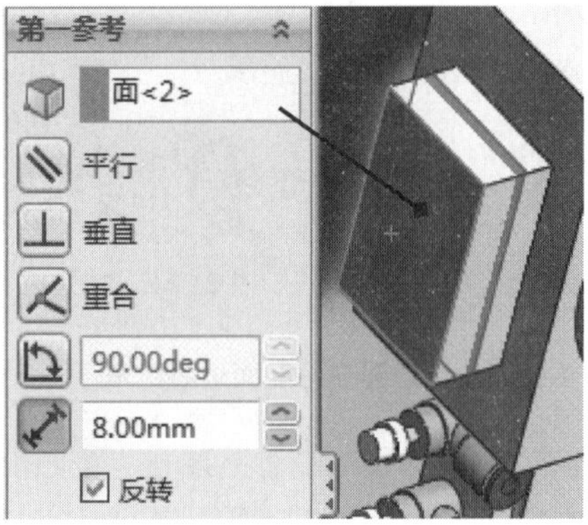

图 4-187　创建基准面

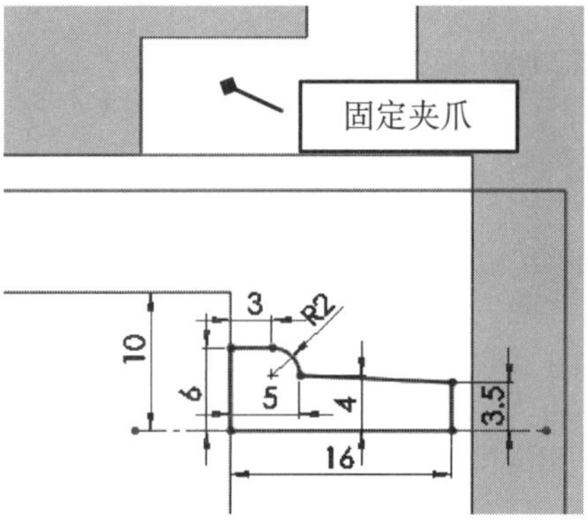

图 4-188　真空发生器部件 2 草图

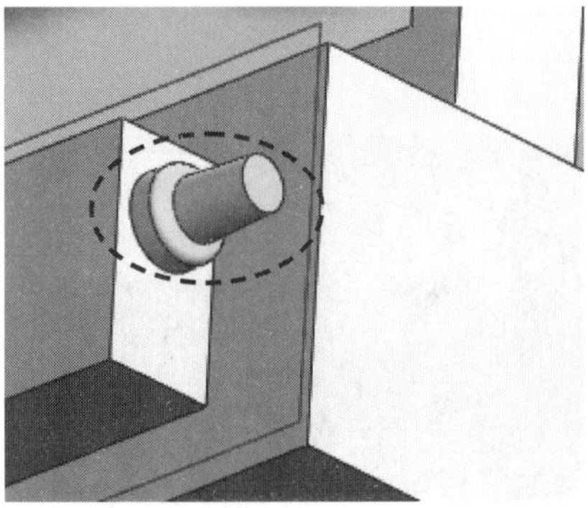

图 4-189　真空发生器部件 2 实体

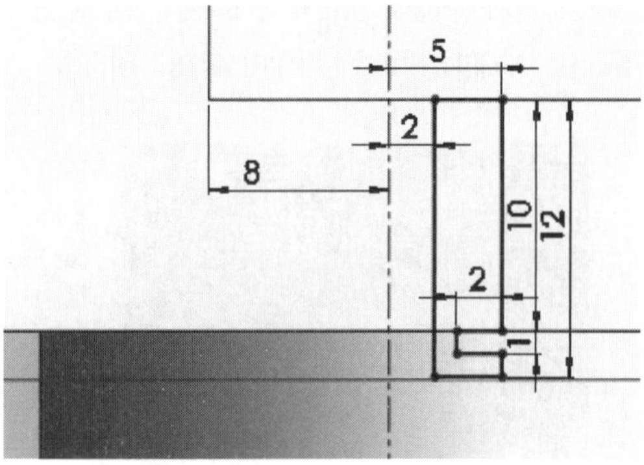

图 4-190　真空发生器部件 3 草图

（41）选择图 4-192 所示面为绘图面，绘制草图如图 4-193 所示，拉伸 10mm。对形成的圆柱体上端面边线倒圆角，半径设为 1.5mm，如图 4-194 所示。

图 4–191　真空发生器部件 3 实体

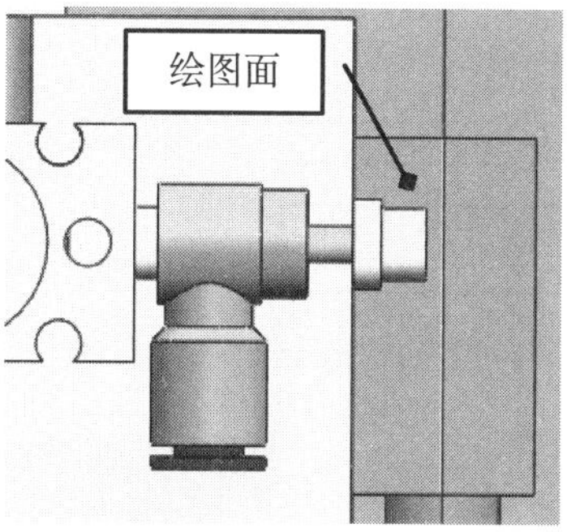

图 4–192　选择绘图面

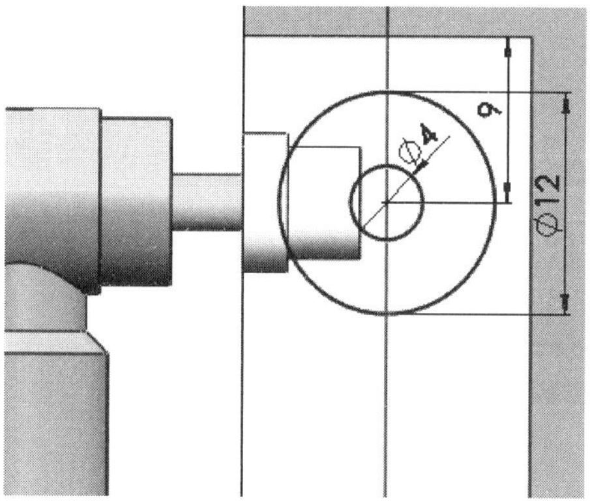

图 4–193　真空发生器部件 4 草图

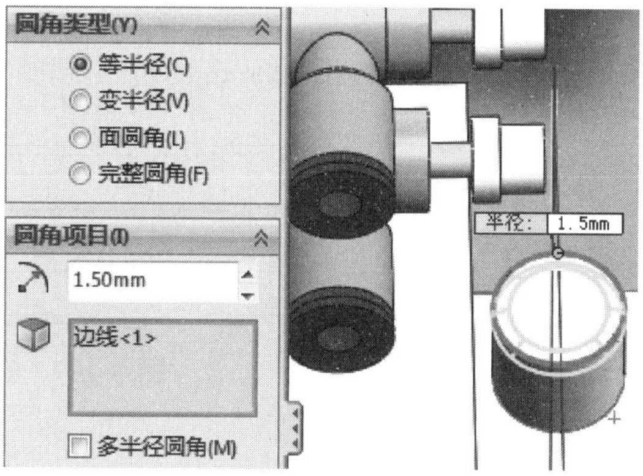

图 4–194　圆柱上端面边线倒圆角

（42）在步骤（41）面上绘制正六边形和 ϕ13 的圆，如图 4-195 所示。拉伸切除，选择切除方向为指向圆柱体上表面，切除深度设为 10mm，取消勾选“反侧切除”，如图 4-196 所示（真空发生器部件 4）。

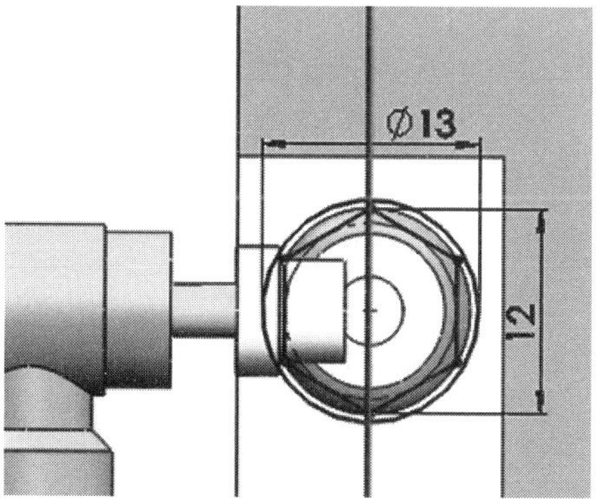

图 4–195　正六边形草图

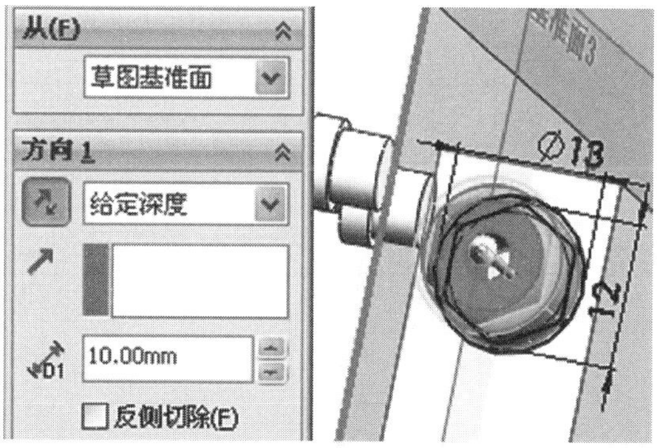

图 4–196　拉伸切除形成螺母

（43）选择步骤（39）创建的基准面，绘制草图如图 4-197 所示。旋转形成实体（真空发生器部件 5），修改颜色后的实体如图 4-198 所示。完成后保存文件。

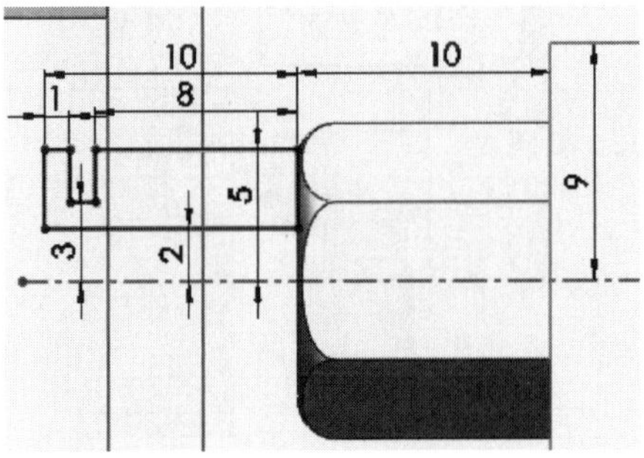

图 4-197　真空发生器部件 5 草图

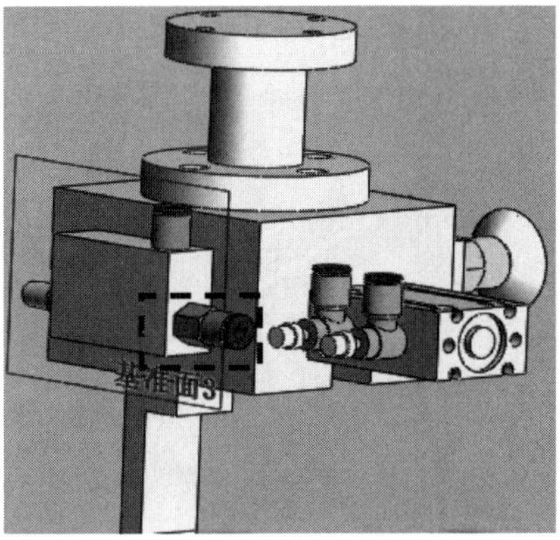

图 4-198　真空发生器部件 4、5 实体

（44）绘制轨迹工具。新建“零件”，选择前视基准面，绘制草图如图 4-199 所示。添加“旋转”特征，选择边长 100mm 的边为旋转轴，形成实体，保存文件。

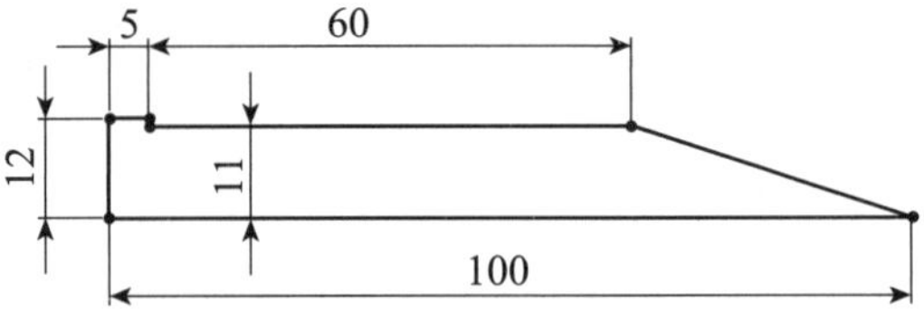

图 4-199　轨迹工具草图

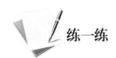

练一练

1. 图 4-200 所示为夹具的活动夹爪，其中图（a）为正视图，图（b）为俯视图，图（c）为图（b）左端局部 3 倍放大图，图（d）为夹爪立体图。

请根据图中标注的尺寸自行设计草图，完成建模。完成建模后的活动夹爪与夹具主体装配后的效果如图 4-201 所示。

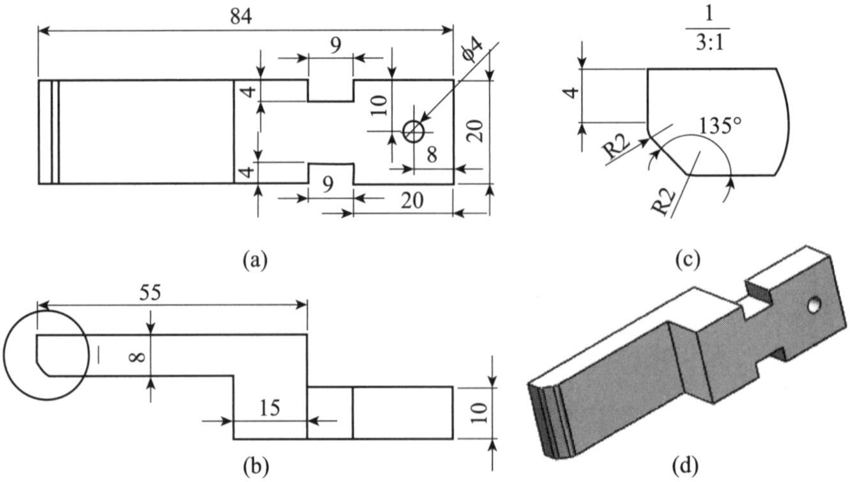

图 4-200　夹具活动夹爪

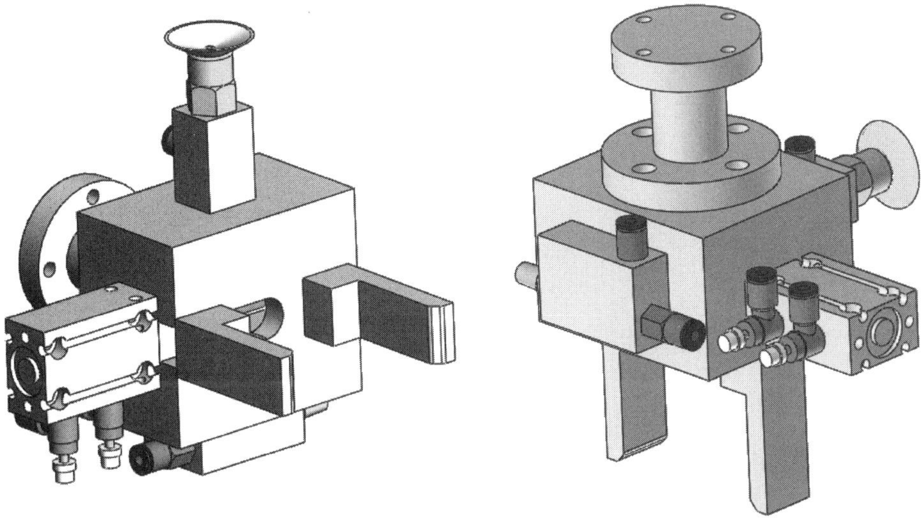

图 4-201　完整夹具模型

2. 用 RobotStudio 软件导入几何体文件“机器人手指 .sat”，如图 4-202 所示，测绘并完成该几何体的模型创建。

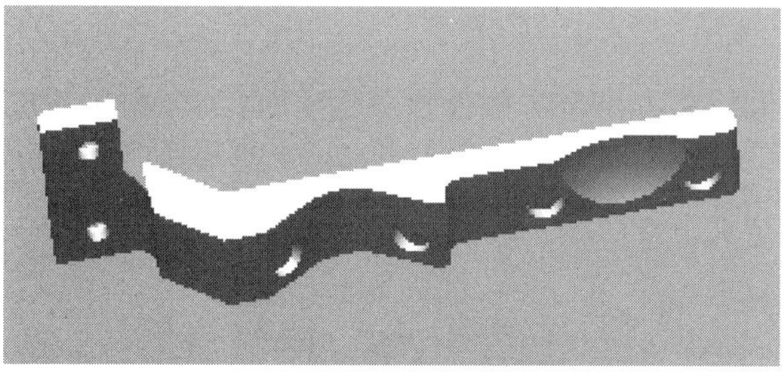

图 4-202　机器人手指

第 5 章　自动生产线建模

自动生产线是由工件传送系统和控制系统组成的，自动完成产品全部或部分制造过程的生产系统，在无人干预的情况下按规定的程序或指令自动进行操作或控制，简称自动线。采用自动生产线不仅可以把人从繁重的体力劳动、部分脑力劳动以及恶劣、危险的工作环境中解放出来，而且能扩展人的器官功能，极大地提高劳动生产率。

自动线应用广泛，如机械制造业中的铸造、锻造、冲压、热处理、焊接、切削加工和机械装配等自动线，也有包括不同性质的工序，如毛坯制造、加工、装配、检验和包装等的综合自动线。

通过本章学习，利用 SolidWorks 软件建立如图 5-1 所示带工业机器人工作站的自动生产线各组成部分模型，并采用装配形式完成复杂模型的建模，用于基于机器人工作站的自动线离线轨迹编程及仿真运行。

自动生产线展示

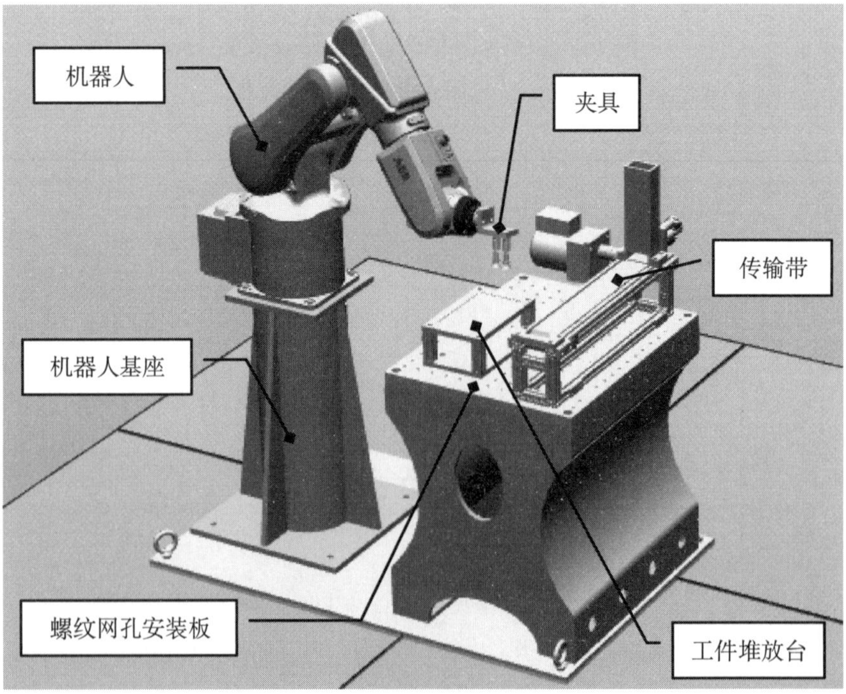

图 5-1　码垛机器人系统模型

5.1　传输带建模

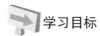

学习目标

传输带模型包括支架、电机、气缸、固定板、传输皮带、滚轮、料仓等，部件众多，为精确建模，此处采用装配方式实现。

1. 两个气缸电磁阀为点对称，故综合采用阵列、镜像特征完成建模。

2. 固定板沉孔的绘制可采用先创建绘图面，再绘制剖面草图，扫描切除完成，但步骤烦琐，可采用孔特征中沉孔直接创建。

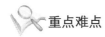

重点难点

删除实体、沉孔特征的运用。

传输带模型展示

传输带模型，如图 5-2 所示。接下来分别对各部件进行建模。

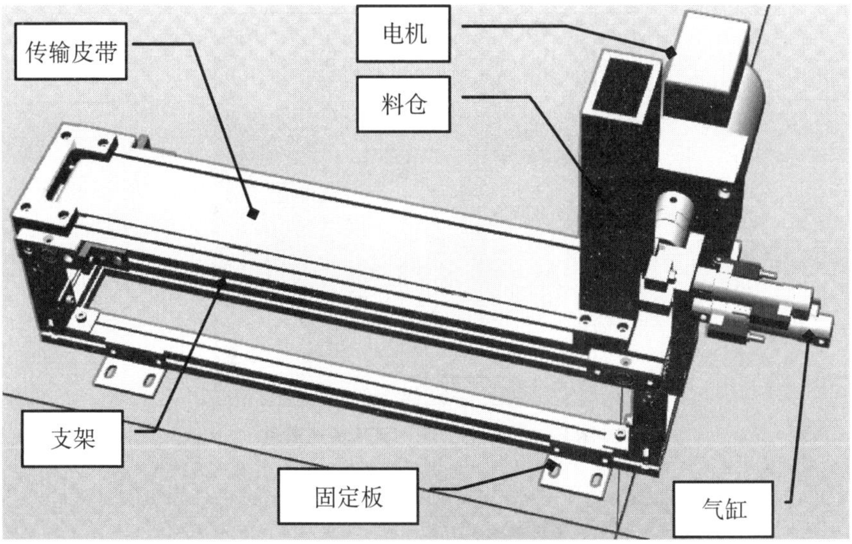

图 5–2　传输带模型

5.1.1　支架

1. 绘制上方连接支架

（1）打开 Solidworks 软件，选择新建一个零件，保存文件为“支架 1.sldprt”。选择前视基准面，绘制支架截面图形，如图 5-3 所示。

（2）完成后将其拉伸成实体，拉伸深度设为 460mm。

（3）选取实体一端面，绘制 4 个空心“十”字形图形草图，如图 5-4 所示。

（4）选择新绘制的草图，进行拉伸切除，切除深度设为 460mm，完成后的支架模型如图 5-5 所示。

（5）选择支架一侧面，靠近两端面处绘制两个长圆孔草图，尺寸距离一致，如图 5-6 所示。

支架 1 建模

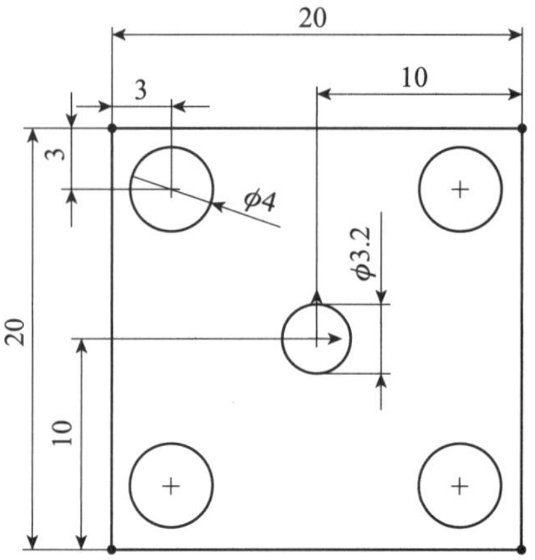

图 5-3　支架截面图形

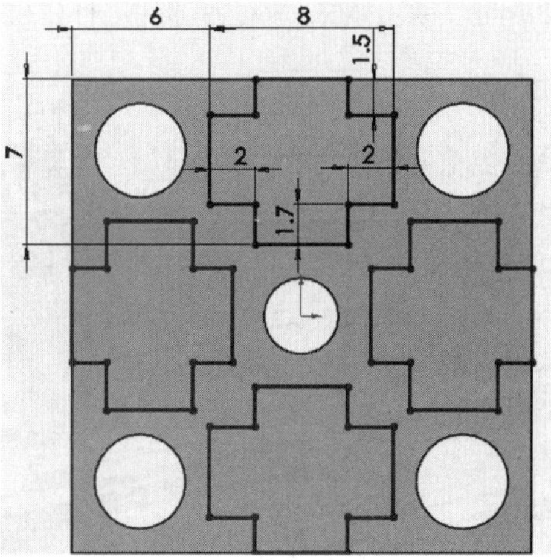

图 5-4　空心“+”字形图形草图

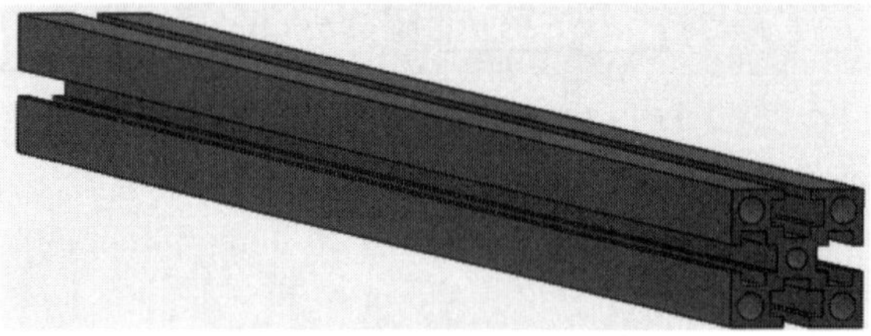

图 5-5　拉伸切除后的支架模型

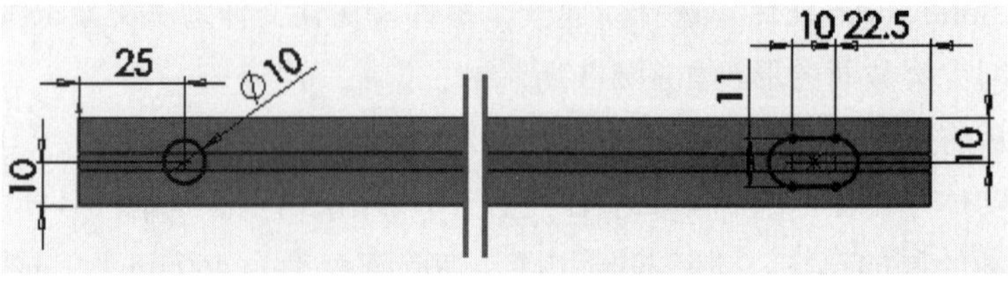

图 5-6　外侧安装孔草图

（6）拉伸切除，形成外侧安装孔，切除深度设为 1.5mm，如图 5-7 所示。

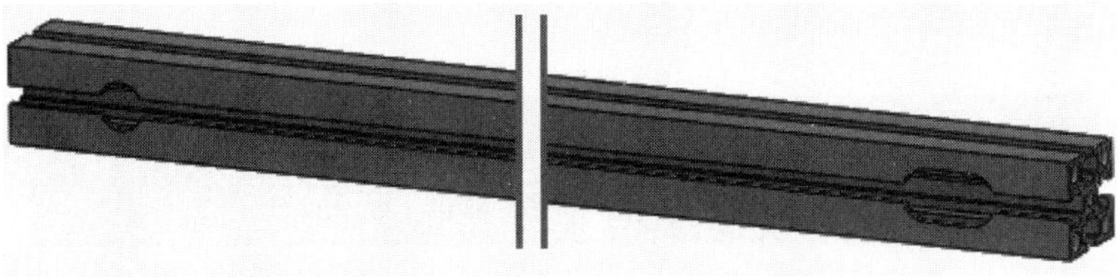

图 5-7　拉伸形成安装孔

（7）选择两个安装孔的对侧面，创建另一侧安装孔。在所选面上绘制长圆孔草图如图 5-8 所示，注意长圆孔要与对侧面的长圆孔处于同一端。拉伸切除，切除深度设为 1.5mm。

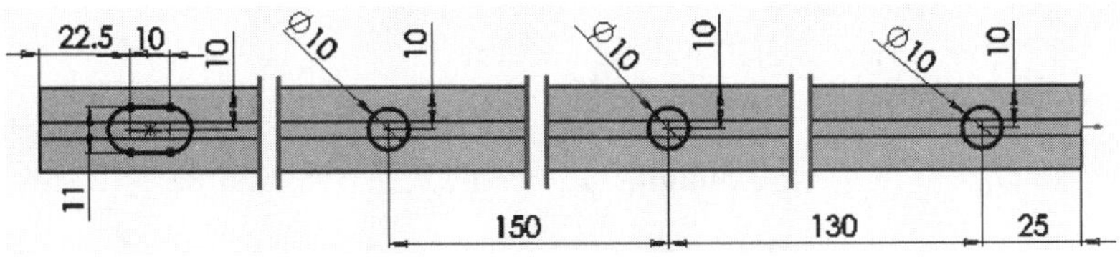

图 5-8　另一侧长圆孔草图

（8）保存文件。

2. 绘制下方连接支架

（1）新建一个零件，保存文件为“支架 2.sldprt”。

（2）参照图 5-3、图 5-4 所示形状、尺寸及支架 1 操作步骤，绘制同样截面和长度的支架模型，拉伸长度设为 460mm，完成后的支架模型如图 5-5 所示。

（3）选择支架一侧面，绘制如图 5-9 所示草图。拉伸切除，切除深度设为 20mm。

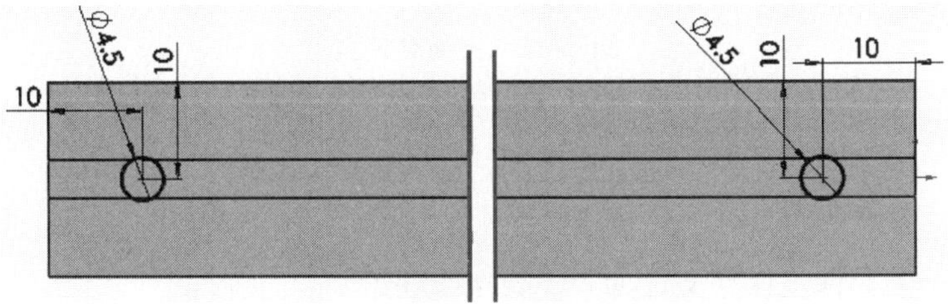

图 5-9　通孔草图

支架 2 建模

（4）选择步骤（3）中的绘图面，继续绘制两个直径 8mm 的圆，与步骤（3）中绘制的圆同心，草图如图 5-10 所示。拉伸切除，切除深度设为 1.5mm。

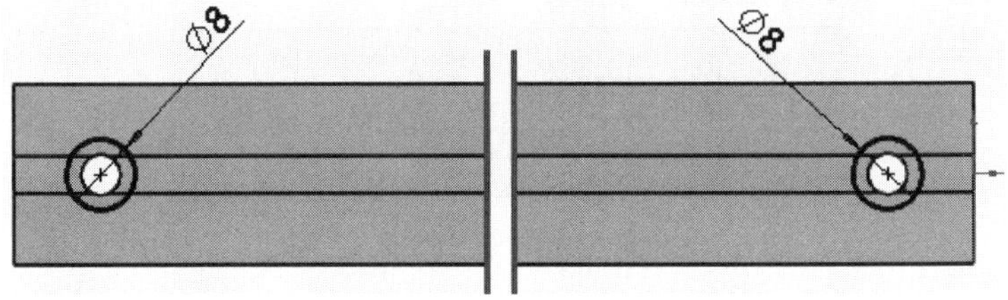

图 5-10　沉孔草图

（5）在另一侧面按步骤（4）及图5-10中的草图，拉伸切除1.5mm，形成另一侧沉孔，如图5-11所示。

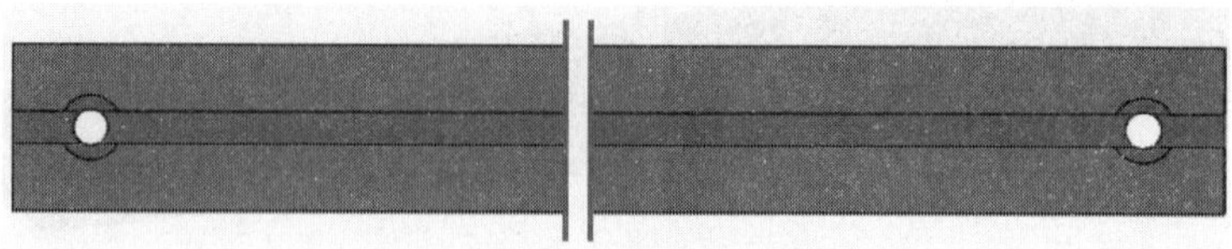

图5-11　支架2实体模型

（6）保存文件。

3. 绘制左右连接支架

（1）新建一个零件，保存文件为“支架3.sldprt”。

（2）参照图5-3、图5-4所示形状和尺寸及支架1操作步骤，绘制同样截面和长度的支架模型，拉伸和切除深度均设为50mm，完成后的支架3模型如图5-12所示。

支架3建模

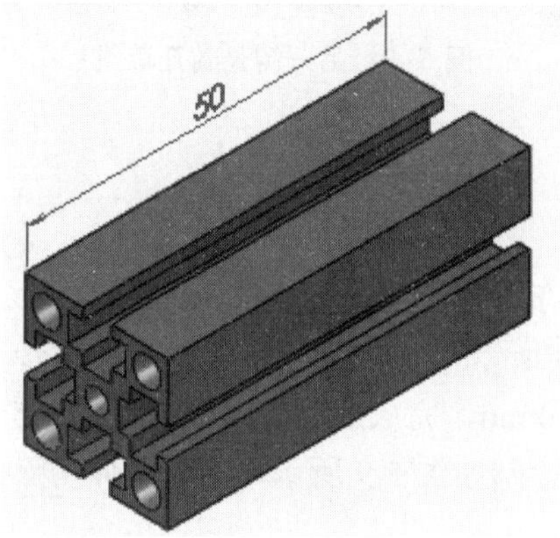

图5-12　支架3模型

（3）保存文件。

4. 绘制上下连接支架

（1）新建一个零件，保存文件为“支架4.sldprt”。

（2）参照图5-3、图5-4所示形状和尺寸及支架1操作步骤，绘制同样截面和长度的支架模型，拉伸和切除深度均设为80mm。

（3）选择一侧面绘制草图如图5-13所示，拉伸切除，深度设为20mm。

支架4建模

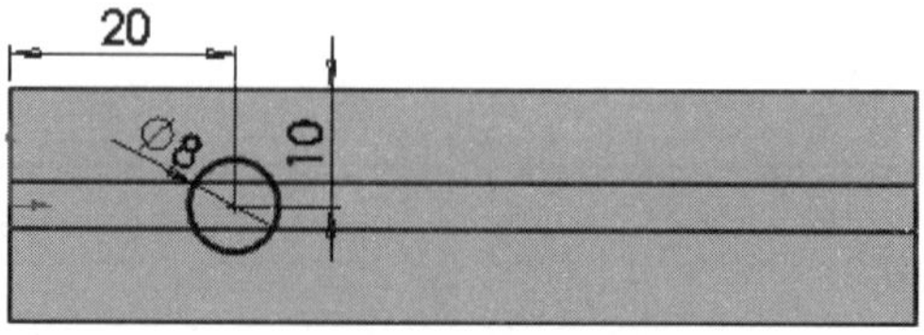

图5-13　通孔草图

（4）保存文件。

5.1.2　皮带及滚轮

皮带建模

1. 皮带

（1）新建一个零件，保存文件为“皮带 .sldprt”。

（2）选择前视基准面绘制草图如图 5-14 所示，拉伸 49mm 形成皮带实体。

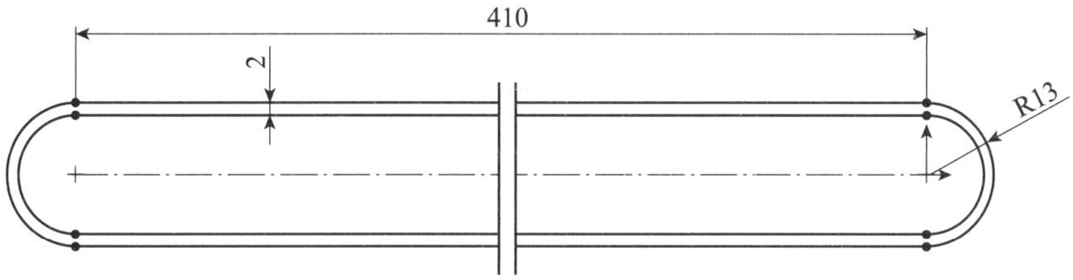

图 5–14　皮带草图

（3）修改模型颜色为墨绿色，保存文件。

2. 滚轮

（1）新建一个零件，保存文件为“滚轮 .sldprt”。

（2）选择前视基准面绘制草图如图 5-15 所示，拉伸 48mm 形成滚轮实体。

（3）两侧面内外圆边线倒直角：0.5×45°，如图 5-16 所示。

（4）保存文件。

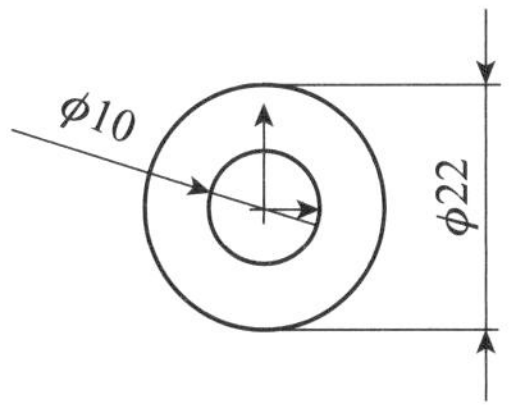

图 5–15　滚轮草图

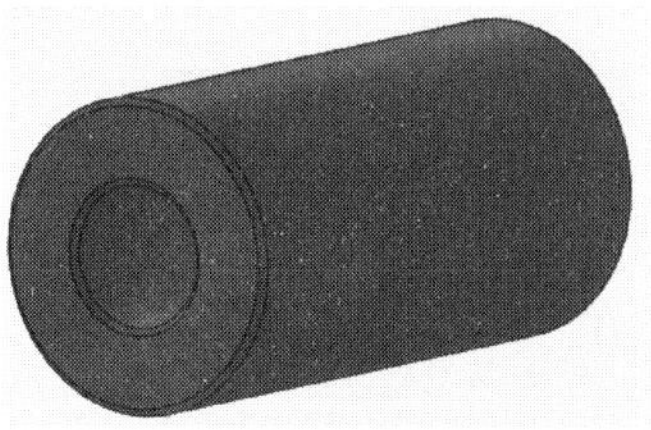

图 5–16　两侧面锐边倒角

3. 滚轮轴

（1）新建一个零件，保存文件为“滚轮轴 .sldprt”。

（2）选择前视基准面绘制 ϕ 10 的圆，拉伸 60mm 形成滚轮实体。

（3）两侧圆面倒直角：1×45°，如图 5-17 所示。

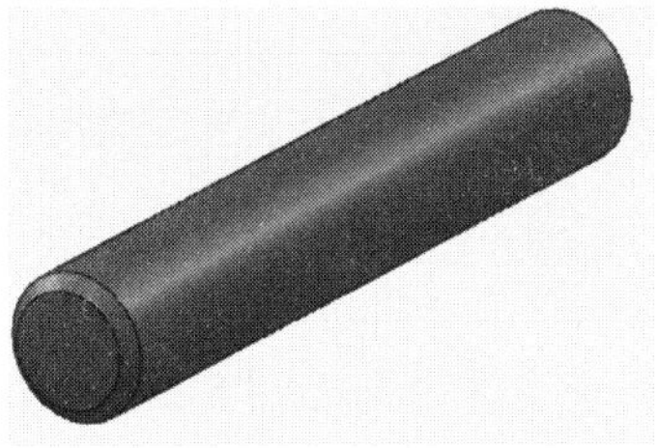

图 5–17　轴两侧面锐边倒直角

（4）保存文件。

5.1.3 料仓

料仓建模

（1）新建一个零件，保存文件为“料仓 .sldprt”。

（2）选择前视基准面，绘制草图如图 5-18 所示。拉伸 37mm 形成实体。

（3）选择上表面，绘制草图如图 5-19 所示，拉伸切除，深度设为 175mm。

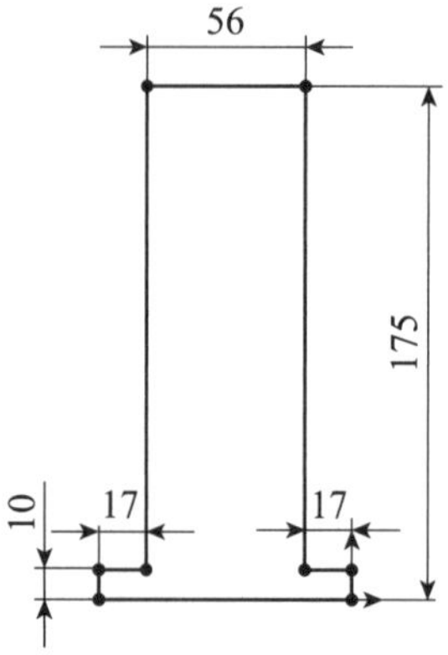

图 5–18　料仓截面草图

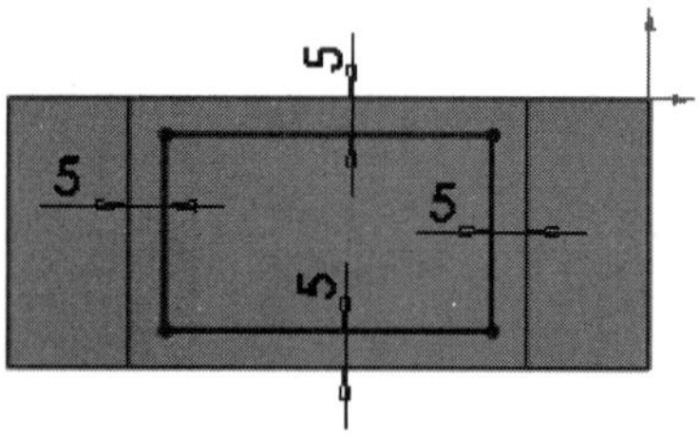

图 5–19　内孔截面草图

（4）选择侧面作为绘图面，绘制草图如图 5-20 所示，拉伸切除，深度设为 5mm。

（5）选择上一步侧面的对侧面，绘制草图如图 5-21 所示，拉伸切除，深度设为 5mm。

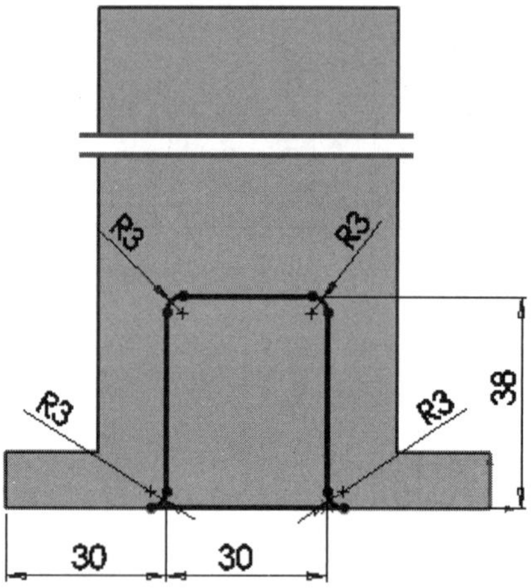

图 5–20　侧面开口截面草图

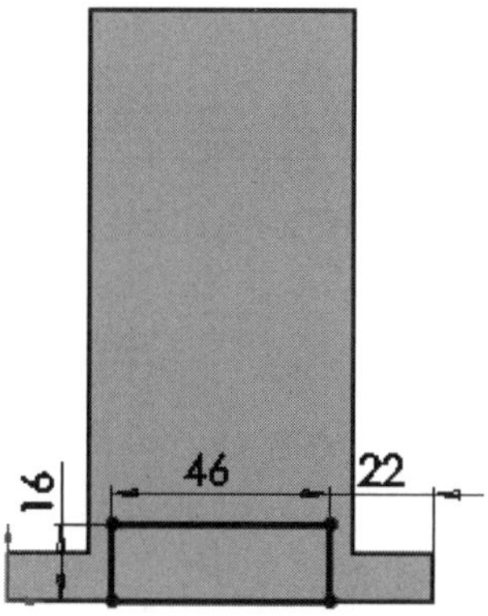

图 5–21　另一侧开口截面草图

（6）选择两侧安装法兰上表面，绘制 4 个 ϕ4.5 圆，草图如图 5-22 所示。拉伸切除，深度设为 10mm。

（7）在上一步选择的绘图面绘制与 4 个 ϕ4.5 圆孔同心的圆，如图 5-23 所示。拉伸切除，深度设为 5mm，完成后的料仓实体模型如图 5-24 所示。

（8）保存文件。

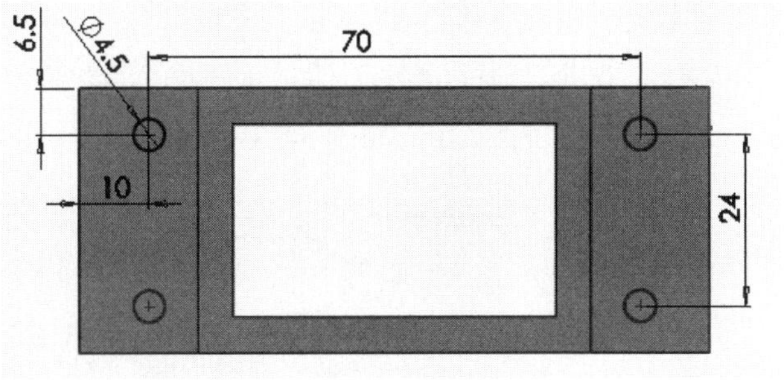

图 5-22　法兰安装孔草图

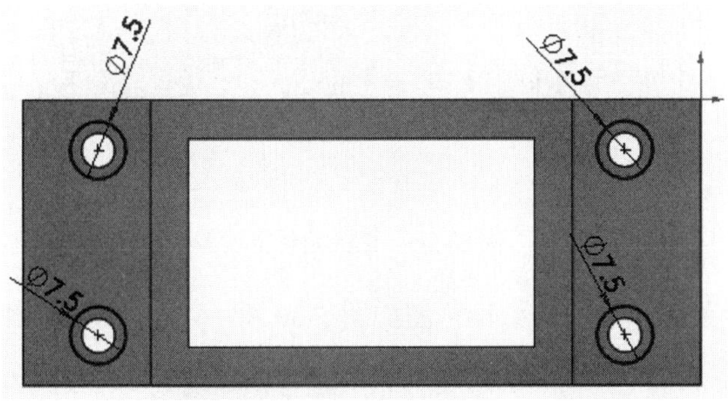

图 5-23　安装沉孔草图

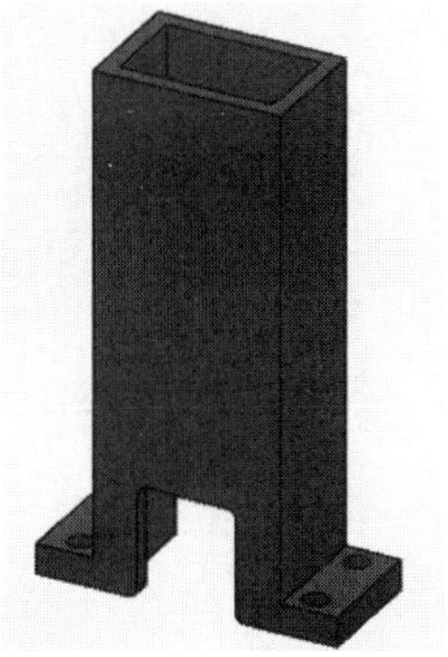

图 5-24　料仓实体模型

5.1.4　电机及联轴器

1. 电机

（1）新建零件，保存为“电机 .sldprt”。

（2）选择前视基准面绘制边长为 80mm 的正方形，拉伸实体，深度设为 39mm。

（3）选择形状为正方形的一侧面，绘制如图 5-25 所示草图，向外拉伸 86mm。

（4）为圆柱端面倒圆角，半径设为 5mm，如图 5-26 所示。

电机建模

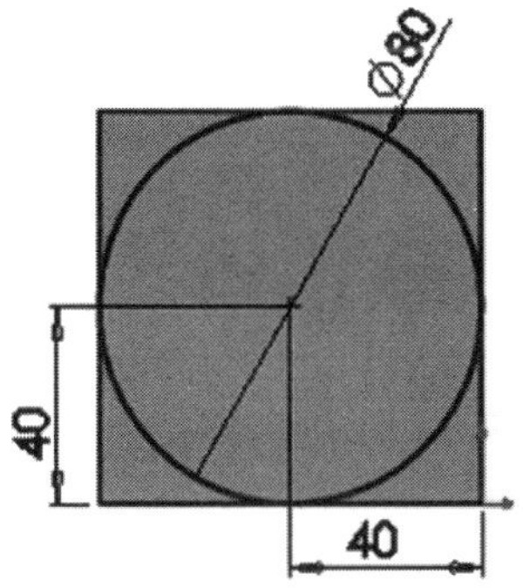

图 5-25　圆柱截面草图

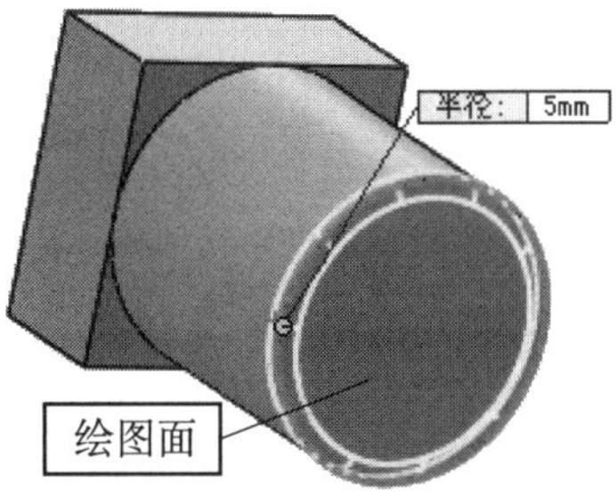

图 5-26　端面边线倒圆角

（5）选择图 5-26 中的圆面，创建一个基准面，方向向内，距离设为 9mm。

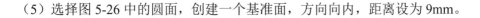

（6）在新建的基准面上绘制草图如图 5-27 所示，向内拉伸 73mm。

（7）添加“圆角”特征，选择“圆角类型”为“面圆角”，半径设为 4mm，将接线盒四周面选为“面组 1”，顶面选为“面组 2”，如图 5-28 所示。

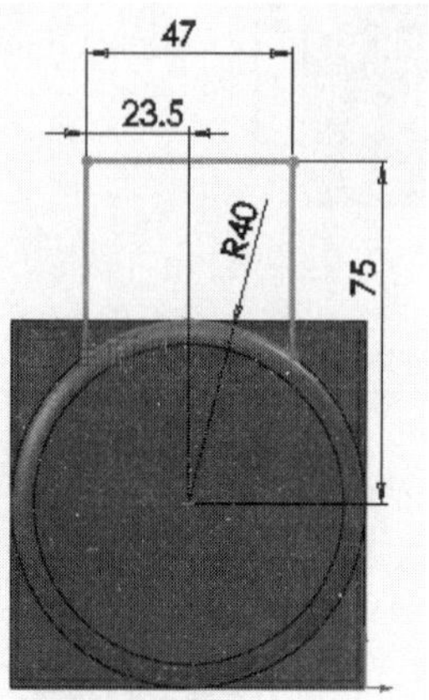

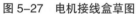

图 5-27　电机接线盒草图

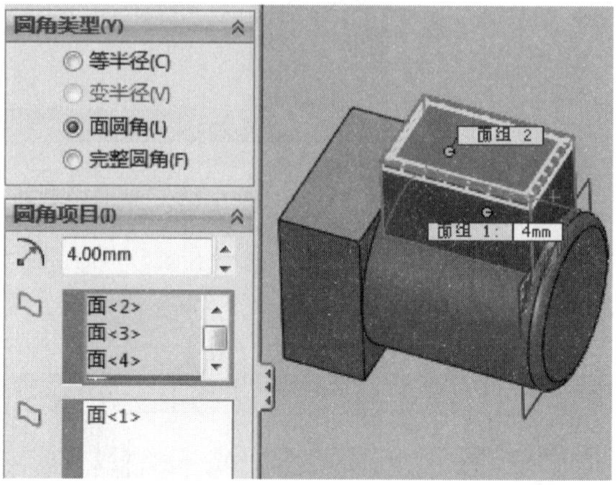

图 5-28　面圆角特征设置

（8）选择图 5-29 所示面为绘图面，绘制电机轴草图如图 5-30 所示，向外拉伸 32mm。

图 5-29　电机轴绘图面

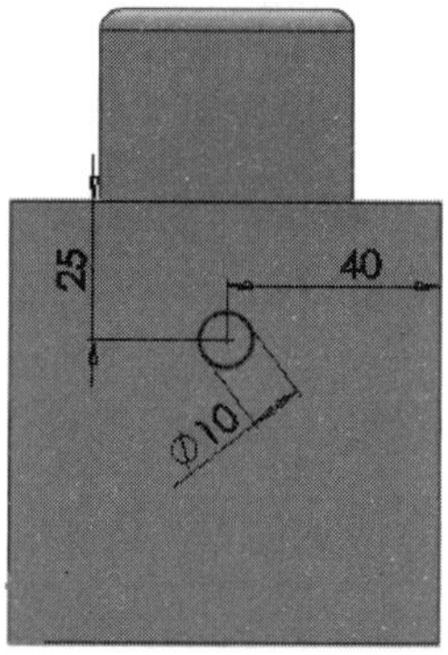

图 5-30　电机轴草图

（9）在上述表面上继续绘制安装孔草图如图 5-31 所示，拉伸切除，深度设为 10mm。

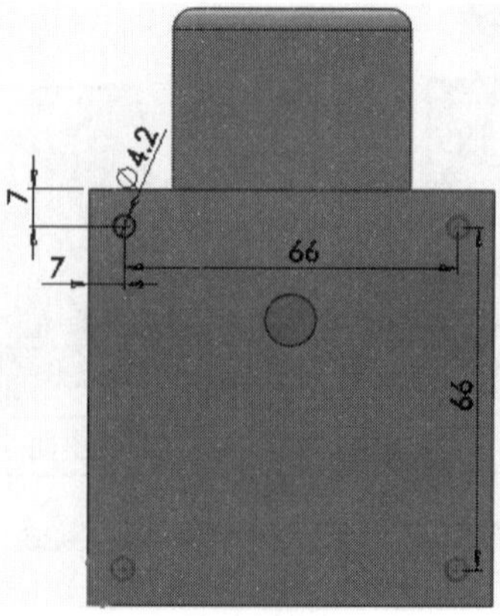

图 5-31　安装孔草图

（10）选择轴的外端面作为绘图面，绘制草图，其中上边及右边距轴心距离均为 2mm，如图 5-32 所示。拉伸切除，深度设为 25mm。电机实体模型如图 5-33 所示。

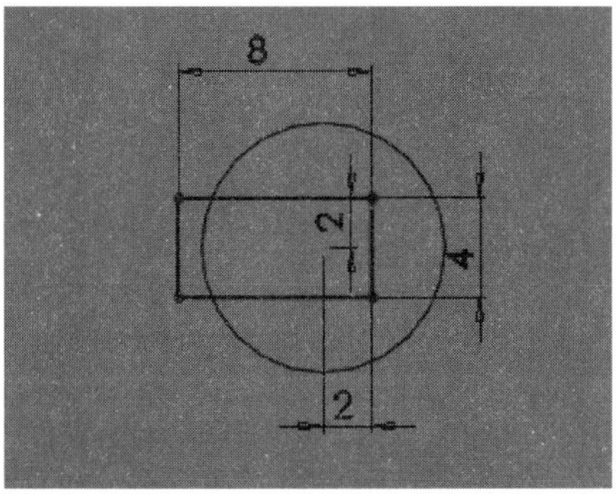

图 5-32　电机轴连接槽草图

图 5-33　电机实体模型

（11）保存文件。

2. **联轴器** 1

联轴器 1 建模

（1）新建零件，保存为"联轴器 1.sldprt"。

（2）选择前视基准面，绘制草图如图 5-34 所示。拉伸凸台，深度设为 10mm。

（3）对两侧圆弧边缘倒直角：0.5×45°，如图 5-35 所示。完成后保存文件。

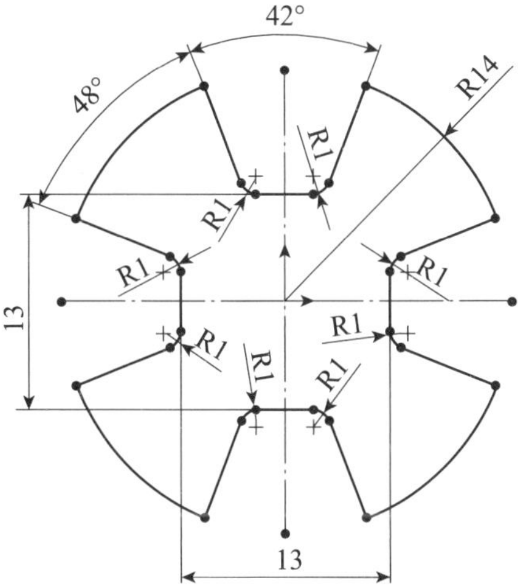

图 5-34　联轴器 1 草图

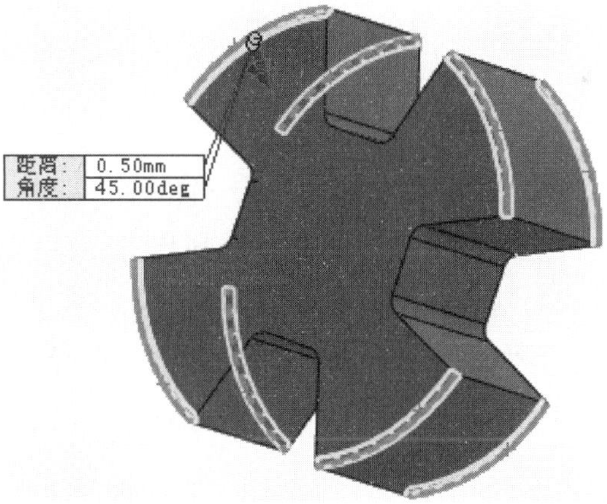

图 5-35　联轴器 1 倒角

3. **联轴器** 2

联轴器 2 建模

（1）新建零件，保存为"联轴器 2.sldprt"。

（2）选择上视基准面，绘制草图如图 5-36 所示。拉伸凸台，深度设为 17mm。

（3）选择圆柱一端面，绘制草图如图 5-37 所示。拉伸凸台，深度设为 10mm。

（4）选择前视基准面，绘制草图如图 5-38 所示。拉伸切除，深度设为 14mm。

（5）将边缘倒直角：0.5×45°，如图 5-39 所示。保存文件。

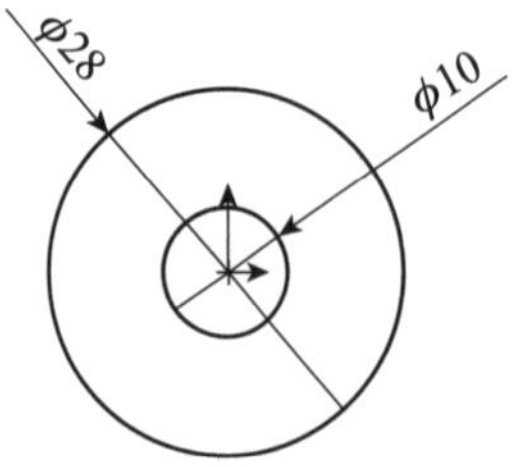

图 5-36　联轴器 2 草图

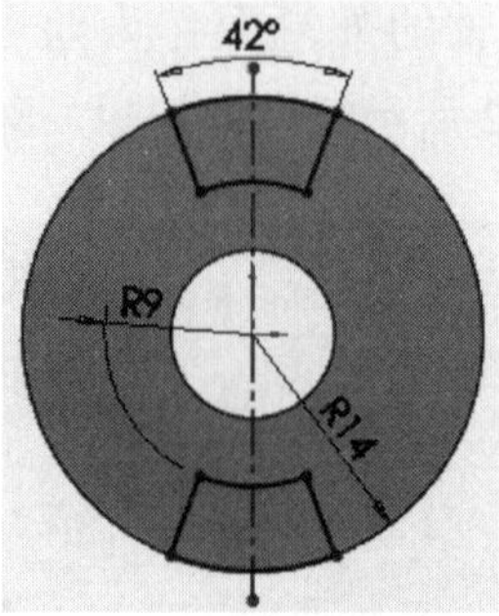

图 5-37　联轴器 2 卡槽草图

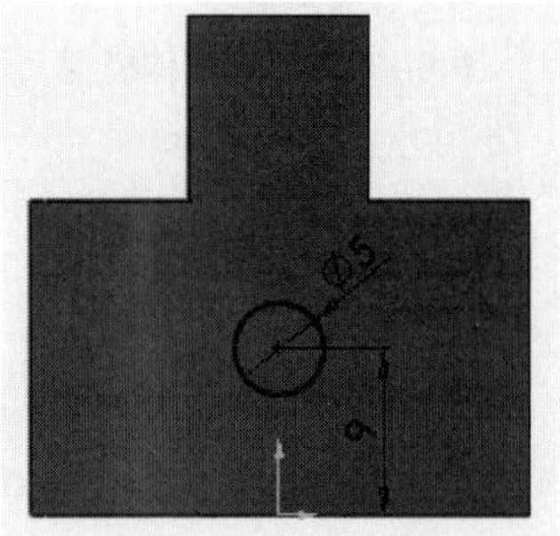

图 5-38　联轴器固定孔草图

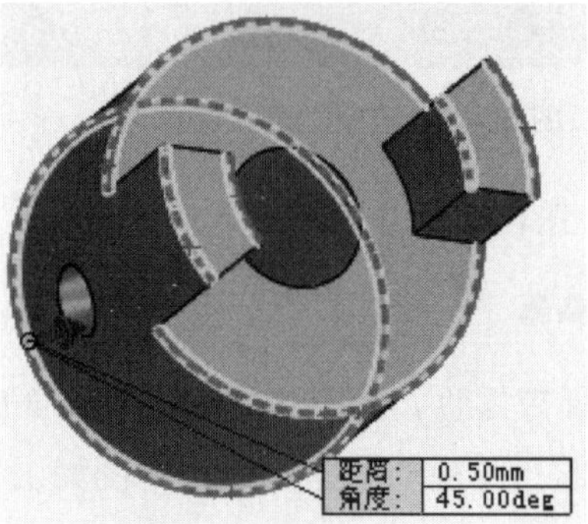

图 5-39　边缘倒直角

5.1.5　气缸及附件

气缸建模

1. 气缸

（1）新建零件，保存为“气缸 .sldprt”。

（2）选择上视基准面，绘制草图如图 5-40 所示。拉伸凸台，深度设为 10mm。

（3）选择一侧平面，插入向导孔，孔类型选择“孔”（锥形孔），标准选择“ISO”，类型选择“孔大小”，孔规格（大小）选择“ϕ4.2”，给定深度设为 6mm，并标注尺寸如图 5-41 所示。

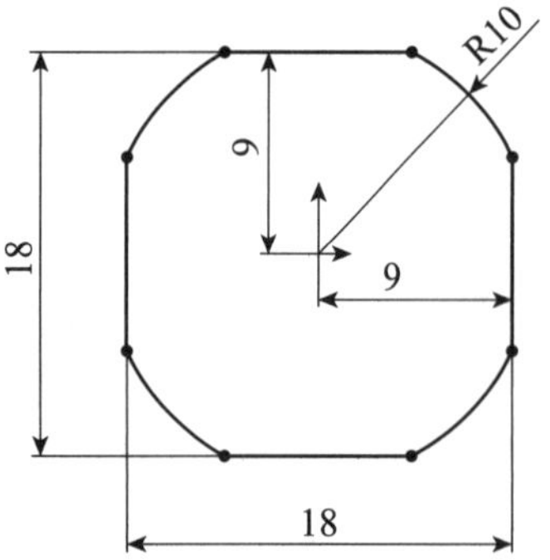

图 5-40　气缸基座草图

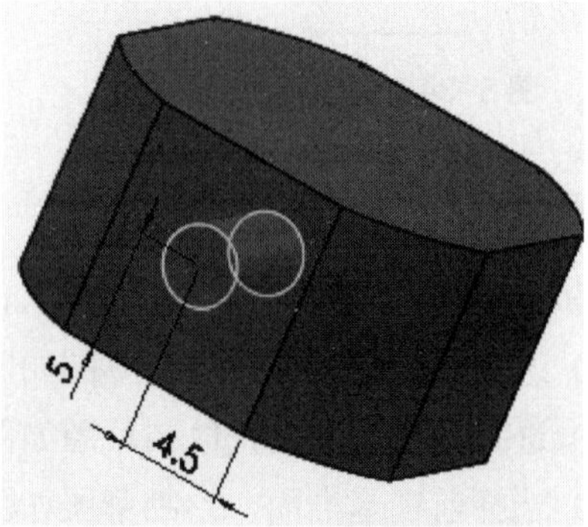

图 5-41　添加向导孔

（4）选择一端面，绘制草图如图 5-42 所示，拉伸凸台，深度设为 1mm。

（5）选择直径 17mm 的圆柱上表面作为绘图面，绘制草图如图 5-43 所示，拉伸凸台，深度设为 8.5mm，不合并结果。

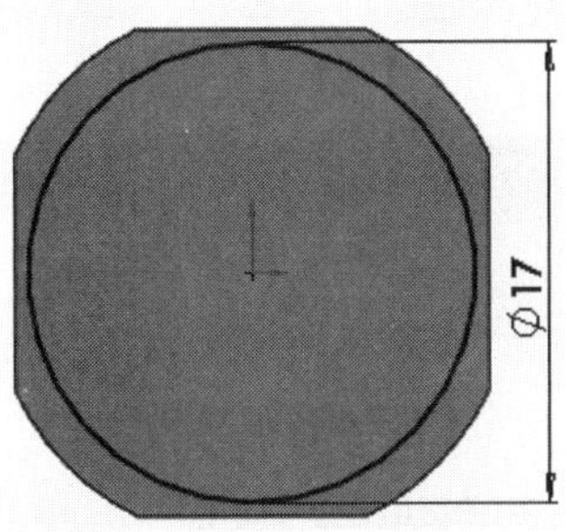

图 5-42　圆柱凸台截面草图

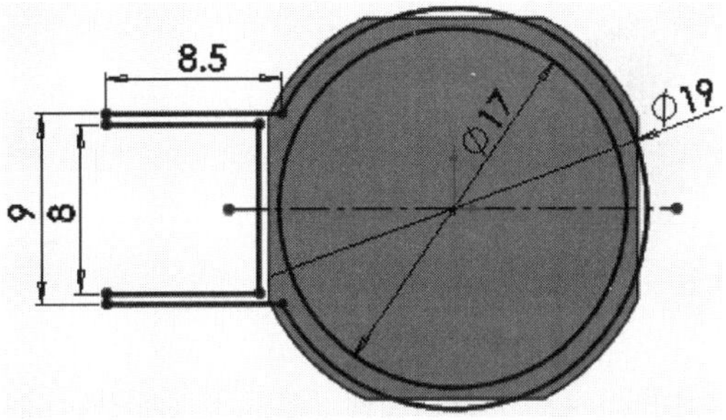

图 5-43　圆环卡带草图

（6）选择图 5-44 所示面为绘图面，绘制草图如图 5-45 所示。拉伸凸台，深度设为 11.5mm。

图 5-44　选择绘图面

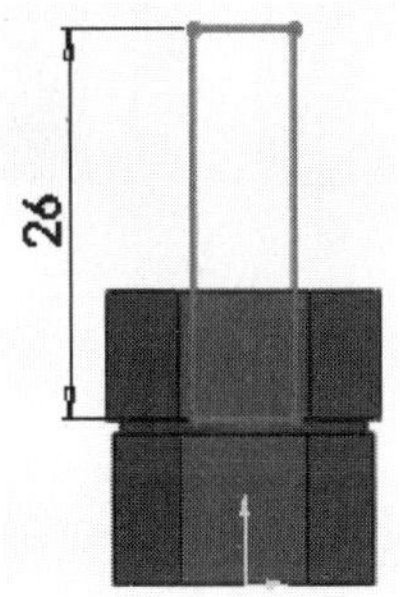

图 5-45　电磁阀草图

（7）选择图 5-46 所示面为绘图面，绘制气缸主体草图如图 5-47 所示。拉伸凸台，深度设为 60mm，不合并结果。

图 5-46　选择绘图面

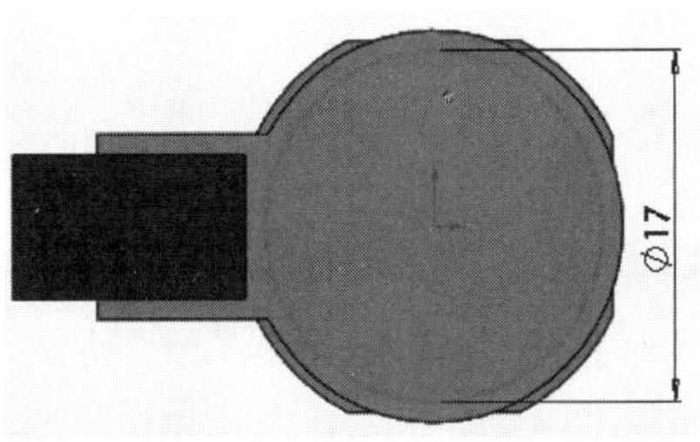

图 5-47　气缸主体草图

（8）选择图 5-48 所示面为绘图面，绘制如图 5-49 所示草图，拉伸凸台，深度设为

2mm，不合并结果。

（9）选择新绘制凸台表面，继续绘制草图如图 5-50 所示。拉伸凸台，深度设为 10mm，不合并结果。

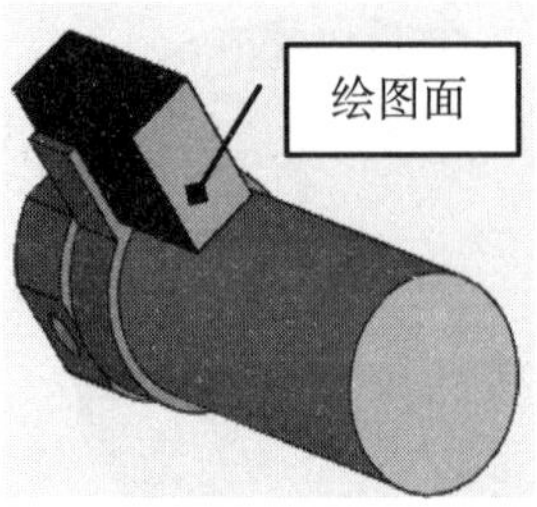

图 5-48　选择绘图面

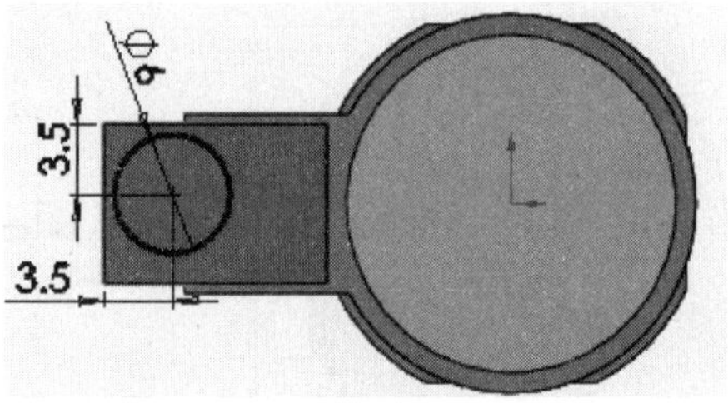

图 5-49　气动部分 1 草图

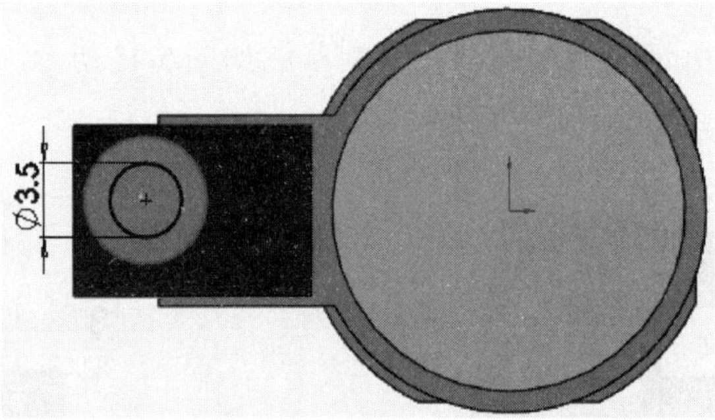

图 5-50　气动部分 2 草图

（10）选择卡槽实体为阵列实体，如图 5-51 所示进行线性阵列，产生另一端电磁阀卡槽，阵列距离设为 50mm，方向如图 5-51 所示。

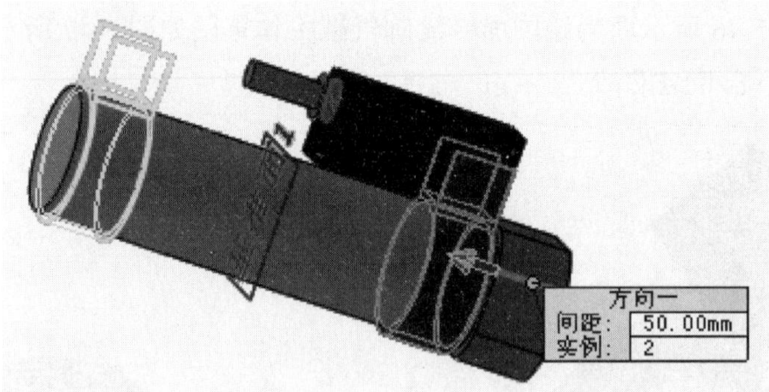

图 5-51　线性阵列产生另一卡槽

（11）选择右视基准面作为镜像面，通过镜像产生卡槽，反向旋转 180°，如图 5-52 所示。选择菜单栏中的“插入”→“特征”→“删除实体…”命令，将阵列得到的实体删除，最终结果如图 5-53 所示。

（12）通过创建基准面、阵列、镜像等工具，进行已绘制实体的复制、平移、旋转，最终达到如图 5-54 所示实体模型。

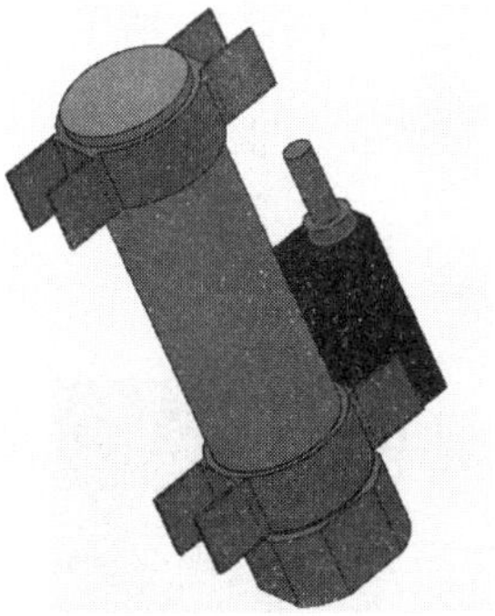

图 5-52　实体镜像

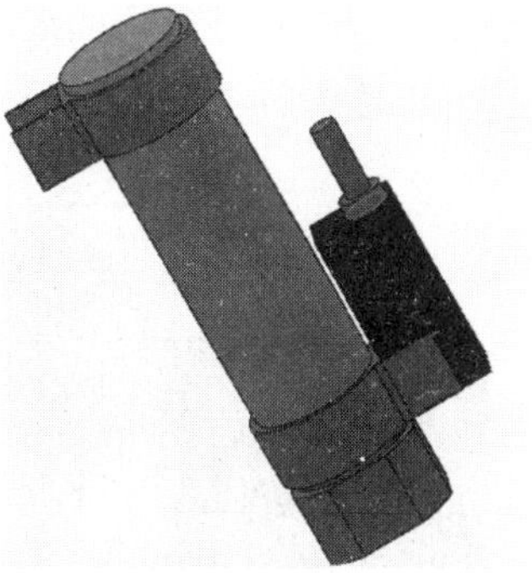

图 5-53　删除阵列实体

图 5-54　阵列、镜像完成后实体模型

（13）绘制气缸推杆等部件。选择上端面，绘制如图 5-55 所示草图。拉伸凸台，深度设为 8mm。上边缘倒直角 1×45°。

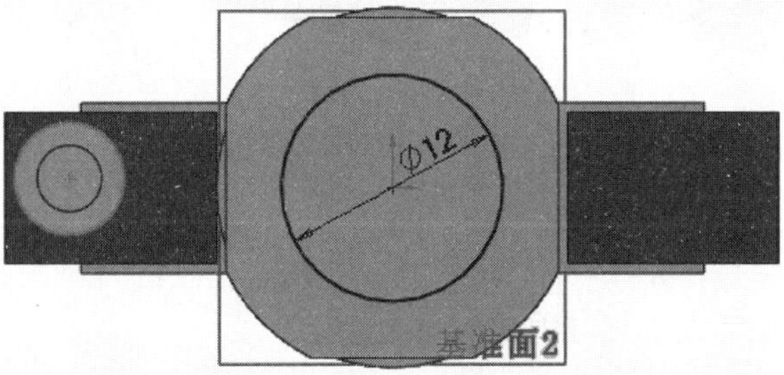

图 5-55　气缸封盖草图

（14）在上一步新建的凸台上端面绘制草图如图 5-56 所示，拉伸深度设为 3.5mm，对上边缘倒圆角：R2。

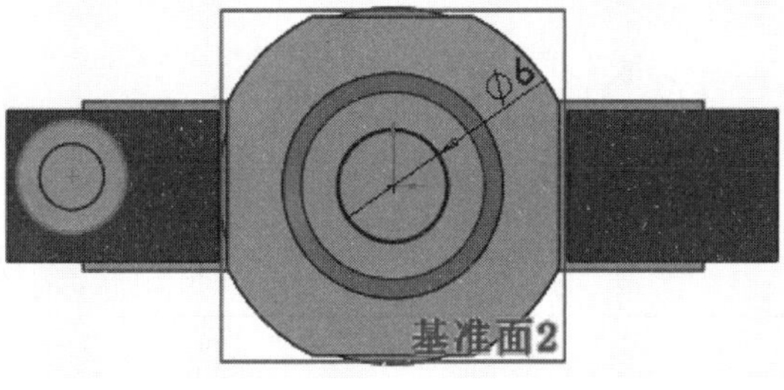

图 5-56　气缸连杆截面草图

（15）在新创建的 φ6 圆柱上表面绘制正六边形草图，如图 5-57 所示。拉伸切除，勾选“反侧切除”选项，深度设为 3.5mm，形成六角螺母模型。

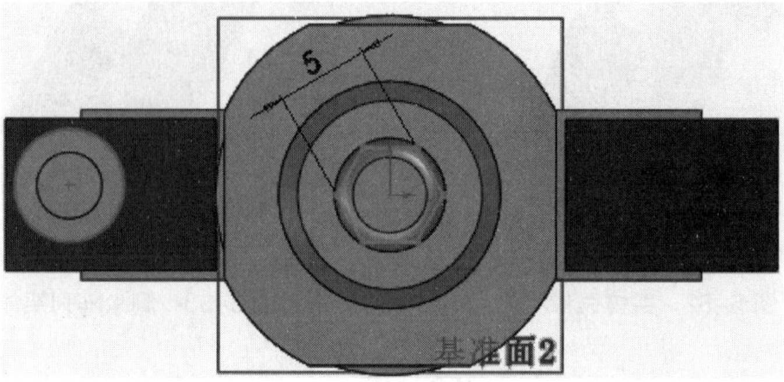

图 5–57　正六边形草图

（16）在螺母表面绘制 φ4 的圆，拉伸 1.5mm 形成圆柱。在 φ4 圆柱上表面绘制 φ6 的圆，向上拉伸 15mm，并将其上表面边缘倒直角：0.5×45°，完成后的实体模型如图 5-58 所示。

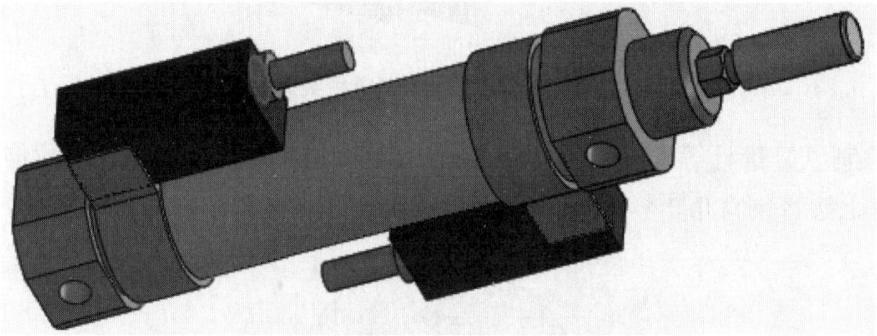

图 5–58　全部完成后的气缸实体模型

2. 气缸固定板

（1）新建零件，保存为“气缸固定板 .sldprt”。

（2）选择上视基准面，绘制草图如图 5-59 所示，拉伸凸台，深度设为 10mm。

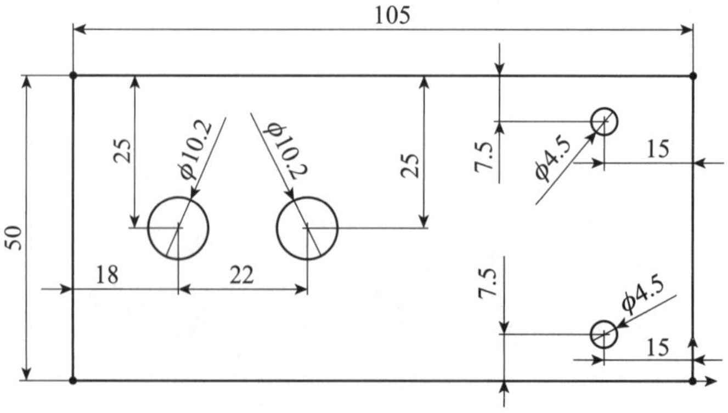

图 5–59　气缸固定板草图

（3）选择固定板上表面，绘制沉孔草图如图 5-60 所示，拉伸切除，深度设为 5mm。

图 5-60　沉孔草图

电机固定板建模

3. 顶料块

（1）新建零件，保存为“顶料块 .sldprt”。

（2）选择上视基准面，绘制草图如图 5-61 所示。拉伸凸台，深度设为 15mm。

（3）选择带孔的一侧面，绘制带孔正六边形，草图如图 5-62 所示。拉伸凸台，深度设为 4mm。

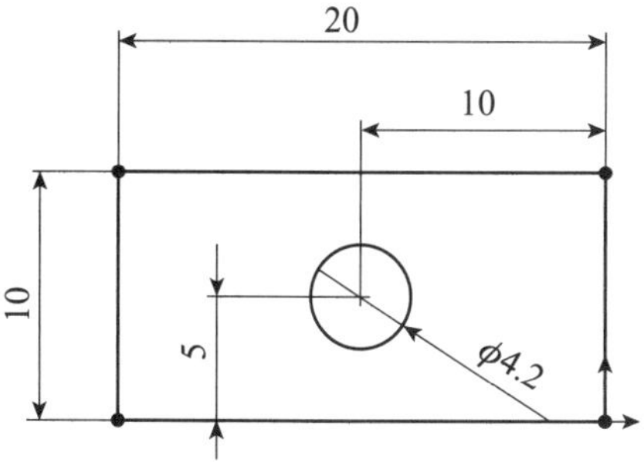

图 5-61　顶料块草图

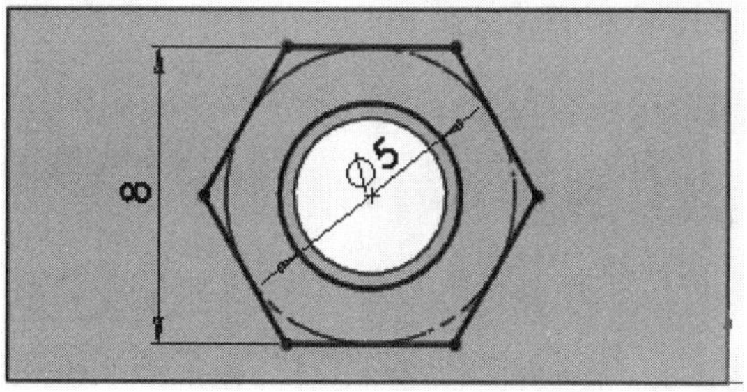

图 5-62　顶料块连接螺母草图

5.1.6　其他附件

顶料块建模

1. 电机固定板

（1）新建零件，保存为“电机固定板 .sldprt”。

（2）选择前视基准面，绘制草图如图 5-63 所示。拉伸凸台，深度设为 80mm。

（3）选择图 5-64 所示绘图面，绘制两个长圆孔，草图如图 5-65 所示，拉伸切除，深度设为 12mm。

（4）继续选择图 5-64 所示面为绘图面，绘制草图如图 5-66 所示，拉伸切除，深度设为 6.5mm。

（5）选择高度 140mm 的侧面为绘图面，绘制草图如图 5-67 所示，拉伸切除，深度设为 12mm。

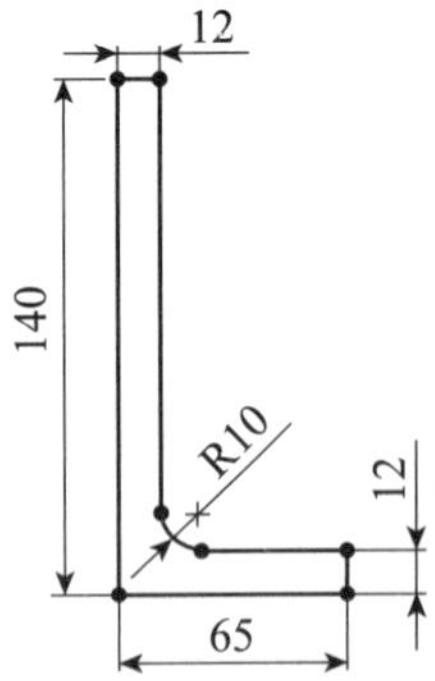

图 5-63 电机固定板草图

图 5-64 选择绘图面

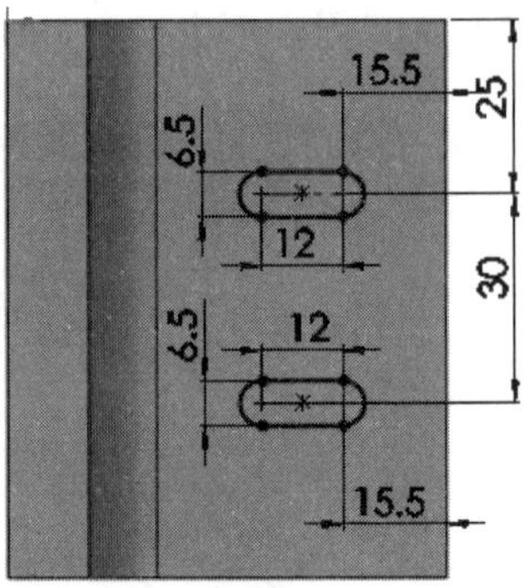

图 5-65 底面安装孔草图 1

（6）再次选择上一步所选择的侧面为绘图面，绘制 4 个 ϕ9.5 的圆，如图 5-68 所示，拉伸切除，深度设为 5.5mm。保存文件。

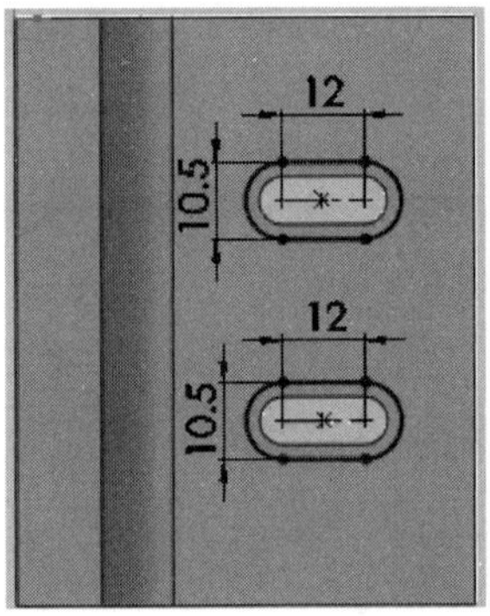

图 5-66 底面安装孔草图 2

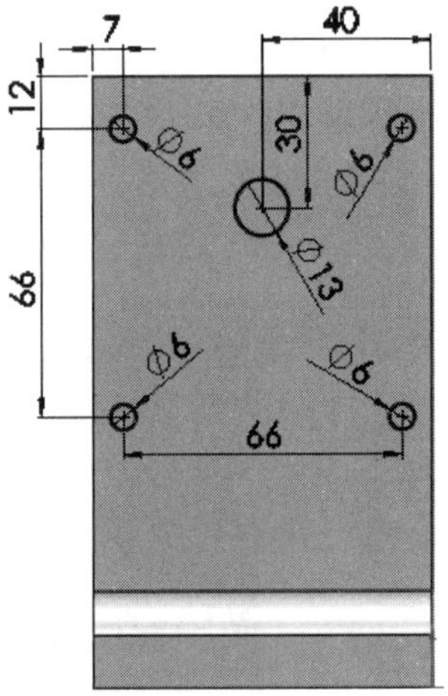

图 5-67 侧面安装孔草图 1

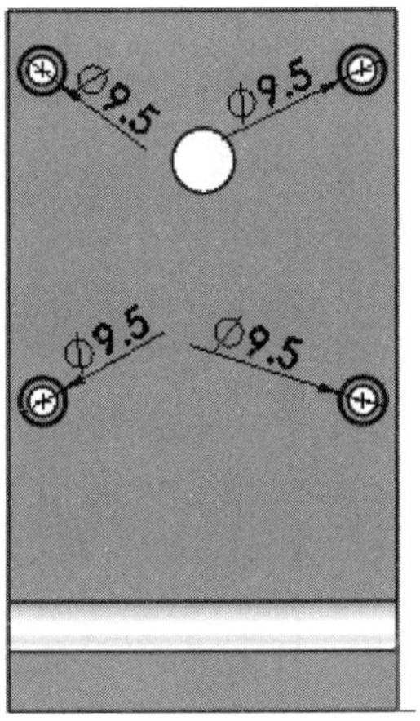

图 5-68 侧面安装孔草图 2

2. **电机传动轴**

（1）新建零件，保存为“电机传动轴 .sldprt”。

（2）选择前视基准面，绘制草图如图 5-69 所示。以边长 125mm 的边为轴，旋转凸台，旋转角度为 360°。

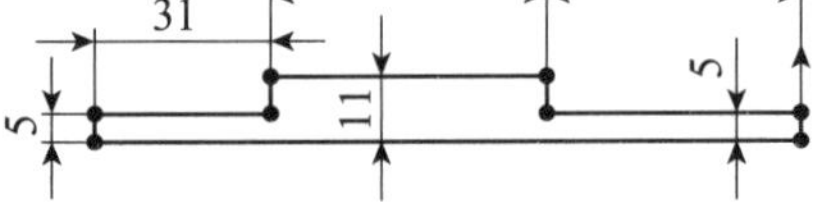

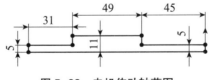

图 5-69 电机传动轴草图

（3）对所有圆面外边缘倒直角：0.5×45°。

（4）选择上一步形成的半径 R5、长度 45mm 的圆柱外端面，绘制草图如图 5-70 所示，拉伸切除深度 15mm，形成键槽。保存文件。

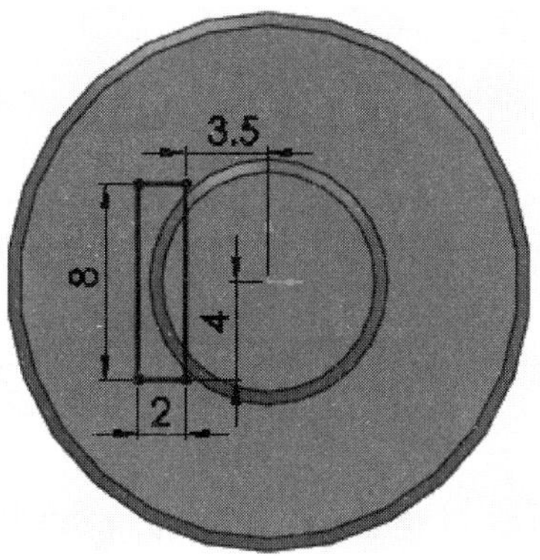

图 5-70　键槽草图

3. 轴套

（1）新建零件，保存为“轴套 .sldprt”。

（2）选择前视基准面，绘制草图如图 5-71 所示。

（3）以左侧中心线为轴，旋转形成实体。

（4）旋转右视基准面，绘制草图如图 5-72 所示，拉伸切除，深度设为 7mm。

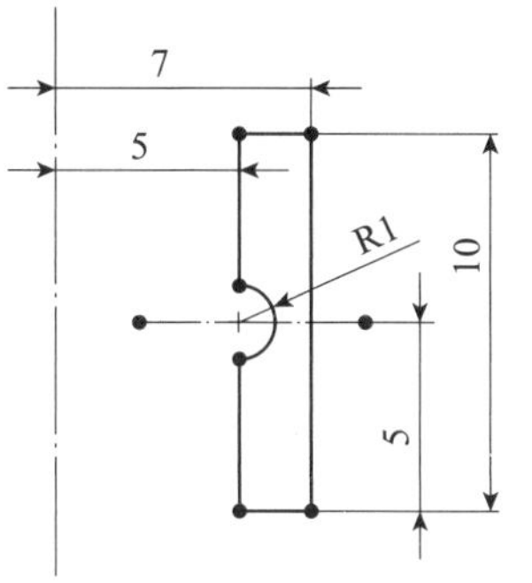

图 5-71　轴套草图

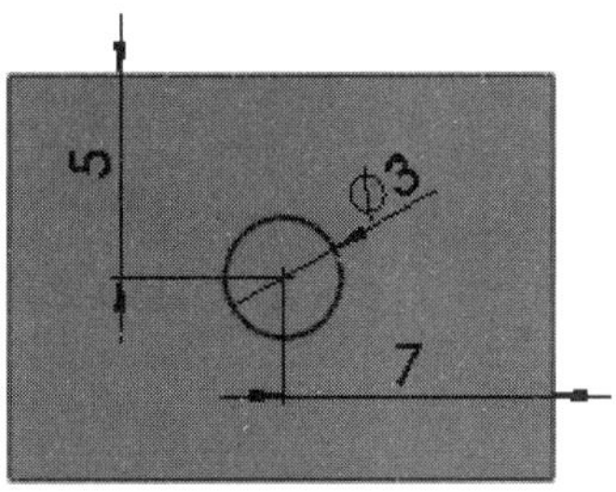

图 5-72　安装孔草图

（5）修改颜色为金黄色。对所有锐角进行倒角：0.2×45°。保存文件。

4. 螺栓

（1）新建零件，保存为“短螺栓 .sldprt”。

（2）选择前视基准面，绘制草图如图 5-73 所示。

（3）以左侧边线为轴，旋转形成实体。

（4）在将修改颜色为灰白色后，再将半径 R3.5 端面边线倒圆角，半径为 0.3mm。对其他锐边倒直角：0.2×45°。

（5）选择螺栓头部端面，绘制螺栓内六角草图，如图 5-74 所示，拉伸切除，深度设为 3mm。完成后保存文件。

（6）新建零件，保存为“长螺栓 .sldprt”，其草图如图 5-75 所示，其他尺寸及操作步骤见短螺栓的建模，此处不再赘述。

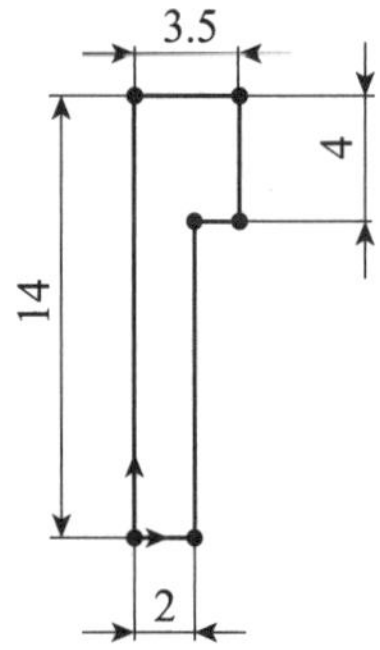

图 5-73　短螺栓草图

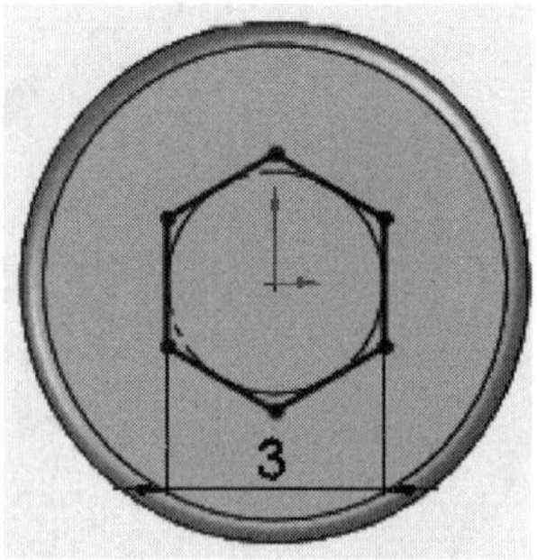

图 5-74　螺栓内六角草图

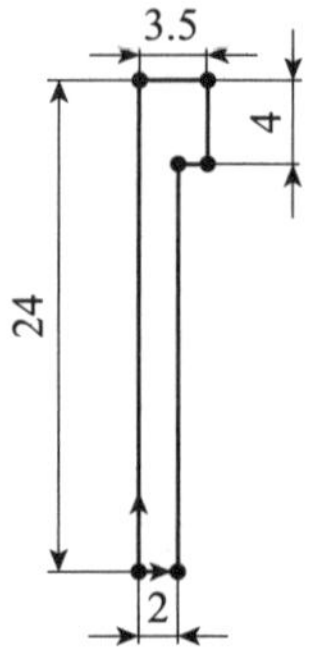

图 5-75　长螺栓草图

5. **固定板** 1

（1）新建零件，保存为“固定板 1.sldprt”。

（2）选择上视基准面，绘制草图如图 5-76 所示。

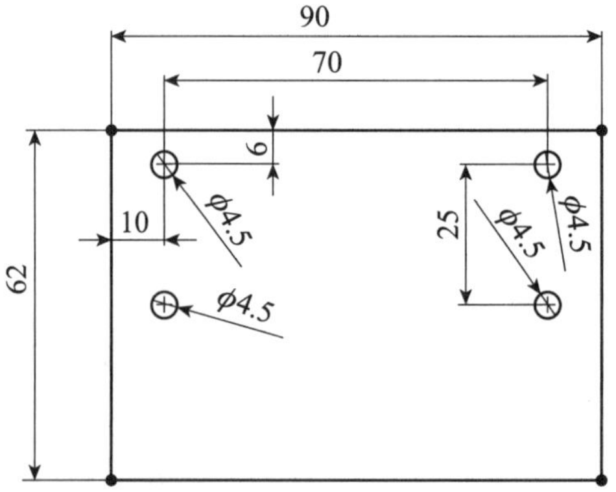

图 5-76　固定板 1 草图

（3）拉伸凸台，深度设为 5mm。保存文件。

6. **固定板** 2

（1）新建零件，保存为“固定板 2.sldprt”。

（2）选择前视基准面，绘制草图如图 5-77 所示。拉伸凸台，深度设为 10mm。

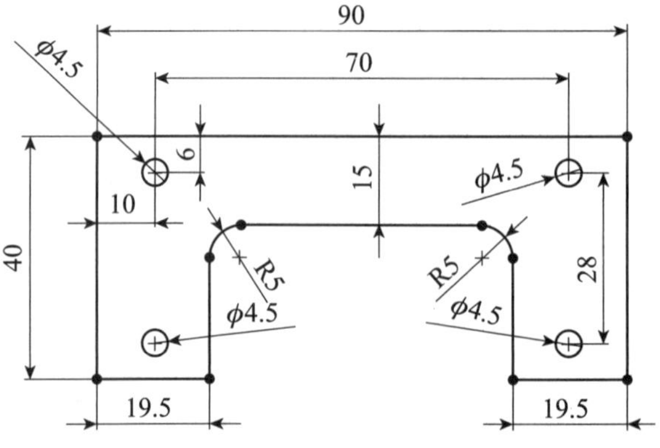

图 5-77　固定板 2 草图

（3）选择该固定板上表面作为绘图面，绘制 4 个 ϕ7.5 的圆，并与 4 个 ϕ4.5 圆孔分别同心，草图如图 5-78 所示。拉伸切除，深度设为 5mm。保存文件。

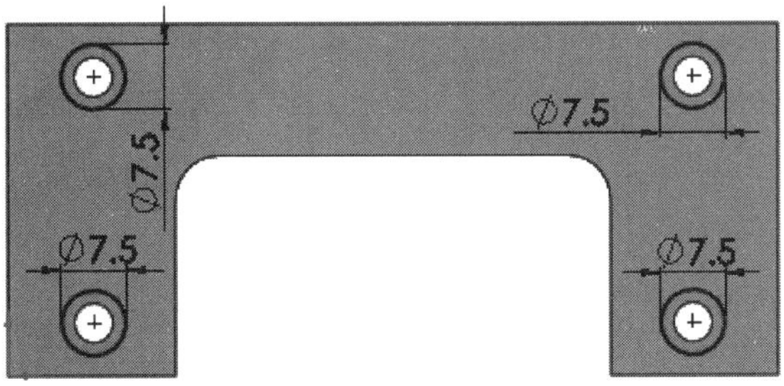

图 5-78　沉孔草图

7. **固定板** 3

（1）新建零件，保存为“固定板 3.sldprt”。

（2）选择前视基准面，绘制草图如图 5-79 所示。拉伸凸台，深度设为 20mm。

（3）分别在底面和侧面上绘制圆形草图如图 5-80、图 5-81 所示，拉伸切除，深度设为 2mm，形成通孔。保存文件。

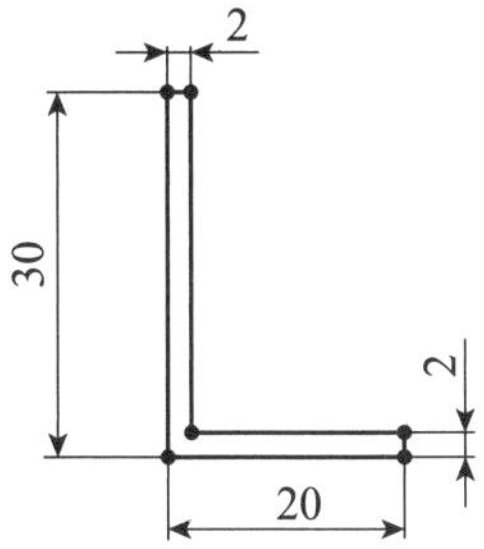

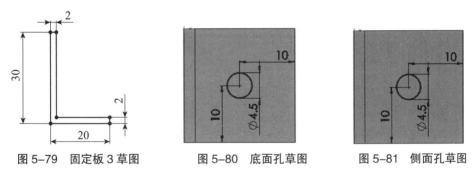

图 5-79　固定板 3 草图

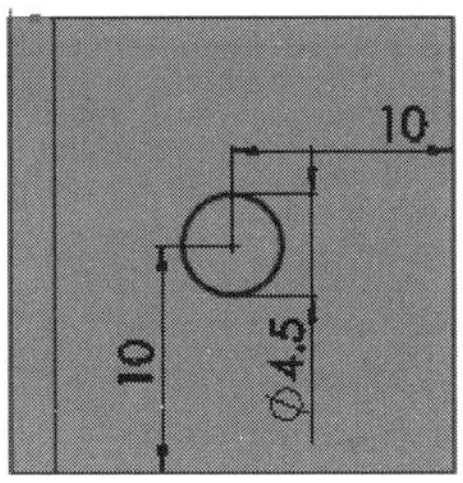

图 5-80　底面孔草图

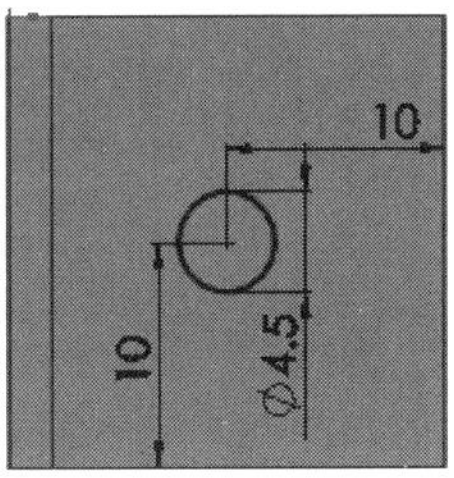

图 5-81　侧面孔草图

8. **固定板** 4

（1）新建零件，保存为“固定板 4.sldprt”。

（2）选择前视基准面，绘制草图如图 5-82 所示。拉伸凸台，深度设为 45mm。

（3）分别在底面和侧面上绘制草图如图 5-83、图 5-84 所示，拉伸切除，深度设为 3mm，形成通孔。保存文件。

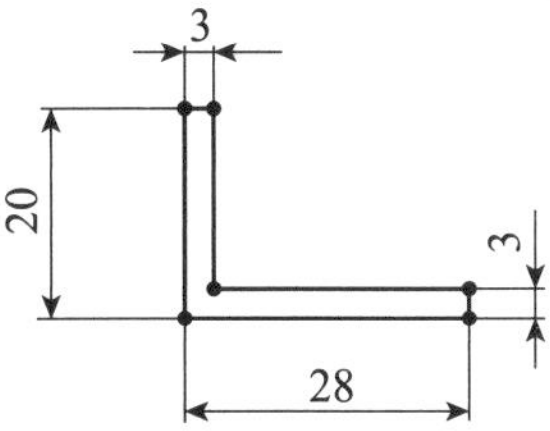

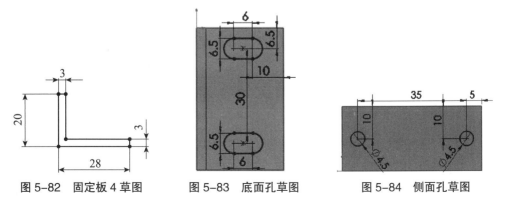

图 5-82　固定板 4 草图

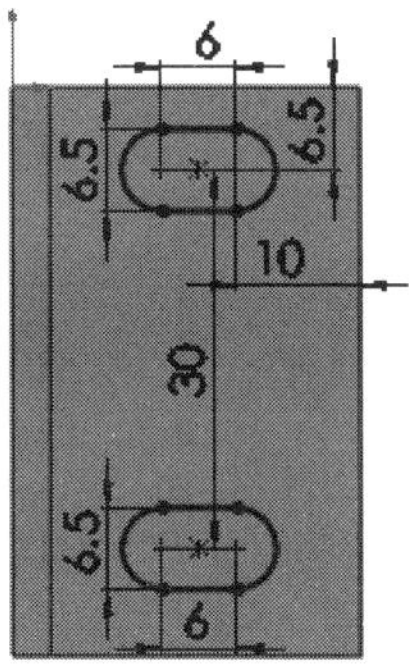

图 5-83　底面孔草图

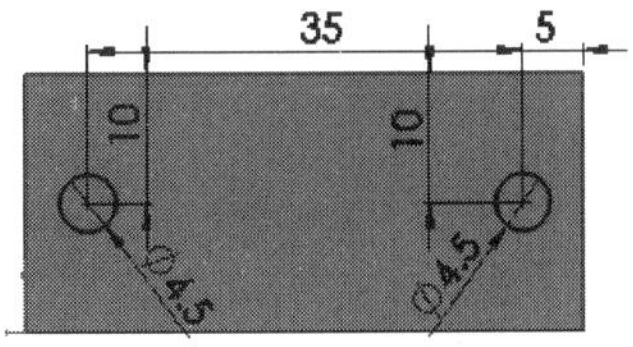

图 5-84　侧面孔草图

9. **固定板** 5

（1）新建零件，保存为“固定板 5.sldprt”。

（2）选择前视基准面，绘制草图如图 5-85 所示。拉伸凸台，深度设为 10mm。继续选择该基准面，在两个 ϕ4.5 圆孔处绘制两个 ϕ7.5 的圆，拉伸切除，深度设为 5mm。

（3）对侧面 4 个边线倒角：1×45°。

（4）对大圆两面边线倒角：0.5×45°。

（5）选择右视基准面，绘制草图如图 5-86 所示，以边长 3mm 的边为轴旋转切除形成锥形沉孔。保存文件。

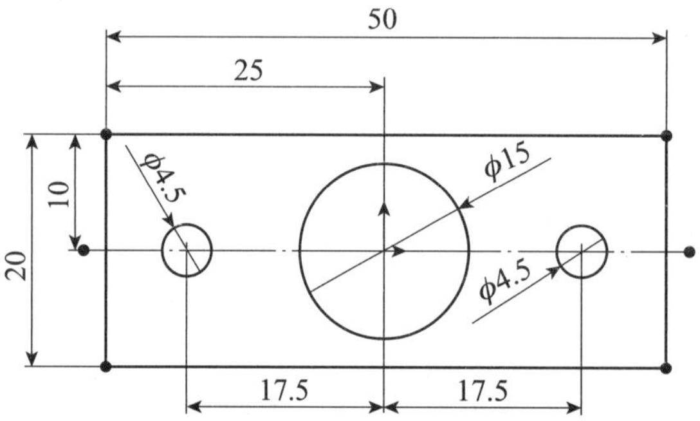

图 5-85　固定板 5 草图

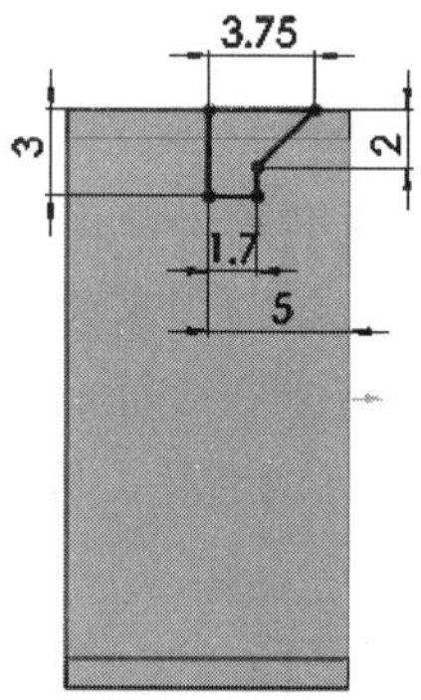

图 5-86　右视沉孔草图

10. **固定板** 6

固定板 6 建模

（1）新建零件，保存为“固定板 6.sldprt”。

（2）选择前视基准面，绘制草图如图 5-87 所示。拉伸凸台，深度设为 18mm。

（3）在底面绘制通孔草图如图 5-88 所示，拉伸切除，深度设为 5mm。

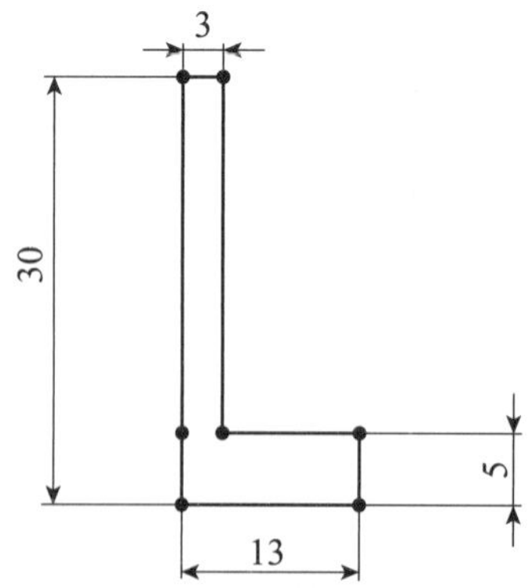

图 5-87　固定板 6 草图

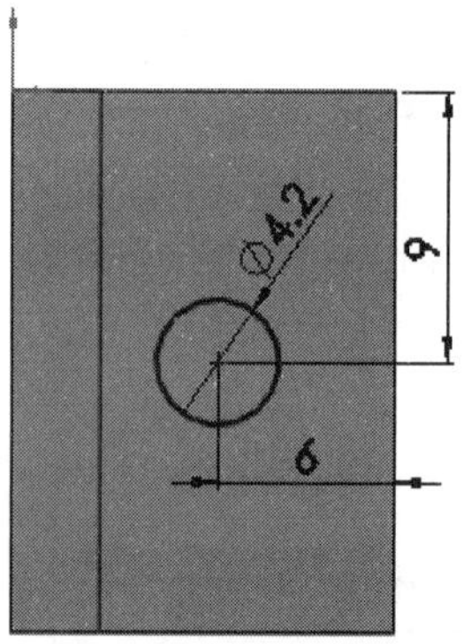

图 5-88　底面通孔草图

（4）选择前视基准面，创建一个经过圆孔中心的基准面，如图 5-89 所示。

（5）在新建基准面上，绘制锥形沉孔草图如图 5-90 所示。以草图中的水平线（边长 3mm，如图 5-90 所示）为旋转轴，旋转切除，得到锥形沉孔。

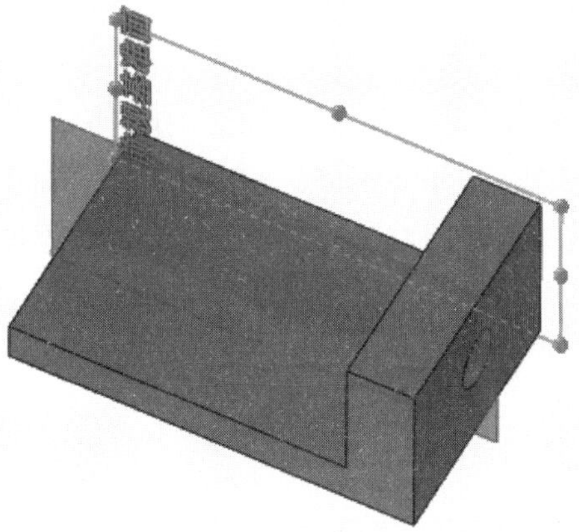

图 5-89　新建基准面

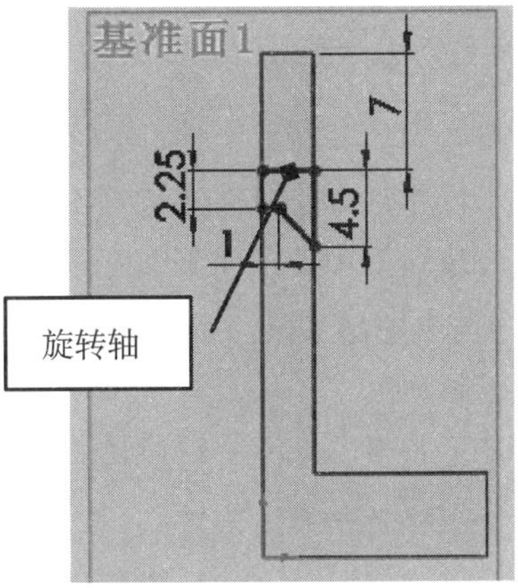

图 5-90　锥形沉孔草图

（6）修改颜色为浅黑。

（7）利用阵列得到另一沉孔：阵列距离设为 11mm，方向等参数设置如图 5-91 所示。完成后保存文件。

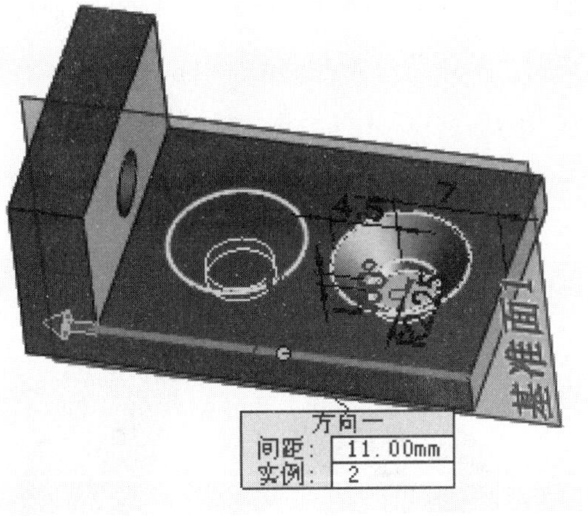

图 5-91　阵列锥形孔参数设置

其他如沉头螺栓、销、从动轴、沉头螺钉等，读者可自行绘制。

5.2　传输带装配

学习目标

逐次添加支架、传输皮带、出料气缸、顶料气缸等，并添加配合条件完成装配。

1. 支架可先两两配合，再阵列获得其余配合。

2. 螺栓、螺钉等可通过面重合、同轴心配合完成装配。

3. 皮带可通过同轴心及距离约束完成装配。

4. 联轴器 2 可通过同轴心及角度约束完成装配。

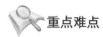

重点难点

自底向上装配，平行、重合、垂直、距离、角度等配合约束条件的应用，零件的阵列。

工程中产品往往由多个零件通过装配组合而成。SolindWorks 装配设计有两种基本形式：自底向上和自顶向下装配设计。如果先设计零件，然后通过将零件作为部件添加到装配体中，则为自底向上装配；反之，先设计好装配体模型，再分别拆分成各零件，则为自顶向下装配。

通过定义装配配合可以指定零件相对于装配体中其他零、部件的位置。装配类型包括重合、平行、垂直、同轴心、距离配合、角度配合等。一个零件通过装配配合添加到装配体后，它的位置会随着与其有约束关系的零部件的位置的改变而改变。

本节将利用前节设计的零件进行自底向上装配。

5.2.1 支架装配

（1）新建装配体文件，保存为“传输带 .sldasm”。

（2）选择菜单栏中的“插入”→“零部件”→“现有零部件 / 装配体…”命令，插入 2 个“支架 1”。旋转（利用“装配”工具栏图标）其中一个支架，使其 4 个开槽孔的一面基本相对，如图 5-92 所示。

支架装配

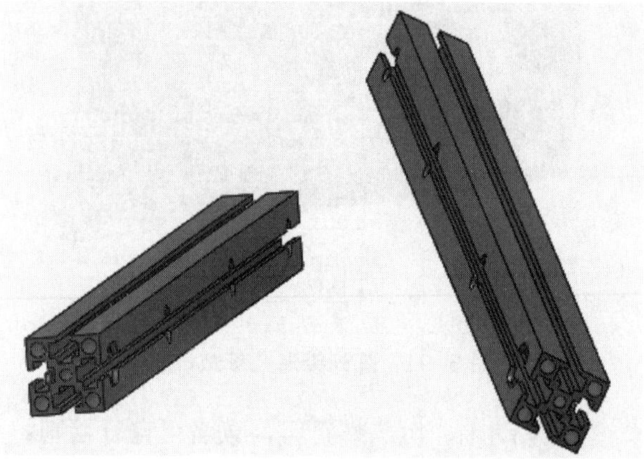

图 5–92　旋转后的两个支架相互关系

（3）添加配合（利用“装配”工具栏中的图标），使 4 孔两面平行配合，如图 5-93 所示。

（4）继续添加配合，使两支架上表面重合，两支架端面配合。

（5）添加距离配合，选择两支架内侧表面，设置其距离为 50mm，完成后的效果如图 5-94 所示。

（6）插入两个“支架 2”，按上述方式使两个支架 2 带孔一面朝外。

（7）通过平行和重合配合关系，使 4 个支架之间的位置关系如图 5-95 所示，其中上方两个为支架 1，下方两个为支架 2。

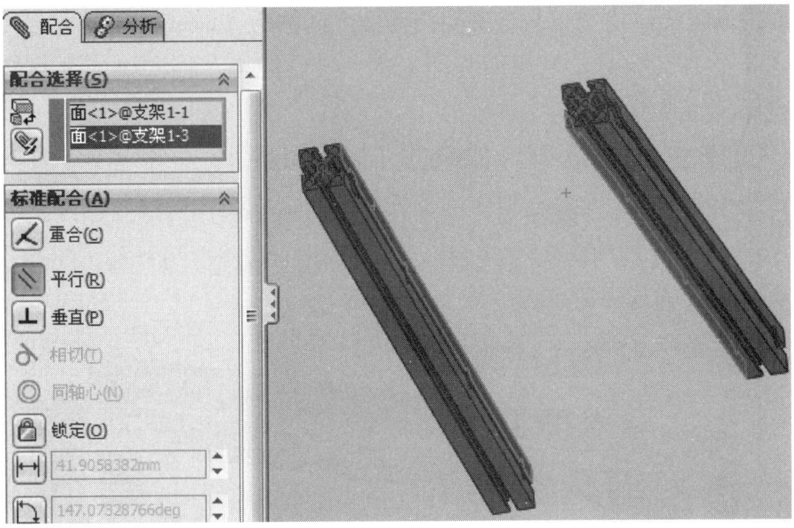

图 5-93　两面平行配合

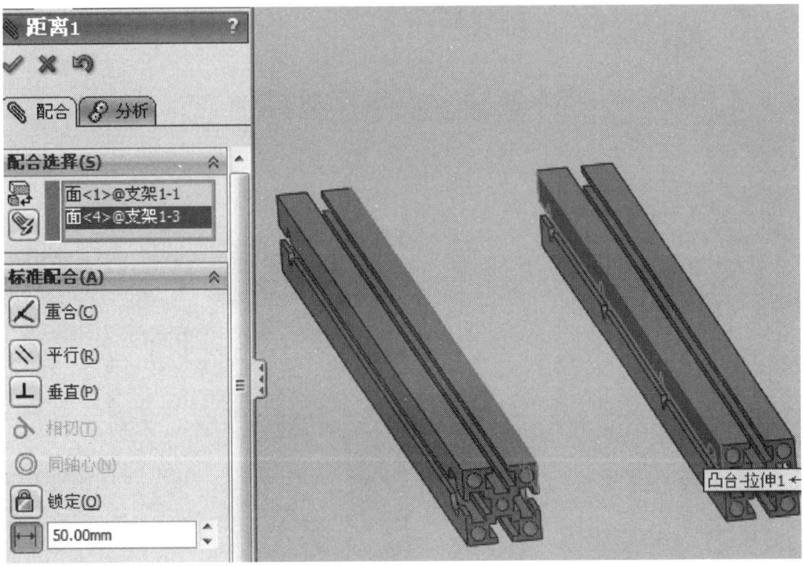

图 5-94　距离配合后的效果

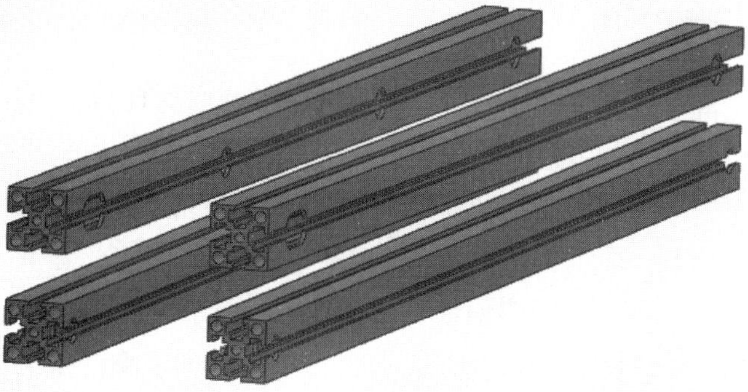

图 5-95　上下两组支架之间的位置关系

（8）添加距离配合，使上下两组支架内侧面之间的距离为80mm。

（9）插入4个“支架4”，利用面与面之间的重合配合，将支架4作为上下两组纵向支架之间的连杆，如图5-96所示。

（10）插入2个“支架3”，利用面与面之间的重合配合，一个支架3的中心圆孔与支架4的外侧安装孔同轴心，一个支架3与支架2的两端安装孔同轴心，将支架3作为横向连杆，如图5-97所示。利用阵列（其图标为 ）工具产生另一端上下两个横向连杆，阵列距离为440mm。完成后的效果如图5-98所示。

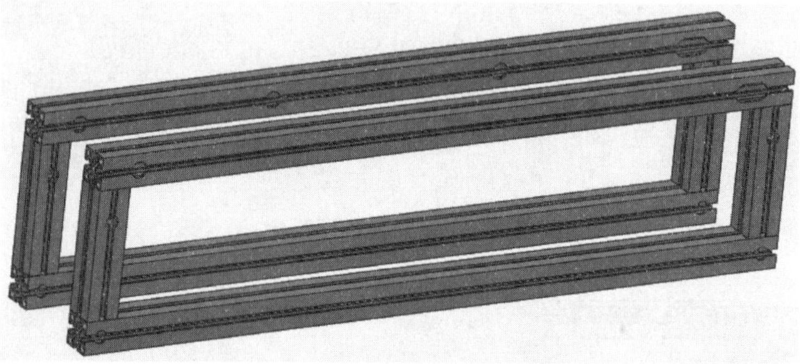

图5-96　4个“支架4”位置配合

图5-97　添加同轴心配合

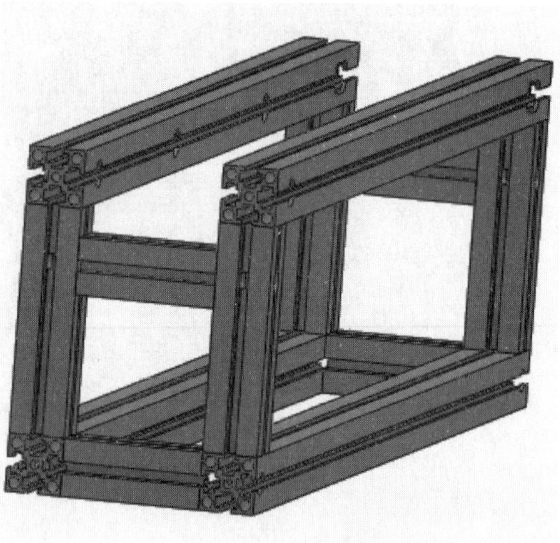

图5-98　阵列得到4个横向连杆的效果

（11）插入“长螺栓”，利用同轴心及重合配合，将横向连杆与上下支架连接，如图5-99所示。

（12）插入“长螺栓”，利用同轴心及重合配合，将纵向连杆与上下支架连接，如图5-100所示。

（13）插入“固定板3”和“短螺栓”，按图5-101所示装配。

（14）插入“固定板4”和“短螺栓”，按图5-102所示装配，距端面距离设为52mm。再按此将固定板3装配至另一端及对侧面。

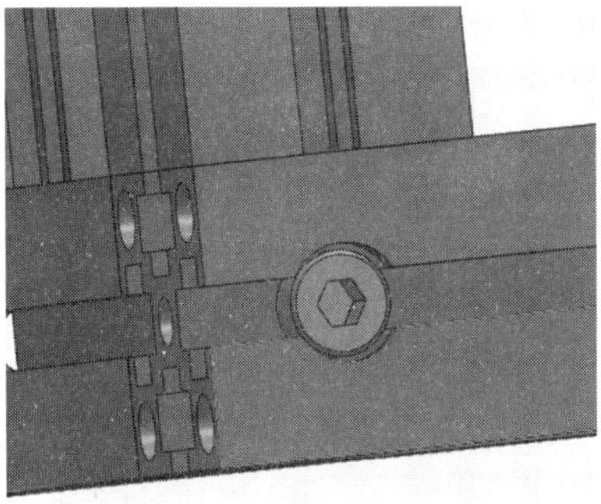

图 5-99　横向连接螺栓

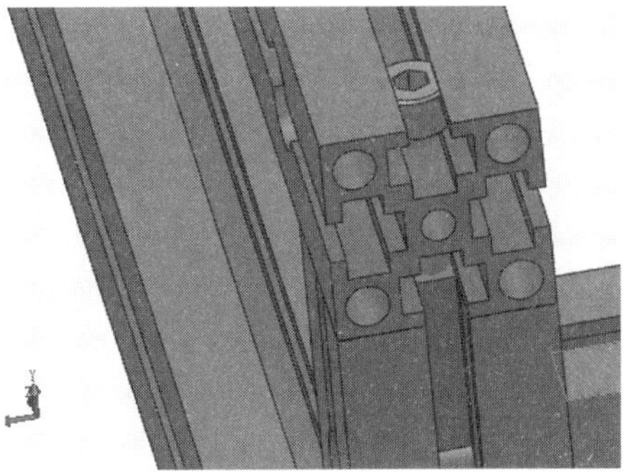

图 5-100　纵向连接螺栓

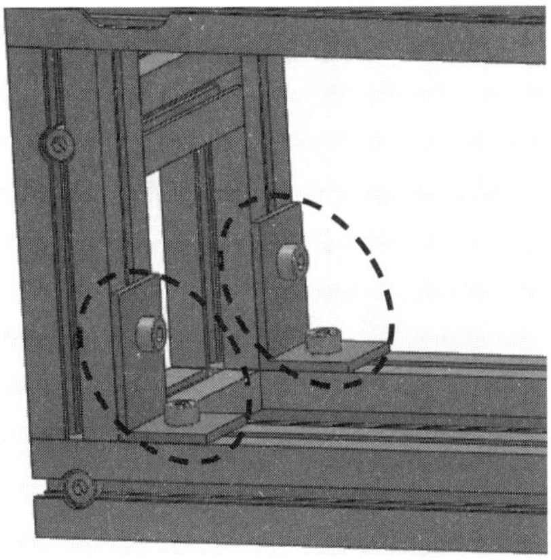

图 5-101　固定板 3、短螺栓的装配

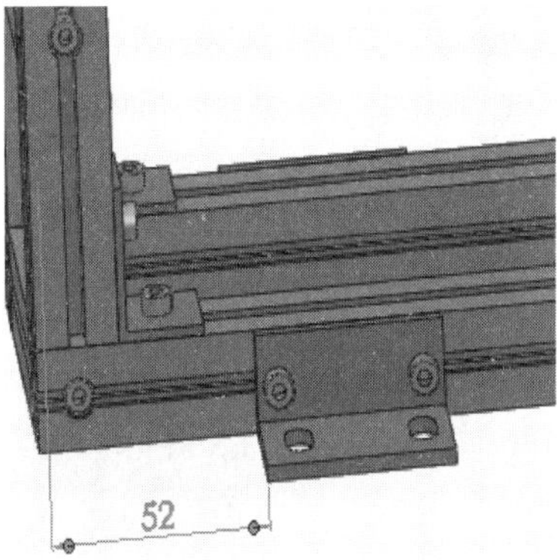

图 5-102　固定板 4 装配

5.2.2　滚轮及皮带装配

（1）插入“从动轴”，按图 5-103 所示装配，其大圆端面与上支架内侧面间隙为 0.5mm。

（2）插入“固定板 5”“轴套”“沉头螺钉”“长螺栓”，按图 5-104 所示在一端两侧装配。利用线性阵列在另一端两侧产生相应零件并装配，阵列距离为 410mm。

图 5-103　从动轴装配

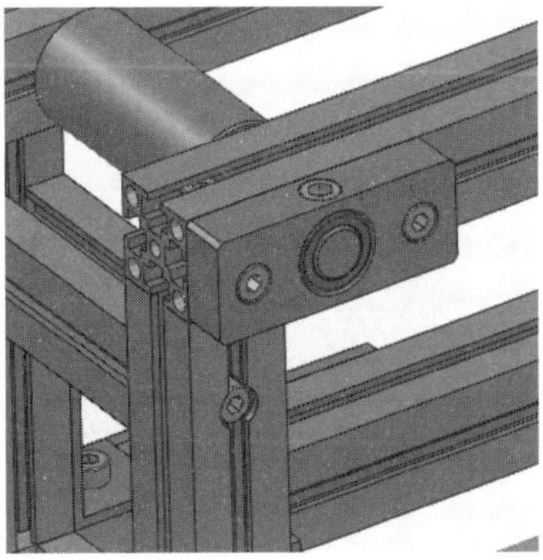

图 5-104　固定板 5、轴套等装配

滚轮、皮带及固定板装配

（3）插入“滚轮”和“滚轮轴”，在上支架中间两处安装孔位置按图 5-105 所示装配，

滚轮端面离两侧支架内侧面间隙为 1mm。

（4）插入“电机传动轴”，按图 5-106 所示装配，中间大圆柱端面与支架内侧面间隙为 0.5mm。

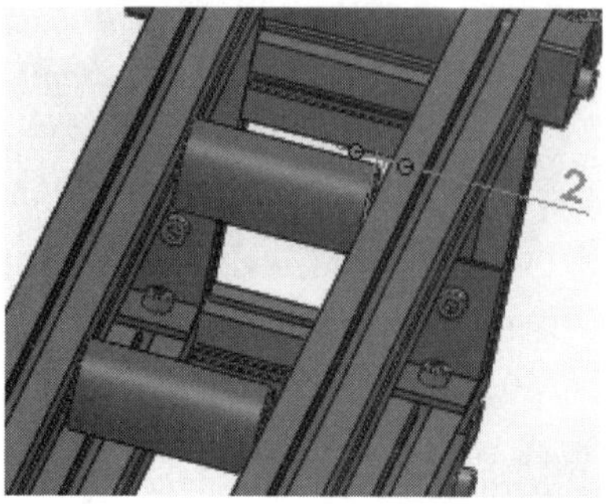

图 5-105　滚轮及滚轮轴装配

图 5-106　电机传动轴装配

（5）插入“皮带”，皮带一端外圆面与电机传动轴同轴心，皮带侧面与两侧内侧面间隙为 0.5mm，按如图 5-107 所示装配。

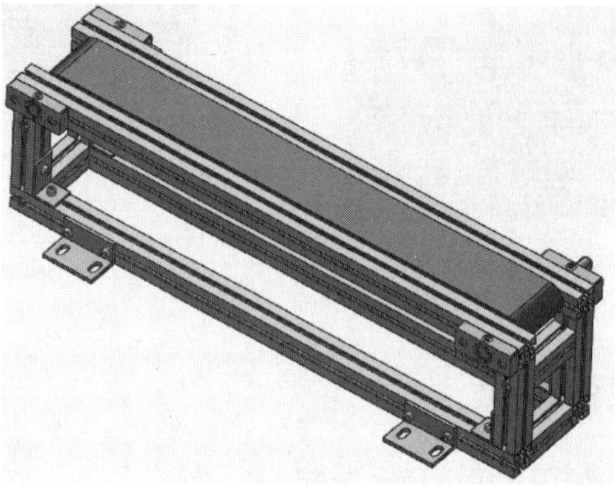

图 5-107　皮带装配

（6）插入“固定板 6”“沉头螺栓”“销”，将其装配至安装从动轴的一端。销与固定板 6 的间隙设为 2mm，固定板 6 与固定板 5 的间隙设为 3mm，如图 5-108 所示。

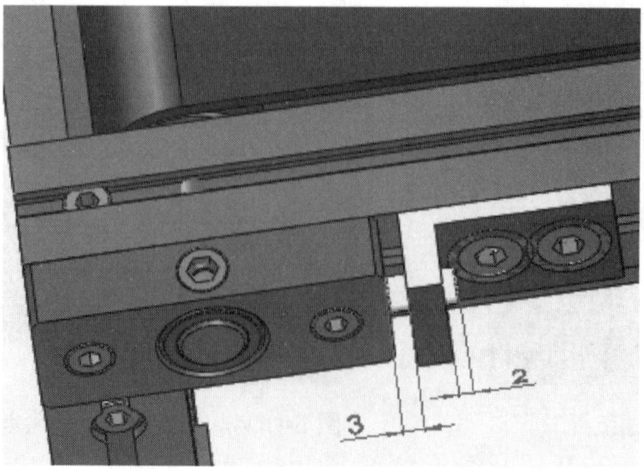

图 5-108　固定板 6、销的装配

（7）插入“固定板 2”和“长螺栓”，按图 5-109 所示装配到传输带装有从动轴的一端。

（8）插入“固定板 1”，按图 5-110 所示装配到传输带装有电机传动轴的一端。

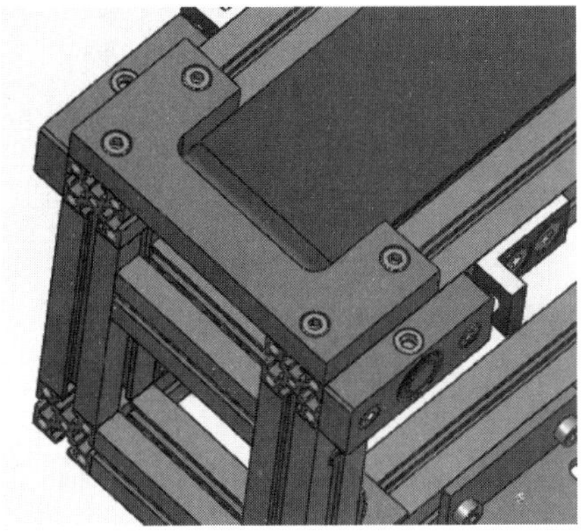

图 5-109　固定板 2 装配

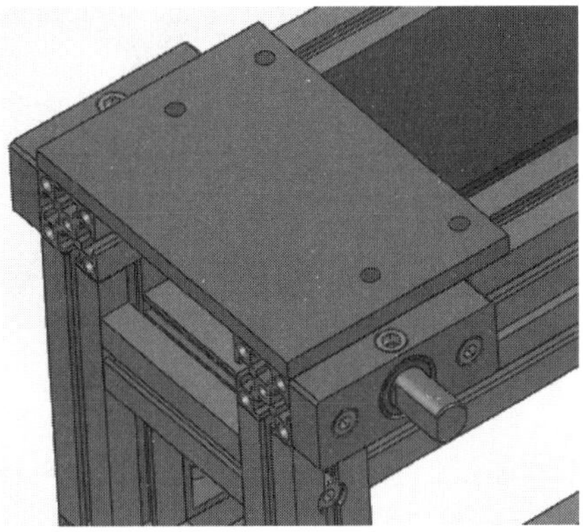

图 5-110　固定板 1 装配

5.2.3　料仓及电机装配

料仓及电机装配

1. 料仓装配

插入“料仓”及“长螺栓”，按图 5-111 所示装配。

2. 电机装配

（1）插入“联轴器 2”和“短螺栓”，按图 5-112 所示进行装配。设置图中两面之间的角度为 21°，螺栓头底面与联轴器 2 外圆面相切，螺栓外圆面与联轴器 2 安装孔同轴心。

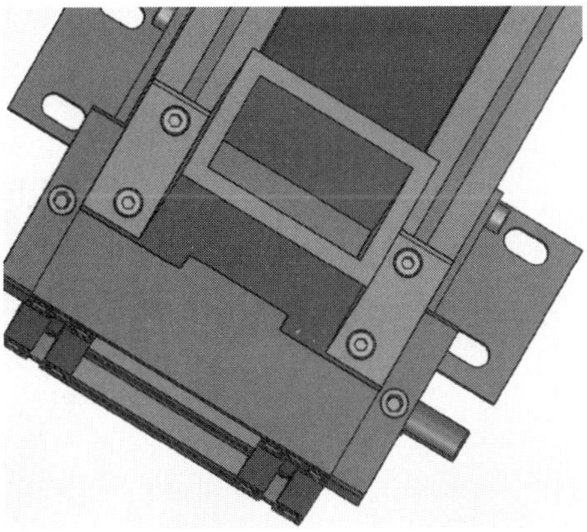

图 5-111　料仓装配

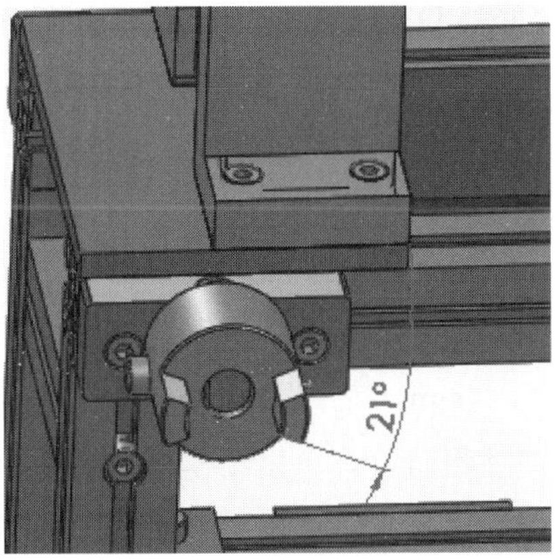

图 5-112　联轴器 2 装配

（2）插入“联轴器 1”，按图 5-113 所示装配。

（3）插入“联轴器 2”和“短螺栓”，按图 5-114 所示装配。

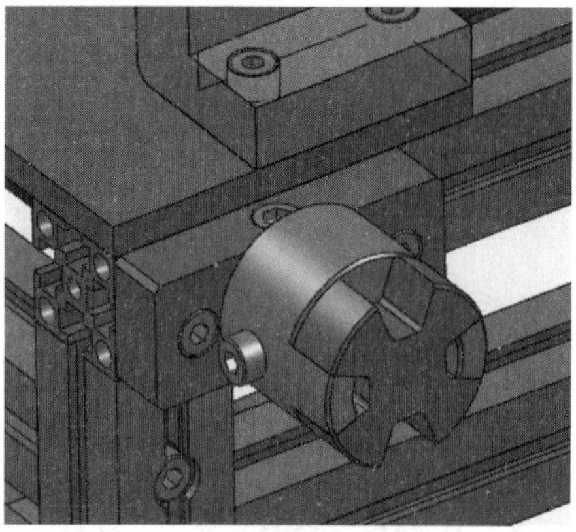

图 5-113　联轴器 1 装配

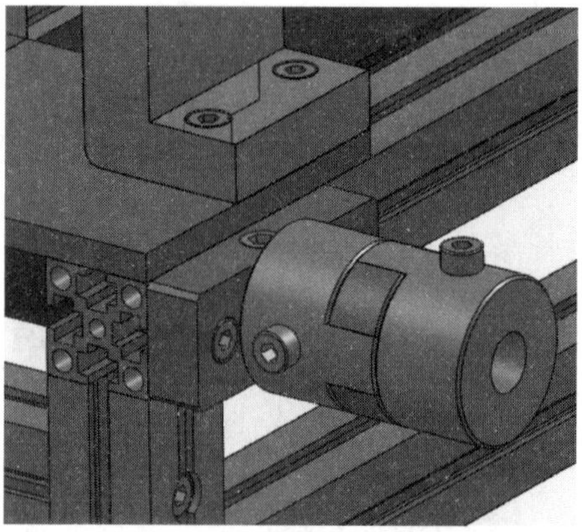

图 5-114　联轴器 2 装配

（4）插入“电机固定板”，按图 5-115 所示装配。其中，电机固定板与联轴器 2 之间的间隙为 2.5mm，大圆孔与联轴器 2 内孔同轴心。

（5）插入“电机”和“长螺栓”，电机轴与电机固定板大圆孔同轴心，4 个螺栓从电机固定板侧装配，如图 5-116 所示。

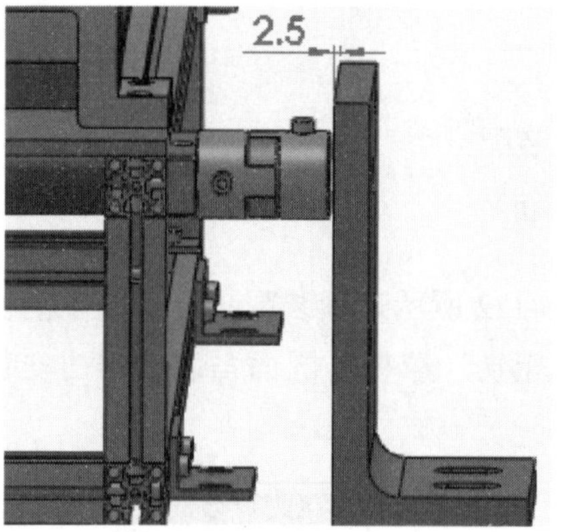

图 5-115　电机固定板装配

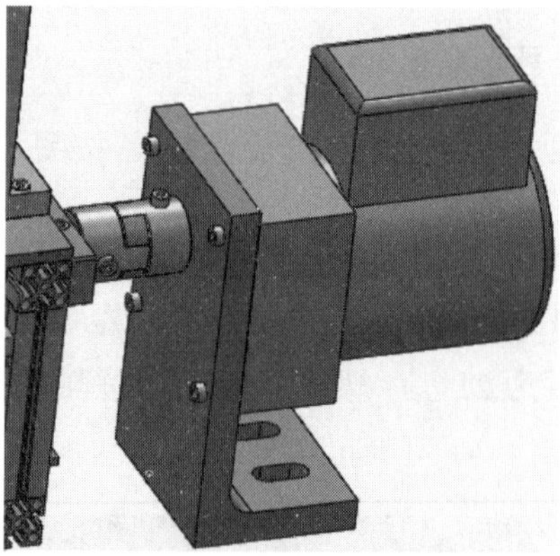

图 5-116　电机装配

5.2.4　气缸装配

气缸装配

（1）插入“气缸固定板”，设置其上表面与已装配的固定板 1 表面之间的距离为 45mm，左侧面到纵向支架左侧面之间的距离为 20mm，内侧面与纵向支架外侧面重合，如图 5-117 所示。

（2）插入“短螺栓”，按图 5-118 所示装配。

（3）插入 2 个“气缸”，其顶杆分别穿过气缸固定板上的 2 个大圆孔，如图 5-119 所示。

（4）插入“顶料块”，按图 5-120 所示进行装配。至此，装配全部完成，保存文件。

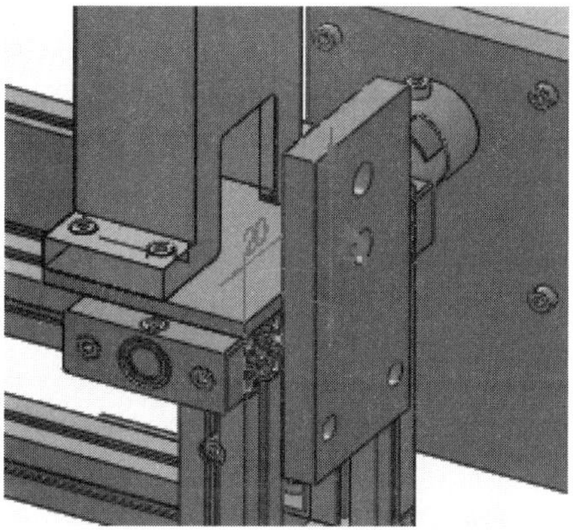

图 5–117　气缸固定板装配

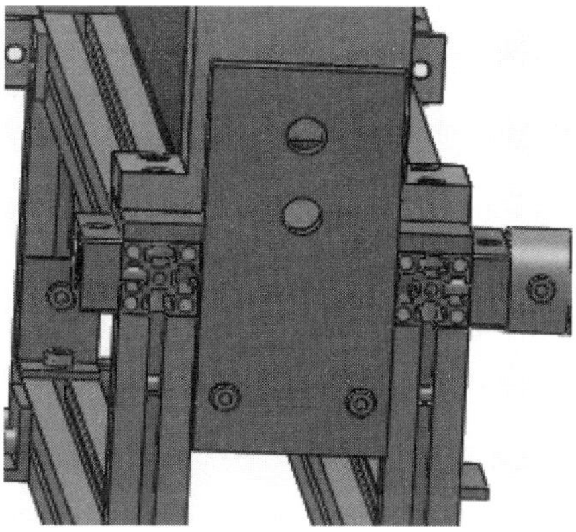

图 5–118　短螺栓与气缸固定板装配

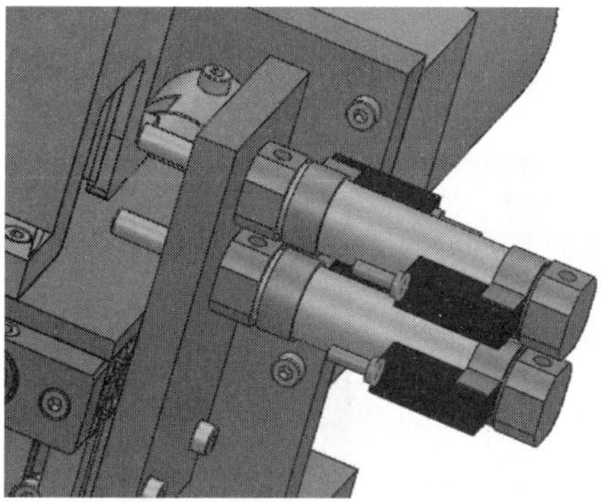

图 5–119　气缸装配

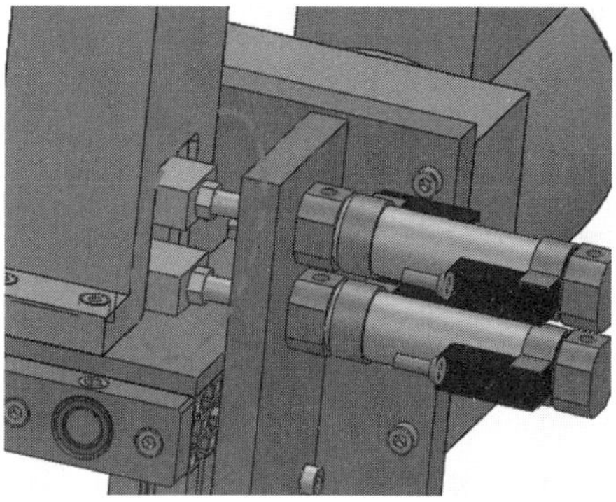

图 5–120　顶料块装配

5.3　网孔安装板、堆放台及夹具建模

学习目标

依次完成网孔安装板、堆放台及夹具建模。夹具前端吸盘为近似锥面，采用旋转形成实体。

重点难点

孔类型的选择与设置。

5.3.1　网孔安装板

（1）新建零件，保存为“网孔安装板 .sldprt”。

（2）选择前视基准面，绘制草图如图 5-121 所示。拉伸凸台，深度设为 22mm。

（3）插入向导孔:“孔类型”选择“旧制孔”，“类型”选择“柱形沉头孔”，如图 5-122 所示；孔截面尺寸如图 5-123 所示；向导孔位置如图 5-124 所示。

（4）线性阵列上述向导孔：边长为 500mm 方向的阵列距离为 466mm，实例数为 2；边长为 400mm 方向的阵列距离为 366mm，实例数为 2，如图 5-125 所示。

网孔安装板建模

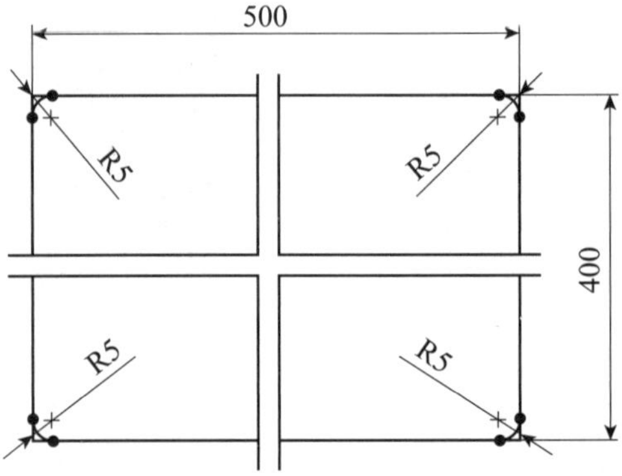

图 5-121　网孔安装板草图

图 5-122　孔类型设置

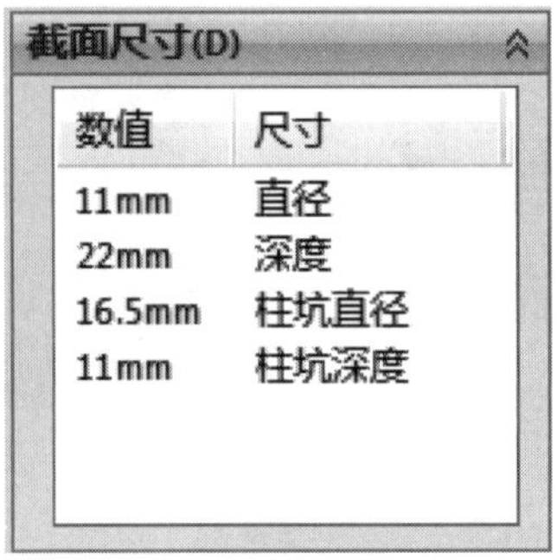

图 5-123　孔截面尺寸

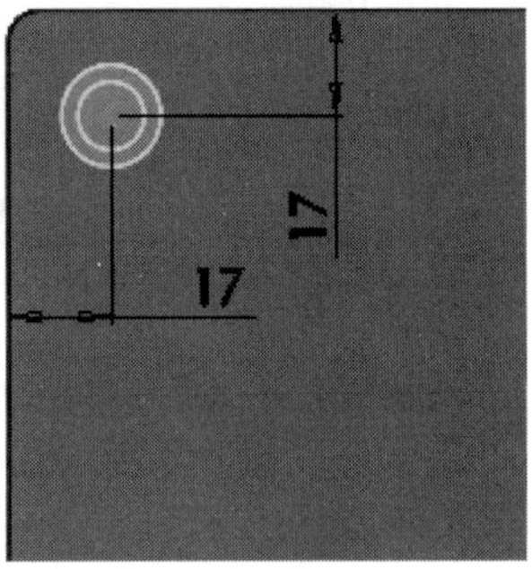

图 5-124　向导孔位置

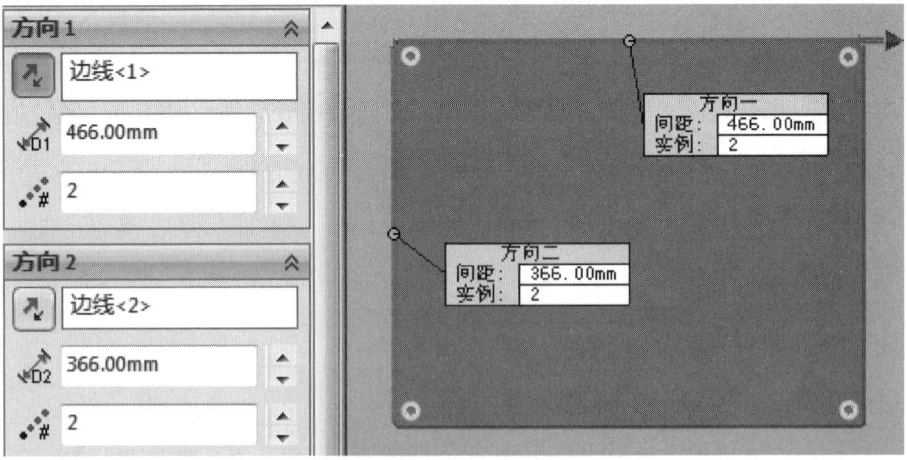

图 5-125　阵列向导孔

（5）插入向导孔:“孔类型”选择“孔”,“标准”选择“ISO”,“类型”选择“钻孔大小”,并设置其孔规格“大小”为 ϕ5.0,“终止条件”为“给定深度”,深度值为 17mm,如图 5-126 所示。向导孔位置如图 5-127 所示。

（6）选择上述向导孔，进行线性阵列：边长为 500mm 方向的阵列距离为 30mm，实例数为 15；边长为 400mm 方向的阵列距离为 30mm，实例数为 13，如图 5-128 所示。

（7）保存文件。

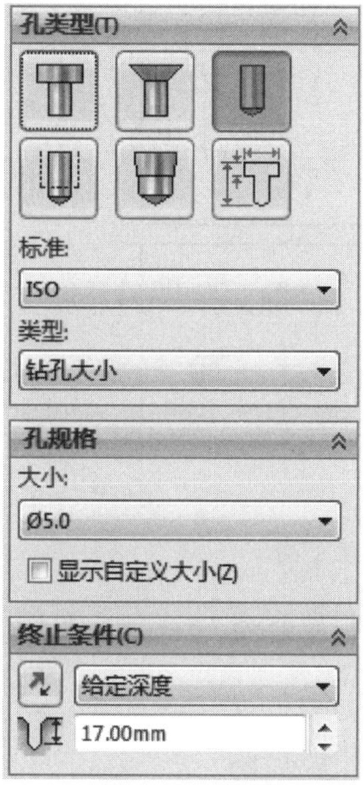

图 5-126　向导孔设置

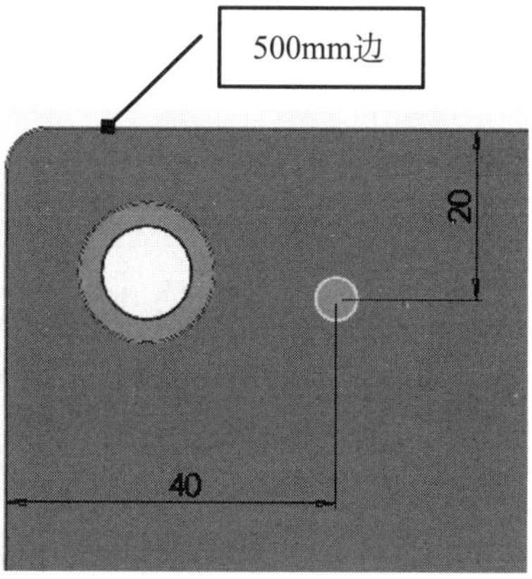

图 5-127　向导孔位置

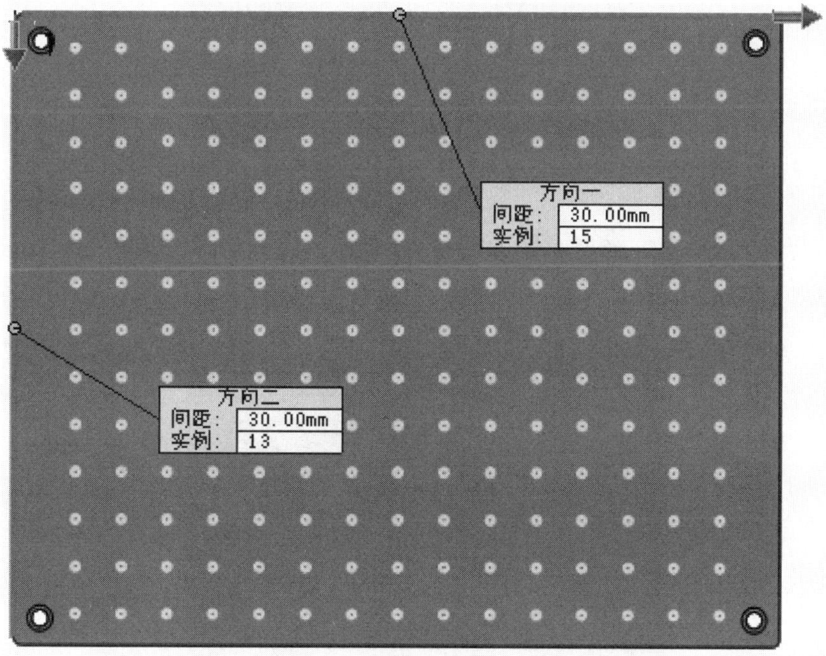

图 5-128　线性阵列向导孔

5.3.2 工件堆放台

（1）新建零件，保存为“工件堆放台 .sldprt”。

（2）选择上视基准面，绘制草图如图 5-129 所示，拉伸凸台，深度设为 10mm。

工件堆放台建模

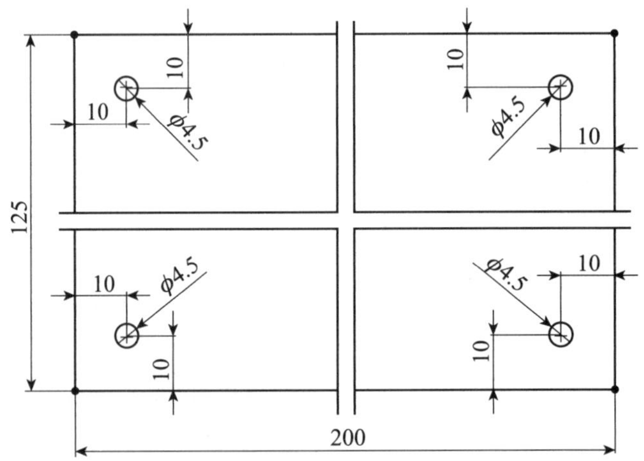

图 5-129　工件堆放台上面板草图

（3）选择拉伸凸台的上表面，在 4 个孔位置处绘制 4 个 ϕ7.5 的圆（见图 5-130），拉伸切除，深度设为 5mm。

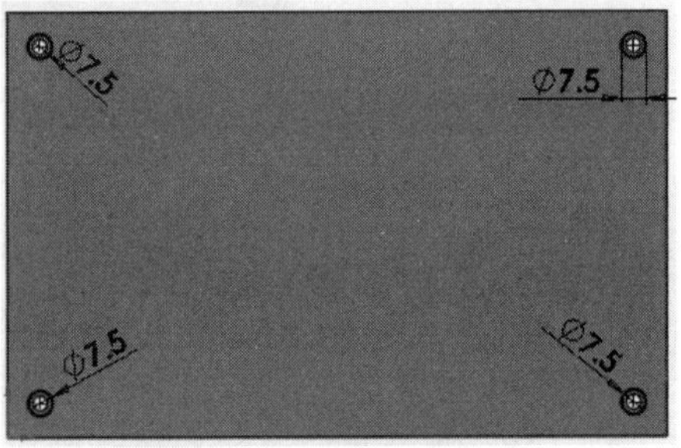

图 5-130　装配沉孔草图

（4）选择凸台上表面，绘制草图如图 5-131 所示，拉伸切除，深度设为 1mm，形成工件堆放区域。

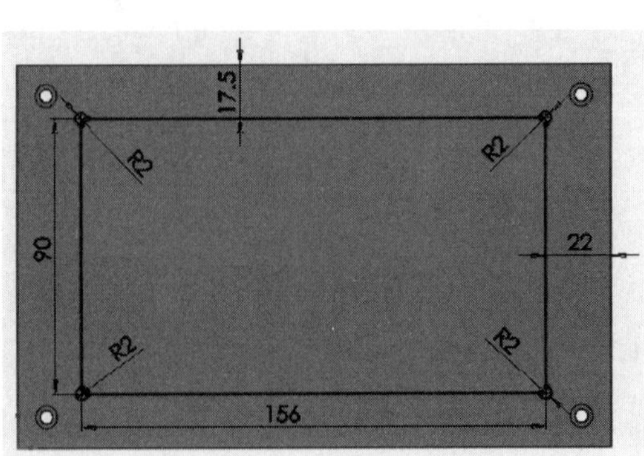

图 5-131　工件堆放区草图

（5）选择凸台另一面，在一顶点处绘制连杆截面草图如图 5-132 所示，拉伸凸台，深度设为 60mm。

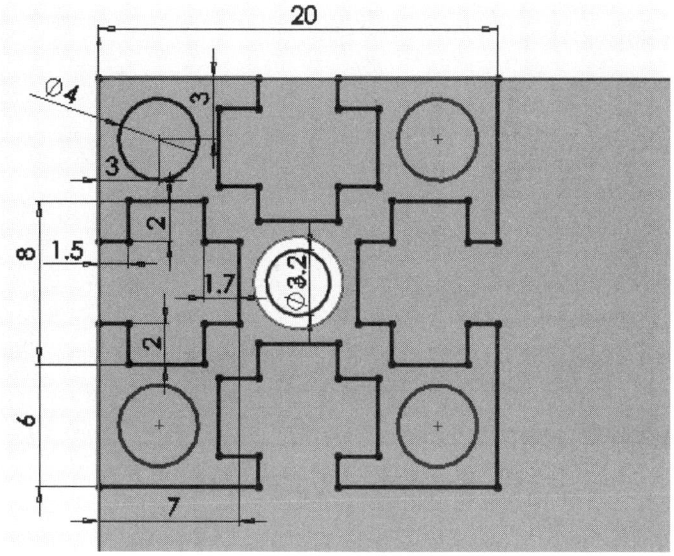

图 5-132　连杆截面草图

（6）通过阵列，产生 4 个同样的连杆，阵列间距分别为 180mm 和 105mm，完成后的连杆如图 5-133 所示。

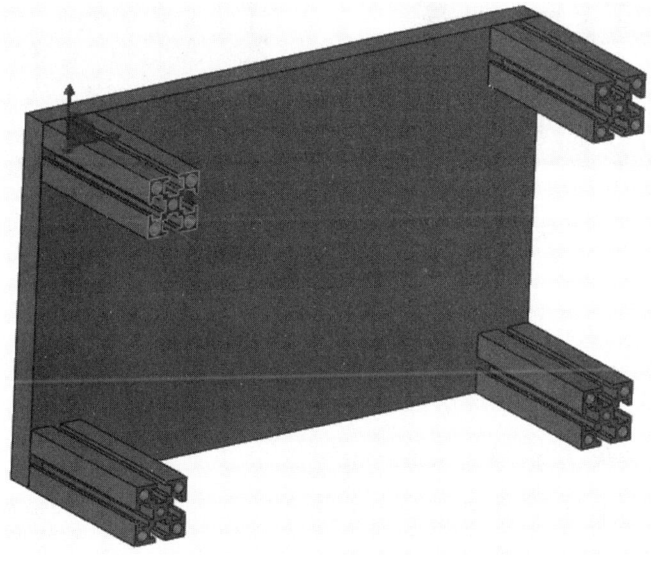

图 5-133　阵列产生 4 个连杆

（7）选择连杆外侧端面作为绘图面（见图 5-134 中的着色处），绘制长 200mm、宽 125mm 的长方形和 8 个 $\phi 4.5$ 的圆，草图如图 5-135 所示，拉伸凸台，深度设为 10mm。

（8）参照步骤（3）选择下方固定板外表面，在外侧 4 个 $\phi 4.5$ 圆心位置处绘制 4 个 $\phi 7.5$ 的圆，拉伸切除，深度设为 5mm。

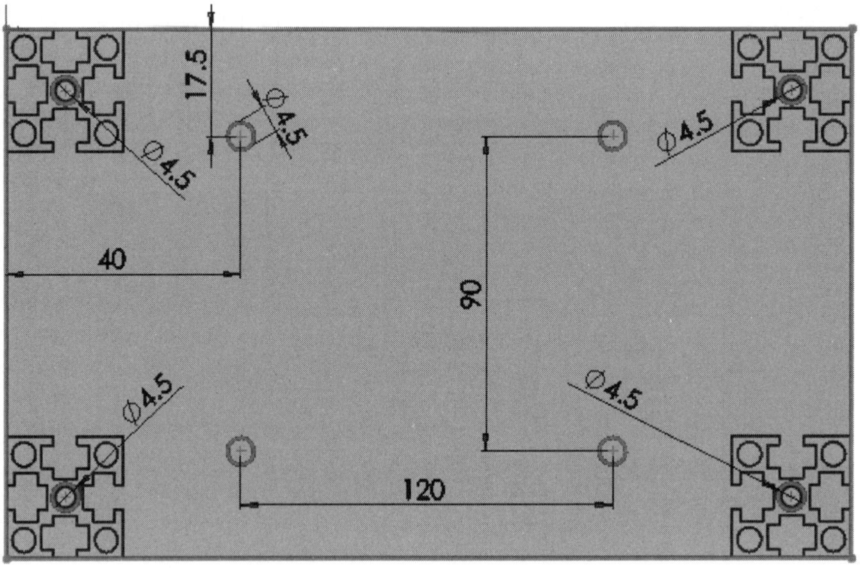

图 5-134　下方固定板草图

（9）选择下方固定板的内侧面为绘图面（见图 5-135），在中央绘制 4 个 ϕ4.5 圆心位置处绘制 4 个 ϕ7.5 的圆，拉伸切除，深度设为 5mm，如图 5-136 所示。

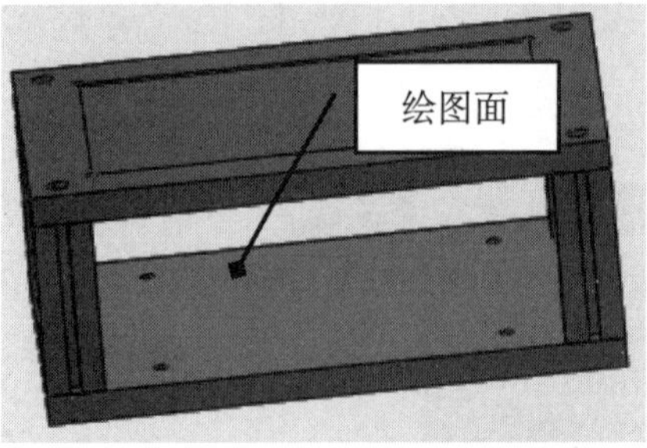

图 5-135　选择绘图面

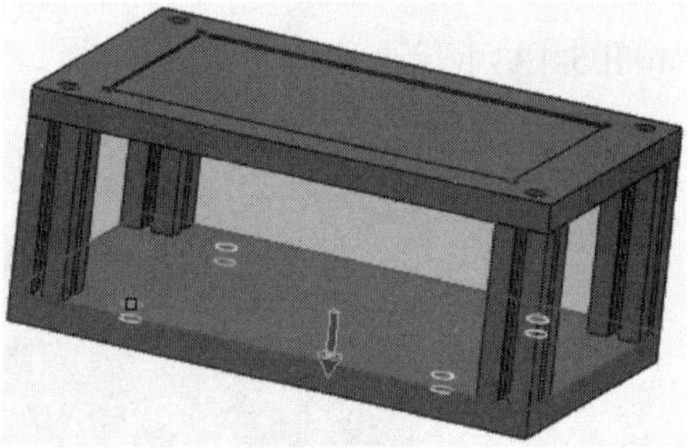

图 5-136　拉伸切除形成内侧面沉孔

（10）保存文件。

5.3.3　吸盘夹具

吸盘夹具建模

（1）新建零件，保存为“吸盘夹具 .sldprt”。

（2）选择上视基准面，绘制草图如图 5-137 所示，拉伸凸台，深度设为 10mm。

（3）对一侧圆面边缘倒角：0.5×45°。

（4）选择未倒角的一侧圆面，绘制草图如图 5-138 所示，拉伸切除，深度设为 6mm。

（5）选择倒角的一侧面，绘制直径 20mm 的圆，草图如图 5-139 所示，拉伸凸台，深度设为 5mm。

（6）对新形成的凸台外表面边线倒角：0.5×45°。完成后的实体模型如图 5-140 所示。

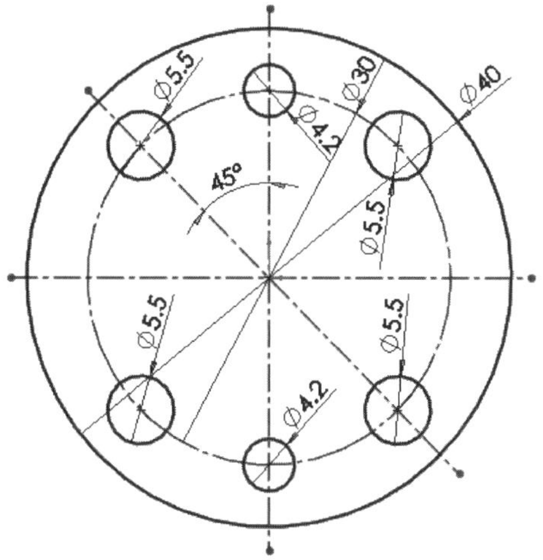

图 5-137　夹具安装法兰截面草图

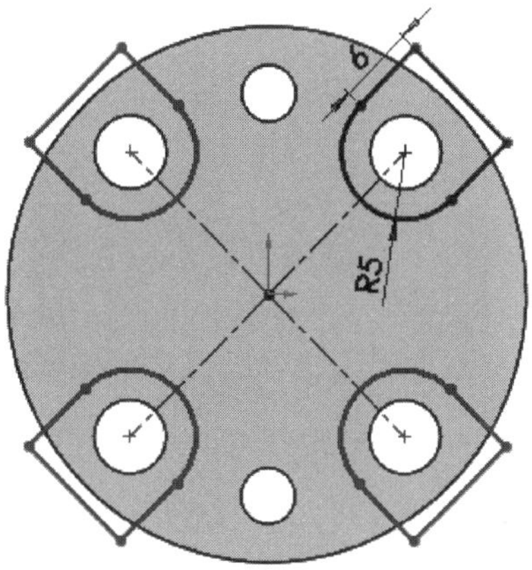

图 5-138　切槽草图

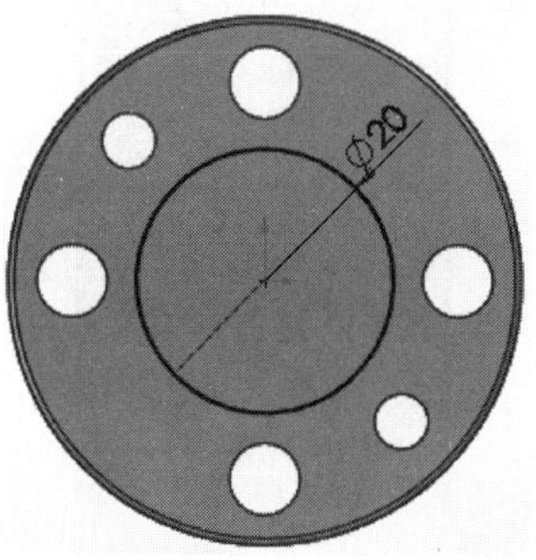

图 5-139　法兰凸台草图

图 5-140　法兰实体模型

（7）选择前视基准面，绘制草图如图 5-141 所示，双向拉伸凸台，拉伸深度均为 20mm。

（8）选择图 5-142 所示绘图面 1，绘制草图如图 5-143 所示，拉伸切除，深度设为 2mm。

（9）选择图 5-142 所示绘图面 2，绘制草图如图 5-144 所示，拉伸切除，深度设为 10mm。

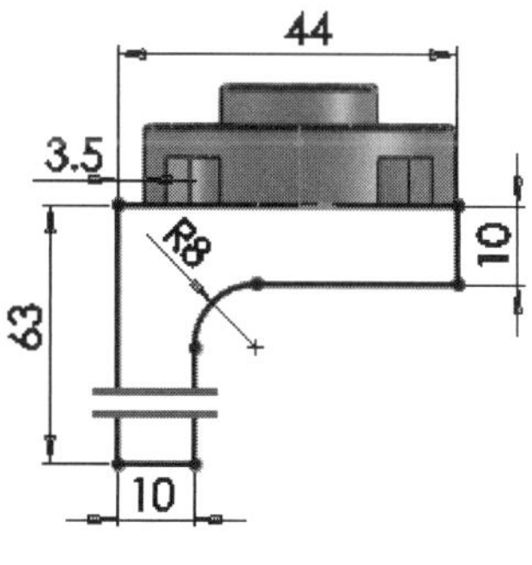

图 5-141　连接支架草图

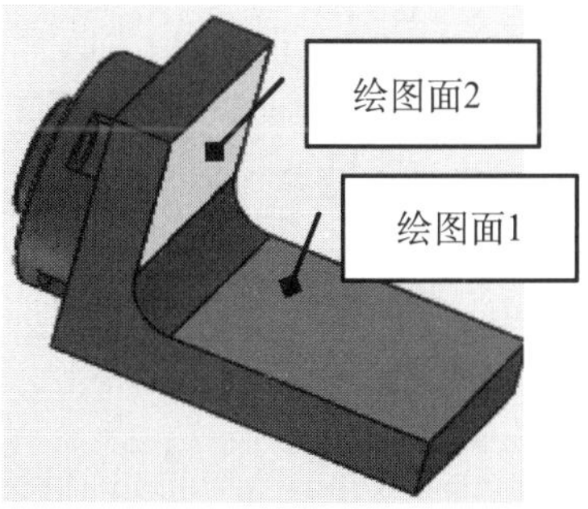

图 5-142　支架内侧面

（10）仍然选择图 5-142 所示绘图面 2，在 2 个 ϕ5.5 位置处绘制 2 个 ϕ8.5 的圆，拉伸切除，深度设为 5mm，形成沉孔。

（11）选择前视基准面，绘制草图如图 5-145 所示，沿中心线旋转形成圆柱。

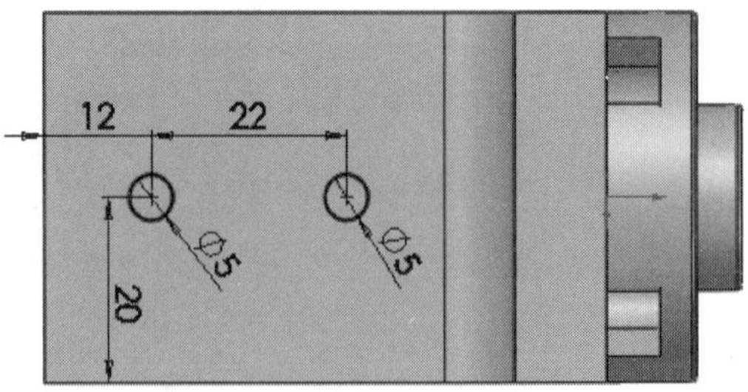

图 5-143　吸盘连接孔

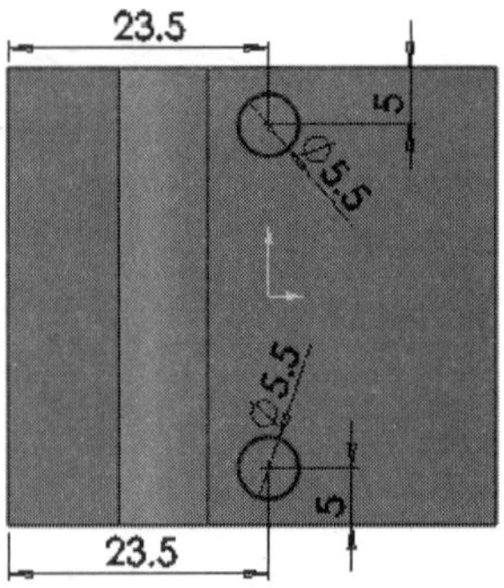

图 5-144　法兰的连接孔

（12）选择圆柱的前端面，绘制正六边形，草图如图 5-146 所示，拉伸凸台，深度设为 13.5mm。

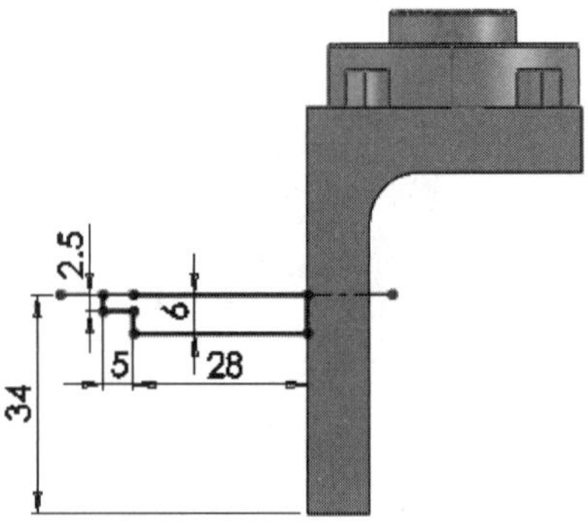

图 5-145　吸盘连杆草图

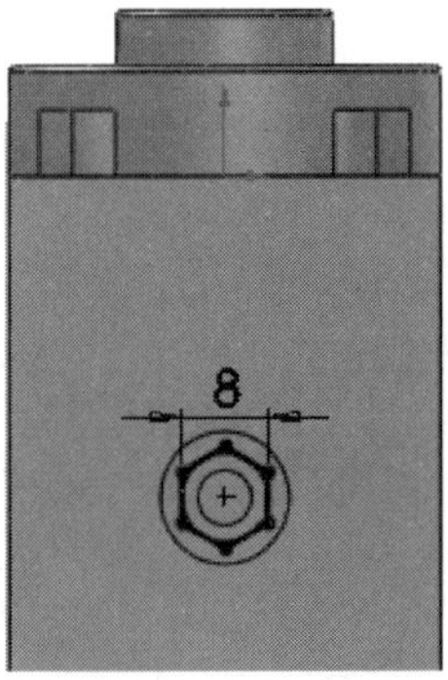

图 5-146　六角螺母草图

（13）选择前视基准面，绘制草图如图 5-147 所示，沿上边线旋转形成吸盘实体。

（14）选择上视基准面，绘制圆孔草图如图 5-148 所示，拉伸切除，深度设为 29.5mm。

（15）阵列产生另一吸盘及连杆，如图 5-149 所示，阵列间距设为 22mm。

（16）保存文件。

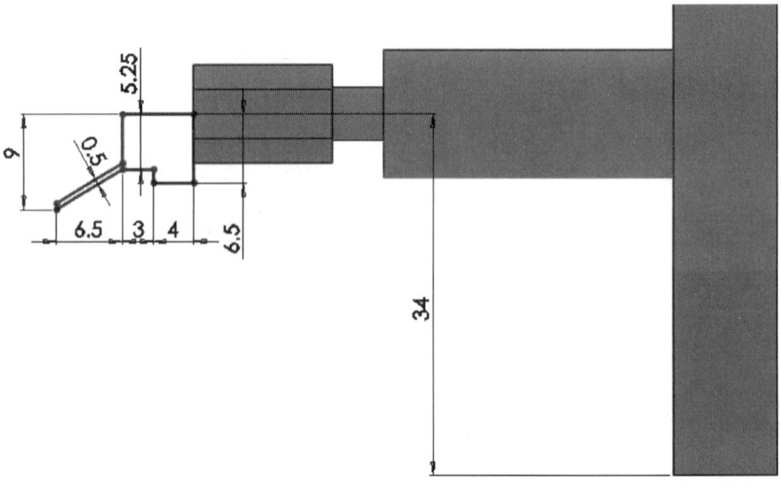

图 5-147　吸盘草图

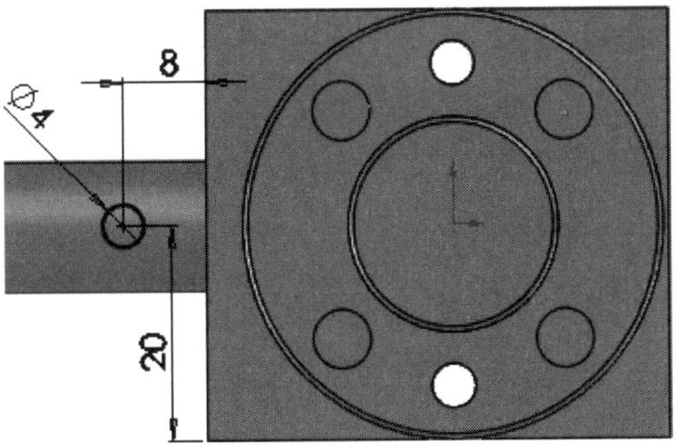

图 5-148 圆孔草图

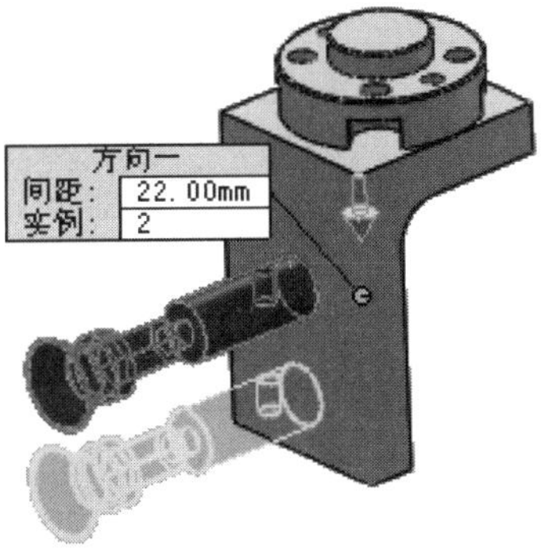

图 5-149 阵列吸盘及连杆

5.4 机器人基座建模

学习目标

1. 吊装环形状复杂，上部为圆环，下部裙边为锥，采用拉伸方式无法创建，故先采用旋转形成环，再利用旋转形成裙边实体，然后拉伸完成底部螺母创建。

2. 工作台采用先绘制截面草图，再拉伸成实体，最后通过抽壳完成创建。

重点难点

旋转轴的绘制与应用，椭圆绘制。

吊装环建模

5.4.1 吊装环

（1）新建零件，保存为“吊装环 .sldprt”。

（2）选择上视基准面，绘制草图如图 5-150 所示。以中心线为轴，旋转凸台，形成圆环。

（3）选择前视基准面，绘制草图如图 5-151 所示，以中心线为轴，旋转凸台。

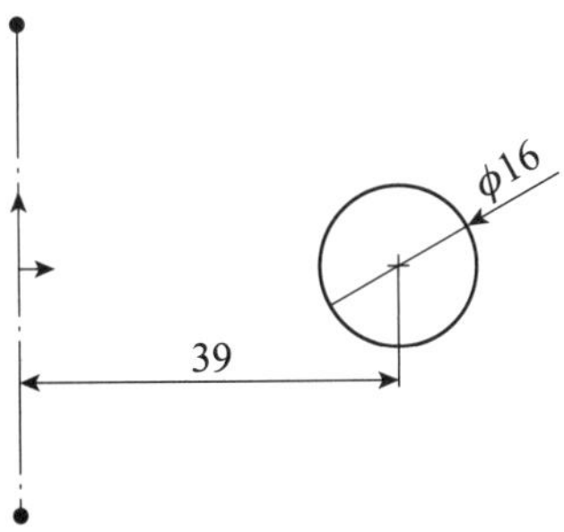

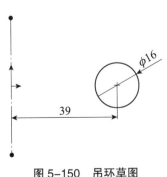

图 5-150 吊环草图

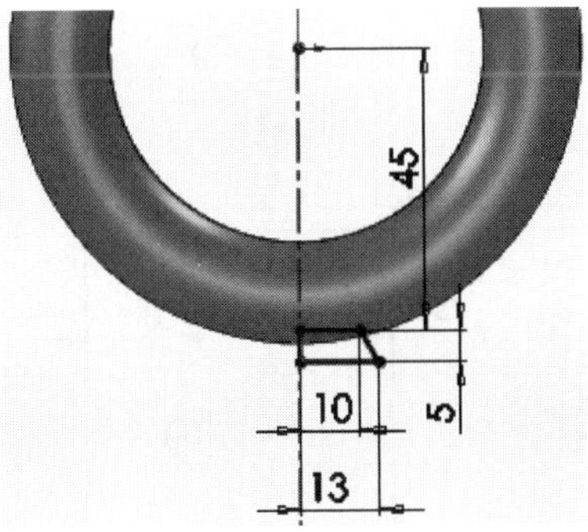

图 5-151 焊接裙边草图

（4）选择焊接裙边的下表面，绘制六角螺母草图，如图 5-152 所示，拉伸凸台，深度设为 8.4mm。

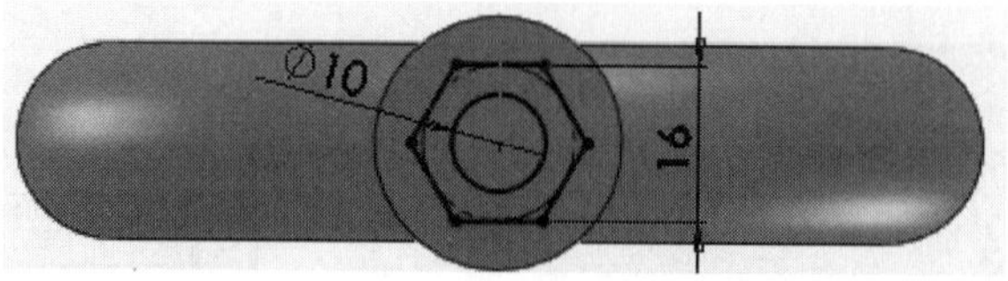

图 5-152　六角螺母草图

（5）选择前视基准面，绘制草图如图 5-153 所示，旋转切除，形成螺母两侧倒圆角。

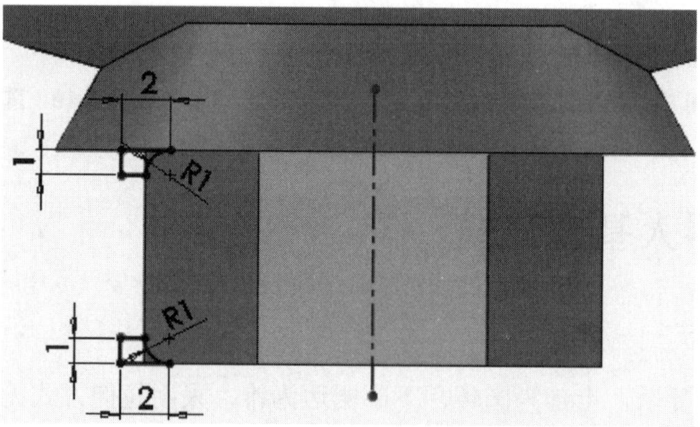

图 5-153　螺母两侧倒圆角草图

（6）保存文件。

5.4.2　基座主体

基座主体建模

（1）新建零件，保存为“基座主体 .sldprt”。

（2）选择上视基准面，绘制草图如图 5-154 所示，拉伸凸台，深度设为 12mm。

（3）修改颜色为黄色。选择地板上表面，绘制草图如图 5-155 所示，拉伸凸台，深度设为 476mm。

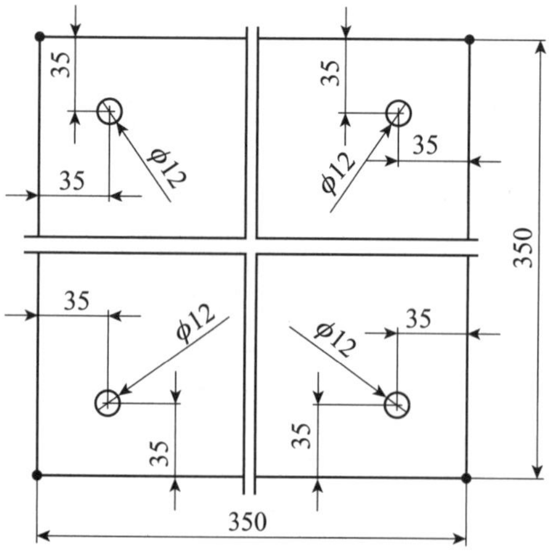

图 5-154　基座下固定板草图

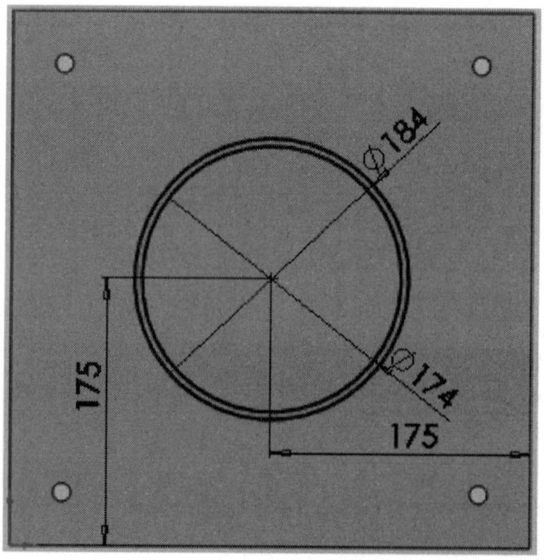

图 5-155　基座连接缸体草图

（4）选择圆筒上表面，绘制草图如图 5-156 所示。

（5）创建与前视基准面平行且距前视基准面距离为 157mm 的新基准面。

（6）在新建基准面上，绘制加强筋草图，如图 5-157 所示，拉伸凸台，厚度设为 12mm。

（7）添加“筋”特征，设置厚度类型为“两侧”，厚度值为 6mm，拉伸方向向内，如图 5-158 所示。

（8）圆周阵列，产生 4 个均布的加强筋，如图 5-159 所示。

（9）绘制基座底部安装板。选择底部固定板下表面，绘制草图如图 5-160 所示，拉伸凸台，深度设为 12mm。

（10）保存文件。

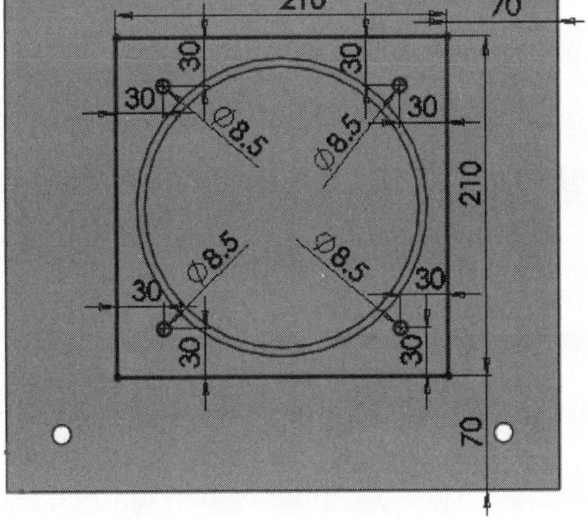

图 5-156　上固定板草图

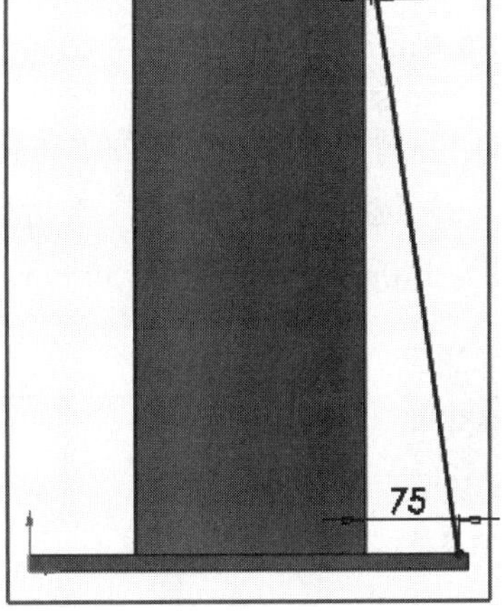

图 5-157　加强筋草图

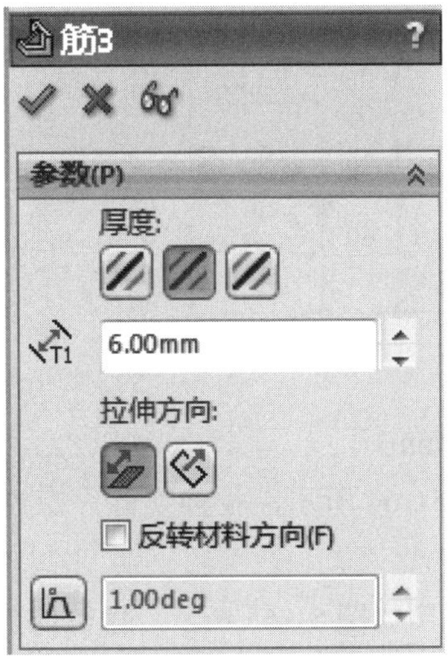

图 5-158　“筋”特征设置

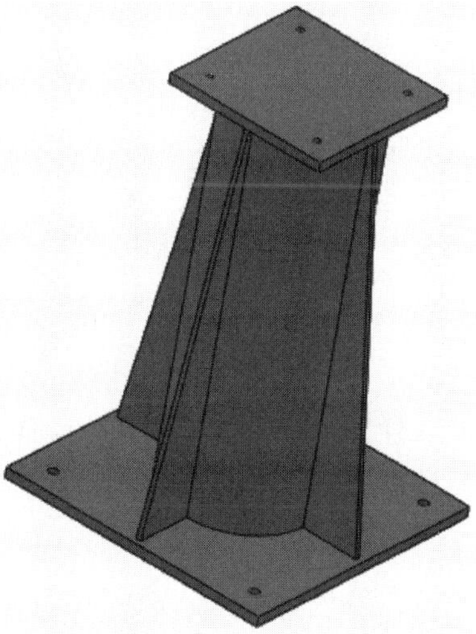

图 5-159　阵列“筋”特征

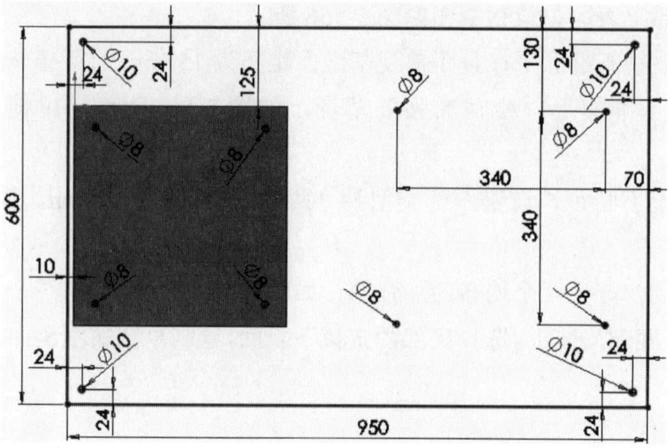

图 5-160　基座底部安装板草图

5.4.3　工作台

（1）新建零件，保存为“工作台 .sldprt”。

（2）选择前视基准面，绘制草图如图 5-161 所示。其中，底边中间弧线为半椭圆，长半轴为 140mm，短半轴为 50mm。拉伸凸台，深度为 500mm。

工作台建模

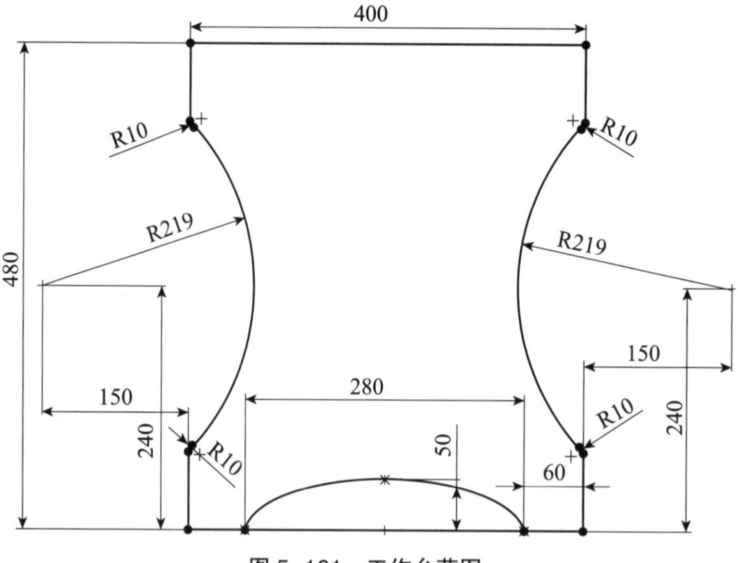

图 5-161　工作台草图

（3）选择图 5-162 所示面为移除面，抽空厚度为 12mm。

（4）选择图 5-163 所示的绘图面绘制椭圆，如图 5-164 所示，拉伸切除，深度设为 500mm。

（5）修改颜色为黄色。选择底面为绘图面，绘制草图如图 5-165 所示，拉伸切除，切除深度设为 12mm。

（6）选择侧面，绘制草图如图 5-166 所示，拉伸切除，深度设为 400mm。

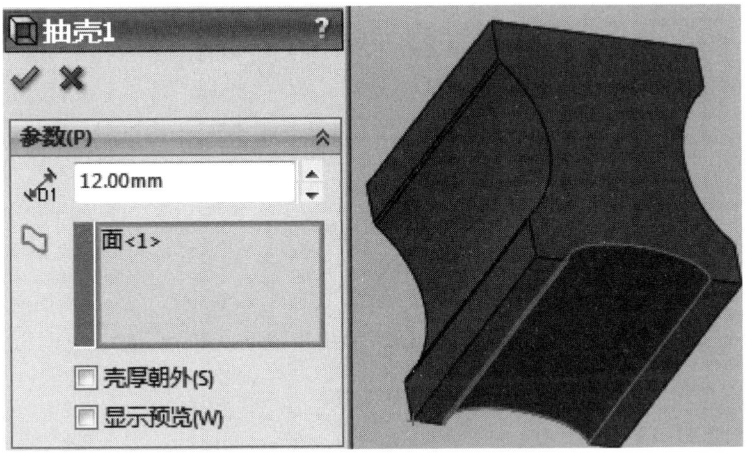

图 5-162　抽壳

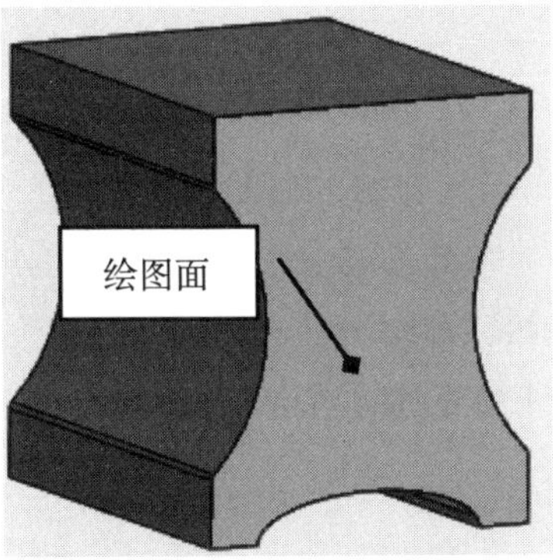

图 5-163　选择绘图面

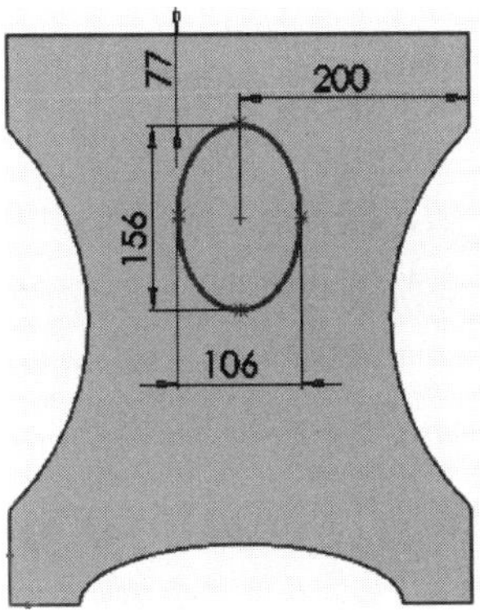

图 5-164　绘制椭圆

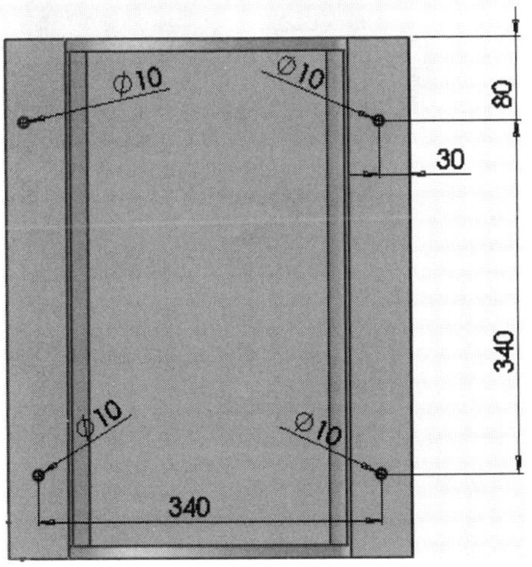

图 5-165　底面孔草图

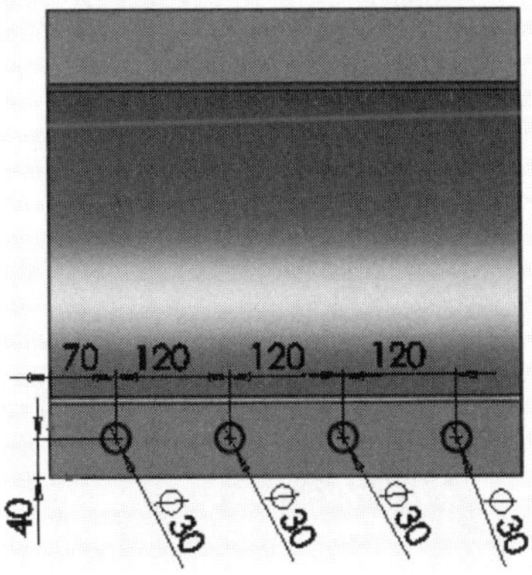

图 5-166　侧面孔草图

（7）选择顶面，绘制草图如图 5-167 所示，拉伸切除，深度设为 12mm。

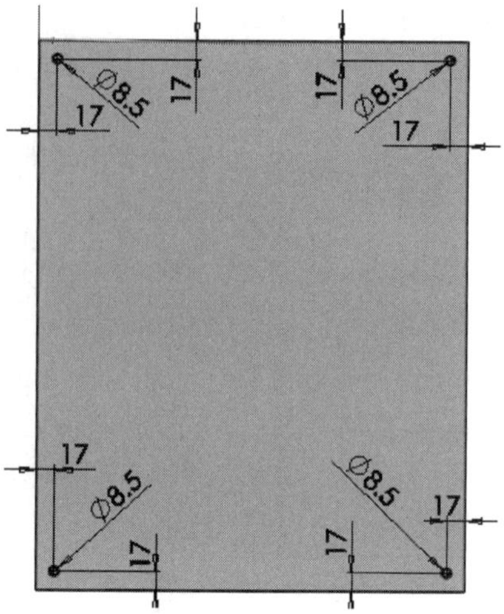

图 5-167　顶面孔草图

5.4.4　基座装配

（1）新建装配体，保存为“基座装配 .sldprt”。

（2）添加零件“基座主体 .sldprt”。

（3）插入零件“吊装环 .sldprt”，按图 5-168 所示装配。

（4）插入零件“工作台 .sldprt”，添加配合：工作台下底面孔与安装地板安装孔同心，底面与安装板上表面重合，如图 5-169 所示。

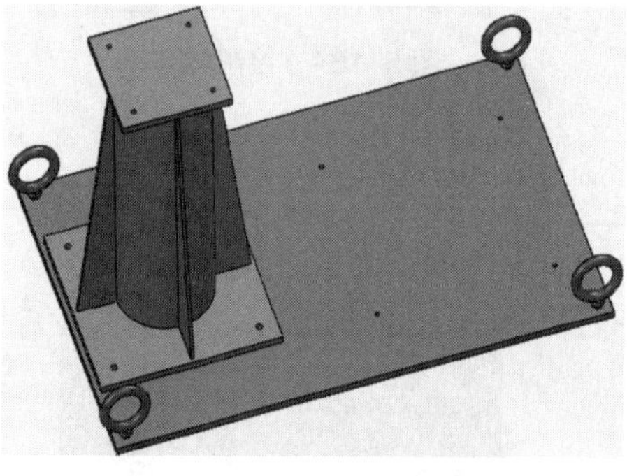

图 5-168　吊装环装配

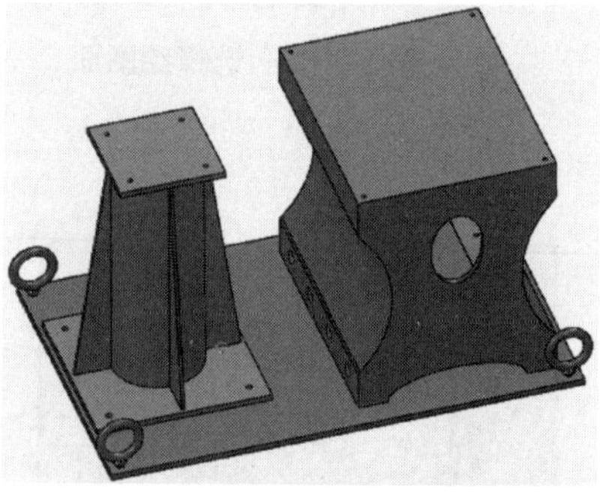

图 5-169　工作台装配

（5）保存文件。

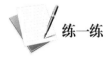

练一练

利用 SolidWorks 软件打开装配体文件“手爪装配 .sldasm”或导入文件“手爪装配 .STEP”，如图 5-170 所示。根据各部件尺寸分别进行建模，再通过装配完成完整机器人手爪建模。

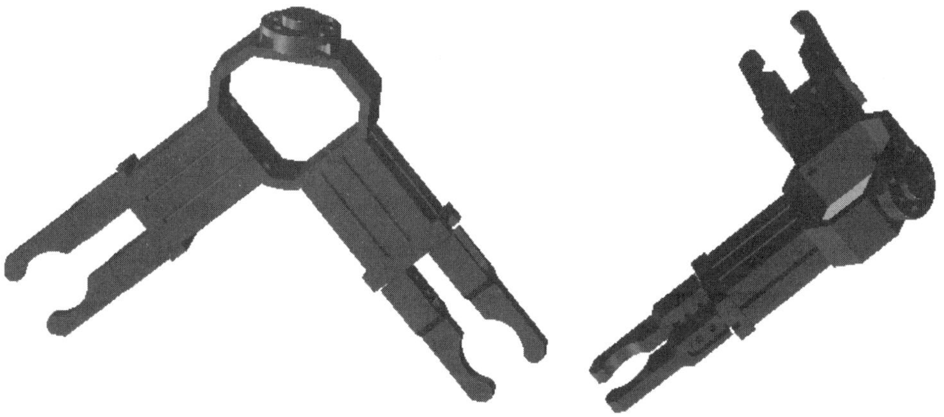

图 5-170　机器人手爪模型

第 6 章　焊接机器人建模

焊接机器人是从事焊接的工业机器人。焊接机器人主要包括机器人和焊接设备两部分。机器人由机器人本体和控制柜（硬件及软件）组成。而焊接装备，以弧焊及点焊为例，则由焊接电源，（包括其控制系统）、送丝机（弧焊）、焊枪（钳）、变位机及安全防护装置组成等部分组成。

焊接变位机，用来拖动待焊工件，使其待焊焊缝运动至理想位置进行施焊作业的设备。通过控制工作台的回转，采用传感角度、位移及编程控制，可实现所需要的焊接位置和焊接速度，焊接作业的可控性。变位机可配用氩弧焊机（填丝或不填丝）、熔化极气体保护焊机、等离子焊机等焊机电源并可与其他焊机组成自动焊接系统。

本章所建模型为带变位机的焊接机器人，包括工作台、变位机、焊枪、焊件架、工业机器人等，如图 6-1 所示。其中机器人基座可参照第 5 章进行建模，此处不再赘述。

焊接机器人
模型展示

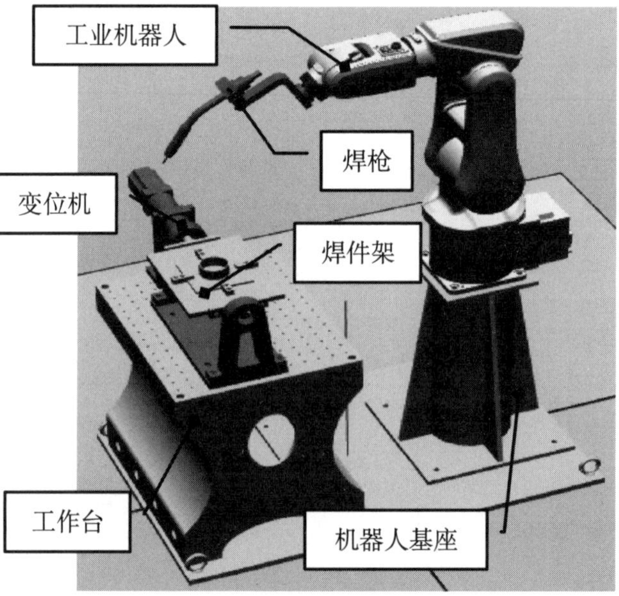

图 6-1　码垛机器人系统模型

6.1　焊枪建模

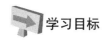

学习目标

1. 连杆、焊枪头等弯曲实体采用扫描方式创建。
2. 焊枪头过渡部分的锥体可采用旋转切除或倒角方式创建。

重点难点

扫描轮廓绘图面选择与绘制。

焊枪建模

焊枪模型如图 6-2 所示。

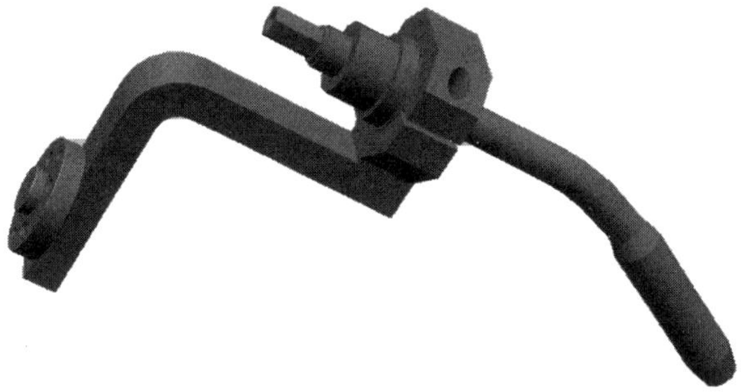

图 6-2　焊枪模型

6.1.1　焊枪安装法兰

（1）打开 SolidWorks，新建零件，保存文件名为“焊枪 .sldprt”。

（2）选择右视基准面，绘制草图如图 6-3 所示。拉伸凸台，深度设为 10mm。

（3）选择圆形凸台一平面，绘制草图如图 6-4 所示，拉伸凸台，深度设为 5mm。

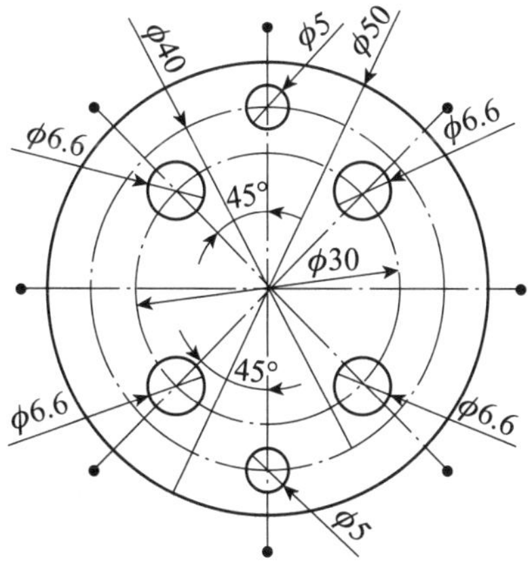

图 6-3　法兰安装盘草图

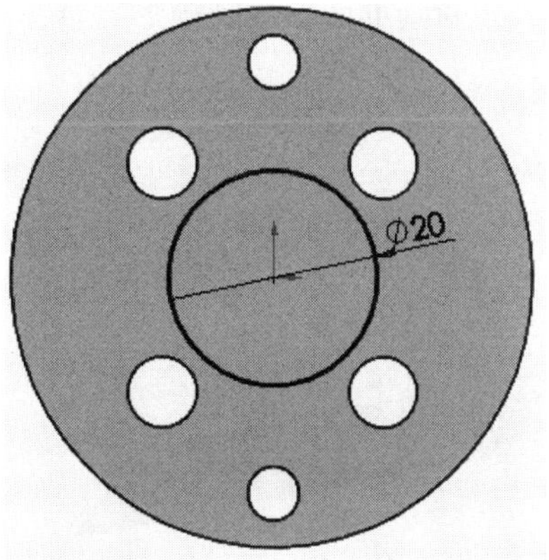

图 6-4　法兰安装盘凸台草图

（4）对凸台侧两圆边线倒圆角，半径为 0.5mm，如图 6-5 所示。

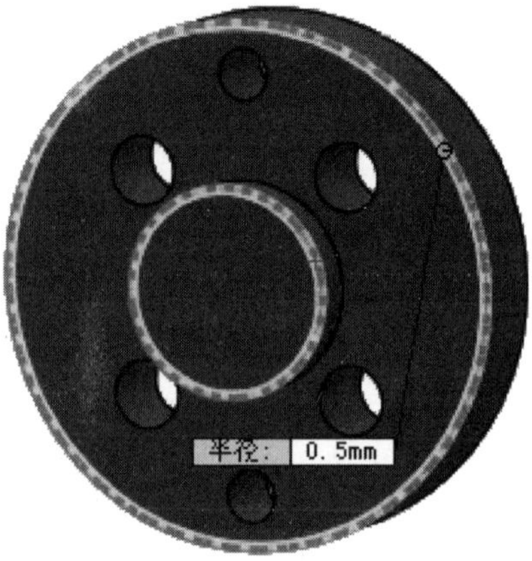

图 6–5　法兰边线倒圆角

6.1.2　连杆

（1）选择前视基准面，绘制连杆轨迹线，草图如图 6-6 所示。

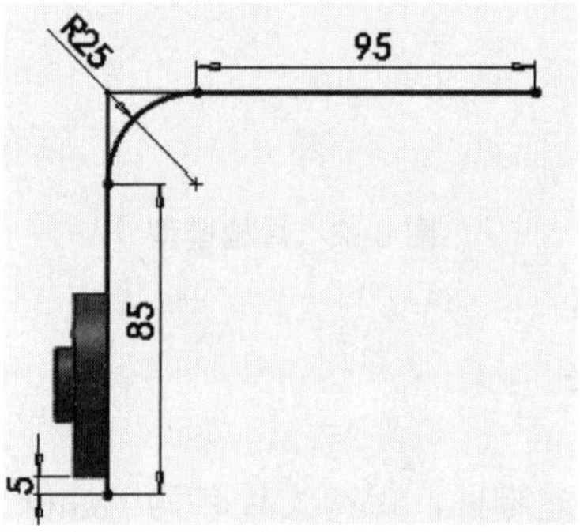

图 6–6　连杆轨迹线草图

（2）创建平行上视基准面且经过轨迹线底部端点的基准面，如图 6-7 所示。

（3）在新基准面上绘制矩形，草图如图 6-8 所示，作为扫描轮廓。

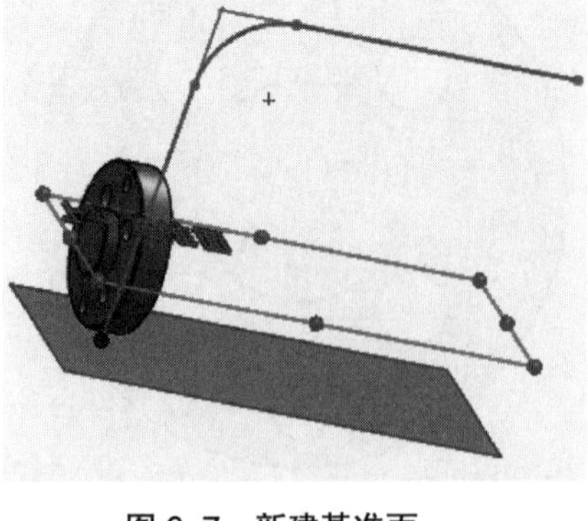

图 6–7　新建基准面

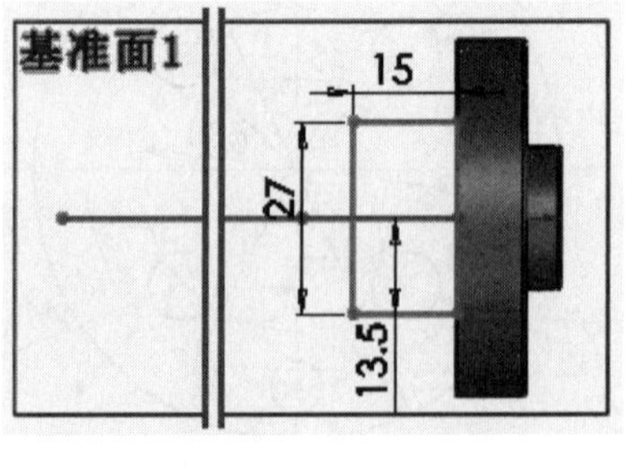

图 6–8　连杆轮廓草图

（4）添加“扫描特征”，选择步骤（2）、（3）所绘草图为轨迹及轮廓，形成连杆实体。

6.1.3　卡扣

（1）选择图 6-9 所示绘图面为基准面，绘制草图如图 6-10 所示，拉伸凸台，深度设为 25mm。

图 6-9　选择绘图面

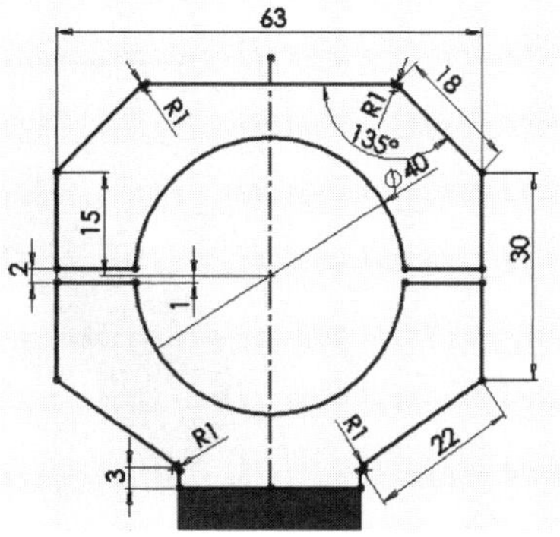

图 6-10　卡扣草图

（2）选择图 6-11 所示绘图面为基准面，绘制卡扣锁紧孔草图，如图 6-12 所示。拉伸切除，深度为 37mm。

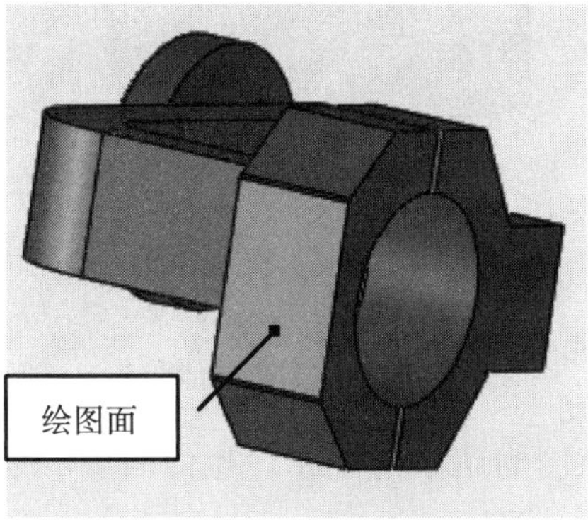

图 6-11　选择绘图面

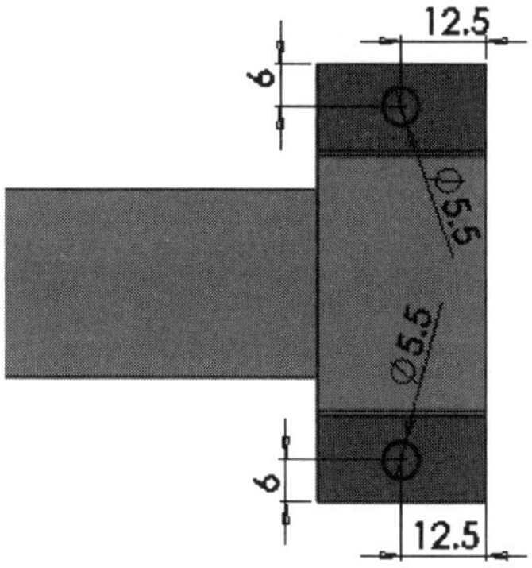

图 6-12　卡扣锁紧孔草图

（3）继续选择图 6-11 所示面为绘图面，绘制卡扣锁紧孔沉孔，位置与前述孔同心，草图如图 6-13 所示。拉伸切除，深度设为 25mm。

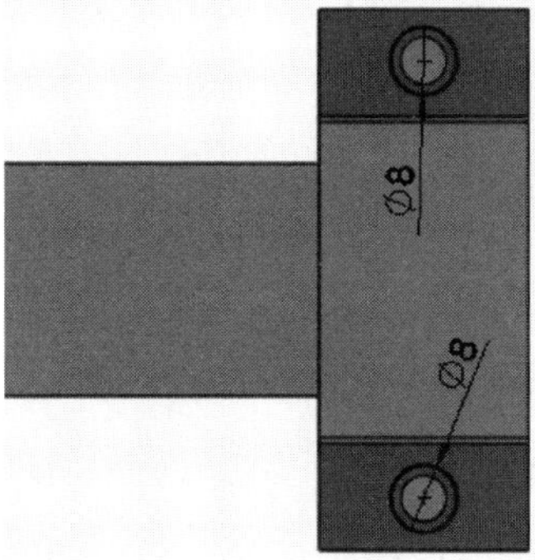

图 6-13　卡扣锁紧沉孔草图

6.1.4 焊枪主体

（1）选择图6-14所示面为绘图面，绘制草图如图6-15所示。双向拉伸凸台，两侧拉伸深度分别为8mm和27mm，如图6-16所示。

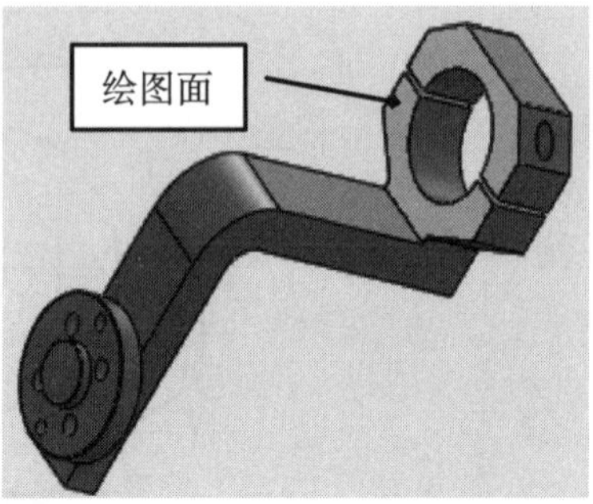

图6-14 选择绘图面

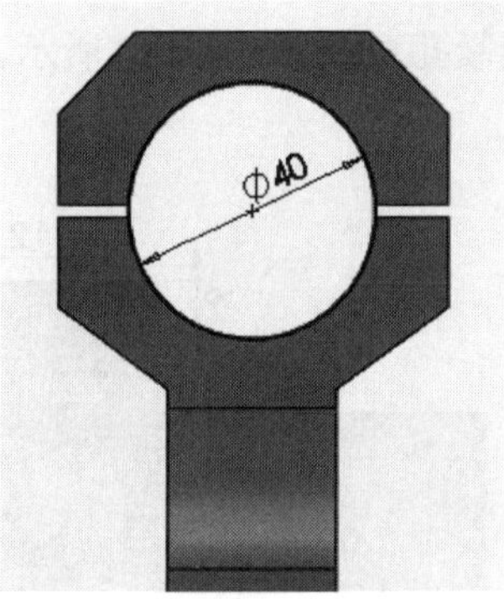

图6-15 焊枪主体草图1

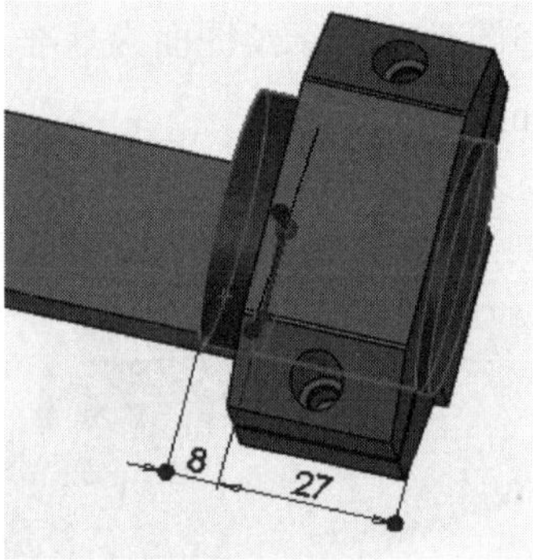

图6-16 双向拉伸凸台

（2）选择图6-17所示面为绘图面，绘制草图如图6-18所示。拉伸凸台，深度设为18mm。

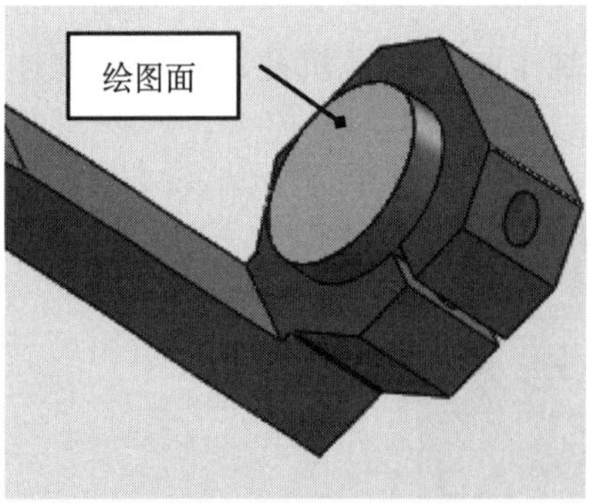

图6-17 选择绘图面

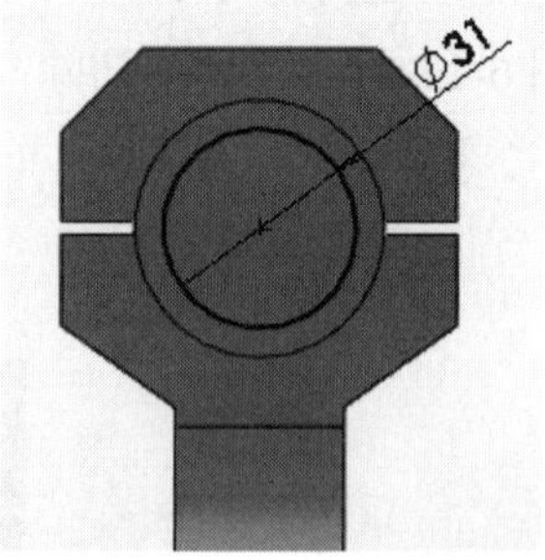

图6-18 焊枪主体草图2

（3）选择步骤（2）新建凸台的上表面，绘制草图如图6-19所示，深度设为10mm。

（4）选择步骤（3）新建凸台的上表面，绘制草图如图6-20所示，深度设为2mm。

（5）选择步骤（4）新建凸台的上表面，绘制草图如图6-21所示，深度设为21mm。

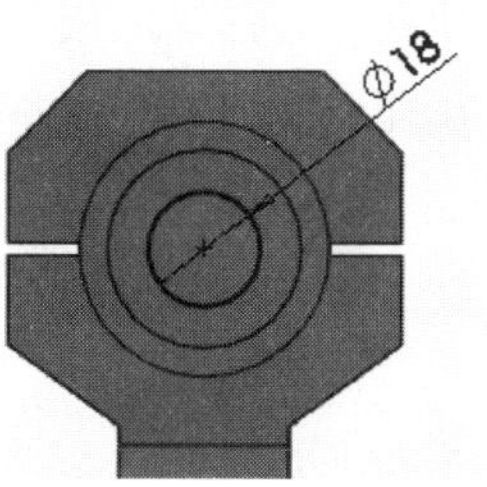

图 6-19 焊枪主体草图 3

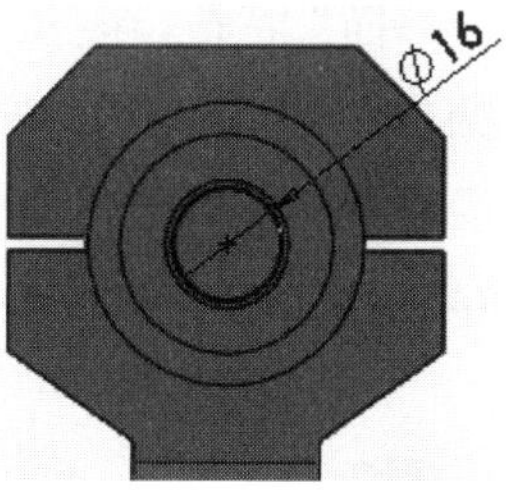

图 6-20 焊枪主体草图 4

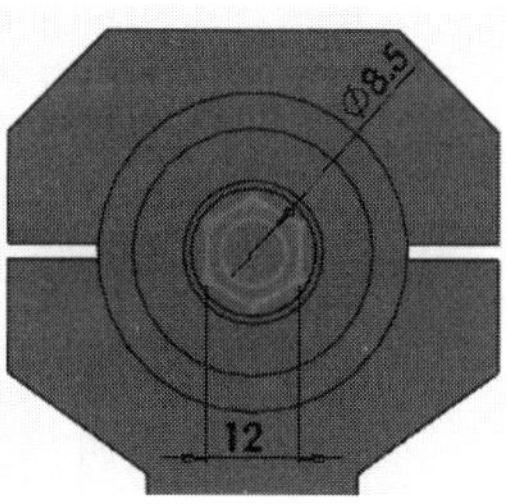

图 6-21 焊枪主体草图 5

6.1.5 焊枪头

（1）选择前视基准面，绘制草图如图 6-22 所示。

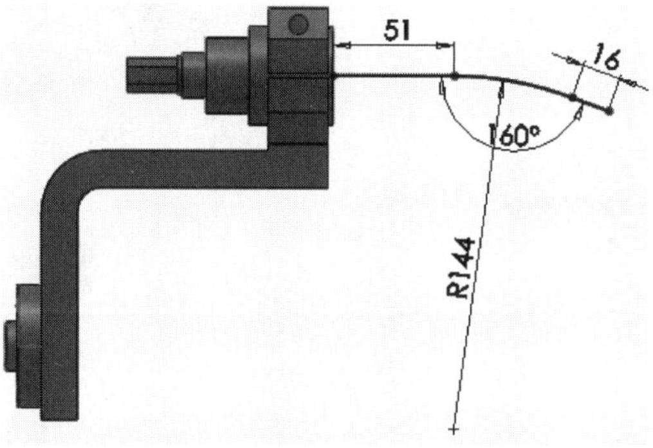

图 6-22 焊枪头中间部分轨迹草图

（2）选择图 6-23 所示面为绘图面，绘制焊枪头中间部分轮廓草图，如图 6-24 所示。

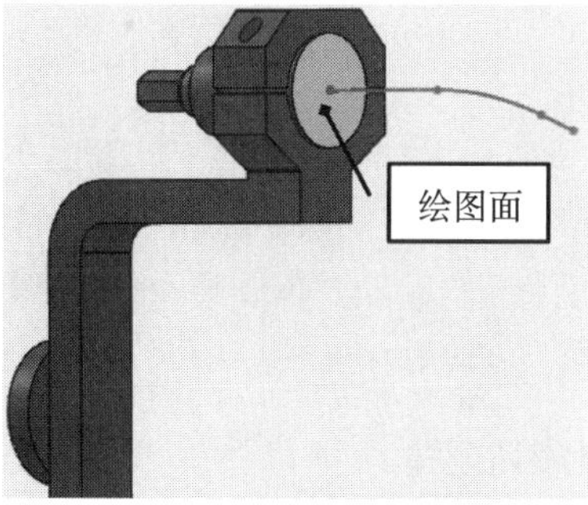

图 6-23 选择绘图面

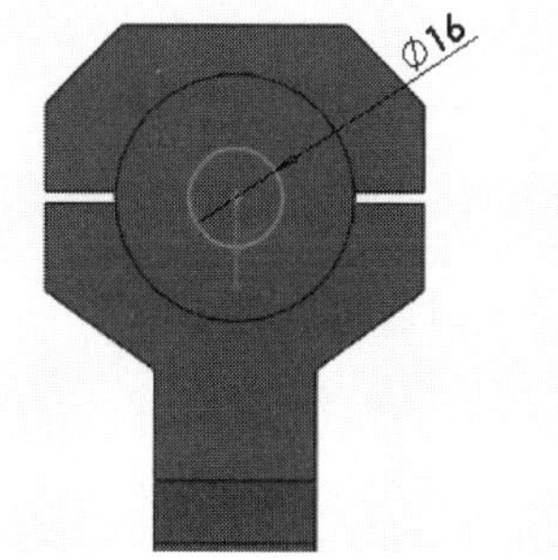

图 6-24 焊枪头中间部分轮廓草图

（3）添加“扫描”特征，将上述草图分别设为轮廓及路径，扫描形成焊枪头中间部分。

（4）选择扫描成的焊枪头中间部分外侧端面为绘图面，绘制草图如图 6-25 所示，拉伸凸台，深度设为 86mm。

（5）如图 6-26 所示倒直角，选择“距离 - 距离”方式，距离分别设为 2.5mm 和 6mm。

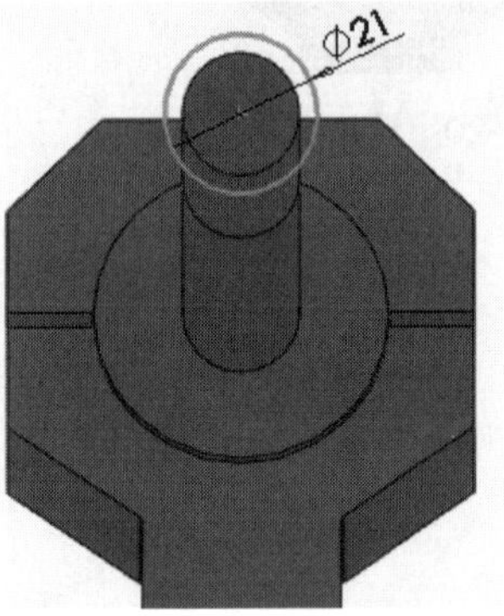

图 6–25　焊枪头前端草图

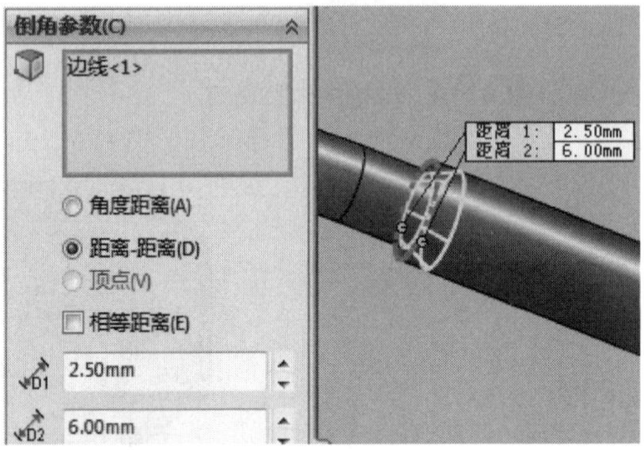

图 6–26　焊枪前端内侧端面倒直角

（6）对焊枪头前端外侧面边线倒直角，选择“距离 - 距离”方式，距离分别设为 10mm 和 2.5mm，如图 6-27 所示。

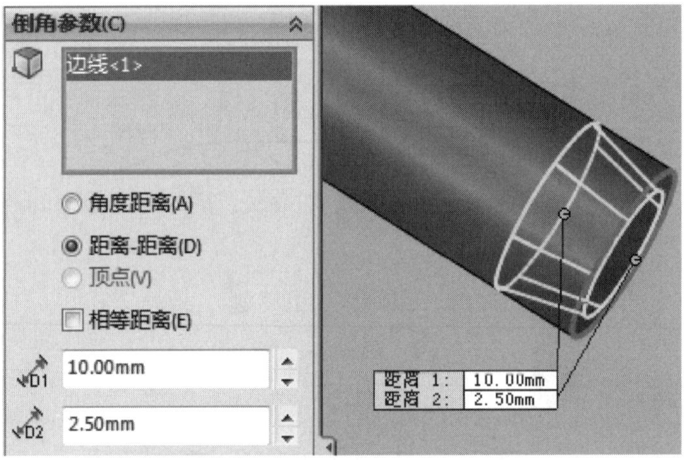

图 6–27　焊枪头前端外侧面边线倒直角

（7）修改颜色并保存文件。

6.2　变位机建模

学习目标

采用装配方式完成变位机建模。

1. 焊件架压紧块为圆周均匀分布，故采用圆周阵列创建。

2. 焊件架旋转轴关于中心面对称，可采用镜像方式创建。

3. 焊件架与变位机采用同轴心、面重合（或距离）约束完成装配。

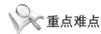

重点难点

圆周阵列，草图约束条件相切、共线的应用。

焊接变位机如图 6-28 所示，由焊件架、变位机等构成，焊件为带方形底板的圆柱桶。下面分别对此进行建模。

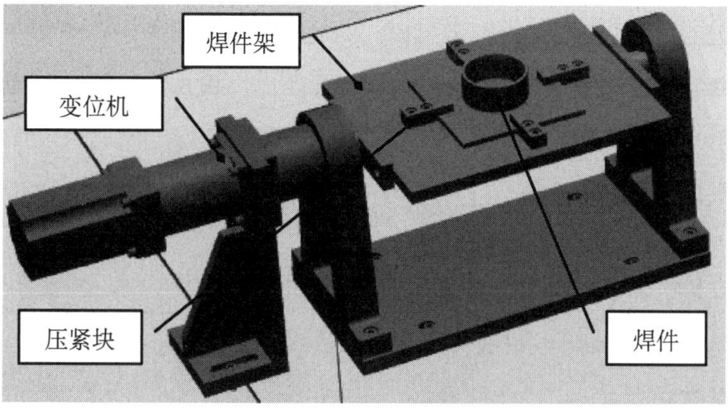

图 6-28　焊接变位机

6.2.1　焊件架

焊件架建模

（1）新建零件，文件名为“焊件架 .sldprt”。

（2）选择上视基准面，绘制草图如图 6-29 所示，拉伸凸台，深度设为 12mm。

（3）选择上表面，绘制草图如图 6-30 所示，拉伸凸台，深度设为 5mm。

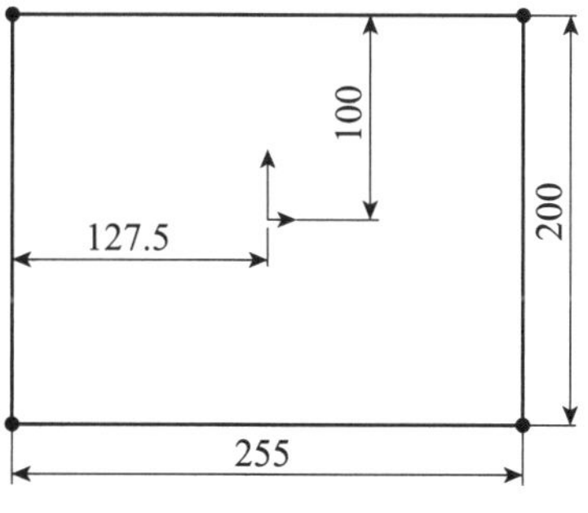

图 6-29　焊件架主体草图

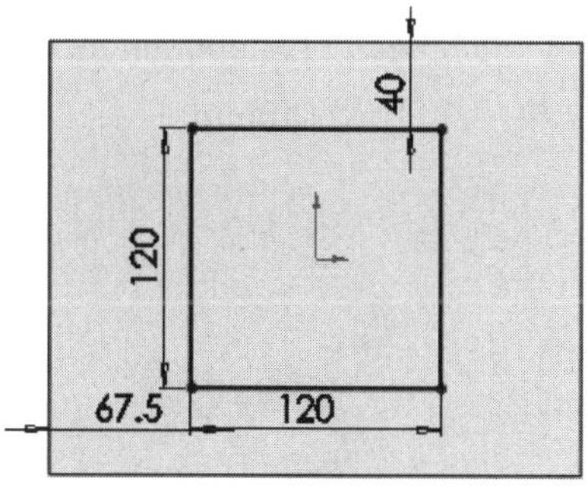

图 6-30　焊件底板草图

（4）选择焊件底板上表面，绘制草图如图 6-31 所示，拉伸凸台，深度设为 25mm。

（5）选择前视基准面，绘制草图如图 6-32 所示，双向拉伸凸台，不合并结果，两侧深度均设为 7.5mm。

（6）选择压紧块上表面，绘制草图如图 6-33 所示。拉伸切除形成圆孔，深度 7mm。

（7）选择压紧块圆孔底面，绘制螺栓头部草图，如图 6-34 所示。拉伸凸台，不合并结果，深度设为 6mm。

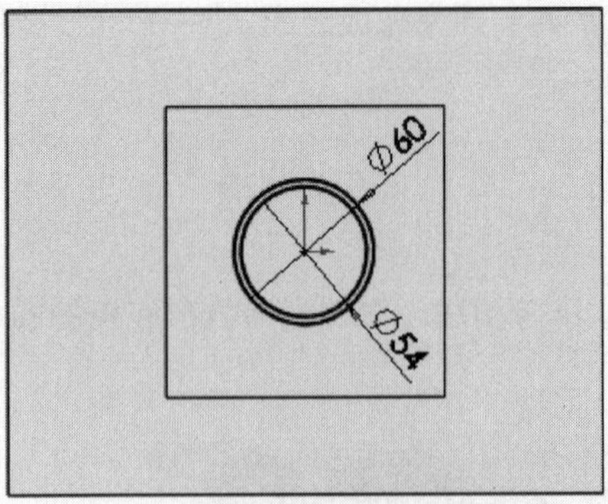

图 6-31　焊件圆柱桶截面草图

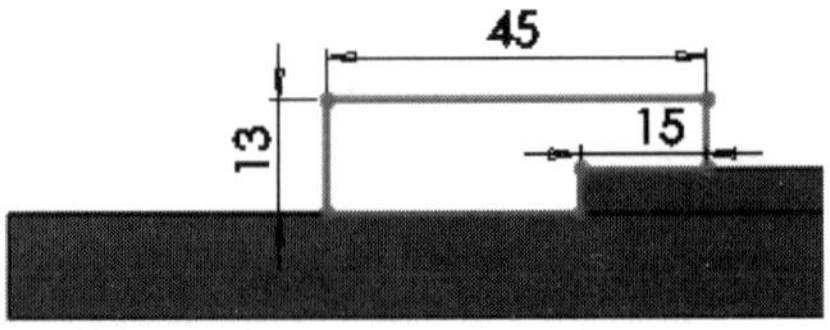

图 6-32　压紧块截面草图

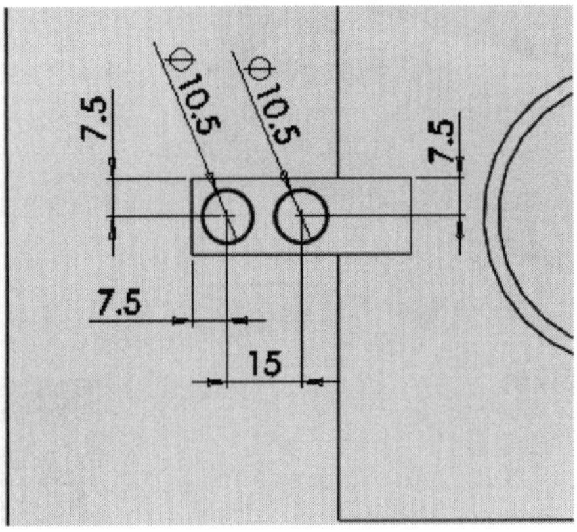

图 6-33　圆孔草图

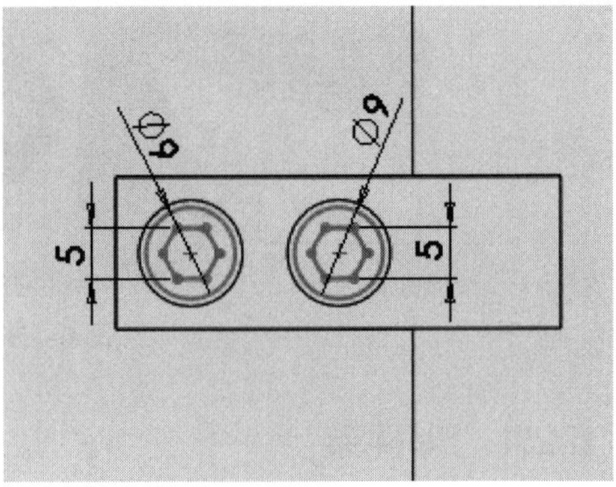

图 6-34　螺栓头部草图

（8）以圆柱桶边线为阵列轴，圆周阵列压紧块及螺栓，得到 4 个圆周均布的压紧块及紧固螺栓模型，如图 6-35 所示。

（9）选择支架边长为 200mm 的一侧面，绘制矩形，草图如图 6-36 所示。拉伸凸台，不合并结果，深度设为 10mm。

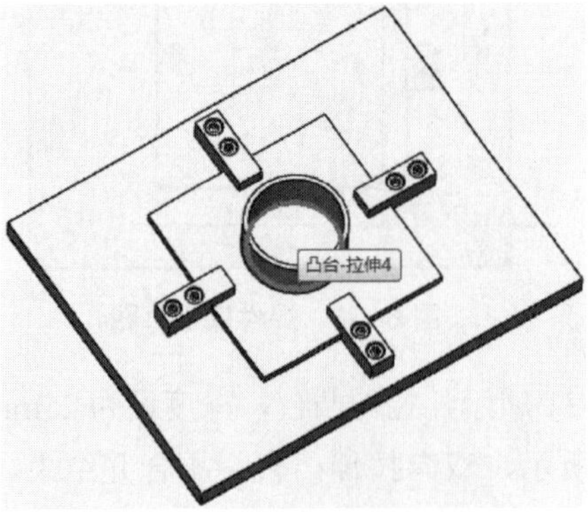

图 6-35　圆周阵列压紧块及螺栓

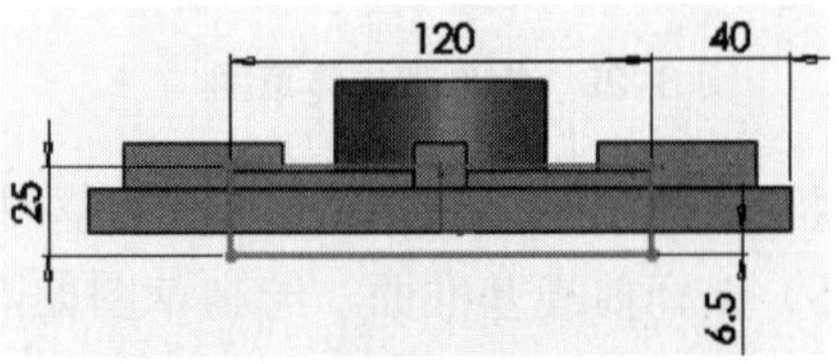

图 6-36　旋转轴连接块草图

（10）在连接块外侧表面绘制螺纹孔，如图 6-37 所示，拉伸切除，深度设为 7mm。

（11）选择螺纹孔底部面，在两个孔位置处绘制螺栓头草图如图 6-38 所示，拉伸凸台，深度设为 6mm，不合并结果。

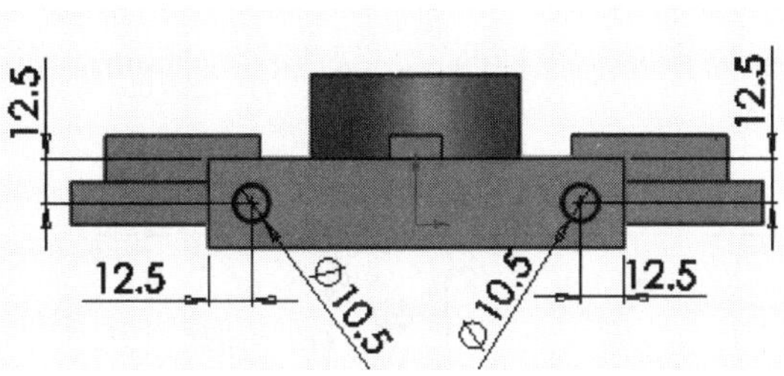

图 6–37 螺纹孔草图

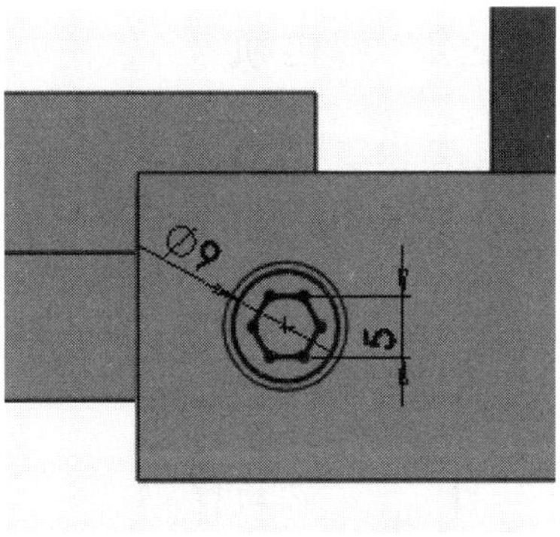

图 6–38 螺栓头草图

（12）选择连接块外侧表面，绘制草图如图 6-39 所示。拉伸凸台，深度设为 10mm，不合并结果。

（13）在步骤（12）形成圆柱外表面上，绘制草图如图 6-40 所示，圆柱截面圆同心。拉伸凸台，深度设为 45mm，不合并结果。

（14）将旋转轴末端面边线倒圆角，半径为 0.5mm。

（15）修改颜色为蓝紫色。以右视基准面为参考，将旋转轴、连接块及螺栓头镜像，产生另一侧模型，如图 6-41 所示。

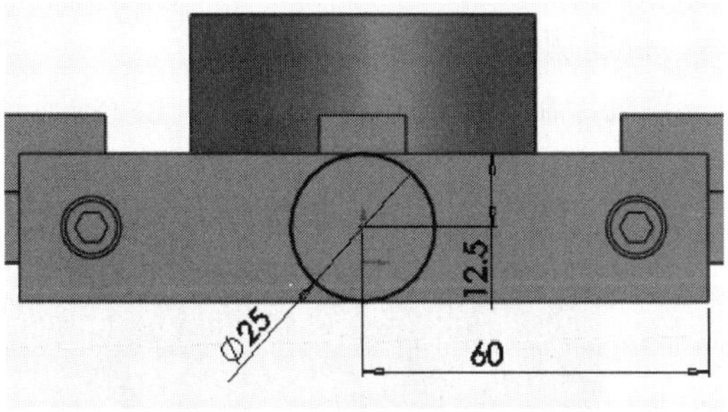

图 6–39 旋转轴前端草图

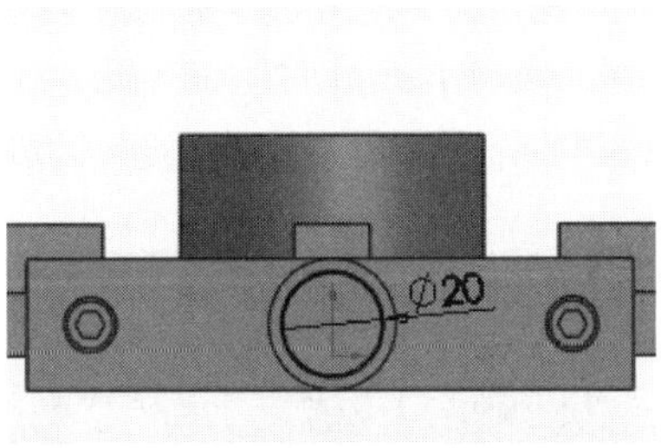

图 6–40 旋转轴末端草图

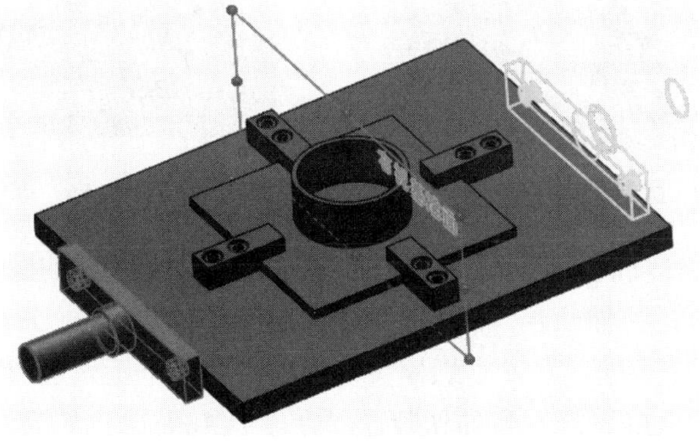

图 6–41 镜像旋转轴及附件

（16）保存文件。

6.2.2 变位机

变位机建模

（1）新建零件，文件名为“变位机 .sldprt”。

（2）选择上视基准面，绘制草图如图 6-42 所示。拉伸凸台，深度设为 15mm。修改颜色为浅蓝色。

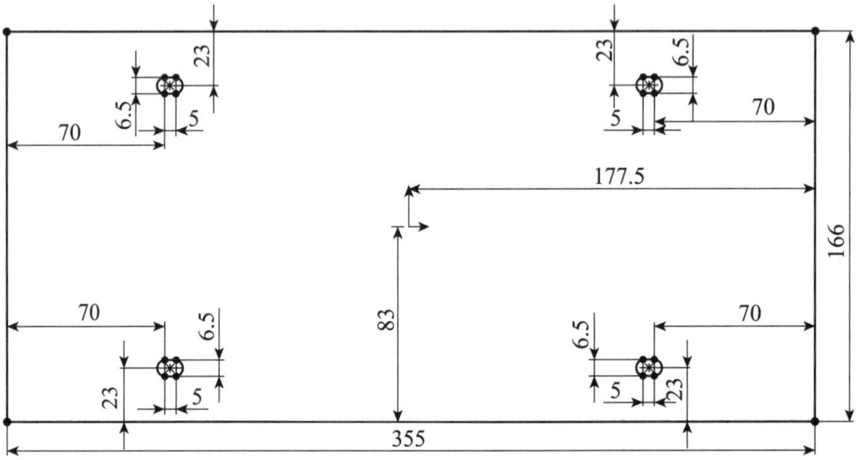

图 6–42　变位机底板草图

（3）选择底板上表面，在 4 个长圆孔位置继续绘制 4 个长圆孔，添加约束条件，使大小长圆孔两侧圆弧分别同心，如图 6-43 所示。拉伸切除，深度设为 7mm。

（4）选择长圆孔台阶面，在 4 个长圆孔位置处绘制 4 个圆，与各自长圆孔内侧圆同心，如图 6-44 所示。向下拉伸凸台，深度设为 20mm。

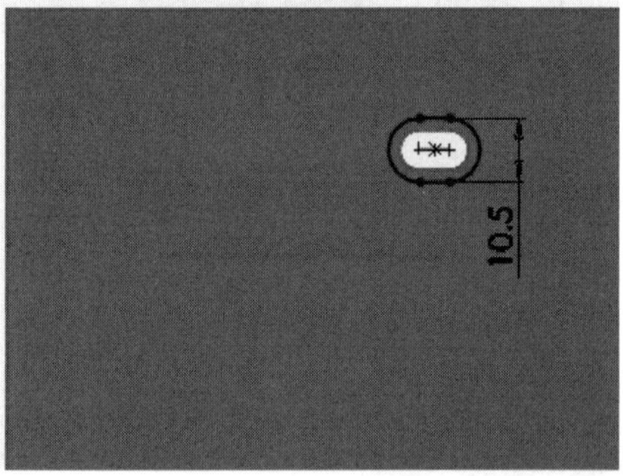

图 6–43　大长圆孔

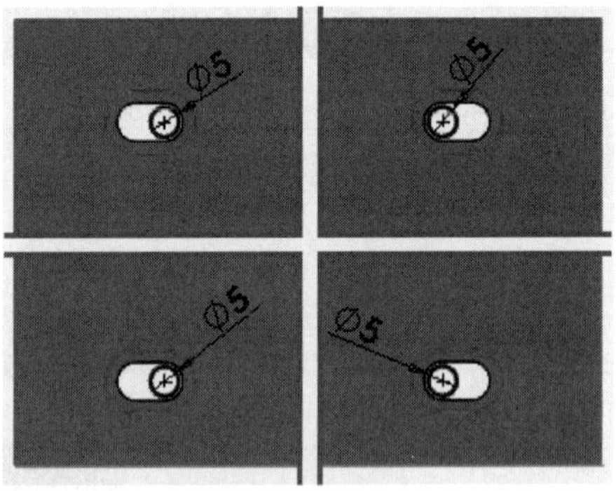

图 6–44　螺栓圆柱

（5）选择长圆孔台阶面，在 4 个螺栓柱位置处绘制 4 个 ϕ9 的圆，分别与前述 4 个圆同心，如图 6-45 所示，拉伸凸台，深度设为 5.5mm。

（6）选择螺栓头上表面，在 4 个螺栓头位置处绘制 4 个正六边形，其内切圆分别与前述 4 个圆同心，如图 6-46 所示。拉伸切除，深度设为 3mm。

（7）选择边长 166mm 的侧面为绘图面，绘制草图如图 6-47 所示。向底板中间方向拉伸凸台，深度设为 30mm，不合并结果。

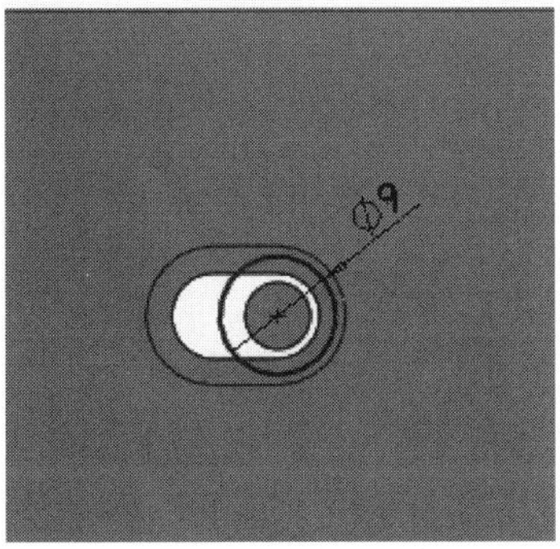

图 6-45　螺栓头截面草图

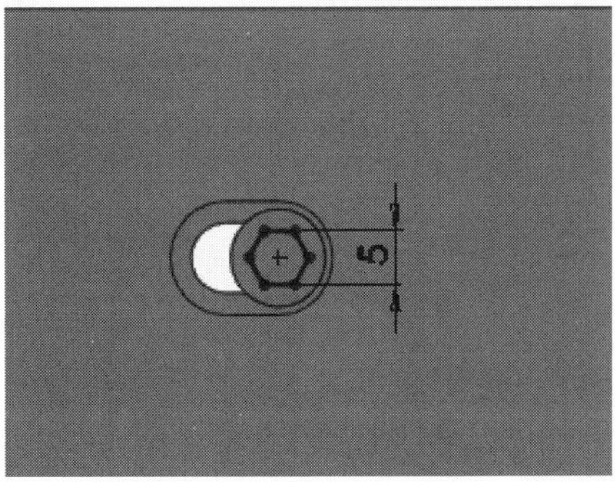

图 6-46　螺栓头内六角草图

（8）选择轴承架台阶面为绘图面，绘制草图如图 6-48 所示，拉伸切除，深度设为 7mm，不合并结果。

（9）在安装孔底面上绘制螺栓头（圆和正六边形），草图如图 6-49 所示，向上拉伸凸台，深度设为 6mm。

（10）线性阵列轴承及螺栓，阵列距离为 325mm，产生另一侧轴承架，如图 6-50 所示。

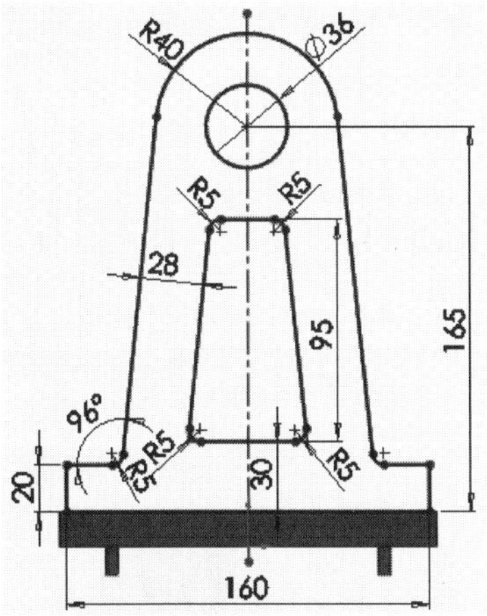

图 6-47　轴承架草图

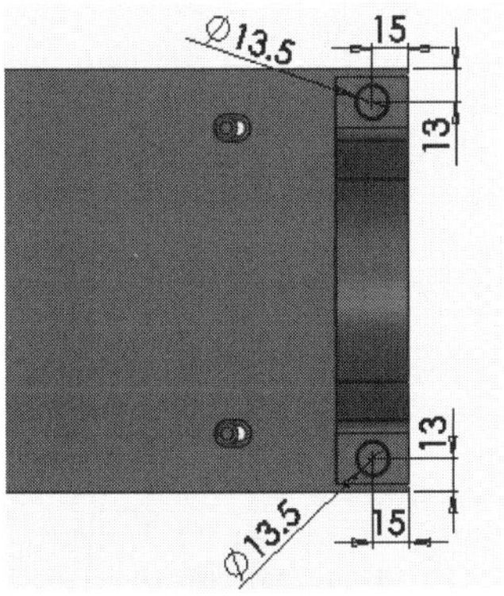

图 6-48　轴承架安装孔

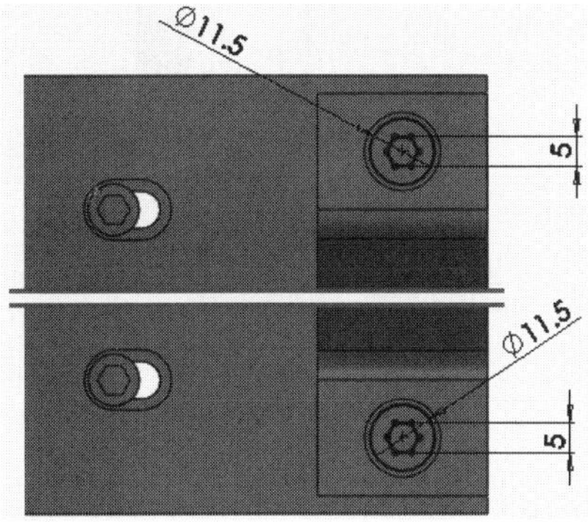

图 6-49　螺栓头草图

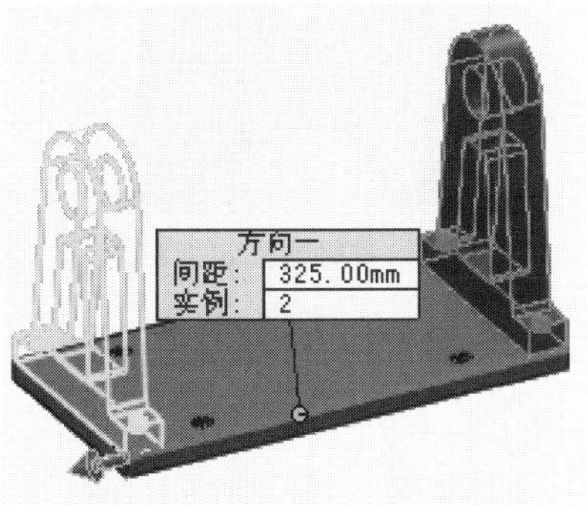

图 6-50　阵列产生另一轴承架

（11）选择一轴承架外侧表面，绘制草图如图 6-51 所示，确保其与轴承孔同心。向外拉伸凸台，深度设为 46mm。

（12）选择上步所选轴承架的内侧表面，绘制 ϕ42 的圆，与轴承孔同心，草图如图 6-52 所示。拉伸切除，深度设为 12mm。

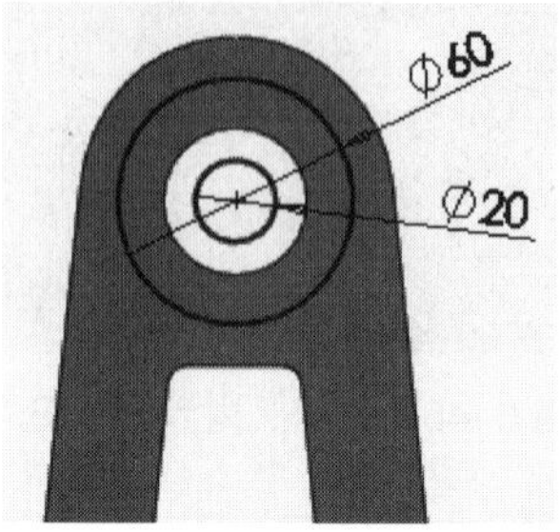

图 6-51 电机连轴器外圆筒草图

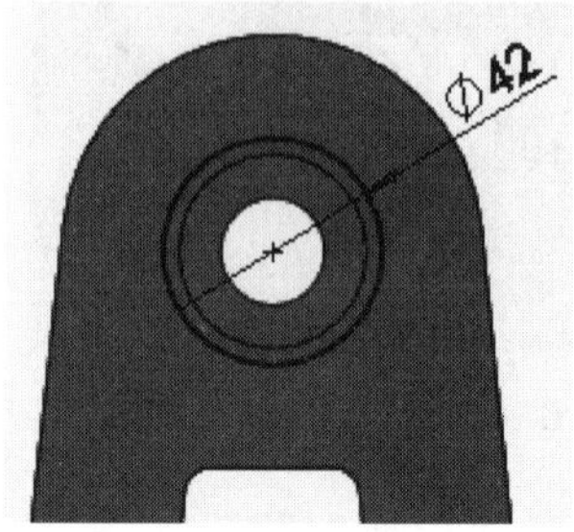

图 6-52 轴承架内侧圆孔草图

说 明

在建模时，考虑到只需确保位置关系及总体尺寸正确，其他多数细节不影响实际仿真，故部分细节进行了简化，比如螺栓没有绘制螺纹，部分安装孔没制作成通孔形式。如进行实际零部件设计，可适当修改并完善。

（13）选择步骤（11）的圆筒外端面，绘制草图如图 6-53 所示。拉伸凸台，深度设为 10mm。

（14）选择前视基准面，绘制草图如图 6-54 所示，确保底边线与右侧底板下边线“共线”。双向拉伸凸台，深度均设为 45mm。

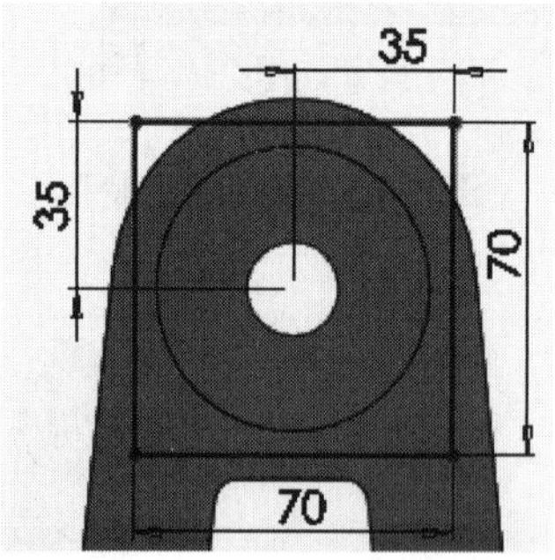

图 6-53 连轴器固定板草图

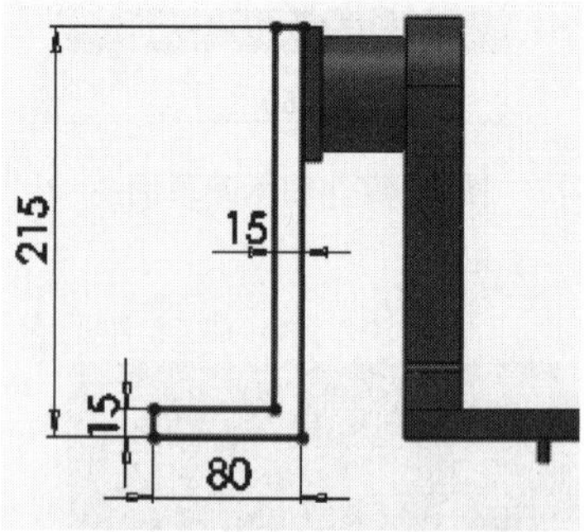

图 6-54 电机固定角板草图

（15）选择固定角板的台阶上表面，绘制长圆孔草图如图 6-55 所示。拉伸切除，深度设为 15mm。

（16）选择步骤（15）所选表面，绘制大长圆孔草图如图 6-56 所示。拉伸切除，深度设为 7mm。

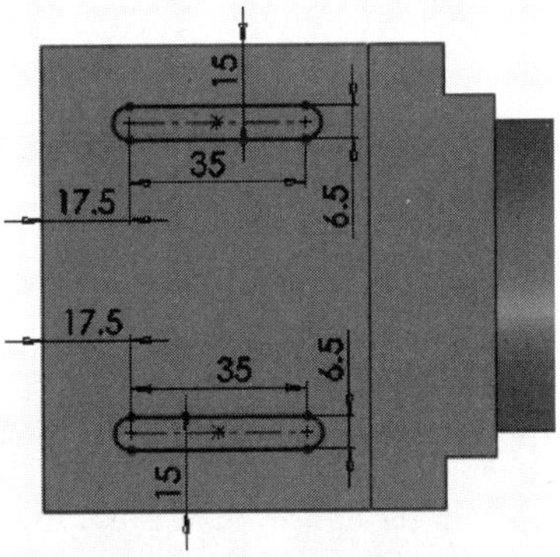

图 6–55　长圆孔草图

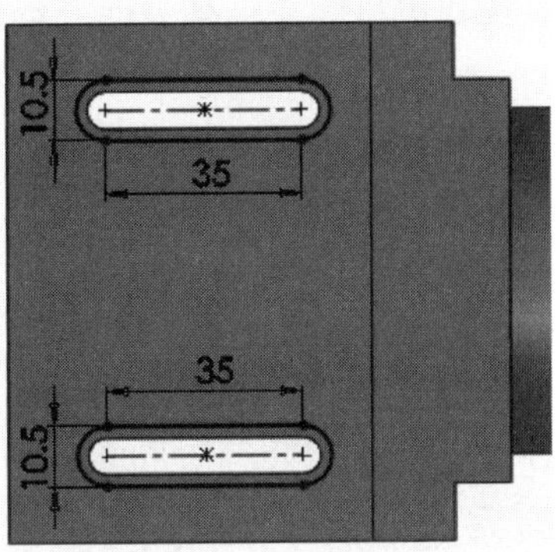

图 6–56　大长圆孔草图

（17）选择前视基准面，绘制角板加强筋草图，如图 6-57 所示。双向拉伸凸台，深度均设为 5mm。

（18）选择角板小长圆孔内表面，绘制螺栓柱，如图 6-58 所示。向下拉伸凸台，深度 20mm。

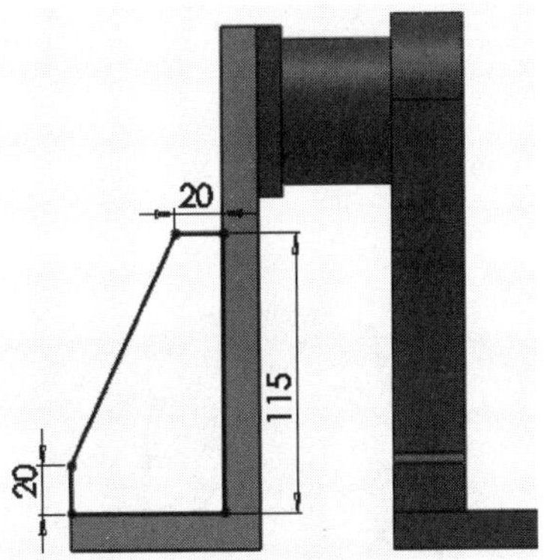

图 6–57　角板加强筋草图

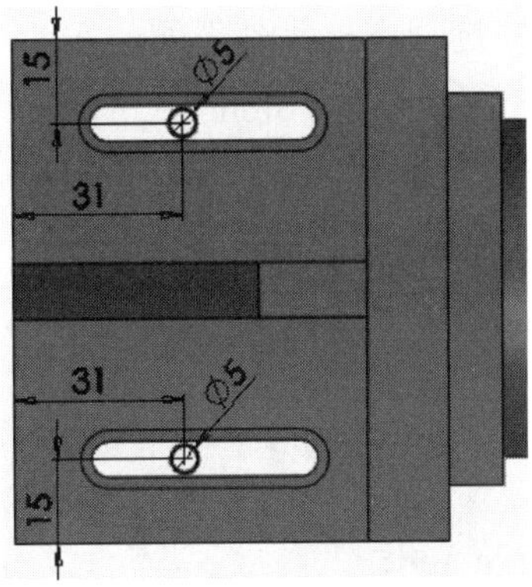

图 6–58　螺栓柱草图

（19）参照步骤（5）、（6）及图 6-45、图 6-46 中所标尺寸，绘制步骤（18）的螺栓头及内六角孔。完成后的固定角板紧固螺栓如图 6-59 所示。

（20）选择固定角板竖直侧外表面（见图 6-59 中着色面）为绘图面，绘制草图如图 6-60 所示。拉伸凸台，深度设为 8mm。

图 6–59　固定角板紧固螺栓

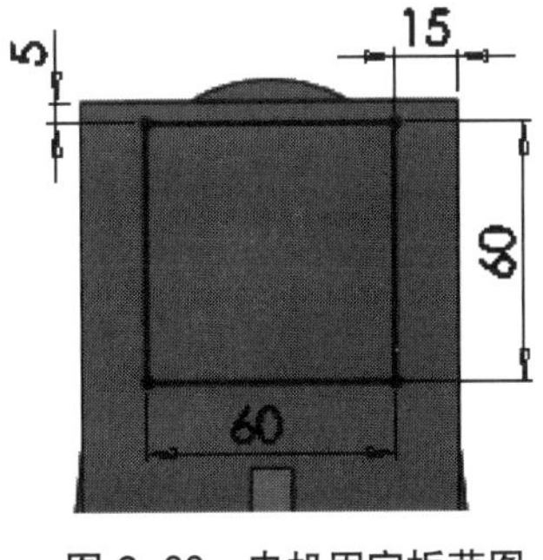

图 6–60　电机固定板草图

（21）选择电机固定板外表面，绘制垫圈草图，如图 6-61 所示。拉伸凸台，深度设为 1mm，不合并结果。

（22）在垫圈表面绘制 4 个 ϕ8 的圆，如图 6-62 所示。拉伸凸台，深度 6mm，不合并结果。

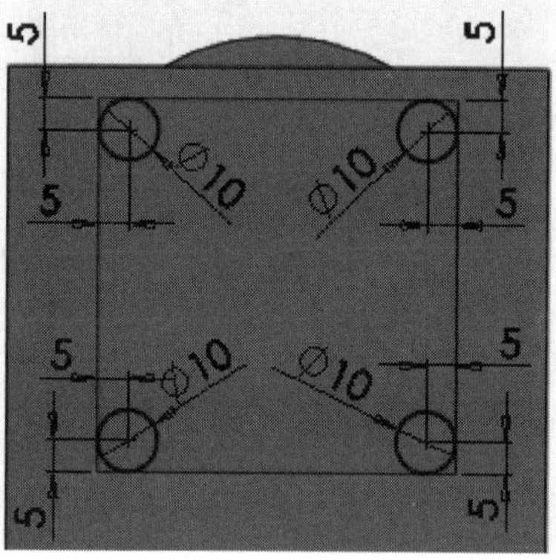

图 6-61　垫圈草图

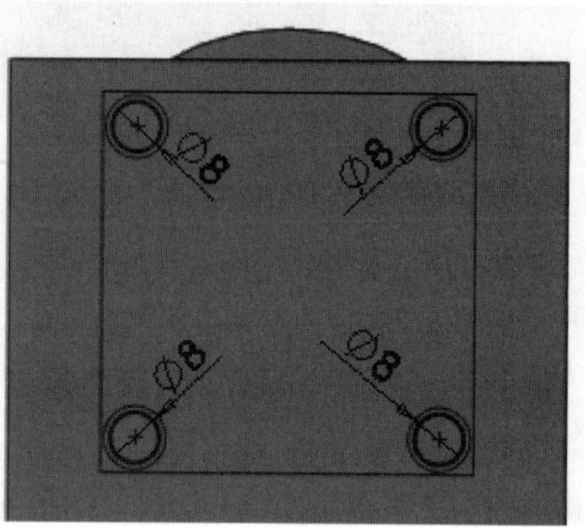

图 6-62　螺栓头草图

（23）选择螺栓头外表面，在 4 个螺栓头位置处绘制 4 个正六边形，如图 6-63 所示。拉伸切除，深度设为 3mm。

（24）选择电机固定板外表面，绘制电机头部草图（ϕ60 圆），如图 6-64 所示。拉伸凸台，深度设为 72mm。

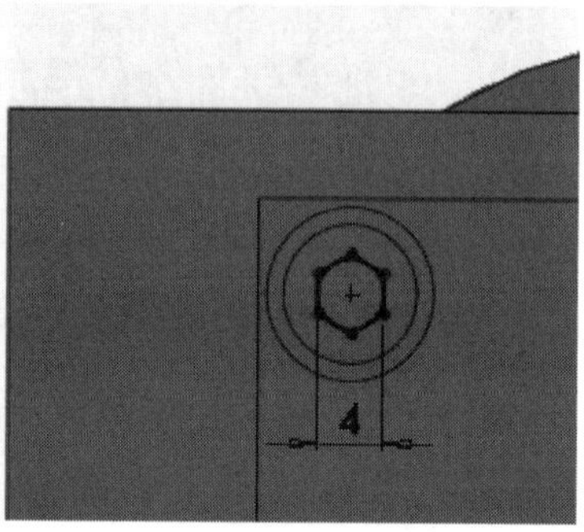

图 6-63　螺栓内六角孔草图

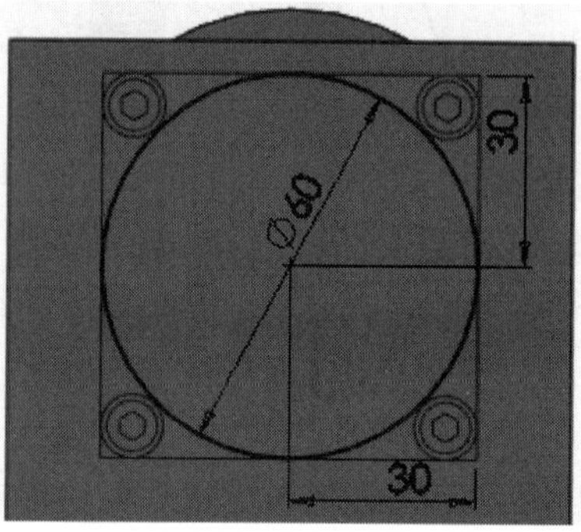

图 6-64　电机头部草图

（25）选择电机头部外表面，绘制边长为 60mm 的正方形，边线与电机固定板边线重合，如图 6-65 所示。拉伸凸台，深度设为 20mm。

（26）选择上一步形成的正方形块的外表面，绘制电机尾部模型草图，如图 6-66 所示。拉伸凸台，深度设为 97mm。

（27）选择电机尾部外表面，绘制 4 个扇形，草图如图 6-67 所示。拉伸切除，深度设为 91mm。

（28）对电机尾部未切除部分边线倒圆角，半径为 2mm，如图 6-68 所示。

（29）线性阵列电机固定板处的垫圈、螺栓，阵列距离为 98mm，方向等参数设置如图 6-69 所示。完整的变位机模型如图 6-70 所示。

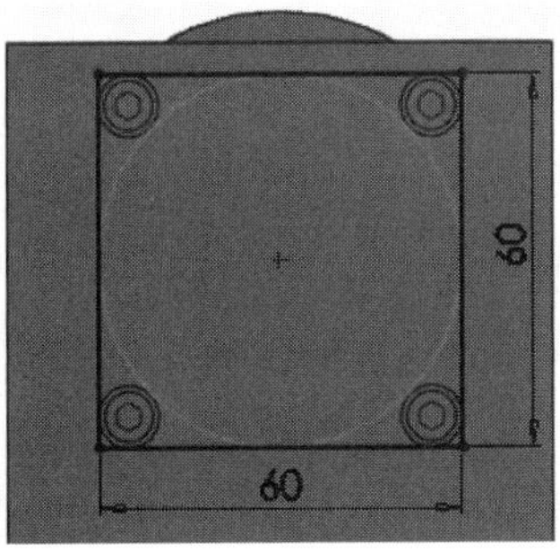

图 6-65　电机中部模型草图

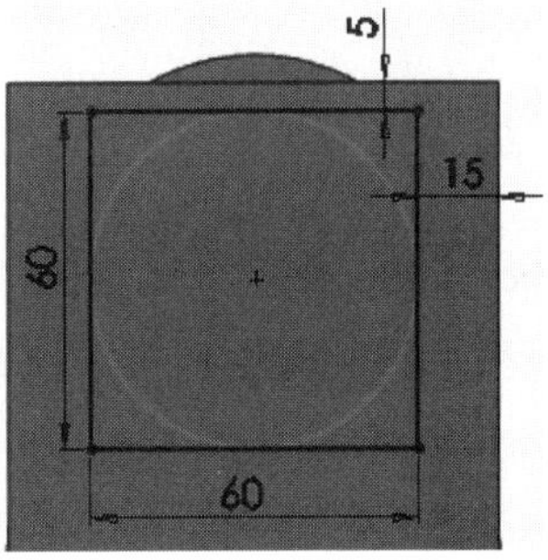

图 6-66　电机尾部模型草图

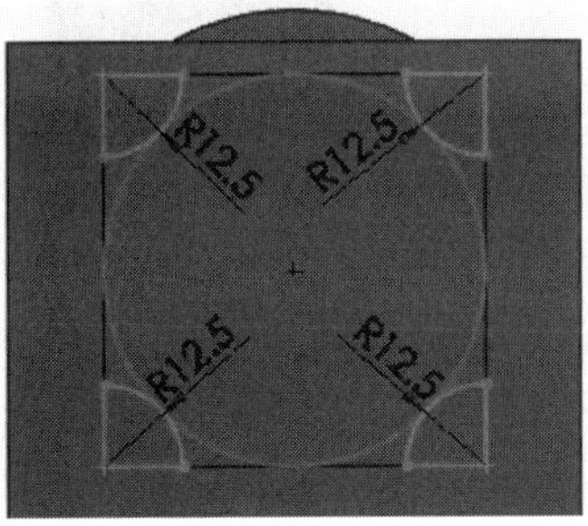

图 6-67　电机安装位置草图

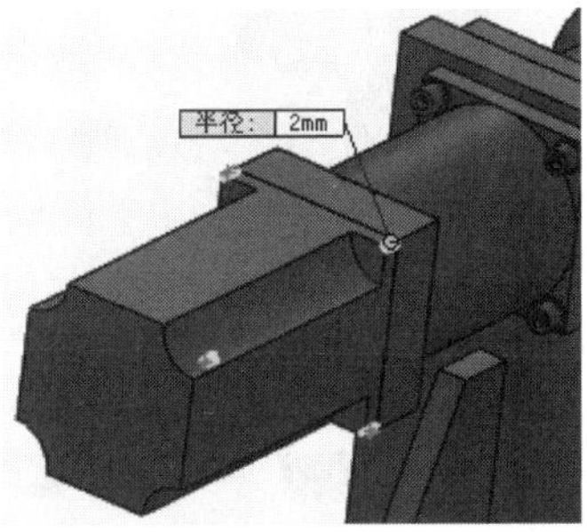

图 6-68　未切除部分 4 个边线倒圆角

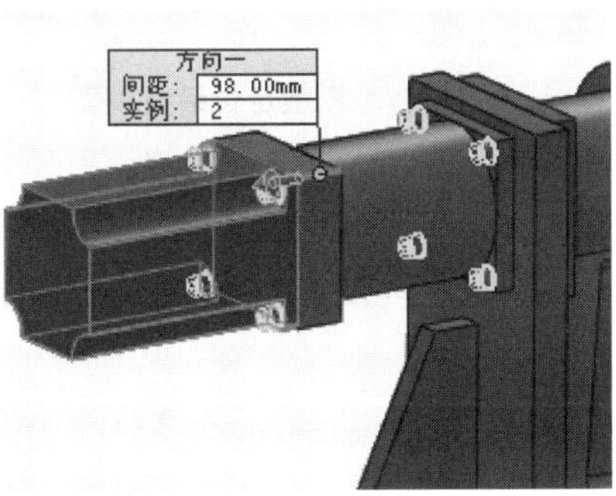

图 6-69　阵列螺栓及垫圈参数设置

（30）保存文件。

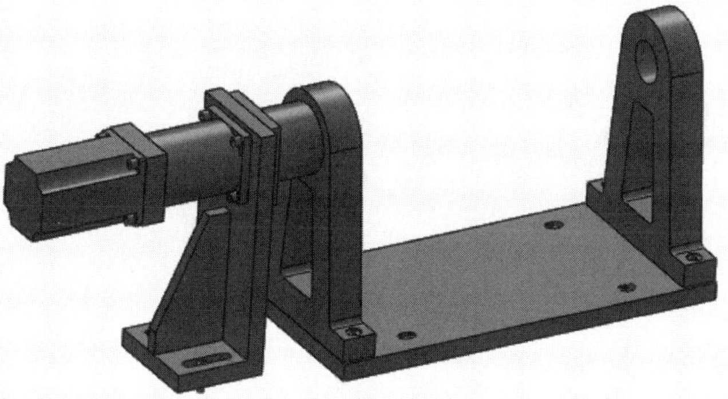

图 6-70　变位机模型

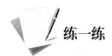

练一练

利用 RobotStudio 软件打开文件“测量定位装置 .sat”，如图 6-71 所示。使用软件中的测量工具进行获取形位数据，再利用 SolidWorks 进行该装置的建模。

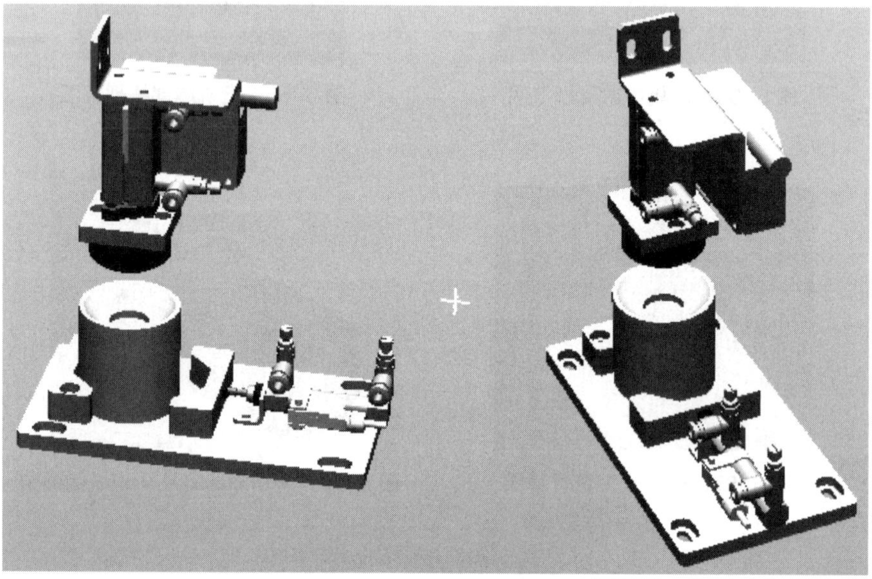

图 6-71　测量定位装置模型

参考文献

[1] 北京兆迪科技有限公司 . Solidworks 快速入门教程：2013 中文版 [M]. 北京：机械工业出版社，2013.

[2] 汤晓华，蒋正炎，陈永平等 . 工业机器人应用技术 [M]. 北京：高等教育出版社，2014.

[3] 何成平，董诗绘 . 工业机器人操作与编程（ABB）[M]. 北京：机械工业出版社，2016.

[4] 叶晖 . 工业机器人典型应用案例精析 [M]. 北京：机械工业出版社，2013.

[5]ABB 机器人官方网站 .

[6] 机器人合作伙伴官方网站 .